谨以此书献给卢嘉锡先生

U0383558

普通高等教育"十一五"国家级规划教材
国家精品课程配套教材

结 构 化 学

（第四版）

厦门大学化学系物构组　编

林梦海　吕　鑫　谢兆雄等　执笔

科学出版社

北　京

内 容 简 介

本书为普通高等教育"十一五"国家级规划教材、2004 年国家精品课程配套教材。

本书以卢嘉锡先生于 20 世纪 50 年代为厦门大学开设的"物质结构"内容为蓝本,汇集了几代人的教学经验,既保留了经典的结构化学内容,又注重吸收最新的科研成果,主要包括量子力学基础、原子结构、分子对称性与点群、双原子分子、多原子分子结构、晶体学基础、金属和合金结构、离子化合物等内容。本书的特点是突出重点,基础概念阐述清楚;围绕难点,联系化学现象或化学概念,做到深入浅出。此外,本书还配有习题及部分习题参考答案,便于学生学习。

本书可作为高等学校化学、应用化学、材料化学、药物化学等专业本科生的教材,也可供相关专业的教师及科研人员参考。

图书在版编目(CIP)数据

结构化学/厦门大学化学系物构组编. —4 版. —北京:科学出版社,2019.11
普通高等教育"十一五"国家级规划教材 国家精品课程配套教材
ISBN 978-7-03-063214-2

Ⅰ.①结… Ⅱ.①厦… Ⅲ.①结构化学—高等学校—教材 Ⅳ.①O641

中国版本图书馆 CIP 数据核字(2019)第 249222 号

责任编辑:丁 里/责任校对:何艳萍
责任印制:赵 博/封面设计:迷底书装

斜 学 出 版 社 出版
北京东黄城根北街 16 号
邮政编码:100717
http://www.sciencep.com

涿州市般润文化传播有限公司印刷
科学出版社发行 各地新华书店经销
*
2004 年 8 月第 一 版 开本:787×1092 1/16
2008 年 6 月第 二 版 印张:19 1/2 插页:2
2014 年 6 月第 三 版 字数:493 000
2019 年 11 月第 四 版 2024 年 12 月第二十二次印刷
定价:69.00 元
(如有印装质量问题,我社负责调换)

第四版前言

《结构化学》自 2004 年出版后,已进行两次修订。厦门大学结构化学教学课程组因不断补充新鲜血液而日益壮大,目前课程组人员已多达八人。已退休的老教师们仍极为关心该课程教学内容的与时俱进和教材修订,今年年初林梦海教授提议课程组对教材进行再一次修订。

课程组在今年三月和四月先后组织了两次讨论会,确定了修订原则、任务分工及进度安排;六月初又专门开会进行了一次进度交流;七月上旬完成了修订内容的统稿后,提交给出版社审核。

本次修订包括剔除部分过时冗长内容、将容易产生歧义的文字定义及符号进一步统一和规范化等。具体的分工为:苏培峰负责第 1 章,吴安安负责第 2 章,曹泽星负责第 3 章,陈振华负责第 4 章,吕鑫负责第 5、6 章,蒋亚琪和谢兆雄负责第 7~9 章。本次再版工作还得到了谭凯、王斌举和杨晔等多位老师的大力支持以及科学出版社丁里编辑的帮助,在此一并表示感谢!

读者可登录厦门大学"结构化学"课程主页(网址 http://ctc. xmu. edu. cn/jiegou/wlkch/Contents/contents. htm),参与并学习国家精品课程"结构化学"。

《结构化学》编写组
2019 年 9 月于厦门

第三版前言

根据科学出版社的建议,承蒙广大读者的厚爱,《结构化学》教材编写组筹备该书第三版的编写。编写组由林梦海、谢兆雄、曹泽星、吕鑫、王泉明教授和蒋亚琪、苏培峰、吴安安、谭凯等副教授组成,并邀请以前任教的胡盛志资深教授加盟,组成了老、中、青三代学者参加,学科涵盖结构化学、量子化学、计算化学、合成化学等多领域的团队。

编写组于 2013 年秋进行了第一次教材研讨会,对 21 世纪"结构化学"课程的发展与需求、第二版教材存在的问题与改进的方向等进行了深入、广泛的研讨,最后确定了第三版编写具体分工:吕鑫、吴安安负责第 1、2 章,曹泽星、谭凯负责第 3、4 章,林梦海、苏培峰负责第 5、6 章,谢兆雄负责第 7 章,王泉明、蒋亚琪负责第 8、9 章。

以后编写组又召开了两次研讨会,确定了第三版的修改框架,并对修改内容集体审阅:原 5.2 节"价电子对互斥理论",该内容已下放到中学,故删去这节,增补一节"常见分子化学键",由林梦海撰写。5.3 节关于"共轭效应"与"芳香性"增加内容,由这方面专家吕鑫撰写。原 6.7 节"氢键"根据学科发展进行补充,并邀请熟悉超分子的专家王泉明撰写了 6.8 节"超分子化学"。在胡盛志指导下,谢兆雄根据晶体概念的发展,对第 7 章内容进行反复修改与补充。熟悉金属理论的谭凯改写了 8.1 节"金属键理论"。8.4 节"合金的结构",根据集体意见增补了大量素材。根据诺贝尔奖宣传提纲,对原 8.5 节"准晶"进行修改,并调整到 7.6 节。9.4 节和 9.5 节,根据集体意见,林梦海增补了许多素材。在 9.6 节"功能材料晶体"后面增添了 9.7 节"有机晶体"。蒋亚琪绘制了大量精美的晶体结构图,谭凯绘制了许多分子结构图。编写组请吴安安、苏培峰分别撰写了"生物分子晶体"、"密度泛函理论"等内容。谢兆雄还修订了附录 7 的内容。

本书源于卢嘉锡教授开创、厦门大学物构组六十多年的传承,编写组兢兢业业、不敢大意;本书与课程组设立的"结构化学"国家精品课程网站实现了与全国读者的互动联系,使编写组深受鼓舞与鞭策。我们只有用持续的努力,才能回报前辈的期待与读者的厚爱。

《结构化学》编写组
2014 年 4 月于厦门

第二版前言

《结构化学》自 2004 年出版后，得到众多读者厚爱，连续印刷 4 次，第二版被教育部定为"普通高等教育'十一五'国家级规划教材"。

这次修订再版，对第 1、2、4、6 章进行了修改、补充，第 7 章重新撰写，第 8 章也有部分内容重新编写。全书习题根据本校教学实践，并参考国内外相关教材，进行了大量筛选，重新编写。书后附录 7 和附录 8 也重新编写。

本次再版工作得到课程主讲教师谢兆雄、徐昕、曹泽星、蒋亚琪等老师的大力支持，提出了许多宝贵意见。谢兆雄老师编写了第 7 章和附录 7，林梦海老师编写了其余部分。校对工作得到蒋亚琪、谭凯老师大力支持，出版过程中丁里编辑等付出了辛勤劳动，在此一并表示感谢。

由于时间仓促，而且一些习题初次使用，定有不妥之处，恳请同行、读者指正。

林梦海　谢兆雄

2008 年 5 月于厦门大学

第一版前言

结构化学(原称"物质结构")是卢嘉锡先生于 20 世纪 50 年代从国外归来后,为厦门大学化学系开设的一门基础课。他精心组织教材,撰写教案,并建立模型实验室,使学生受益匪浅。以后,张乾二教授接班讲授"物质结构"。60 年代,他们编写讲义并在厦门大学开办"物质结构"研讨班,为全国培养了一批结构化学人才。60~90 年代,林连堂、胡盛志、施彼得、周牧易、王银桂等教授先后讲授"结构化学",不断丰富与完善教学内容。近年,中青年教师执教,又增添了一些新的科研成果。本书是根据厦门大学半个世纪的教学积累,并吸收兄弟院校优秀教材的精华编写而成的。

结构化学是一门在原子、分子水平上讨论物质微观结构的课程。它以量子化学为基础,结合无机化学、有机化学的实验事实,讨论原子、分子的化学键理论。主要内容包括四大部分:量子力学基础、原子结构、分子结构(双原子、多原子分子)、晶体结构(金属、离子晶体)。通过学习使学生了解:"化学键决定结构,结构决定性质",从而在高层次上解释各种化学现象。

本书在编写过程中不仅注意描述的科学严密性,还注意内容的时代性。在分子结构中加入了 Hückel 图形理论、团簇纳米结构。固态结构主要介绍晶体结构,也适当介绍了准晶、非晶结构特点,还增加一些功能材料的结构介绍。本书中某些内容如"群的表示理论"、"配位场强场弱场方案"等,可能超过教学大纲要求,可作为学生加深原理理解、拓宽知识面的选学内容。

本书教材部分除 7.4 节、7.5 节为谢兆雄编写外,其余均由林梦海执笔编写,习题部分由林银钟编写。全书由张乾二先生审定。编写过程中文字输入得到王艺平、夏飞、李春森、林玉春等研究生的帮助,图片绘制得到洪家岁、王娴、曹志霁、柯宏伟等研究生大力支持,谢兆雄、徐昕、蒋亚琪、宋凌春、谭凯等老师认真进行校对工作。多媒体光盘由陈明旦、林银钟老师率王艺平、林玉春、张健、黄仲彪、李春森、蔡巍、洪家岁、林红、魏赞斌等同志制作。编写过程中还得到科学出版社王志欣、刘俊来、吴伶伶同志的大力支持,在此一并表示感谢。

由于执笔者水平有限,且时间仓促,定有不少失误,恳请同行批评指正。

林梦海　林银钟
2004 年 1 月于厦门

目　　录

第1章　量子力学基础

结构化学的理论基础是量子力学。量子力学是研究微观粒子(如电子、原子和分子等)运动规律的学科。量子力学的建立经历了由经典物理学到旧量子论,再由旧量子论到量子力学两个历史发展阶段。量子力学是现代物理学的基础理论之一,在化学中有广泛的应用。

1.1　量子力学的诞生

1.1.1　19 世纪末的物理学

经典物理学发展到 19 世纪末,已形成一个相当完善的体系。在经典力学方面有 Newton(牛顿)三大定律,热力学方面有 Gibbs(吉布斯)理论,电磁学方面有 Maxwell(麦克斯韦)方程统一解释电、磁、光等现象,而统计方面有 Boltzmann(玻尔兹曼)的统计力学。当时物理学家很自豪地说,物理学的问题基本解决了,一般的物理现象都可以从以上某一学说获得解释。但有几个物理实验还没找到解释的途径,而恰恰是这几个实验为我们打开了一扇通向微观世界的大门。

1.1.2　三个重要实验

1. 黑体辐射

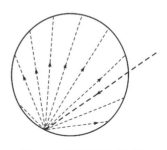

绝对黑体,或简称黑体,是热辐射线吸收能力最强的一种理想化物体,能够在任何温度下将辐射到它表面上的任何波长的能量全部吸收。实际物体没有绝对黑体,但在理论研究中可设计各种黑体。例如,一个器壁上开小孔的由不透明材料制成的空心容器。通过小孔进去的光线碰到内表面时部分吸收,部分漫反射,

图 1-1　黑体辐射示意图

反射光线再次被部分吸收和部分漫反射⋯⋯只有很小部分入射光有机会再从小孔中出来,如图 1-1 所示。

19 世纪末,人们已对黑体辐射实验进行了仔细测量,发现辐射强度对腔壁温度 T 的依赖关系,各种温度在不同波长处有一极大值 λ_{max}(图 1-2)。根据 Wien(维恩)定律 $\lambda_{max}T=C_0$,辐射强度与腔壁形状和材料无关。但还需要找出用波长与温度来表达能量的表达式。

1900 年 12 月 14 日,Planck(普朗克)在德国物理学会的一次会议上提出了黑体辐射定律的推导。在推导辐射强度作为波长和温度函数的理论表达式时,普朗克做了一个特别基本的假定,从而背离了经典物理学。这个假定的精髓可以说明如下:一个自然频率为 ν 的振子只能够取得或释放成包的能量,每包的大小为 $E=h\nu$,这里 h 是一个自然界的新的基本常数。根据这一假定,Planck 推导出一个表达式:

$$\frac{\lambda_{max}}{c}kT = \frac{C_0}{c}k = 0.2014h \tag{1-1}$$

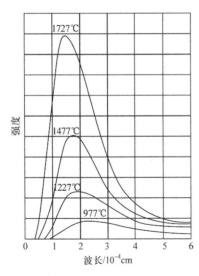

图 1-2　辐射强度对温度的依赖

Planck 本人在接受这个背离经典物理学的假定时是非常勉强的。在他做出伟大的发现之后，还一直试图在经典力学基础上解释黑体辐射现象。关于这些无效的努力，他后来说他并不认为它们是无用劳动，由于反复失败，他才最后相信：不可能在经典物理学内求得说明。

Planck 辐射定律完整的形式表达如下：

$$E(\lambda, T) = \frac{8\pi hc}{\lambda^5} \frac{1}{\exp(hc/\lambda kT) - 1} \qquad (1-2)$$

式中：$E(\lambda, T)$ 为黑体腔内在温度 T 和波长 λ 处单位波长间隔中的辐射能强度；k 为 Boltzmann 常量；c 为光速；h 为一个新的自然常量，等于 6.626×10^{-34} J·s，后人称之为 Planck 常量。因此，黑体辐射的能量是不连续的，只能为 $h\nu$ 的整数倍。Planck 能量量子化假设标志着量子理论的诞生。

2. 光电效应

物理学家进行的光电实验装置如图 1-3 所示。

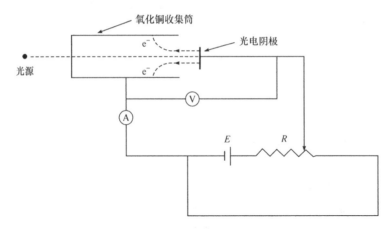

图 1-3　光电效应示意图

光照射在金属表面，某些时候有电子从表面逸出。令人惊奇的是：逸出电子的动能与光的强度无关，但却以非常简单的方式依赖于频率。增大光的强度，只增加了单位时间内发射的电子数，但不会增加电子的能量。经典力学对此难以解释。1905 年，Einstein（爱因斯坦）提出，如果光的行为是一束粒子流，每个光子具有能量 $h\nu$（ν 为频率），则以上结果可以解释。他预计从金属表面逸出的电子动能可用式(1-3)计算：

$$\frac{1}{2}mv^2 = h\nu - W \qquad (1-3)$$

式中：W 是一个电子逸出表面所需最低能量（也称功函数）。这种解释被实验所证实。

众所周知，早在 17 世纪对光的本性有 Newton 的微粒说与 Huygens（惠更斯）的波动说。由于光的衍射与干涉现象，波动说一度占上风。Einstein 又提出光子说，即光是波粒二象性的，圆满地解释了光电效应。光子学说的内容如下：

(1) 光是一束光子流,每一种频率的光的能量都有一个最小单位,称为光子,光子的能量与光子的频率成正比,即

$$\varepsilon = h\nu \tag{1-4}$$

式中:h 为 Planck 常量;ν 为光子的频率。

(2) 光子不但有能量,还有质量(m),但光子的静止质量为零。按相对论的质能方程,即

$$\varepsilon = mc^2 \tag{1-5}$$

光子的质量为 $m = h\nu/c^2$,所以不同频率的光子有不同的质量。

(3) 光子具有一定的动量(P),$P = mc = h\nu/c = h/\lambda$,光子有动量在光压的实验中得到证实。

(4) 光的强度取决于单位体积内光子的数目,即光子密度。

光子说能解释实验观测的结果:当 $h\nu < W$ 时,电子没有足够能量逸出金属表面,不发生光电效应;$h\nu = W$ 时,光子的频率 ν 为产生光电效应的临界频率;$h\nu > W$ 时,金属中逸出电子具有一定动能,它随 ν 的增加而增加。

Planck 黑体辐射与 Einstein 的光电效应联系起来,称为 Planck-Einstein 关系式,即

$$E = h\nu = \frac{hc}{\lambda} \tag{1-6}$$

3. 原子光谱

1911 年,Rutherford(卢瑟福)提出原子结构模型,即原子由原子核与电子组成,原子核是一个很小的带正电的核,电子带负电绕核旋转。按照经典力学,原子不可能是一个静止体系,电子与核的电场相互作用,不断辐射能量,最后将螺旋状地落入原子核。但从原子光谱观察,在没有外力作用时,原子不发生辐射;受到光、电等作用时,原子也只发射自己特有的频率,不会连续辐射。

氢原子在可见光区观察到四种波长的谱线(图 1-4),以后又发现红外、紫外区的其他谱线。Balmer(巴尔麦)、Rydberg(里德伯)等发现它们符合式(1-7):

$$\frac{1}{\lambda} = R\frac{1}{n_i^2 - n_j^2} \qquad (n_j = 1, 2, \cdots) \tag{1-7}$$

式中:R 为 Rydberg 常量。

为了解释原子光谱,1913 年玻尔(Bohr)提出原子结构理论,该理论基于经典力学。为了解释电子不致落入原子核,Bohr 引入一个量子条件——电子所处的轨道是一些特别的轨道,只有吸收或放出能量与 Planck-Einstein 关系式相符,电子才能从一个轨道跃迁到另一个轨道。

黑体辐射、光电效应和原子光谱等实验事实表明,对于微观体系的运动,经典物理学已完全不能适用。以普朗克的量子论、爱因斯坦的光子学说和玻尔的原子模型方法为代表的理论称为旧量子论。旧量子论尽管解释了一些简单的现象,但是无法推广到一般的复杂的情况。这是由于旧量子论并没有完全放弃经典物理学的方法,只是在其中加入了量子化的假定。然而,量子化概念本身与经典物理学之间是不相容的。为了解释微观粒子的运动规律,物理学需要全新的理论,这就是量子力学。

物质波是量子力学从建立到完成过程中起决定性作用的基本概念之一。

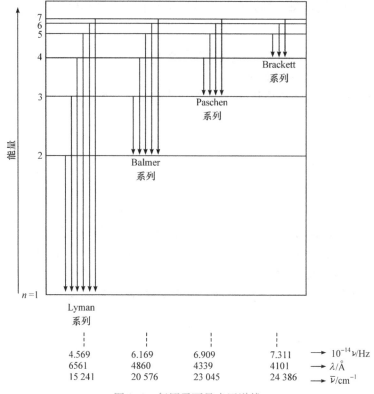

图 1-4　氢原子可见光区谱线

1.1.3 德布罗意物质波

Einstein 为了解释光电效应提出了光子说,即光子是具有波粒二象性的微粒,这一观点在科学界引起很大震动。1924 年,年轻的法国物理学家 de Broglie(德布罗意)由此受到启发,大胆提出这种现象不仅对光的本性如此,而且也可能适用于其他微粒。他说:"整个世纪来,在光学上,比起波动研究方法,是过于忽略了粒子的研究方法;在实物理论上,是否发生了相反的错误呢?是不是我们把粒子的图像想得太多,而忽略了波的图像?"从这种思想出发,de Broglie 假定,适合光子的 $E=h\nu$ 和 $\lambda=\dfrac{h}{P}$,也适用于电子和其他实物微粒。根据这些公式,de Broglie 预言电子的波长在 $10^{-10}\mathrm{m}$ 数量级。

1927 年,Davisson(戴维逊)和 Germer(革末)的电子衍射实验证实了 de Broglie 的假设。电子的 de Broglie 波长为

$$\lambda = \frac{h}{P} = \frac{h}{mv} \tag{1-8}$$

电子运动速度由加速电子运动的电势 V 决定,即 $T=\dfrac{1}{2}mv^2=eV$,故

$$\lambda = \frac{h}{\sqrt{2meV}} \tag{1-9}$$

Davisson 等估算了电子的运动速度,若将电子加压到 1000V,电子波长应为几十皮米,这样尺寸的波长一般光栅无法检验出它的波动性。他们联想到这一尺寸恰是晶体中原子间距,所以选择了金属 Ni 的单晶为衍射光栅。将电子束加速到一定速度去轰击金属 Ni 的单晶靶,

观察到完全类似 X 射线的衍射图案,证实了电子确实具有波动性。图 1-5 为电子射线通过 CsI 薄膜时的衍射图案,一系列的同心圆称为衍射。

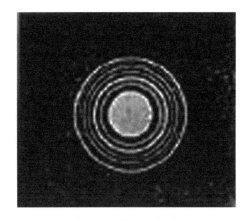

这是首次用实验证实 de Broglie 物质波的存在。后来采用中子、质子、氢原子等各种粒子流,都观察到了衍射现象,证明了不仅光子具有波粒二象性,微观世界中的所有微粒都具有波粒二象性,波粒二象性是微观粒子的一种基本属性。微观粒子既没有明确的外形,又没有确定的轨道,我们得不到一个粒子、一个粒子的衍射图案,只能用大量的微粒流做衍射实验。实验开始时,只能观察到照相底片上一个

图 1-5　电子衍射图

个点,未形成衍射图案,等到时间足够长、通过粒子数目足够多时,照片才能显出衍射图案,显示出波动性。可见,微观粒子的波动性是一种统计行为。

微粒物质波与宏观的机械波(水波、声波)不同,机械波是介质质点的振动产生的;与电磁波也不同,电磁波是电场与磁场的振动在空间的传播(图 1-6)。微粒物质波只能反映微粒出现概率,故也称为概率波。为了证实电子、中子等微粒具有物质波而设计的电子衍射、中子衍射实验,后来发展为测定晶态、非晶态等物质结构的有力工具,成为 X 射线衍射实验的补充。

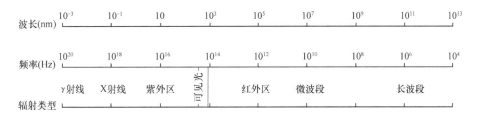

图 1-6　不同类电磁波的波长与频率

1.1.4　测不准原理

1. 宏观粒子与微观粒子的异同点

经典力学中用轨迹描述物体的运动,即用物体的坐标位置和运动速度(或动量)随时间的变化来描述物体的运动,因此需要能够同时准确确定物体的坐标和速度。经典力学只适用于描述宏观粒子的运动。

宏观粒子和微观粒子的共同点:都具有质量、能量和动量,服从能量守恒定律和动量守恒定律,都具有波粒二象性。

它们的不同之处在于:宏观粒子波动性不明显,其坐标和速度可同时准确测定,有确定的运动轨迹,可以用经典力学来描述。微观粒子波动性显著,其坐标和速度不可能同时准确测定,没有确定的运动轨迹,不能用经典力学来描述。

2. 测不准原理的提出

设坐标测不准量为 Δx,动量测不准量为 ΔP_x,Heisenberg(海森伯)提出,两个测不准量的

乘积满足下列不等式：

$$\Delta x \Delta P_x \geqslant h/4\pi \tag{1-10}$$

物理学家发现，不仅坐标与动量这一对物理量有这种测不准的关系，在能量与时间这一对物理量中也存在同样的关系：

$$\Delta E \Delta t \geqslant h/4\pi \tag{1-11}$$

这说明测不准原理在微观世界是一个普遍规律。

3. 测不准原理的应用

宏观世界是由宏观量的微观体系组成的。既然微观体系有测不准原理，那么在宏观体系也应该存在。这种观点是正确的，但由于宏观、微观数量级相差太大，因此测不准原理在宏观体系中感觉不出来。

例如，在原子、分子中运动的电子，质量为 9.1×10^{-31} kg，速率约 10^6 m·s^{-1}，根据测不准原理 $\Delta x \approx \dfrac{h}{\Delta P_x} = \dfrac{6.626\times10^{-34}\text{J}\cdot\text{s}}{9.1\times10^{-31}\text{kg}\times10^6\text{m}\cdot\text{s}^{-1}} = 7.28\times10^{-10}$ m，电子位置的"测不准"程度为 10^{-10} m 数量级。这一尺寸是分子中原子间距的尺寸，这样的误差显然是不能忽略的。在宏观世界中，即使是一个微尘（质量 $m\approx10^{-10}$ kg），运动速率约 10^{-2} m·s^{-1}。根据测不准原理 $\Delta x \approx \dfrac{h}{\Delta P_x} = \dfrac{6.626\times10^{-34}\text{J}\cdot\text{s}}{10^{-10}\text{kg}\times10^{-2}\text{m}\cdot\text{s}^{-1}} = 6.626\times10^{-22}$ m，微尘的位置不确定量为 10^{-22} m，比原子间距还要小 12 个数量级，在宏观世界当然不被觉察。测不准原理既是微观世界的一个独特现象，也作为是否要用量子力学处理体系的区分依据。若从测不准原理计算获得该体系测不准量相对很小，就用经典力学来处理；若测不准量不可忽略，则必须用量子力学来研究该体系。

1.2 量子力学的基本假设

量子力学的基本假设像几何学中的公理一样，是不能被证明的。公元前 300 年，Euclid（欧几里得）按照公理方法写出《几何原本》一书，奠定了几何学的基础。20 世纪 20 年代，Dirac（狄拉克）、Heisenberg、Schrödinger（薛定谔）等在量子力学假设的基础上构建了整个量子力学大厦。

假设虽然不能直接证明，但也不是凭科学家主观想象出来的，它来源于实验，并不断被实验所证实。

1.2.1 假设Ⅰ——状态波函数和概率

微观体系的任何状态都可以用一状态波函数 φ 来表示。微观粒子无准确的外形，无确定的运动轨迹，都具有波粒二象性。为了描述它们的运动状态和在空间出现的概率可能性，而选择状态波函数 φ 来表示。φ 是体系包含的所有微粒的坐标 $(q_1, q_2, q_3, \cdots, q_n)$ 和时间 t 的函数，即状态函数随坐标与时间两个变量变化，即

$$\varphi \equiv \varphi(q_1, q_2, q_3, \cdots, q_n, t) \tag{1-12}$$

对一个处于三维直角坐标空间的粒子，状态波函数表示为 $\varphi(x, y, z, t)$，而在球坐标空间表示为 $\varphi(r, \theta, \phi, t)$。

（1）为使状态波函数有确定的物理意义，数学上要求波函数满足单值、连续、平方可积三个条件。

（i）单值条件。波函数与其复共轭的乘积，表示该微观体系在空间的概率分布，所以 φ 必须是单值函数，否则粒子在空间将出现不确定性。

（ii）连续性。状态波函数 φ 在坐标变化的全部范围内必须是连续的，因 Schrödinger 方程是二阶微分方程，若函数不连续，就无法得到二阶微商。

（iii）平方可积。在量子力学中要得到某体系力学量的平均值，需对波函数进行积分。

（2）概率与概率密度。状态波函数 φ 与它的复共轭的乘积 $\varphi^* \varphi$ 是一个概率分布函数，称为概率密度。$\varphi^*(q,t)\varphi(q,t)$ 表示某时刻 t，一个坐标为 q 的粒子在 $-\infty < q < +\infty$ 运动的概率分布函数。$\varphi^*(q,t)\varphi(q,t)\mathrm{d}\tau$ 表示：处在 $\varphi(q,t)$ 状态的粒子在 t 时刻，在体积元 $\mathrm{d}\tau$ 内出现的概率。每个体系或每个粒子在整个空间出现的概率之和必须等于 1。因此，波函数需满足归一化条件，即

$$\int_{-\infty}^{\infty} \varphi^* \varphi \mathrm{d}\tau = 1$$

（3）在本书中，通常只讨论与时间无关的状态，或在某一时刻的状态，也称定态。这时状态波函数只与坐标有关。三维空间中 n 个粒子体系的状态波函数为 $\varphi(x_1, y_1, z_1, x_2, y_2, z_2, \cdots, x_n, y_n, z_n)$。

例如，氢（H）原子的 1s 轨道波函数为（详见 2.2 节）

$$\varphi_{1s}(\mathrm{H}) = \frac{1}{\sqrt{\pi a_0^3}} \mathrm{e}^{-\frac{r}{a_0}} \qquad (a_0 \text{ 为 Bohr 半径})$$

对 1s 电子的概率密度在整个空间求积分：$\int_{-\infty}^{\infty} \varphi_{1s}^* \varphi_{1s} \mathrm{d}\tau$。

直角坐标系中，体积元 $\mathrm{d}\tau = \mathrm{d}x\mathrm{d}y\mathrm{d}z$，球极坐标中 $\mathrm{d}\tau = r^2 \sin\theta \mathrm{d}r \mathrm{d}\theta \mathrm{d}\phi$，则

$$\int_{-\infty}^{\infty} \varphi^* \varphi \mathrm{d}\tau = \frac{1}{\pi a_0^3} \int_0^{2\pi} \int_0^{\pi} \int_0^{\infty} \mathrm{e}^{-\frac{2r}{a_0}} r^2 \sin\theta \mathrm{d}r \mathrm{d}\theta \mathrm{d}\phi$$

首先对 θ、ϕ 积分，有

$$\int_{-\infty}^{\infty} \varphi^* \varphi \mathrm{d}\tau = \frac{4\pi}{\pi a_0^3} \int_0^{\infty} \mathrm{e}^{-\frac{2r}{a_0}} r^2 \mathrm{d}r$$

令 $y = \frac{2r}{a_0}$，有

$$\int_{-\infty}^{\infty} \varphi^* \varphi \mathrm{d}\tau = \frac{1}{2} \int_0^{\infty} \mathrm{e}^{-y} y^2 \mathrm{d}y$$

可求得该积分的值为 1。说明 H 原子的 1s 电子在整个实空间出现的概率和为 1。

若两个状态波函数 φ_i^* 与 φ_j 乘积对整个空间取积分等于 0，即

$$\int_{-\infty}^{\infty} \varphi_i^* \varphi_j \mathrm{d}\tau = 0$$

称这两个函数是相互正交的。

H 原子在不同状态的波函数，如 1s 与 2s、2s 与 2p 等是相互正交的，举个例子，因为

$$\varphi_{2s} = \frac{1}{\sqrt{32\pi a_0^3}} \mathrm{e}^{-\frac{r}{2a_0}} \left(2 - \frac{r}{a_0}\right)$$

所以

$$\int_{-\infty}^{\infty} \varphi_{1s}^{*} \varphi_{2s} \mathrm{d}\tau = \frac{1}{4\sqrt{2}\pi a_0^3} \int_0^{2\pi} \int_0^{\pi} \int_0^{\infty} \mathrm{e}^{-\frac{r}{a_0}} \mathrm{e}^{-\frac{r}{2a_0}} \left(2 - \frac{r}{a_0}\right) r^2 \sin\theta \mathrm{d}r \mathrm{d}\theta \mathrm{d}\phi$$

$$= \frac{4\pi}{4\sqrt{2}\pi a_0^3} \int_0^{\infty} \mathrm{e}^{-\frac{3r}{2a_0}} r^2 \left(2 - \frac{r}{a_0}\right) \mathrm{d}r$$

$$= \frac{1}{\sqrt{2}a_0^3} \left(\int_0^{\infty} 2\mathrm{e}^{-\frac{3r}{2a_0}} r^2 \mathrm{d}r - \int_0^{\infty} \mathrm{e}^{-\frac{3r}{2a_0}} \frac{r^3}{a_0} \mathrm{d}r\right)$$

$$= 0$$

1.2.2 *假设Ⅱ——力学量与线性自共轭算符*

算符是规定运算操作性质的符号。对于微观体系的每一个可观察的物理量,有一个对应的线性自共轭(Hermite)算符。

$\frac{\mathrm{d}}{\mathrm{d}x}$、sin、log、+、－等是我们熟悉的算符。在量子力学中,用一些特殊的算符来表示物理量。这些算符与状态波函数构成了量子力学体系,所以描写力学量的算符必须满足线性和自共轭两个条件:

(1) 一个算符若满足加法结合律与乘法分配律,则称为线性算符,即

$$\hat{R}(\varphi_1 + \varphi_2) = \hat{R}\varphi_1 + \hat{R}\varphi_2 \qquad \hat{R}(c\varphi) = c(\hat{R}\varphi) \tag{1-13}$$

(2) $\hat{R}$ 若满足式(1-14),则称为自共轭算符,即

$$\int \varphi_1^{*} \hat{R}\varphi_2 \mathrm{d}\tau = \int \varphi_2 (\hat{R}\varphi_1)^{*} \mathrm{d}\tau \tag{1-14}$$

量子力学需要用线性自共轭算符,是要保证算符所对应的本征函数的本征值为实数。若干力学量与算符见表1-1。

表1-1 若干力学量与算符

力学量		算符
坐标	x	$\hat{x} = x$
动量的 x 轴分量	P_x	$\hat{P}_x = -\frac{ih}{2\pi} \frac{\partial}{\partial x}$
角动量的 z 轴分量	$M_z = xP_y - yP_x$	$\hat{M}_z = -\frac{ih}{2\pi}\left(x\frac{\partial}{\partial y} - y\frac{\partial}{\partial x}\right)$
动能	$T = P^2/2m$	$\hat{T} = -\frac{h^2}{8\pi^2 m}\left(\frac{\partial^2}{\partial x^2} + \frac{\partial^2}{\partial y^2} + \frac{\partial^2}{\partial z^2}\right) = -\frac{h^2}{8\pi^2 m}\nabla^2$
势能	V	$\hat{V} = V$
总能	$E = T + V$	$\hat{H} = -\frac{h^2}{8\pi^2 m}\nabla^2 + \hat{V}$

注:∇^2 为 Laplace(拉普拉斯)算符,表示对各坐标分量二级微商,下同。

由于量子力学中的算符并不满足乘法交换律,因此使用时要注意算符的前后次序。当算符前后交换后,计算结果不变时,我们说这两个算符所对应的物理量可同时测定,它们有共同的本征函数。当计算结果不同时,则说明这两个算符不能对易。

例如,坐标算符 $\hat{x}$ 和动量算符 $\hat{P}_x$,当它们先后作用在函数 $\varphi(x)$ 上:

$$\hat{x}\hat{P}_x\varphi(x) = x\left(-i\hbar\frac{\partial}{\partial x}\right)\varphi(x) = -i\hbar x\varphi'(x)$$

$$\hat{P}_x\hat{x}\varphi(x) = -i\hbar\frac{\partial}{\partial x}[x\varphi(x)] = -i\hbar\varphi(x) - i\hbar x\varphi'(x)$$

我们发现两者结果是不同的。这结果告诉我们坐标与动量不能同时测定。这也是测不准原理的另一种说明(其中 $\hbar = \dfrac{h}{2\pi}$)。

推论 1　若两个力学量可同时测定,则说明两个力学量对应的算符可以对易。

我们可用 Poisson(泊松)方括检测算符间的对易关系,若 F、G 两个力学量所对应的算符可以对易(Poisson 方括数值为 0),则这两个力学量可同时测定,它们具有共同的本征函数,同时有确定的本征值;反之,Poisson 方括不为 0。

$$[\hat{F}, \hat{G}] = \hat{F}\hat{G} - \hat{G}\hat{F} = 0 \tag{1-15}$$

1.2.3　假设Ⅲ——Schrödinger 方程

假设能量算符和时间没有关系,能量算符 $\hat{H}$ 作用在某个状态波函数 φ 上,等于某个常数 E 乘以该状态波函数,即

$$\hat{H}\varphi = E\varphi$$

这是不含时 Schrödinger 方程的表示形式。该 Schrödinger 方程是一个本征方程。φ 所描述的与时间无关微观体系(也称定态),能量具有确定的数值 E,E 称为 $\hat{H}$ 算符的本征值,φ 称为 $\hat{H}$ 的本征函数。更一般的含时 Schrödinger 方程为 $\hat{H}\varphi = i\hbar\dfrac{\partial\varphi}{\partial t}$,但结构化学课程一般不涉及。

本征方程是数学方程的一种。它的特点是算符是已知的,但状态函数与本征值都是未知的。一个方程中有多个未知数,故要用专门的数学解法。以后研究原子、分子的电子结构都会遇到 Schrödinger 方程。首先要写出适合各种微观体系的 Schrödinger 方程。通过解该方程,得到微观体系的能量和状态波函数——原子轨道或分子轨道。

现以 H 原子的 Schrödinger 方程为例,说明如何写出 Hamilton 算符 $\hat{H}$。从经典力学得知,总能量可表示为动能与势能之和,量子力学也是如此。公式如下:

$$\hat{H} = \hat{T} + \hat{V} \tag{1-16}$$

动能又可以写成

$$\hat{T} = \frac{1}{2}mv^2 = \frac{\hat{P}^2}{2m} \tag{1-17}$$

因为 $\hat{P}_x = -i\hbar\dfrac{\partial}{\partial x}$,有

$$\hat{P}^2 = \hat{P}_x^2 + \hat{P}_y^2 + \hat{P}_z^2 = -\hbar^2\left(\frac{\partial^2}{\partial x^2} + \frac{\partial^2}{\partial y^2} + \frac{\partial^2}{\partial z^2}\right) = -\hbar^2\nabla^2$$

H 原子中的势能是原子核与电子间的静电势,与核、电子电量成正比,与核与电子间距成反比,即

$$\hat{V} = \frac{Ze^2}{4\pi\varepsilon_0 r} \tag{1-18}$$

氢原子的能量算符 $\hat{H}$ 由原子核、电子的动能项与势能项组成,即

$$\hat{H} = -\frac{\hbar^2}{2M}\nabla_n^2 - \frac{\hbar^2}{2m}\nabla_e^2 + \hat{V}$$

式中:M 与 m 分别为核与电子的质量。

复杂的体系有多个核与许多电子,我们可对所有的核与电子的动能求和,势能项则包括电子-电子之间的排斥能、核-核之间的排斥能、电子与核之间的吸引能,即

$$\hat{H} = \sum_{\alpha} \left(-\frac{\hbar^2}{2M_\alpha} \nabla_\alpha^2\right) + \sum_{i} \left(-\frac{\hbar^2}{2m_i} \nabla_i^2\right) + \hat{V}_{\text{e-e}} + \hat{V}_{\text{n-n}} + \hat{V}_{\text{n-e}} \tag{1-19}$$

解 Schrödinger 方程要根据方程的具体情况而定,简单体系可能是二阶线性微分方程,可求其通解,再通过边界条件等得到特解,较复杂体系要用幂级数解法或特殊函数法。复杂体系一般要做许多近似后,求近似解。

1.2.4 假设Ⅳ——态叠加原理

若 $\varphi_1, \varphi_2, \cdots, \varphi_n$ 为某一微观体系的可能状态,由它们线性组合所得的 ψ 也是该体系可能存在的状态,即

$$\psi = c_1\varphi_1 + c_2\varphi_2 + c_3\varphi_3 + \cdots + c_n\varphi_n = \sum_i c_i\varphi_i \tag{1-20}$$

组合系数 c_i 的大小反映了波函数 ψ 中各个 φ_i 的贡献,c_i 越大,φ_i 在 ψ 中的贡献越大。

态叠加原理是微观世界的独特现象,与经典物理无法类比。它告诉我们,体系的状态函数不是唯一的。一组原子轨道或分子轨道,经过态的叠加,可用另外一种形式来表示。

推论 2　力学量的平均值。

设力学量 $\hat{R}$ 的一组本征函数为 $\varphi_1, \varphi_2, \cdots, \varphi_n$,它们所对应的本征值分别为 $r_1, r_2, \cdots, r_n$,即

$$\hat{R}\varphi_i = r_i\varphi_i \tag{1-21}$$

当体系处于本征态 ψ(且 ψ 已归一化)

$$\psi = \sum_i c_i\varphi_i$$

力学量 $\hat{R}$ 的平均值为

$$\begin{aligned}
\langle r \rangle &= \int \psi^* \hat{R}\psi \mathrm{d}\tau = \int \left(\sum_i c_i^* \varphi_i^*\right) \hat{R} \left(\sum_i c_i\varphi_i\right) \mathrm{d}\tau \\
&= \int \left(\sum_i c_i^* \varphi_i^*\right) \cdot \sum_i (c_i r_i\varphi_i) \mathrm{d}\tau \\
&= \sum_i (c_i)^2 r_i \int \varphi_i^* \varphi_i \mathrm{d}\tau \\
&= \sum_i |c_i|^2 r_i
\end{aligned} \tag{1-22}$$

当体系处于非本征态,可用积分计算力学量的平均值

$$\langle r \rangle = \int \psi^* \hat{R}\psi \mathrm{d}\tau \tag{1-23}$$

推论 3　自共轭算符的本征值为实数。

$$\hat{A}\psi = a\psi \qquad \hat{A}\psi^* = a^*\psi^*$$

根据自共轭算符定义:

$$\int \psi^* \hat{A}\psi \mathrm{d}\tau = \int \psi(\hat{A}\psi)^* \mathrm{d}\tau$$

$$左边 = \int \psi^* a\psi \mathrm{d}\tau = a \int \psi^* \psi \mathrm{d}\tau$$

$$右边 = \int \psi a^* \psi^* \mathrm{d}\tau = a^* \int \psi\psi^* \mathrm{d}\tau$$

所以

$$a = a^*$$

即自共轭算符本征值 a 为实数。

1.2.5 假设 V——Pauli 不相容原理

在同一原子轨道或分子轨道上,至多只能容纳两个电子,这两个电子的自旋状态必须相反。或者说两个自旋相同的电子不能占据相同的轨道。

19 世纪末到 20 世纪初,Zeeman(塞曼)、Stern(斯特恩)等分别在光谱实验中发现:H、Li、Ag 等只含一个价电子的原子光谱经过一个不均匀磁场后,谱线分为两条。光谱的精细结构说明电子除了空间轨道运动外还有其他运动。1925 年,Uhlenbeck(乌伦贝克)和 Goudsmit(古德斯米特)提出电子自旋的假设,认为电子具有自旋运动,具有固定的角动量和相应的磁矩。描述电子运动的状态波函数除包括空间坐标外,还包括自旋坐标(s)。一个含有 n 个电子体系的完全波函数(定态)为

$$\varphi(q_1, q_2, \cdots, q_n) = \varphi(x_1, y_1, z_1, s_1, x_2, y_2, z_2, s_2, \cdots, x_n, y_n, z_n, s_n)$$

以上为量子力学的基本假设和推论,已得到大量实验的检验,证明它是正确的。

1.3 量子力学的简单应用

1.3.1 一维势箱中的自由粒子

为了说明量子力学处理问题的方法、步骤及量子力学的一些概念,现以一维势箱中的自由粒子为例,说明如何求解 Schrödinger 方程,从而获得状态本征函数与能量本征值。

1. Schrödinger 方程

有一势箱如图 1-7 所示,势箱长度为 l,箱内势能 $V=0$,箱外势能为无穷大,粒子可在箱中自由运动,坐标变化范围为 $0<x<l$,Schrödinger 方程为

$$\hat{H}\psi = E\psi$$

其中

$$\hat{H} = \hat{T} + \hat{V}$$

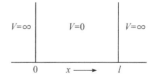

图 1-7　一维势箱的势能函数

箱中 $V=0$,所以能量全部为动能,即

$$T = \frac{P^2}{2m} = -\frac{h^2}{8\pi^2 m} \frac{\mathrm{d}^2}{\mathrm{d}x^2}$$

$$-\frac{h^2}{8\pi^2 m} \frac{\mathrm{d}^2\psi}{\mathrm{d}x^2} = E\psi$$

整理后,得

$$\frac{\mathrm{d}^2\psi}{\mathrm{d}x^2} + \frac{8\pi^2 mE}{h^2}\psi = 0$$

这属于二阶常系数微分方程 $y'' + py' + qy = 0$,它的特征方程 $r^2 + pr + q = 0$。

当 r_1、r_2 为实根时,通解为

$$y = c_1 e^{r_1 x} + c_2 e^{r_2 x}$$

当 r_1、r_2 为复根时，有

$$r_1 = a + bi \qquad r_2 = a - bi$$

方程的通解为

$$y = e^{ax}(c_1 \cos bx + c_2 \sin bx)$$

现方程的根为

$$r = \pm \sqrt{q}i = \pm \sqrt{\frac{8\pi^2 mE}{h^2}}i$$

波函数通解为

$$\psi = c_1 \cos \sqrt{\frac{8\pi^2 mE}{h^2}}x + c_2 \sin \sqrt{\frac{8\pi^2 mE}{h^2}}x$$

根据边界条件：当 $x=0$ 和 $x=l$ 时，ψ 应为 0

$$\psi(0) = c_1 \cos(0) + c_2 \sin(0) = c_1 + 0 = 0 \qquad \Rightarrow c_1 = 0$$

$$\psi(l) = c_2 \sin\left(\frac{8\pi^2 mE}{h^2}\right)^{\frac{1}{2}} l = 0 \qquad c_2 \text{ 不能再为 } 0(\text{否则波函数就不存在了})$$

$$\sin\left(\frac{8\pi^2 mE}{h^2}\right)^{\frac{1}{2}} l = 0 \quad \Rightarrow \frac{8\pi^2 mE}{h^2} l^2 = n^2 \pi^2 \qquad (n \neq 0)$$

由此可得能量数值

$$E = \frac{n^2 h^2}{8ml^2}$$

再将 E 的数值代回 ψ

$$\psi = c_2 \sin \frac{n\pi x}{l}$$

然后用归一法定出 c_2

$$\int_0^l \psi^* \psi \, \mathrm{d}x = 1$$

令 $\frac{n\pi x}{l} = y$，有

$$c_2^2 \int_0^l \sin^2 \frac{n\pi x}{l} \mathrm{d}x = c_2^2 \frac{l}{n\pi} \int_0^{n\pi} \sin^2 y \mathrm{d}y$$

$$= c_2^2 \frac{l}{n\pi} \left(\frac{y}{2} - \frac{1}{4}\sin 2y\right)_0^{n\pi}$$

$$= c_2^2 \frac{l}{n\pi}\left(\frac{n\pi}{2} - 0\right)$$

$$= c_2^2 \frac{l}{2} = 1 \qquad \Rightarrow c_2 = \sqrt{\frac{2}{l}}$$

一维势箱中自由粒子状态波函数为

$$\psi = \sqrt{\frac{2}{l}} \sin \frac{n\pi x}{l}$$

2. 讨论

（1）体系的波函数与能量。

当 $n=1$ 时，体系处于基态

$$E_1 = \frac{h^2}{8ml^2} \qquad \psi_1 = \sqrt{\frac{2}{l}} \sin \frac{\pi x}{l}$$

当 $n=2$ 时，体系处于第一激发态

$$E_2 = \frac{4h^2}{8ml^2} \qquad \psi_2 = \sqrt{\frac{2}{l}} \sin \frac{2\pi x}{l}$$

当 $n=3$ 时，体系处于第二激发态

$$E_3 = \frac{9h^2}{8ml^2} \qquad \psi_3 = \sqrt{\frac{2}{l}} \sin \frac{3\pi x}{l}$$

……

据此，我们可绘出状态波函数与概率密度函数的示意图，如图 1-8 所示。

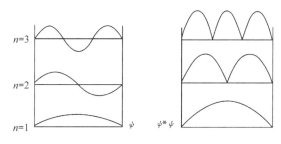

图 1-8　一维势箱内粒子的波函数与概率分布

讨论：势箱中自由粒子的波函数是正弦函数，基态时，长度 l 势箱中只包含正弦函数半个周期。随着能级升高，波函数的节点（零点）越来越多。概率分布函数告诉我们自由粒子在势箱中出现的概率大小。例如，基态时，粒子在 $x=\frac{l}{2}$ 处出现概率最大。第一激发态，粒子在 $x=\frac{l}{2}$ 处出现概率为 0，在 $x=\frac{l}{4}$、$\frac{3l}{4}$ 处出现概率最大。

（2）小结。从一维势箱中自由粒子的实例可看出量子力学处理微观体系的一般步骤：

（i）首先写出 Schrödinger 方程的 $\hat{H}$。$\hat{H}$ 由动能与势能两个部分组成。n 个粒子的动能通式为 $-\sum\limits_{i} \frac{h^2}{2m_i} \nabla_i^2$，势能根据不同情况而异。

（ii）简单体系的 Schrödinger 方程为二阶线性微分方程，可先解出通解。

（iii）根据边界条件定出通解中的待定系数，并用边界条件求解能量本征值。

（iv）能量代回通解，并用归一化得到状态波函数。

（v）根据状态波函数和能量讨论体系的稳定性、概率分布、能级高低。

1.3.2　三维势箱中的自由粒子

1. 三维势箱中的粒子

将一维势箱结果推广到三维立方势箱，即势能函数 V 在 $0<x<a$，$0<y<b$，

$0<z<c$ 范围为 0,在边界处至边界外势能函数 V 上升至 ∞,总波函数由三个方向波函数相乘而得,即

$$\psi(x,y,z) = X(x)Y(y)Z(y)$$

总能量也可分解为三个方向的分量

$$E = E_x + E_y + E_z$$

Schrödinger 方程可表示为

$$-\frac{h^2}{8\pi^2 m}\nabla^2\psi = E\psi$$

$$-\frac{h^2}{8\pi^2 m}\left(\frac{\partial^2}{\partial x^2} + \frac{\partial^2}{\partial y^2} + \frac{\partial^2}{\partial z^2}\right)\psi = (E_x + E_y + E_z)\psi$$

方程可按 x,y,z 三个方向分解,同理可解得

$$X(x) = \sqrt{\frac{2}{a}}\sin\frac{n_x\pi x}{a} \qquad Y(y) = \sqrt{\frac{2}{b}}\sin\frac{n_y\pi y}{b} \qquad Z(z) = \sqrt{\frac{2}{c}}\sin\frac{n_z\pi z}{c}$$

$$\psi(x,y,z) = \sqrt{\frac{8}{abc}}\sin\frac{n_x\pi x}{a}\sin\frac{n_y\pi y}{b}\sin\frac{n_z\pi z}{c}$$

$$E = E_x + E_y + E_z = \frac{h^2}{8m}\left(\frac{n_x^2}{a^2} + \frac{n_y^2}{b^2} + \frac{n_z^2}{c^2}\right)$$

2. 立方势箱中的能量简并

当 $a = b = c$ 时

$$E = \frac{h^2}{8ma^2}(n_x^2 + n_y^2 + n_z^2) \qquad (n_x, n_y, n_z = 1, 2, \cdots)$$

当 $n_x = n_y = n_z = 1$ 时为基态

$$E_0 = \frac{3h^2}{8ma^2}$$

第一激发态 $n_i = n_j = 1, n_k = 2, E_1 = \dfrac{6h^2}{8ma^2}$,三个方向量子数取值为 $\begin{cases} 1 & 1 & 2 \\ 1 & 2 & 1 \\ 2 & 1 & 1 \end{cases}$。

第二激发态 $n_i = n_j = 2, n_k = 1, E_2 = \dfrac{9h^2}{8ma^2}$,三个方向量子数取值为 $\begin{cases} 2 & 2 & 1 \\ 2 & 1 & 2 \\ 1 & 2 & 2 \end{cases}$。

立方势箱中,能量最低值为 $\dfrac{3h^2}{8ma^2}$,也称为基态,这一能级仅与一种状态波函数相对应($n_x = n_y = n_z = 1$),称为非简并态能级。次低能级为 $\dfrac{6h^2}{8ma^2}$(也称第一激发态),它对应 (n_x, n_y, n_z) 三个量子数中的一个为 2、两个为 1 的三种状态的波函数,称之为三重简并。第二激发态对应的也是三重简并态。

1.3.3 应用

1. 利用已知的状态波函数,可求多种物理量的平均值

(1) 一维势箱中粒子沿 x 轴的动量,即

$$\langle P_x \rangle = \int_0^l \psi_n^* \hat{P} \psi_n \, \mathrm{d}x$$

$$= -\frac{2}{l} \int_0^l \sin\left(\frac{n\pi x}{l}\right) i\hbar \frac{\mathrm{d}}{\mathrm{d}x} \sin\left(\frac{n\pi x}{l}\right) \mathrm{d}x$$

$$= -\frac{ih}{\pi l} \frac{n\pi}{l} \int_0^l \sin\left(\frac{n\pi x}{l}\right) \cos\left(\frac{n\pi x}{l}\right) \mathrm{d}x$$

$$= -\frac{ihn}{l^2} \cdot \frac{1}{4} \int_0^l \sin\left(\frac{2n\pi x}{l}\right) \mathrm{d}\left(\frac{2n\pi x}{l}\right)$$

$$= \frac{ihn}{4l^2} \left[\cos\left(\frac{2n\pi x}{l}\right) \right]_0^l$$

$$= 0$$

（2）一维势箱中粒子的动量平方。动量平方 $\hat{P}^2$ 与能量算符 $\hat{H}$ 有共同本征函数，所以可直接求解本征方程。

$$\hat{P}^2 \psi = c\psi \qquad \left(-i\hbar \frac{\mathrm{d}}{\mathrm{d}x}\right)^2 \psi = c\psi \qquad -\frac{h^2}{4\pi^2} \frac{\mathrm{d}^2}{\mathrm{d}x^2} \psi = c\psi$$

$$左边 = -\frac{h^2}{4\pi^2} \frac{\mathrm{d}^2}{\mathrm{d}x^2} \left(\sqrt{\frac{2}{l}} \sin \frac{n\pi x}{l}\right)$$

$$= \frac{h^2}{4\pi^2} \frac{n^2\pi^2}{l^2} \left(\sqrt{\frac{2}{l}} \sin \frac{n\pi x}{l}\right)$$

$$= \frac{n^2 h^2}{4l^2} \psi = 右边$$

所以 $c = \dfrac{n^2 h^2}{4l^2}$，即动量平方的本征值为 $\dfrac{n^2 h^2}{4l^2}$。

2. 花青染料 π 电子的光谱跃迁

花青染料（一价正离子）通式为 $R_2\overset{\cdot\cdot}{N}\!\!\left(CH\!=\!CH\right)_{\pi}\!CH\!=\!\overset{+}{N}R_2$，共轭体系的键长近似为一维势箱的长度，π 电子可近似为自由粒子，n 个烯基有 $2n$ 个 π 电子，加上 N 原子上一对孤对电子，次甲基双键两个电子，体系带有 $2n+4$ 个 π 电子，占据 $(n+2)$ 个分子轨道，当吸收某种波长的光时，电子可从最高占据轨道第 $(n+2)$ 轨道跃迁到第 $(n+3)$ 轨道上，跃迁所需频率为

$$\nu = \frac{\Delta E}{h} = \frac{h}{8ml^2}\left[(n+3)^2 - (n+2)^2\right] = \frac{h}{8ml^2}(2n+5)$$

波长为 $\lambda = \dfrac{8ml^2 c}{h(2n+5)}$，实验测得烯基平均键长为 248pm。

$\lambda = 3.3 \times \dfrac{(248n+565)^2}{2n+5}$，$NR_2$ 和 $CH\!=\!\overset{+}{N}R_2$ 共长 565pm。

3 组理论计算波长与实验测得波长数据见表 1-2。

表 1-2　3 组理论计算波长与实验测得波长数据

n	$\lambda_{计算}$/nm	$\lambda_{实验}$/nm
1	311.6	309.0
2	412.8	409.0
3	514.0	511.0

由此可见，计算值与实验值符合得相当好。

1.4 量子力学的一些基本概念

1.4.1 全同粒子

1. 全同粒子的不可区分性

在经典力学中,一些全同粒子可能有相同的质量、相同的电量等,但宏观粒子在运动中都有自己的运动轨道,任何时刻可用粒子在空间中的坐标和动量来标记它们,虽然性质相同,但还是可以区别它们的。但在量子力学里,一些微观粒子,如一组电子、一组光子等,它们具有相同的质量、电量、自旋等,它们具有波粒二象性,服从测不准原理,在这样的全同粒子体系中,粒子是彼此不可区分的,当任意两个全同粒子交换时,我们无法观察到任何物理效应的变化。

2. 对称函数与反对称函数

微观系统状态可用波函数表示,一个由两个粒子组成的全同粒子体系可用 $\varphi(q_1, q_2)$ 表示,用 $\varphi(q_2, q_1)$ 表示两个粒子交换后的状态,根据不可区分性 $\varphi^2(q_1, q_2) = \varphi^2(q_2, q_1)$,这样 $\varphi(q_1, q_2) = \pm\varphi(q_2, q_1)$,取正号的函数称为对称函数,取负号的函数称为反对称函数。不是对称或反对称性质的波函数不能作为全同粒子的波函数。

对于两个全同粒子的讨论可推广到 n 个全同粒子系统,变化任意两个粒子是对称或反对称性的。

3. 费米子与玻色子

全同粒子波函数的对称与反对称性来源于粒子的自旋。全同粒子可分为两类。一类 n 个粒子以任何方式重新排列时,波函数总是保持不变,我们称它的函数为对称函数。这类粒子自旋为整数,运动行为服从 Bose-Einstein(玻色-爱因斯坦)统计规律,称为玻色子(Bosons),如光子等。另一类粒子在重新排列时,经过偶次交换波函数保持不变,经过奇次交换波函数改变符号,粒子的自旋为半整数,运动行为服从 Fermi-Dirac(费米-狄拉克)统计规律,称为费米子(Fermions),电子就属于费米子。

1.4.2 表象

1. 坐标表象和动量表象

1.2 节量子力学假设中,采用坐标 (x, y, z) 为自变量的波函数来描述微观粒子的状态,从坐标出发导出算符来表示力学量。这种表示方式在量子力学中称为 Schrödinger 表象或坐标表象。这种表示不是唯一的,在量子力学发展初期,Heisenberg 用动量为自变量的函数来描述状态,并用矩阵力学表示动量与能量等物理量之间的关系。后来发现这种表示与 Schrödinger 坐标表象是完全等价的。它称为 Heisenberg 矩阵力学,也称为动量表象。微观体系的同一状态用不同的描述方式,就是状态的不同表象,分别称为坐标表象、动量表象等。

2. 变换

正如几何学、经典力学中坐标系的选择不是唯一的,球坐标与直角坐标可以互相转换,坐标表象和动量表象也可以通过 Fourier(傅里叶)变换相互变换。若动量波函数为 $\phi(P)$,则它与坐标波函数 $\psi(x)$ 间的变换关系为

$$\phi(P) = \frac{1}{\sqrt{h}} \int_{-\infty}^{\infty} \psi(x) \exp\left(-\frac{i}{\hbar} P x\right) \mathrm{d}x \tag{1-24}$$

1.4.3　隧道效应

在一维势箱中,若箱壁的势垒不是无穷大,则在箱外发现粒子的概率不为零。粒子虽然不能越过势垒,但部分能穿透势垒跑出箱子,这就是隧道效应。

先讨论已知能量的运动粒子经过厚度为 a 的一维方势垒的散射问题。若粒子受到的势能为

$$V(x) = \begin{cases} V_0 & 0 < x < a \\ 0 & x < 0, x > a \end{cases} \tag{1-25}$$

在经典力学中,若粒子能量大于势垒,则全部粒子飞越势垒继续前进;若能量小于势垒,则全部粒子被势垒挡回来,没有粒子能透过势垒。但在量子力学中,微观粒子能量若高于势垒,除了大部分通过还有少部分为势垒所反射;即使粒子能量小于势垒,仍有一定概率的粒子穿透势垒,这是微观粒子特有的量子效应——隧道效应(图1-9)。

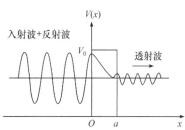

图 1-9　隧道效应示意图

将整个空间分为 3 个区域,相应的波函数分别为 ψ_1、ψ_2、ψ_3,满足的 Schrödinger 方程

$$\left.\begin{array}{l} -\dfrac{\hbar^2}{2m}\dfrac{\mathrm{d}^2\psi_1}{\mathrm{d}x^2} = E\psi_1 \quad (x<0) \\[3mm] -\dfrac{\hbar^2}{2m}\dfrac{\mathrm{d}^2\psi_2}{\mathrm{d}x^2} + V_0\psi_2 = E\psi_2 \quad (0<x<a) \\[3mm] -\dfrac{\hbar^2}{2m}\dfrac{\mathrm{d}^2\psi_3}{\mathrm{d}x^2} = E\psi_3 \quad (x>a) \end{array}\right\} \tag{1-26}$$

相应的波函数为

$$\psi_1 = A_1 e^{ik_1 x} + A_2 e^{-ik_1 x}$$

$$\psi_2 = B_1 e^{ik_2 x} + B_2 e^{-ik_2 x}$$

$$\psi_3 = C_1 e^{ik_3 x} + C_2 e^{-ik_3 x}$$

当粒子 E 大于 V_0 时,波函数各项分别表示入射波、反射波、透射波。

定义透射波与入射波密度概率比为透射系数 T,当粒子 E 小于 V_0 时,透射系数简化为

$$T = T_0 \exp\left[-\frac{2}{\hbar}\sqrt{2m(V_0-E)}\,a\right] \tag{1-27}$$

由式(1-27)可知,即使粒子能量小于势垒,透射系数也不会为零,粒子仍有一定概率穿过势垒。从式(1-27)可以看出:透射系数随粒子质量的增加、势垒加宽或增高而按指数递减,十分灵敏。为了对透射系数有个数量级的概念,以电子为例,取 $V_0-E=5\mathrm{eV}$,计算所得透射系数见表1-3。

表 1-3 计算所得透射系数

a/nm	0.1	0.2	0.5	1.0
T	0.1	1.2×10^{-2}	1.7×10^{-5}	3.0×10^{-10}

从表 1-3 可以看出,当势垒宽度 $a=0.x\text{nm}$ 时(原子线度),透射系数相当大,而当 $a=1\text{nm}$ 时,透射系数很小。所以,隧道效应只在一定条件下才比较显著,宏观实验中不易观察到。

隧道效应有广泛的应用。早期用隧道效应从理论上阐明放射性原子核 α 衰变现象。近年来,隧道效应又作为量子电子器件的理论基础而获得广泛应用。

20 世纪 80 年代,Binning 和 Rohrer 发明了扫描隧道显微镜(STM)。金属中的自由电子由于隧道效应可以贯穿金属表面的势垒。当两种金属靠得很近而未接触(间隙约 0.1nm),只要加上适当电压(毫伏级),就会产生隧道电流。

$$I \propto e^{-A\sqrt{Va}}$$

式中:V 为平均势垒;a 为两金属间隙;A 为常数。隧道电流 I 对 a 的变化十分敏感,当宽度 a 改变一个原子线度(约 0.3nm),隧道电流将改变 1000 倍。

图 1-10 为不同工作电压下得到的 Si(111)清洁重构表面的 STM 图像。

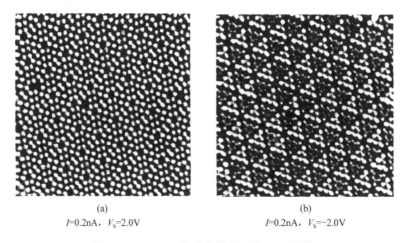

(a)   (b)

I=0.2nA, V_b=2.0V I=0.2nA, V_b=−2.0V

图 1-10 Si(111)清洁重构表面的 STM 图像

习 题 1

1.1 在黑体辐射中,将一个电热容器加热到不同温度,从一个针孔辐射出不同波长的波,它们的极大值如下:

$T/\text{℃}$	1000	1500	2000	2500	3000	3500
λ_{max}/nm	2181	1600	1240	1035	878	763

试从其推导 Planck 常量的数值。

1.2 在地球表面,太阳光的强度是 $1.0\times10^3\text{W}\cdot\text{m}^{-2}$,一个太阳能热水器水箱涂黑面直对阳光。按黑体辐射计算,热平衡时水箱内水温可达多少度(忽略水箱其他表面的热辐射)?

1.3 计算波长分别为 600nm(红光)、550nm(黄光)、400nm(蓝光)和 200nm(紫光)光子的能量。

1.4 某同步加速器,可把质子加速至具有 $100\times10^9\text{eV}$ 的动能,此时质子的速率多大?

1.5 Al 的电子逸出功是 4.2eV,若用波长 200nm 的光照射 Al 表面,试求:

(1) 光电子的最大动能。

(2) Al 的红限波长。

1.6 具有 0.2nm 波长的电子和光子,它们的动能和总能量各是多少?

1.7 计算下列粒子的 de Broglie 波长:

(1) 动能为 100eV 的电子。

(2) 动能为 10eV 的中子。

(3) 速度为 1000m·s^{-1} 的氢原子。

1.8 质量 0.004kg 子弹以 500m·s^{-1} 速率运动,原子中的电子以 1000m·s^{-1} 速率运动,试估计它们位置的不确定度,证明子弹有确定的运动轨道,可用经典力学处理,而电子运动需量子力学处理。

1.9 用测不准原理说明普通光学光栅(间隙约 10^{-6} m)观察不到 10 000V 电压加速的电子衍射。

1.10 试计算 He 原子室温时的 de Broglie 波长。

1.11 一个粒子的某状态波函数为 $\psi(x) = \left(\dfrac{2a}{\pi}\right)^{\frac{1}{4}} e^{-ax^2}$,$a$ 为常数,$-\infty \leqslant x \leqslant +\infty$,证明 $\Delta x \Delta P_x$ 满足测不准原理。

1.12 判断下列算符是否是线性厄米算符:

(1) $\dfrac{\mathrm{d}}{\mathrm{d}x}$ (2) ∇^2 (3) $x_1 + x_2$ (4) e^{-x^2}

1.13 下列函数是否是 $\dfrac{\mathrm{d}}{\mathrm{d}x}$ 的本征函数? 若是,求其本征值。

(1) $\exp(ikx)$ (2) $\cos kx$ (3) k (4) kx

1.14 氢原子 1s 态本征函数为 $\psi_{1s} = Ne^{-\frac{r}{a_0}}$($a_0$ 为 Bohr 半径),试求 1s 态归一化波函数。

1.15 已知函数 $\psi_1 = \sin\dfrac{n\pi x}{a}$,$\psi_2 = \cos\dfrac{n\pi x}{a}$,$n$、$a$ 为常数,证明两个函数相互正交。

1.16 判断下列函数的奇偶性:

(1) $\cos\theta$ (2) $\sin\theta\cos\theta$ (3) Ae^{-x} (4) $x + x^2$

1.17 计算 Poisson 方括 $[\hat{x}, \hat{P}_x]$,$[\hat{x}, \hat{P}_x^2]$。

1.18 证明 Poisson 方括的下列性质:

(1) $[\hat{A}\hat{B}, \hat{C}] = \hat{A}[\hat{B}, \hat{C}] + [\hat{A}, \hat{C}]\hat{B}$。

(2) $[\hat{A}, [\hat{B}, \hat{C}]] + [\hat{B}, [\hat{C}, \hat{A}]] + [\hat{C}, [\hat{A}, \hat{B}]] = 0$。

1.19 计算下列算符的对易子:

(1) $\left[\dfrac{\mathrm{d}}{\mathrm{d}x}, x\right]$ (2) $\left[\dfrac{\mathrm{d}}{\mathrm{d}x}, x^2\right]$ (3) $[a, a^+]$ $a = \dfrac{x + ip}{2^{1/2}}$,$a^+ = \dfrac{x - ip}{2^{1/2}}$

1.20 角动量算符定义为

$$L_x = yp_z - zp_y, \quad L_y = zp_x - xp_z, \quad L_z = xp_y - yp_x, \quad L^2 = L_x^2 + L_y^2 + L_z^2$$

证明:

(1) $[L_x, L_y] = i\hbar L_z$。

(2) $[L^2, L_z] = 0$。

1.21 在什么条件下 $(\hat{p} + \hat{q})(\hat{p} - \hat{q}) = \hat{p}^2 - \hat{q}^2$?

1.22 计算下列波函数动量平均值:

(1) e^{ikx} (2) $\cos kx$ (3) e^{-ax^2}

1.23 已知做圆周运动的粒子归一化波函数为 $\psi(\phi) = \sqrt{\dfrac{1}{2\pi}} e^{-im\phi}$,其中 $m = 0, \pm 1, \pm 2, \pm 3, \cdots$,$0 \leqslant \phi \leqslant 2\pi$,计算平均值 $<\phi>$。

1.24 已知一维势箱粒子的归一化波函数为

$$\psi_n(x) = \sqrt{\dfrac{2}{l}}\sin\dfrac{n\pi x}{l} \qquad n = 1, 2, 3, \cdots \text{(其中 } l \text{ 为势箱长度)}$$

计算：

(1) 粒子的能量。

(2) 坐标的平均值。

(3) 动量的平均值。

1.25 试比较一维势箱粒子(波函数同习题 1.24)基态($n=1$)和第一激发态($n=2$)在 $0.4l \sim 0.6l$ 区间内出现的概率。

1.26 已知三维势箱自由粒子的波函数为 $\psi(x,y,z)=A\sin\dfrac{n_x\pi x}{a}\sin\dfrac{n_y\pi y}{b}\sin\dfrac{n_z\pi z}{c}$，求归一化因子 A。

1.27 当自由粒子处在三维长方体势箱中($a=b<c$)，试求能量最低的前 3 个能级。

1.28 写出一个被束缚在半径为 a 的圆周上运动的质量为 m 的粒子的 Schrödinger 方程，并求其解。

1.29 一个细胞的线度为 10^{-5} m，其中一粒子质量为 10^{-14} g。按一维势阱计算，该粒子在 $n_1=100$，$n_2=101$ 时能级各多大？

1.30 一个氧分子封闭在一个盒子里，按一维势阱计算(势阱宽度 10cm)：

(1) 求氧分子的基态能量。

(2) 设该分子 $T=300$K 时平均热运动能量等于 $3/2kT$，相应量子数 n 为多少？

(3) 第 n 激发态与第 $n+1$ 激发态能量相差多少？

1.31 若用一维势箱自由粒子模拟共轭多烯烃中 π 电子，丁二烯、维生素 A、胡萝卜素分别为无色、橘黄色、红色，试解释这些化合物的颜色差异。

1.32 若用二维箱中粒子模型，将蒽($C_{14}H_{10}$)的 π 电子限制在长 700pm、宽 400pm 的长方箱中，计算基态跃迁到第一激发态的波长。

参 考 文 献

曹阳. 1980. 量子化学引论. 北京：人民教育出版社

江元生. 1997. 结构化学. 北京：高等教育出版社

徐光宪，黎乐民. 1985. 量子化学(上册). 北京：科学出版社

周公度，段连运. 1995. 结构化学基础. 2 版. 北京：北京大学出版社

Atkins P W. 2002. Physical Chemistry. 7th ed. London：Oxford University Press

Brandt S，Dahmen H D. 1995. The Picture Book of Quantum Mechanics. New York：Springer-Verlag

Murrell J N，Kettle S F A，Tedder J M. 1978. 原子价理论. 文振翼等译. 北京：科学出版社

Pauling L，Wilson E B. 1964. 量子力学导论. 陈洪生译. 北京：科学出版社

Wichmann E H. 1978. 量子物理学(伯克利物理学教程之四). 复旦大学物理系译. 北京：科学出版社

第 2 章　原 子 结 构

2.1　类氢离子的 Schrödinger 方程

2.1.1　引言

本节讨论 H 原子、He$^+$、Li^{2+} 等类氢离子的 Schrödinger 方程的求解。这些体系都包含一个原子核和一个电子,是两个质点相互作用的体系,Hamilton 算符 $\hat{H}$ 包括原子核、电子的动能项,核与电子间的相互作用势能项,即

$$\hat{H} = \hat{T}_n + \hat{T}_e + \hat{V}_{ne} = -\frac{\hbar^2}{2M}\nabla_n^2 - \frac{\hbar^2}{2m_e}\nabla_e^2 + \hat{V}_{ne} \tag{2-1}$$

处理这类问题有两种方法:①采用客观坐标;②采用相对坐标。采用客观坐标方法需要将运动分为两个部分:一部分代表原子整体移动;另一部分代表电子对核的相对运动。为了分解这两个运动,可用质心坐标代替原子核与电子的直角坐标,用球坐标表示电子对核的相对运动,即

$$x = \frac{Mx_1 + m_e x_2}{M + m_e} \qquad y = \frac{My_1 + m_e y_2}{M + m_e} \qquad z = \frac{Mz_1 + m_e z_2}{M + m_e} \tag{2-2}$$

$$r\sin\theta\cos\phi = x_2 - x_1 \qquad r\sin\theta\sin\phi = y_2 - y_1 \qquad r\cos\theta = z_2 - z_1 \tag{2-3}$$

$$\hat{H} = -\frac{\hbar^2}{2(M+m_e)}\nabla^2 + \frac{\hbar^2}{2\mu}\left[\frac{1}{r^2}\frac{\partial}{\partial r}\left(r^2\frac{\partial}{\partial r}\right) + \frac{1}{r^2\sin^2\theta}\frac{\partial^2}{\partial\phi^2} + \frac{1}{r^2\sin\theta}\frac{\partial}{\partial\theta}\left(\sin\theta\frac{\partial}{\partial\theta}\right)\right] + V(\theta,\phi,r)$$

其中

$$折合质量 \; \mu = \frac{Mm_e}{M+m_e} \tag{2-4}$$

波函数可表示为

$$\Psi(x,y,z,r,\theta,\phi) = F(x,y,z)\psi(r,\theta,\phi) \tag{2-5}$$

能量表示为

$$E_T = E_n + E_e \tag{2-6}$$

Schrödinger 方程分离为代表原子体系整体的平动和代表电子相对于原子核的运动部分

$$-\frac{\hbar^2}{2(M+m_e)}\nabla^2 F = E_n F \tag{2-7}$$

$$-\frac{\hbar^2}{2\mu}\left[\frac{1}{r^2}\frac{\partial}{\partial r}\left(r^2\frac{\partial\psi}{\partial r}\right) + \frac{1}{r^2\sin^2\theta}\frac{\partial^2\psi}{\partial\phi^2} + \frac{1}{r^2\sin\theta}\frac{\partial}{\partial\theta}\left(\sin\theta\frac{\partial\psi}{\partial\theta}\right)\right] + V(r,\theta,\phi)\psi = E_e\psi \tag{2-8}$$

原子的整体运动通常只在讨论分子振动时才用到,因此一般只讨论电子相对核的运动,即式 (2-8),把电子运动能量作为总能量。

另一种方法即把坐标原点定于原子核上,仅考虑电子运动,$\hat{H}$ 简化为两个部分:电子动能和核与电子相互作用势能

$$\hat{H} = -\frac{\hbar^2}{2m_e}\nabla_e^2 + \hat{V}_{n\text{-}e} \tag{2-9}$$

若把 Laplace 算符写成球坐标形式,则 Schrödinger 方程式(2-9)与式(2-8)基本相同,因为 $\mu \approx m_e$。

H 原子核质量为电子质量的 1836 倍,即

$$\mu = \frac{Mm_e}{M+m_e} = \frac{1836m_e^2}{(1+1836)m_e} \approx 0.999m_e$$

两种方法殊途同归。

直角坐标与球极坐标关系为

$$x = r\sin\theta\cos\phi \qquad y = r\sin\theta\sin\phi \qquad z = r\cos\theta$$

$$r^2 = x^2 + y^2 + z^2 \qquad \cos\theta = \frac{z}{\sqrt{x^2+y^2+z^2}} \qquad \tan\phi = y/x \tag{2-10}$$

$$\frac{\partial}{\partial x} = \left(\frac{\partial r}{\partial x}\right)\frac{\partial}{\partial r} + \left(\frac{\partial\theta}{\partial x}\right)\frac{\partial}{\partial\theta} + \left(\frac{\partial\phi}{\partial x}\right)\frac{\partial}{\partial\phi}$$

$$= \sin\theta\cos\phi\,\frac{\partial}{\partial r} + \frac{\cos\theta\cos\phi}{r}\frac{\partial}{\partial\theta} - \frac{\sin\phi}{r\sin\theta}\frac{\partial}{\partial\phi}$$

类似可得

$$\frac{\partial}{\partial y} = \sin\theta\sin\phi\,\frac{\partial}{\partial r} + \frac{\cos\theta\sin\phi}{r}\frac{\partial}{\partial\theta} + \frac{\cos\phi}{r\sin\theta}\frac{\partial}{\partial\phi}$$

$$\frac{\partial}{\partial z} = \cos\theta\,\frac{\partial}{\partial r} - \frac{\sin\theta}{r}\frac{\partial}{\partial\theta} \tag{2-11}$$

将这些关系式代入 Laplace 算符,则

$$\nabla^2 = \frac{1}{r^2}\frac{\partial}{\partial r}\left(r^2\frac{\partial}{\partial r}\right) + \frac{1}{r^2\sin\theta}\frac{\partial}{\partial\theta}\left(\sin\theta\frac{\partial}{\partial\theta}\right) + \frac{1}{r^2\sin^2\theta}\frac{\partial^2}{\partial\phi^2} \tag{2-12}$$

电子与核之间相互作用势能与它们的核电荷成正比,与核和电子间距成反比

$$V_{n\text{-}e} = -\frac{Ze^2}{(4\pi\varepsilon_0)r} \qquad (\varepsilon_0 \text{ 为介电常数}) \tag{2-13}$$

这样,类氢离子球坐标形式的 Schrödinger 方程为

$$\frac{1}{r^2}\frac{\partial}{\partial r}\left(r^2\frac{\partial\psi}{\partial r}\right) + \frac{1}{r^2\sin\theta}\frac{\partial}{\partial\theta}\left(\sin\theta\frac{\partial\psi}{\partial\theta}\right) + \frac{1}{r^2\sin^2\theta}\frac{\partial^2\psi}{\partial\phi^2} + \frac{8\pi^2m_e}{h^2}\left(E+\frac{Ze^2}{4\pi\varepsilon_0 r}\right)\psi = 0 \tag{2-14}$$

2.1.2 变数分离

求解方程式(2-14),首先要使方程所含的 r、θ、ϕ 3 个变量分离。

将 $\psi(r,\theta,\phi) = R(r)\Theta(\theta)\Phi(\phi)$ 代入式(2-14),并乘以 $r^2\sin^2\theta$,得

$$\sin^2\theta\Theta\Phi\,\frac{\partial}{\partial r}\left(r^2\frac{\partial R}{\partial r}\right) + \sin\theta R\Phi\,\frac{\partial}{\partial\theta}\left(\sin\theta\frac{\partial\Theta}{\partial\theta}\right) + R\Theta\,\frac{\partial^2\Phi}{\partial\phi^2} + \frac{8\pi^2m_e r^2\sin^2\theta}{h^2}\left(E+\frac{Ze^2}{4\pi\varepsilon_0 r}\right)R\Theta\Phi = 0$$

其中,第三项只与 ϕ 的微商有关,对方程各项除以 $R\Theta\Phi$,然后令第三项等于常数 $-m^2$,则方程写成两个等式,即

$$\frac{1}{\Phi}\frac{d^2\Phi}{d\phi^2} = -m^2 \tag{2-15}$$

$$\frac{\sin^2\theta}{R}\frac{\partial}{\partial r}\left(r^2\frac{\partial R}{\partial r}\right) + \frac{\sin\theta}{\Theta}\frac{\partial}{\partial\theta}\left(\sin\theta\frac{\partial\Theta}{\partial\theta}\right) + \frac{8\pi^2m_e r^2\sin^2\theta}{h^2}\left(E+\frac{Ze^2}{4\pi\varepsilon_0 r}\right) = m^2 \tag{2-16}$$

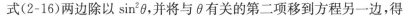

式(2-16)两边除以 $\sin^2\theta$，并将与 θ 有关的第二项移到方程另一边，得

$$\frac{1}{R}\frac{\partial}{\partial r}\left(r^2\frac{\partial R}{\partial r}\right)+\frac{8\pi^2 m_{\mathrm{e}}r^2}{h^2}\left(E+\frac{Ze^2}{4\pi\varepsilon r}\right)=\frac{m^2}{\sin^2\theta}-\frac{1}{\Theta\sin\theta}\frac{\partial}{\partial\theta}\left(\sin\theta\frac{\partial\Theta}{\partial\theta}\right)$$

这样方程左边与 r 变量有关，方程右边与 θ 变量有关，要使方程两边相等，方程两边各等于某一常数 β，再稍加整理，R 方程为

$$\frac{1}{r^2}\frac{\mathrm{d}}{\mathrm{d}r}\left(r^2\frac{\mathrm{d}R}{\mathrm{d}r}\right)+\frac{8\pi^2 m_{\mathrm{e}}}{h^2}\left(E+\frac{Ze^2}{4\pi\varepsilon r}\right)R=\beta R/r^2 \tag{2-17}$$

Θ 方程为

$$-\frac{1}{\sin\theta}\frac{\mathrm{d}}{\mathrm{d}\theta}\left(\sin\theta\frac{\mathrm{d}\Theta}{\mathrm{d}\theta}\right)+\frac{m^2\Theta}{\sin^2\theta}=\beta\Theta \tag{2-18}$$

2.1.3　解 Φ 方程

$\dfrac{\mathrm{d}^2\Phi}{\mathrm{d}\phi^2}+m^2\Phi=0$ 为二阶齐次线性微分方程。方程特解

$$\Phi_m=A\mathrm{e}^{\pm i|m|\phi}$$

通过波函数归一化可求得 A 值，即

$$\int_0^{2\pi}\Phi^*\Phi\mathrm{d}\phi=A^2\int_0^{2\pi}\mathrm{e}^{i|m|\phi}\mathrm{e}^{-i|m|\phi}\mathrm{d}\phi=2\pi A^2=1$$

$$A=\frac{1}{\sqrt{2\pi}}\qquad\Phi=\frac{1}{\sqrt{2\pi}}\mathrm{e}^{\pm i|m|\phi}$$

根据 Euler(欧拉)公式，指数函数化三角函数形式为

$$\Phi=\frac{1}{\sqrt{2\pi}}(\cos|m|\phi\pm i\sin|m|\phi) \tag{2-19}$$

表示 Φ 是一个周期为 2π 的函数，即

$$\Phi(\phi)=\Phi(\phi+2\pi)$$

要使 $\dfrac{1}{\sqrt{2\pi}}(\cos|m|\phi\pm i\sin|m|\phi)=\dfrac{1}{\sqrt{2\pi}}[\cos|m|(\phi+2\pi)\pm i\sin|m|(\phi+2\pi)]$ 成立，必须 $|m|=0,1,2,\cdots$，即 $|m|$ 必须为整数。

当 $|m|=0$ 时，Φ 为实数解，则 $\Phi_0=\dfrac{1}{\sqrt{2\pi}}$。

当 $m=\pm1,\pm2,\cdots$ 时，Φ 为复数解，一般常用实数解，所以要对 Φ 进行态的叠加，即

$$\frac{1}{\sqrt{2}}(\Phi_{+1}+\Phi_{-1})=\frac{1}{2\sqrt{\pi}}\cdot 2\cos\phi=\frac{1}{\sqrt{\pi}}\cos\phi$$

$$\frac{1}{\sqrt{2}i}(\Phi_{+1}-\Phi_{-1})=\frac{1}{2\sqrt{\pi}i}\cdot 2i\sin\phi=\frac{1}{\sqrt{\pi}}\sin\phi \tag{2-20}$$

2.1.4　Θ 方程的解

Θ 方程

$$\frac{1}{\sin\theta}\frac{\mathrm{d}}{\mathrm{d}\theta}\left(\sin\theta\frac{\mathrm{d}\Theta}{\mathrm{d}\theta}\right)-\frac{m^2}{\sin^2\theta}\Theta+\beta\Theta=0$$

Θ 方程的解相当繁琐，我们只介绍解方程的思路。

令 $z=\cos\theta$,方程化为

$$\frac{\mathrm{d}}{\mathrm{d}z}\left[(1-z^2)\frac{\mathrm{d}P(z)}{\mathrm{d}z}\right]+\left(\beta-\frac{m^2}{1-z^2}\right)P(z)=0 \tag{2-21}$$

方程(2-21)有两个正则奇点,先进行替换,令 $P(z)=(1-z^2)^{\frac{|m|}{2}}G(z)$

$$(1-z^2)G''-2(|m|+1)zG'+\{\beta-|m|(|m|+1)\}G=0 \tag{2-22}$$

其中,$G=\dfrac{\mathrm{d}^{|m|}P(z)}{\mathrm{d}z^{|m|}}$,然后用幂级数法求解方程,即令 $G=\displaystyle\sum_{k=0}^{\infty}a_k z^k$ 求得多项式系数之间的关系为

$$a_{k+2}=\frac{(k+|m|)(k+|m|+1)-\beta}{(k+1)(k+2)}a_k \tag{2-23}$$

幂级数定义函数 G 为无穷级数,这不符合状态函数要求,状态函数要求是有限函数。因此,令 $a_{k+2}=0$,则

$$(k+|m|)(k+|m|+1)=\beta$$

令 $l=k+|m|$,k 是项数,自然是正整数。

$|m|$ 只能取 $0,1,2,\cdots$,所以 $l=|m|+0,|m|+1,\cdots,l$ 取值为 $0,1,2,\cdots$ 的非负整数。

将 $\beta=l(l+1)$ 代回式(2-21),得

$$\frac{\mathrm{d}}{\mathrm{d}z}\left[(1-z^2)\frac{\mathrm{d}P(z)}{\mathrm{d}z}\right]+\left[l(l+1)-\frac{m^2}{1-z^2}\right]P(z)=0 \tag{2-24}$$

方程(2-24)为联属 Legendre(勒让德)微分方程,要用特殊函数联属 Legendre 多项式来解,最后解得

$$P_l^{|m|}(z)=(1-z^2)^{\frac{|m|}{2}}\frac{\mathrm{d}^{|m|}}{\mathrm{d}z^{|m|}}P_l(z)=\frac{(1-z^2)^{\frac{|m|}{2}}}{2^l l!}\frac{\mathrm{d}^{l+|m|}}{\mathrm{d}z^{l+|m|}}(z^2-1)^l \tag{2-25}$$

$$\Theta_{lm}(\theta)=NP_l^{|m|}(\cos\theta)=\left[\frac{(2l+1)}{2}\frac{(l-|m|)!}{(l+|m|)!}\right]^{\frac{1}{2}}P_l^{|m|}(\cos\theta)$$

2.1.5 R 方程的解

$$\frac{1}{r^2}\frac{\mathrm{d}}{\mathrm{d}r}\left(r^2\frac{\mathrm{d}R}{\mathrm{d}r}\right)+\left[-\frac{l(l+1)}{r^2}+\frac{8\pi^2 m_e}{h^2}\left(E+\frac{Ze^2}{4\pi\varepsilon_0 r}\right)\right]R=0$$

令 $\dfrac{8\pi^2 m_e}{h^2}E=-\alpha^2$,$\dfrac{2\pi m_e Ze^2}{h^2\varepsilon_0\alpha}=n$,$\rho=2\alpha r$,R 方程化为

$$\frac{1}{\rho^2}\frac{\mathrm{d}}{\mathrm{d}\rho}\left(\rho^2\frac{\mathrm{d}S}{\mathrm{d}\rho}\right)+\left[-\frac{1}{4}-\frac{l(l+1)}{\rho^2}+\frac{n}{\rho}\right]S=0 \tag{2-26}$$

设 $S(\rho)=\rho^l L(\rho)$,$L(\rho)$ 为 Laguerre(拉盖尔)函数,原方程可化为

$$\rho L''+[2(l+1)-\rho]L'+(n-l-1)L=0 \tag{2-27}$$

令 $L(\rho)=\displaystyle\sum_{k=0}^{\infty}a_k\rho^k$,L 函数代入式(2-27),并比较 ρ 的同幂次的系数,得

$$(n-l-1-k)a_k+[2(k+1)(l+1)+(k+1)k]a_{k+1}=0 \tag{2-28}$$

其中

$$a_{k+1}=\frac{(n-l-1-k)a_k}{[2(k+1)(l+1)+k(k+1)]}$$

令无穷级数为多项式,则

$$a_{k+1} = 0$$

$$a_k \neq 0 \Rightarrow n-l-1-k=0 \qquad n=l+1+k \tag{2-29}$$

$n=l+1, l+2, l+3, \cdots$; k 为项数,取非负整数 $0,1,2,\cdots$

$$l=0,1,2,\cdots \qquad n=1,2,3,\cdots$$

R 方程的解为

$$R(r) = N \mathrm{e}^{-\rho/2} L_{n+l}^{2l+1}(\rho) = -\left\{ \left(\frac{2Z}{na_0}\right)^3 \frac{(n-l-1)!}{2n\left[(n+l)!\right]^3} \right\}^{1/2} \mathrm{e}^{-\rho/2} L_{n+l}^{2l+1}(\rho)$$

其中

$$\rho = 2\alpha r = \frac{2Z}{na_0} r \qquad a_0 = \frac{\hbar^2}{me^2} \ (a_0 \text{ 为 Bohr 半径}) \tag{2-30}$$

其中联属 Laguerre 多项式

$$L_{m+l}^{2l+1}(\rho) = \sum_{k=0}^{n-l-1} (-1)^{k+1} \frac{\left[(n+l)!\right]^2}{(n-l-1-k)!(2l+1+k)!k!} \rho^k \tag{2-31}$$

$$\frac{8\pi^2 m}{h^2} E = -\alpha^2 = -\left(\frac{Z}{na_0}\right)^2$$

由此可以推导出类氢离子能级表达式为

$$E = -\frac{Z^2 h^2}{8\pi^2 mn^2 a_0^2} = -\left(\frac{h^2}{8\pi^2 ma_0^2}\right)\frac{Z^2}{n^2} = -R \frac{Z^2}{n^2} \tag{2-32}$$

其中,$\frac{h^2}{8\pi^2 ma_0^2} = R$,即 Rydberg 常量,数值为 $13.6\mathrm{eV}$。

由此可见,主量子 n、角量子数 l、磁量子数 m 的取值都来自 Schrödinger 方程的解。

2.2　类氢离子波函数及轨道能级

2.2.1　量子数的物理意义

1. 量子数的取值与上限

求解 R 方程过程中,要使 Laguerre 函数成为有限多项式,必须使幂级数第 a_{k+1} 项为 0。
由此得到

$$n-l-1-k=0$$
$$n=l+1+k$$

其中,k 是多项式中的项数,所以 $n \geqslant l+1$;反之 $l \leqslant n-1$,即 Θ 方程中要求 l 取值为 $0,1,2,\cdots$ 非负整数,R 方程则给出 l 的上限为 $n-1$。

从 Φ 方程得出:$m=0,\pm1,\pm2,\pm3,\cdots$,$\Theta$ 方程给出 $l=|m|+k$,即给出 $|m|$ 的上限为 l,所以 $m=0,\pm1,\pm2,\pm3,\cdots,\pm l$。

2. 角量子数 l 的物理意义

主量子数 n 决定体系的能量,接下来会进一步讨论。

角量子数取值分别为 $0,1,2,3,\cdots$ 时,它所对应的原子轨道分别是 s,p,d,f,$\cdots$,不仅如此,电子在绕原子核做圆周运动时,有一力学量——角动量,其算符形式为

$$\hat{M}^2 = \hat{M}_x^2 + \hat{M}_y^2 + \hat{M}_z^2$$

参照经典力学,可将其写成行列式

$$\begin{vmatrix} \boldsymbol{i} & \boldsymbol{j} & \boldsymbol{k} \\ x & y & z \\ \hat{P}_x & \hat{P}_y & \hat{P}_z \end{vmatrix}$$

则

$$\hat{M}_x = y\hat{P}_z - z\hat{P}_y = -i\hbar \left(y \frac{\partial}{\partial z} - z \frac{\partial}{\partial y} \right) \tag{2-33}$$

这是直角坐标形式,写成球坐标形式

$$\hat{M}^2 = -\hbar^2 \left[\frac{1}{\sin\theta} \frac{\partial}{\partial\theta} \left(\sin\theta \frac{\partial}{\partial\theta} \right) + \frac{1}{\sin^2\theta} \frac{\partial^2}{\partial\phi^2} \right] \tag{2-34}$$

此形式与 $\hat{H}$ 中 Θ、Φ 变量相关部分十分相似。实际上角动量算符平方 $\hat{M}^2$ 与能量算符 $\hat{H}$ 有共同本征函数 ψ,所以我们可写出角动量的本征方程 $\hat{M}^2\psi = l(l+1)\hbar^2\psi$,本征值为 $l(l+1)\hbar^2$($\hbar$ 是单位)。l 取值为分立值意味着微观粒子不仅能量量子化,而且在空间分布方向也是量子化的。角动量不为 0 的电子在磁场中运动会产生磁矩 μ,μ 的值也与角量子数有关

$$\mu = \sqrt{l(l+1)}\beta_e$$

式中:β_e 为 Bohr 磁子。当 $l=1,2,3$ 时,即 p,d,f 电子的磁矩分别为

$$|\mu|_p = \sqrt{2}\beta_e \qquad |\mu|_d = \sqrt{6}\beta_e \qquad |\mu|_f = 2\sqrt{3}\beta_e$$

即随着角量子数的增大,电子受磁场的影响越来越大。

3. 磁量子数 m

对一个给定的角量子数 l,m 的取值为 $0,\pm 1,\pm 2,\cdots,\pm l$,共 $2l+1$ 个,因此 s 轨道只有一种,p 轨道有三种,d 轨道有五种,f 轨道有七种。s 轨道电子为球形对称分布,磁矩为 0。p 电子当 m 为 0,即 p_0 的磁矩与磁场方向垂直,$m=\pm 1$ 时,$p_{\pm 1}$ 的磁矩在磁场方向分量为 ± 1,d 电子的磁矩在磁场作用下,分裂成五个值,即 0、± 1、± 2。

m 的取值是电子运动产生的磁矩在 z 轴方向的分量,如图 2-1 所示。

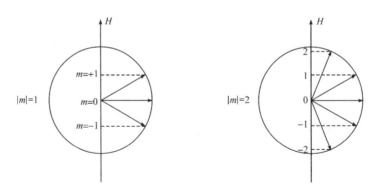

图 2-1 不同 m 值电子磁矩在磁场的分裂

2.2.2 主量子数 n 与能级

解 Schrödinger 方程可知,类氢离子的能级公式为 $E_n = -R \dfrac{Z^2}{n^2}$,即能级只与主量子数有

关。例如，Li^{2+} 的

1s 电子的能级为

$$E_{1s} = -9R$$

2s，2p 电子的能级为

$$E_{2s,2p} = -\frac{9}{4}R$$

3s，3p，3d 电子的能级为

$$E_{3s,3p,3d} = -R$$

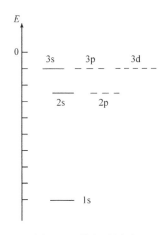

图 2-2 单电子原子
能级简并情况

在单电子原子中，原子轨道能级是 n^2 重简并的(图 2-2)，若是多电子原子，由于电子间的相互作用，轨道能级除了与 n 值有关，与 l 值也有关，即 2s，2p 轨道不再简并，3s，3p，3d 轨道分成三个能级，这仅考虑电子的空间运动，若再考虑电子的自旋运动，能级还要再分裂(这方面内容在讲述原子光谱时还要进一步讨论)。

对于多电子原子，徐光宪先生在分析了大量实验数据后提出，原子轨道能级可按 $n + 0.7l$ 估算，我们可得到原子轨道的能级如下：

1s	2s	2p	3s	3p	3d	4s	4p	4d	4f
1.0	2.0	2.7	3.0	3.7	4.4	4.0	4.7	5.4	6.1

5s	5p	5d	5f	6s	6p	6d	6f		
5.0	5.7	6.4	7.1	6.0	6.7	7.4	8.1		

这样原子轨道按能量从低至高顺序排列应为 1s，2s，2p，3s，3p，4s，3d，4p，5s，4d，5p，6s，4f，5d，6p。

4s、3d、4p(4.0～4.7)是第一过渡金属价轨道区，5s、4d、5p(5.0～5.7)是第二过渡金属价轨道区，而 6s、4f、5d、6p(6.0～6.7)是第三过渡金属和镧系元素的价轨道区。同是 0.7 个单位的能量间隙，第一、二过渡金属区各包含 1～18 个电子的递增排布，而第三过渡及镧系区，同样的能隙要安排 32 个电子的递增排布，所以第三过渡与稀土元素有许多独特的性质，是组成许多功能材料的主要元素。目前在讨论稀土元素时，一般认为是 5d、6s、6p 轨道为价轨道，4f 轨道电子是否参与作用是争论的焦点，在很窄的能隙内，电子间的相互作用难以忽略，所以稀土化合物的化学键有许多亟待解决的问题。稀土元素在全球为稀有元素，而我国是稀土大国，在内蒙古等地有大量的稀土矿，且多是多种稀土元素伴生矿，研究稀土元素对我国国民经济有重要意义。

2.2.3 径向分布函数

1. 类氢离子波函数

类氢离子波函数是原子轨道状态函数的数学表示，而 $\psi^* \psi d\tau$ 则是表示电子在空间某一小体积元内出现的概率，俗称电子云。波函数与电子云可用多种函数的图形表示它们的分布的特点，如 ψ-r 图和 ψ^2-r 图。这两种图一般只用来表示 s 态的分布(s 态波函数的分布具有球形对称性，只与 r 有关，与 θ、ϕ 无关)。

类氢离子的 ψ_{1s} 和 ψ_{2s} 函数分别为

$$\psi_{1s} = \sqrt{\frac{Z^3}{\pi a_0^3}} e^{-\frac{Z}{a_0}r} \qquad \psi_{2s} = \frac{1}{4}\sqrt{\frac{Z^3}{2\pi a_0^3}}\left(2 - \frac{Zr}{a_0}\right)e^{-\frac{Z}{2a_0}r}$$

从图 2-3 中可看出,氢原子的 1s 态,在核附近电子出现的概率密度最大,随 r 的增加,概率密度平稳地下降。对于 2s 态,当 $r < 2a_0$ 时,ψ 分布情况与 1s 态相似,$r > 2a_0$ 时,ψ 为负值,负值的绝对值逐渐增大,至 $r = 4a_0$ 达到最低点,然后随 r 值增加,逐渐趋于零。$r = 2a_0$ 时,出现 $\psi = 0$ 的一个节面。

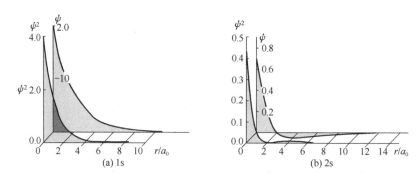

图 2-3 氢原子 1s 态和 2s 态的波函数和密度分布函数

2. 径向分布函数

氢原子波函数可表示为径向函数与球谐函数的乘积,即

$$\psi_{nlm}(r,\theta,\phi) = R_{nl}(r)Y_{lm}(\theta,\phi) = R_{nl}(r)\Theta_{lm}(\theta)\Phi_m(\phi) \tag{2-35}$$

对概率分布函数 $\psi^*\psi$ 的角度部分积分,即可得到径向分布函数,即

$$D\mathrm{d}r = \int_0^{2\pi}\int_0^{\pi} R_{nl}^2(r)\Theta_{lm}^2(\theta)\Phi_m^2(\phi)r^2\,\mathrm{d}r\sin\theta\mathrm{d}\theta\mathrm{d}\phi = r^2 R_{nl}^2(r)\mathrm{d}r \tag{2-36}$$

$$R(r) = Ne^{-\frac{\rho}{2}}\sum_{k=0}^{(n-l-1)}(-1)^{k+1}\frac{[(n+l)!]^2}{(n-l-1-k)!(2l+1+k)!}\rho^k \tag{2-37}$$

其中

$$\rho = \frac{2Z}{na_0}r$$

$R(r)$ 函数表达虽复杂,但 n,l 取值有限,实际函数并不复杂。例如,1s,2s 函数

$$R_{1s}(r) = Ne^{-\rho/2} \qquad R_{2s}(r) = Ne^{-\rho/2}(2-\rho)$$

原子轨道径向函数 $R_{nl}(\rho)$ 见表 2-1。

表 2-1 原子轨道径向函数 $R_{nl}(\rho)$*

$R_{10} = 2\left(\dfrac{Z}{a_0}\right)^{3/2}e^{-\rho/2}$	$R_{30} = \dfrac{1}{9\sqrt{3}}\left(\dfrac{Z}{a_0}\right)^{3/2}(6-6\rho+\rho^2)e^{-\rho/2}$
$R_{20} = \dfrac{1}{2\sqrt{2}}\left(\dfrac{Z}{a_0}\right)^{3/2}(2-\rho)e^{-\rho/2}$	$R_{31} = \dfrac{1}{9\sqrt{6}}\left(\dfrac{Z}{a_0}\right)^{3/2}(4-\rho)\rho e^{-\rho/2}$
$R_{21} = \dfrac{1}{2\sqrt{6}}\left(\dfrac{Z}{a_0}\right)^{3/2}\rho e^{-\rho/2}$	$R_{32} = \dfrac{1}{9\sqrt{6}}\left(\dfrac{Z}{a_0}\right)^{3/2}\rho^2 e^{-\rho/2}$

$R_{40}=\dfrac{1}{96}\left(\dfrac{Z}{a_0}\right)^{3/2}(24-36\rho+12\rho^2-\rho^3)\mathrm{e}^{-\rho/2}$	$R_{42}=\dfrac{1}{96\sqrt{5}}\left(\dfrac{Z}{a_0}\right)^{3/2}(6-\rho)\rho^2\mathrm{e}^{-\rho/2}$
$R_{41}=\dfrac{1}{32\sqrt{15}}\left(\dfrac{Z}{a_0}\right)^{3/2}(20-10\rho+\rho^2)\rho\,\mathrm{e}^{-\rho/2}$	$R_{43}=\dfrac{1}{96\sqrt{35}}\left(\dfrac{Z}{a_0}\right)^{3/2}\rho^3\mathrm{e}^{-\rho/2}$

* $\rho=\dfrac{2Zr}{na_0}$。

$D\mathrm{d}r$ 表示在半径 $r\sim r+\mathrm{d}r$ 的球壳内找到电子的概率,它反映电子云分布随半径 r 的变化。从图 2-4 中可看出,球对称的 s 电子的径向分布函数,极大值已不在 $r=0$ 处。这是因为概率分布 $R^2(r)$ 随 r 值增加而减少,而壳层体积 $4\pi r^2$ 随 r 的增大而增大。两者综合结果,在离核 a_0 处,1s 态概率最大。氢原子 1s 电子运动构成一个围绕原子核的球。2s 态电子运动构成一个小球和一个外球壳,3s 态电子运动则构成一个小球和两个同心球壳,即有两个节面。比较这些径向分布图可发现,1s 态的 r^2R^2 的极大值最大,2s 态其次,3s 态再次,而极大值离核的距离越来越远。2p 态径向分布没有节面,3p 态有一节面。主量子数为 n、角量子数为 l 的径向分布图共有 $(n-l-1)$ 个节面和 $(n-l)$ 个极大峰。

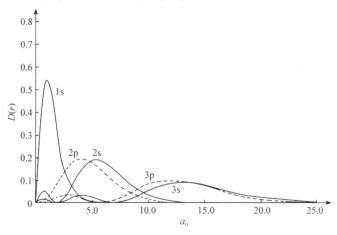

图 2-4　类氢离子径向分布函数

3. ψ^2 的多维网格图

近年来,用计算机绘制 ψ^2 的三维网格图很形象地描述了微观粒子在空间的概率分布,网格平整的平面表示概率为零,网格向上凸起越多,表明概率越大。图 2-5 中,ρ_{100} 为 1s 态的概率分布,曲面尖峰的中心为原子核的位置,ρ_{210} 为 $2\mathrm{p}_z$ 轨道电子的概率分布,两个高峰的连线中点为原子核的位置。

图 2-6 是 $n=3$ 的 s,p,d 各种轨道的空间分布图。右半部分为外观图,左半部分为半剖图,可清楚看出,3s 态的分布由三个球壳组成,3p 态则有一个球形节面和一个水平节面。$3\mathrm{d}_0$ 轨道为两个锥形节面所分割。

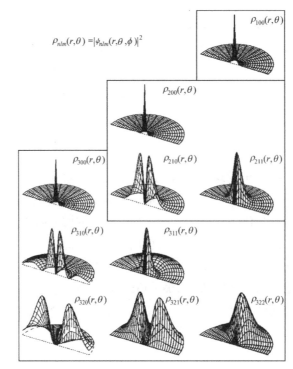

图 2-5　氢原子各种轨道的概率密度分布网格图

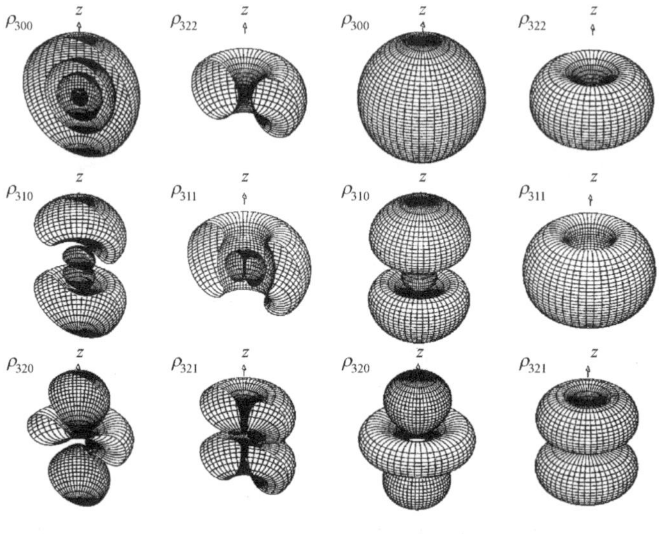

图 2-6　氢原子 3s,3p,3d 轨道空间分布网格图

2.2.4　角度分布函数

1. 球谐函数 Y_{lm}

球谐函数 Y_{lm} 由 Θ,Φ 函数组成,是角动量平方算符和角动量 Z 分量算符的本征函数,它由角量子数 l 和磁量子数 m 决定,描述电子运动的角度分布状况。θ 为 l 与 Z 轴夹角,ϕ 为相位角。当二者均为零时,如 Y_{00},函数是球状图形;当 m 为零时,函数是绕 Z 轴的对称图形;当 m 为奇数时,球谐函数为奇函数,m 为偶数时,球谐函数为偶函数。

$$Y_{lm}(\theta,\phi) = \Theta_{lm}(\theta)\Phi_m(\phi)$$

$$\hat{M}^2 Y_{lm}(\theta,\phi) = l(l+1)\hbar^2 Y_{lm}(\theta,\phi) \quad (l=0,1,2,\cdots)$$

$$\hat{M}_z Y_{lm}(\theta,\phi) = m\hbar Y_{lm}(\theta,\phi) \quad (m=l,l-1,l-2,\cdots,-l)$$

2. 原子轨道的角度分布

从表 2-2 可观察到,当 $m \ne 0$ 时,Y_{lm} 函数是以复函数的形式存在,不适合作实空间的表示,所以需对 $|m|$ 相同的球谐函数进行叠加,获得实空间的原子轨道角度分布。例如:

$$p_x = \frac{1}{\sqrt{2}}(-Y_{11}+Y_{1\bar{1}})$$

$$= \sqrt{\frac{3}{4\pi}}\sin\theta\left[\frac{1}{2}(e^{i\phi}+e^{-i\phi})\right]$$

$$= \sqrt{\frac{3}{4\pi}}\sin\theta\cos\phi$$

根据 p_x 函数可绘制出以 x 轴为对称轴,两个符号相反的准圆球图形。同理可得其他原子轨道的函数和图形。

表 2-2　球谐函数($l \leqslant 3$)

$Y_{00}=\dfrac{1}{\sqrt{4\pi}}$	
$Y_{10}=\sqrt{\dfrac{3}{4\pi}}\cos\theta$	$Y_{30}=\sqrt{\dfrac{63}{16\pi}}\left(\dfrac{5}{3}\cos^3\theta-\cos\theta\right)$
$Y_{11}=-\sqrt{\dfrac{3}{8\pi}}\sin\theta\cdot e^{i\phi}$	$Y_{31}=-\sqrt{\dfrac{21}{64\pi}}(5\cos^2\theta-1)\sin\theta\cdot e^{i\phi}$
$Y_{1\bar{1}}=\sqrt{\dfrac{3}{8\pi}}\sin\theta\cdot e^{-i\phi}$	$Y_{3\bar{1}}=\sqrt{\dfrac{21}{64\pi}}(5\cos^2\theta-1)\sin\theta\cdot e^{-i\phi}$
$Y_{20}=\sqrt{\dfrac{5}{16\pi}}(3\cos^2\theta-1)$	$Y_{32}=\sqrt{\dfrac{105}{32\pi}}\sin^2\theta\cos\theta\cdot e^{i2\phi}$
$Y_{21}=-\sqrt{\dfrac{15}{8\pi}}\sin\theta\cos\theta\cdot e^{i\phi}$	$Y_{3\bar{2}}=\sqrt{\dfrac{105}{32\pi}}\sin^2\theta\cos\theta\cdot e^{-i2\phi}$
$Y_{2\bar{1}}=\sqrt{\dfrac{15}{8\pi}}\sin\theta\cos\theta\cdot e^{-i\phi}$	$Y_{33}=-\sqrt{\dfrac{35}{64\pi}}\sin^3\theta\cdot e^{i3\phi}$
$Y_{22}=\sqrt{\dfrac{15}{32\pi}}\sin^2\theta\cdot e^{i2\phi}$	$Y_{3\bar{3}}=\sqrt{\dfrac{35}{64\pi}}\sin^3\theta\cdot e^{-i3\phi}$
$Y_{2\bar{2}}=\sqrt{\dfrac{15}{32\pi}}\sin^2\theta\cdot e^{-i2\phi}$	

s、p、d 原子轨道角度分布函数列于表 2-3。

表 2-3　原子轨道角度分布函数

$s=\sqrt{\dfrac{1}{4\pi}}$	$d_{z^2}=\dfrac{1}{4}\sqrt{\dfrac{5}{\pi}}(3\cos^2\theta-1)$
$p_z=\sqrt{\dfrac{3}{4\pi}}\cos\theta$	$d_{xz}=\dfrac{1}{4}\sqrt{\dfrac{15}{\pi}}\sin2\theta\cos\phi$
$p_x=\sqrt{\dfrac{3}{4\pi}}\sin\theta\cos\phi$	$d_{yz}=\dfrac{1}{4}\sqrt{\dfrac{15}{\pi}}\sin2\theta\sin\phi$

续表

$p_y = \sqrt{\dfrac{3}{4\pi}}\sin\theta\sin\phi$	$d_{x^2-y^2} = \dfrac{1}{4}\sqrt{\dfrac{15}{\pi}}\sin^2\theta\cos2\phi$
	$d_{xy} = \dfrac{1}{4}\sqrt{\dfrac{15}{\pi}}\sin^2\theta\sin2\phi$

3. 原子轨道轮廓图

实际上,更常用的是原子轨道轮廓图,轮廓一般定为电子出现概率90%的界面。它可定性地反映原子波函数在三维空间大小、正负、分布和节面情况。它为了解分子内部原子间轨道重叠、化学键形成情况提供清晰的图像,是原子轨道分布图中最常用的一种。图2-7不仅列出了比较熟悉的2s~3d轨道轮廓及节面,而且列出了4f轨道轮廓图,为讨论稀土元素化学键提供方便。

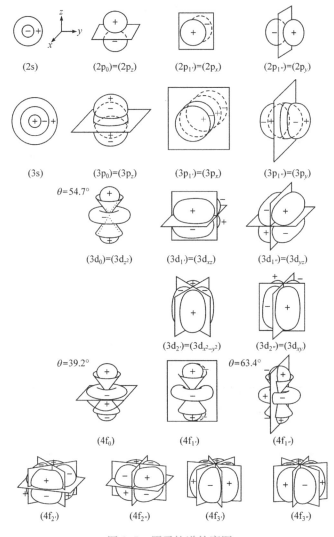

图 2-7　原子轨道轮廓图

4. 轨道等值线剖面图

原子轨道 ψ 是 r、θ、ϕ 的函数,它在原子核周围空间各点数值随 r、θ、ϕ 变化,将计算获得的数值相等的点用曲线连接起来,就形成三维的等值线图。为了标注方便,经常取等值线剖面图。图 2-8 绘制的是 2p、3p、3d 等轨道 xz 剖面图,实线为正,虚线为负。例如,2p 轨道最小的实线圈为数值最高处,随等值线向外扩展,数值逐渐降低,直至为零(节面);虚线等值线逐次收缩,数值越来越负,虚线圈最小处,负值达最低点。

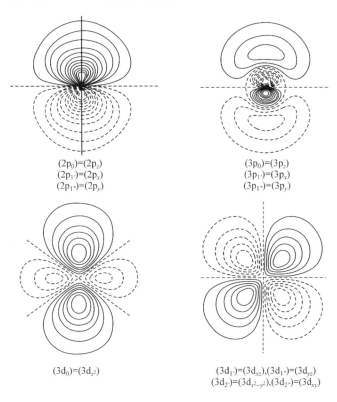

$(2p_0) = (2p_z)$
$(2p_{1'}) = (2p_x)$
$(2p_{1''}) = (2p_y)$

$(3p_0) = (3p_z)$
$(3p_{1'}) = (3p_x)$
$(3p_{1''}) = (3p_y)$

$(3d_0) = (3d_{z^2})$

$(3d_{1'}) = (3d_{xz})$, $(3d_{1''}) = (3d_{yz})$
$(3d_{2'}) = (3d_{x^2-y^2})$, $(3d_{2''}) = (3d_{xy})$

图 2-8　原子轨道等值线图

2.3　多电子原子的结构

2.3.1　核外电子排布与电子组态

多电子原子核外电子排布,构成该原子的电子组态,而核外电子的排布则是根据以下三个原则:

(1) Pauli(泡利)不相容原理。在一个原子中,不能有两个电子具有完全相同的 4 个量子数,即一个原子轨道最多排列两个电子,且两个电子的自旋方向相反。

(2) 能量最低原理。在 Pauli 不相容原理基础上,电子优先占据能级较低的原子轨道,使整个原子体系处于能量最低状态。根据 $n + 0.7l$ 原则可估算出各能级能量,然后由低到高排列,使原子处于基态。

(3) Hund(洪德)规则。在能级高低相同的轨道(能级简并)上,电子尽可能占据不同轨道,且自旋平行。

例如,21 号 Sc 原子,核外电子先排满 $1s^2$、$2s^2$、$2p^6$、$3s^2$、$3p^6$ 轨道 18 个电子后,最后 3 个电子,根据 4s 为 $(n+0.7l)=4.0$,3d 为 $(n+0.7l)=4.4$,先填 $4s^2$、再填 $3d^1$ 轨道,所以 Sc 原子核外电子排布为 $[Ar]3d^14s^2$。

又如,15 号 P 原子,核外电子排满 $1s^22s^22p^63s^2$ 轨道后,还有 3 个电子和 3 个 p 轨道,1 个电子分别填在 1 个轨道上,且自旋平行。这是因为轨道上电子全满或半满状态时,电子云分布接近球状,比较稳定。

原子的基态电子组态可按上述三原则写出,如 Co(27):$1s^22s^22p^63s^23p^63d^74s^2$,为了简化组态表达方法,可用原子实加上价电子层,则 Co 也可写成 $[Ar]3d^74s^2$。

图 2-9 列出原子在基态时的价层电子排布。

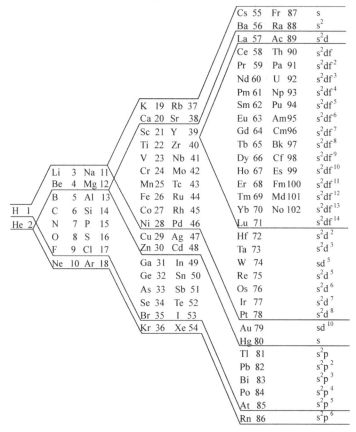

图 2-9　原子在基态时的价层电子排布

2.3.2　中心力场近似和自洽场方法

1. 多电子原子的 Schrödinger 方程

氢原子是最简单的原子体系,仅有一个原子核与一个电子。即使这样简单的体系,解 Schrödinger 方程时,还需用特殊函数,如联属 Legendre 多项式和 Laguerre 多项式。对任意一个多电子原子来说,要精确求解 Schrödinger 方程是不可能的,只能寻找某种近似方法。其中比较成功的是中心力场近似。

假定原子的质心与原子核心重合,在 Born-Oppenheimer 近似基础上,并以原子单位表示一些常数,如能量1a. u. ＝1hartree＝27. 2eV,长度 1a. u. ＝a_0＝0. 529Å(Bohr 半径)……这样,电子运动 Hamilton 算符化简为

$$\hat{H} = -\frac{1}{2}\sum_{i=1}^{n}\nabla_i^2 - \sum_{i=1}^{n}\frac{Z}{r_i} + \sum_{i<j}\frac{1}{r_{ij}}$$

其中,第一项是对原子中所有电子的动能求和,第二项是电子与核间相互作用势能的加和,第三项是电子间的相互排斥势能。

近似方法希望能将原子的总 Hamilton 算符分解成一个单电子 Hamilton 算符的加和,Schrödinger 方程中前两项很容易分解成单电子项,只有第三项难以分解。

中心力场近似假设每个电子处在原子核与其他电子组成的平均势场中运动,即

$$\hat{H}(1,2,\cdots,n) = \sum_i \hat{h}_i = \sum_i \left[-\frac{1}{2}\nabla_i^2 + V(i)\right]$$

此处 $V(i)$ 为某电子 i 的单电子势能函数,它以原子核势场、其余$(n-1)$个电子产生的瞬时场平均值为基础,总波函数 ψ 写成单电子波函数的乘积

$$\psi(1,2,3,\cdots,n) = \varphi_1(1)\varphi_2(2)\cdots\varphi_n(n)$$

波函数的平方——概率密度函数 ψ^2 自然恰好是所有单电子概率密度函数 φ_i^2 的乘积。根据概率论,用单电子轨道乘积求多电子近似波函数所隐含的物理模型是一种独立电子模型,$\hat{h}_i\varphi_i = \varepsilon_i\varphi_i$。体系的总能量近似为各电子能量之和 $E = \varepsilon_1 + \varepsilon_2 + \cdots + \varepsilon_n$,这样原子总 Hamilton 分解成单电子 Hamilton 的加和。

2. 自洽场方法

根据中心力场近似,每个电子都是在一个由核和其他电子产生的平均势场中运动,它的波函数可用 φ_i 来表示,它们都服从方程 $\hat{h}_i\varphi_i = \varepsilon_i\varphi_i$。

1928 年,Hartree(哈特里)首先提出、后经 Fock(福克)改进的自洽场方法如下:先假设一套试探的单电子波函数$\{\varphi_i^0\}$,如可仿照类氢离子波函数 φ_i,由径向函数与球谐函数组成,将试探波函数代入 Hartree-Fock(H-F)方程,得到第一次循环后的能量和波函数$\{\varepsilon_i^1\}\{\varphi_i^1\}$,再将波函数$\{\varphi_i^1\}$代入 H-F 方程,得到第二次循环后的能量和波函数$\{\varepsilon_i^2\}\{\varphi_i^2\}$,然后将波函数$\{\varphi_i^2\}$代入 H-F 方程……这样反复计算,直至第 n 次能量与$(n-1)$次的能量的差值(或波函数形成的密度函数差值)小于某一指定值,则称方程 Hartree-Fock 达到自洽。

此方法开始是解原子的 Hartree-Fock 方程,20 世纪 50～60 年代经 Roothann 发展后可处理分子体系。

Hartree-Fock-Roothann 方程为

$$FC = \varepsilon SC$$

式中:F 为 Fock 矩阵;C 为波函数系数矩阵;S 为重叠矩阵;ε 为能量本征值。

直至目前,上式仍是量子化学计算使用的重要方程。随着计算机的普及,自洽场方法的用途变得越来越广。

2.3.3　电离能与电子亲和能

1. 电离能的定义

某元素气态原子失去一个电子,成为一价气态离子所需的最低能量称为某元素的第一电

离能,表 2-4 列出实验测定的第 1~54 号元素第一、二、三电离能数据。

$$A(g) \longrightarrow A^+(g) + e \qquad I_1 = E_{A^+} - E_A \qquad I_2 = E_{A^{2+}} - E_{A^+}$$

表 2-4 原子的电离能 (单位:eV)

序 号	元 素	I_1	I_2	I_3	序 号	元 素	I_1	I_2	I_3
1	H	13.59			28	Ni	7.63	18.16	35.17
2	He	24.58	54.39		29	Cu	7.72	20.28	36.83
3	Li	5.39	75.61	122.451	30	Zn	9.36	17.96	39.72
4	Be	9.32	18.20	153.893	31	Ga	6.00	20.50	30.71
5	B	8.29	25.14	37.970	32	Ge	7.90	15.93	34.22
6	C	11.26	24.37	47.887	33	As	9.78	18.63	28.35
7	N	14.53	29.59	47.448	34	Se	9.75	21.19	30.82
8	O	13.61	35.10	54.934	35	Br	11.81	21.76	36.0
9	F	17.42	34.96	62.707	36	Kr	13.99	24.35	36.95
10	Ne	21.56	40.95	63.450	37	Rb	4.18	27.28	40.0
11	Na	5.14	47.27	71.640	38	Sr	5.69	11.03	43.6
12	Mg	7.64	15.03	80.143	39	Y	6.38	12.24	20.52
13	Al	5.98	18.82	28.447	40	Zr	6.84	13.13	22.99
14	Si	8.15	16.37	33.492	41	Nb	6.88	14.32	25.04
15	P	10.48	19.72	30.18	42	Mo	7.10	16.14	27.16
16	S	10.36	23.32	34.83	43	Tc	7.27	15.25	29.54
17	Cl	12.96	23.80	39.61	44	Ru	7.37	16.75	28.47
18	Ar	15.75	27.62	40.47	45	Rh	7.46	18.07	31.06
19	K	4.34	31.61	45.42	46	Pd	8.34	19.43	32.93
20	Ca	6.11	11.87	50.91	47	Ag	7.57	21.49	34.83
21	Sc	6.54	12.79	24.76	48	Cd	8.99	16.90	37.48
22	Ti	6.82	13.57	27.49	49	In	5.78	18.86	28.03
23	V	6.73	14.65	29.31	50	Sn	7.34	14.63	30.50
24	Cr	6.76	15.50	30.96	51	Sb	8.62	16.52	25.30
25	Mn	7.43	15.63	33.67	52	Te	9.01	18.54	27.96
26	Fe	7.87	16.17	30.651	53	I	10.45	19.12	33.0
27	Co	7.85	17.05	33.50	54	Xe	12.13	21.20	32.1

一价气态正离子(A^+)失去一个电子成为二价气态正离子(A^{2+})所需的能量为第二电离能……比较各元素的电离能可看出:

(1) 稀有气体的电离能处于极大值,这是因为稀有气体的原子具有全满的电子层,要移去一个电子很困难。碱金属的电离能处于极小值,因为碱金属只有一个电子,失去一个电子后形成稳定的全满壳层结构。

(2) 同一周期主族元素第一电离能,基本随原子序数增加而增加。

(3) 元素的第二电离能总大于第一电离能,碱金属的 I_2 处于极大值,而碱土金属的 I_2 处于极小值。

从图 2-10 可直观地看出原子电离能的周期性变化。

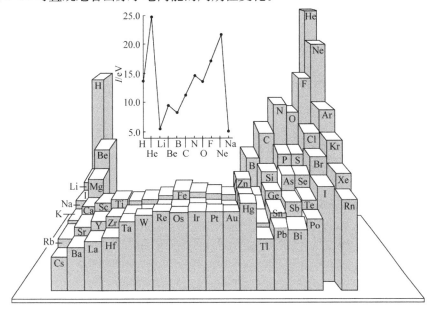

图 2-10　原子电离能的周期性变化

2. 屏蔽常数 σ

多电子原子中每个电子感受的核电荷因受其他电子屏蔽而减弱,为了计算有效核电荷 Z^*,Slater(斯莱特)提出估算屏蔽常数 σ 的方法如下:

(1) 将电子由内向外分层 1s|2s 2p|3s 3p|3d|4s 4p|4d|4f|5s 5p|…,每层具有不同的屏蔽常数 σ。

(2) 对所考虑的壳层,外层电子不产生影响。

(3) 同一层其他电子每个贡献 0.35(1s 层每一电子 0.30)。

(4) 对 s、p 层,$(n-1)$ 内层每个电子贡献 0.85,更内层每个电子为 1.00。

(5) 对 d 层或 f 层,每一内层电子均贡献 1.00。

3. 原子轨道近似能量

在类氢离子体系,轨道能量可用下式计算:

$$E = -R\frac{Z^2}{n^2}$$

在多电子原子体系,用有效核电荷 $Z^* = Z - \sigma$ 代替 Z,有效量子数 n^* 代替主量子数 n,则可计算原子轨道的近似能量。

例如,Mg 原子

1s 轨道能量　　$E_{1s} = -R\frac{(12-\sigma)^2}{1^2} = -R\frac{(12-0.3)^2}{1^2} = -136.89R$

2s,2p 轨道能量　$E_{2s,2p} = -R\frac{(12-0.85\times2-0.35\times7)^2}{2^2} = -R\frac{7.85^2}{4} = -15.40R$

3s 轨道能量　　$E_{3s} = -R\frac{(12-1.00\times2-0.85\times8-0.35)^2}{3^2} = -0.9025R$

有效量子数 n^*：当 $n \leqslant 3$ 时，$n^* = n$；当 $n = 4$ 时，$n^* = 3.7$；当 $n = 5$ 时，$n^* = 4.0$；$n \geqslant 5$ 时，准确性较差，一般不讨论。按该方法计算，2s 与 2p 轨道能量相同，实际上是不同的，这是由于该方法过于粗略。

4. 计算电离能

假设要计算 Mg 第一电离能，按定义

$$I_1 = E_{Mg^+} - E_{Mg}$$

$$E_{Mg^+} = 2E_{1s} + 8E_{2s,2p} + E'_{3s}$$

$$= 2 \times (-136.89R) + 8 \times (-15.40R) + \left[-R \frac{(12 - 1.00 \times 2 - 0.85 \times 8)^2}{3^2} \right]$$

$$E_{Mg} = 2E_{1s} + 8E_{2s,2p} + 2E_{3s}$$

$$= 2 \times (-136.89R) + 8 \times (-15.40R) + 2 \times \left[-R \frac{(12 - 1.00 \times 2 - 0.85 \times 8 - 0.35)^2}{3^2} \right]$$

$$I_1 = E_{Mg^+} - E_{Mg} = \left(-R \frac{3.2^2}{9} \right) - 2 \times \left(-R \frac{2.85^2}{9} \right) = 0.667R = 9.07(eV)$$

第二电离能

$$I_2 = E_{Mg^{2+}} - E_{Mg^+} = -\left(-R \frac{3.2^2}{9} \right) = 1.14R = 15.50(eV)$$

结果证明与实验测定 Mg 的第一、二电离能 7.64eV、15.03eV 相当接近。

5. 电子亲和能

气态原子获得一个电子成为一价负离子时释放出来的能量称为电子亲和能(A)，即

$$B(g) + e \longrightarrow B^-(g) + A$$

由于负离子的有效核电荷比对应原子少，电子亲和能的绝对值比电离能小一个数量级，而且测定比较困难。电子亲和能大小与原子核的吸引力和核外电子的排斥力相关。在周期表中，电子亲和能随原子半径减小而增大（表 2-5 和图 2-11）。

表 2-5　原子的电子亲和能　　　　　　（单位：$kJ \cdot mol^{-1}$）

I A	II A	III A	IV A	V A	VI A	VII A	0
H							He
73							<0
Li	Be	B	C	N	O	F	Ne
60	≤0	27	122	0	141	328	<0
Na	Mg	Al	Si	P	S	Cl	Ar
53	≤0	44	134	72	200	349	<0
K	Ca	Ga	Ge	As	Se	Br	Kr
48	2.4	29	118	77	195	325	<0
Rb	Sr	In	Sn	Sb	Te	I	Xe
47	4.7	29	121	101	190	295	<0
Cs	Ba	Tl	Pb	Bi	Po	At	Rn
45	14	30	110	110	?	?	<0

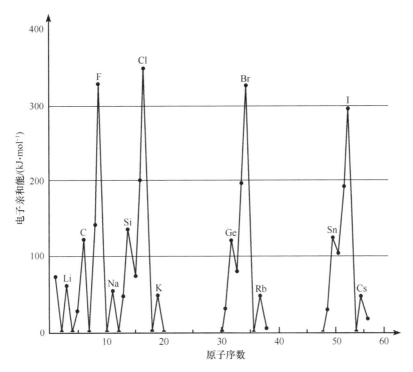

图 2-11　原子的电子亲和能

2.3.4　电负性

为了衡量原子对电子吸引能力大小，Pauling(鲍林)提出"电负性"概念。

当 A 和 B 两种原子结合成双原子分子 AB 时，若 A 的电负性大，则生成的极性分子为 $A^{\delta-}B^{\delta+}$，A 原子有较多的负电荷，B 原子显较多的正电；反之，若 B 的电负性大，则生成的极性分子是 $A^{\delta+}B^{\delta-}$。分子的极性越大，离子键成分越高，因此电负性也可看成是原子形成离子倾向相对大小的量度。

Pauling 的电负性标度 χ_P 是用两元素形成化合物时生成热的数值来计算的。若 A 和 B 两个原子的电负性相同，A—B 键的键能应为 A—A 键和 B—B 键键能的平均值，而大多数 A—B 键的键能均超过此平均值，此差值可作为测定 A 原子和 B 原子电负性的依据。

Mulliken(马利肯)认为，比较原子电负性的大小应综合考虑原子吸引外层电子的能力和抵抗丢失电子的能力。前者和电子亲和能成正比，后者和第一电离能成正比。Mulliken 的电负性标度 χ_M 为 I_1 和 A 数值之和(以 eV 为单位)乘以一个因子，使之与 χ_P 接近。

1989 年，Allen(艾伦)根据光谱数据计算电负性，用下式计算主族元素(包括稀有气体)的电负性：

$$\chi_s = \frac{n\varepsilon_s + m\varepsilon_p}{n + m}$$

式中：m 和 n 分别为 p 轨道和 s 轨道上的电子数；ε_p 和 ε_s 分别为一个原子 p 轨道和 s 轨道上的电子平均能量(可从光谱数据获得)；χ_s 为电负性标度。

所得结果如表 2-6 所示。

表 2-6 元素的电负性

元　素	χ_p	χ_s	元　素	χ_p	χ_s	元　素	χ_p	χ_s	元　素	χ_p	χ_s	元　素	χ_p	χ_s
H	2.20	2.30	He		4.16							Sc	1.36	1.15
Li	0.98	0.91	Na	0.93	0.87	K	0.82	0.73	Rb	0.82	0.71	Ti	1.54	1.28
Be	1.57	1.58	Mg	1.31	1.29	Ca	1.00	1.03	Sr	0.95	0.96	V	1.63	1.42
B	2.04	2.05	Al	1.61	1.61	Ga	1.81	1.76	In	1.78	1.66	Cr	1.66	1.57
C	2.55	2.54	Si	1.90	1.91	Ge	2.01	1.99	Sn	1.96	1.82	Mn	1.55	1.74
N	3.04	3.07	P	2.19	2.25	As	2.18	2.21	Sb	2.05	1.98	Fe	1.83	1.79
O	3.44	3.61	S	2.58	2.59	Se	2.55	2.42	Te	2.10	2.16	Co	1.88	1.82
F	3.98	4.19	Cl	3.16	2.87	Br	2.96	2.69	I	2.66	2.36	Ni	1.91	1.80
Ne		4.79	Ar		3.24	Kr		2.97	Xe		2.58	Cu	1.90	1.74

注:表中 χ_p、χ_s 分别为 Pauling、Allen 电负性标度。

2.4　原子光谱项

2.4.1　定义

由于电子间的相互作用,多电子原子的原子轨道能级不再按主量子数 n 分成几个简单的能级,而是与电子的轨道角量子数 l 有关,与电子的自旋量子数 s 有关,分成许多更细的能级。从原子光谱可观察到这种现象,化学中用原子光谱项来描述这种现象。讨论原子中电子角动量偶合时有两个方法:一个是 $L\text{-}S$ 偶合;一个是 $J\text{-}J$ 偶合,对于轻元素,大多选择 $L\text{-}S$ 偶合。用量子数 L 表示电子轨道角动量的矢量加和,即

$$L = \sum_i m_l(i)$$

用量子数 S 表示电子自旋角动量的矢量加和,即

$$S = \sum_i m_s(i)$$

图 2-12 表示的是两个 p 电子($l_1=1, l_2=1$)轨道角动量相互作用产生 $L=0,1,2$ 的三种可能情况。

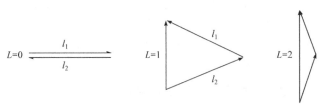

图 2-12　两个 p 电子($l=1$)轨道角动量相互作用的情况

可用符号表示原子光谱项。L 值取 0,1,2,3,4,5,…可用大写字母 $S,P,D,F,G,H,…$ 表示,就像以前量子数 $l=0,1,2,3$ 对应 s,p,d,f 轨道一样,即

L	0	1	2	3	4	5
谱项	S	P	D	F	G	H
对应状态数	1	3	5	7	9	11

L 沿磁场的分量以 M_L 表示,其值为 $0,\pm1,\pm2,\cdots,\pm L$,共 $(2L+1)$ 个,即 S 谱项对应一个原子状态,P 谱项对应三个状态,D 谱项对应五个状态……将 $(2S+1)$ 的数值写在 L 的左上角,^{2S+1}L 即原子光谱项。$(2S+1)$ 表示 S 沿磁场方向的能级分裂值,M_S 数值为 $0,\pm1,\pm2,\cdots,\pm S$(电子偶数个,S 为整数)或 $\pm\dfrac{1}{2},\pm\dfrac{3}{2},\pm\dfrac{5}{2},\cdots,\pm S$(电子数为奇数,$S$ 为半整数),$(2S+1)$ 称为自旋多重度。光谱项 ^{2S+1}L 对应电子运动的 $(2S+1)(2L+1)$ 个微观状态,如 ^3P 对应 9 个状态,^2D 对应电子运动 10 个状态。

L 和 S 再偶合,得到总角动量 $\boldsymbol{J}$,$\boldsymbol{J}=\boldsymbol{L}+\boldsymbol{S}$,当 $L\geqslant S$ 时,$J=L+S,L+S-1,\cdots,|L-S|$,共 $(2S+1)$ 个值,当 $L<S$,$J=S+L,S+L-1,\cdots,|S-L|$,共 $(2L+1)$ 个值,轨道与自旋角动量偶合,写成 $^{2S+1}L_J$ 形式,称为光谱支项。

例如,^3D 谱项$(L=2,S=1)J=3,2,1$,即 ^3D 谱项可分裂为 $^3D_3,^3D_2,^3D_1$ 三个光谱支项。又如,^4P 谱项$\left(L=1,S=\dfrac{3}{2}\right)J=\dfrac{5}{2},\dfrac{3}{2},\dfrac{1}{2}$,即 ^4P 可分裂为 $^4P_{\frac{5}{2}},^4P_{\frac{3}{2}},^4P_{\frac{1}{2}}$ 三个光谱支项。

原子若处在磁场中,则 J 值还可分裂成 $(2J+1)$ 个分量,M_J 取值为 $0,\pm1,\cdots,\pm J$ 或 $\pm\dfrac{1}{2},\pm\dfrac{3}{2},\cdots,\pm J$。

2.4.2　原子光谱项的推导

1. 非等价电子组态

两个电子的主量子数或角量子数不同时,称为非等价电子,如 $(2p)^1(3p)^1$ 或 $(4s)^1(3d)^1$。由于至少有一个量子数不同,光谱项的推求较容易,只要将 L,S 偶合起来,即可求出所有可能的光谱项。例如,$(2p)^1(3p)^1$ 组态,$l_1=1,l_2=1$,两矢量加和可得 $L=2,1,0$ 三种情况,自旋为 $s_1=\dfrac{1}{2},s_2=\dfrac{1}{2}$,加和可得 $S=1,0$。L 与 S 不同组合都可存在,即 $^3D,^1D,^3P,^1P,^3S,^1S$,共 6 个谱项,每个谱项分别包含 $(2L+1)(2S+1)$ 个微观状态,共有 36 个状态。另外,从 $(2p)^1(3p)^1$ 推算,2p 共有三个轨道,一个电子的自旋向上或向下填入这三个轨道,共有六种可能,3p 轨道填一个电子也是如此,因此有 36 种可能,与光谱项状态数加和结果一致。

再如 $(4s)^1(3d)^1$,一个电子填在一个 s 轨道内可自旋向上或向下,有两种可能,而一个电子填在五个 d 轨道中则有 10 种可能,共有 20 个微观状态,两个电子的 L-S 偶合可得 $L=2$,$S=1,0$,则光谱项可组合出 $(^3D,^1D)$ 两项$(3\times5+1\times5=20)$。$\boldsymbol{L}$ 与 $\boldsymbol{S}$ 矢量再偶合,可得总角动量 $\boldsymbol{J}$,即 $^3D_3,^3D_2,^3D_1$ 和 $^1D_2$ 四个光谱支项。

2. 等价电子组态

处在同一个主量子数、角量子数的电子称为等价电子,如 $n\mathrm{p}^3,n\mathrm{d}^2,\cdots$,由于受 Pauli 不相容原理的限制,微观状态大大减少,光谱项推算的难度也增大。

(1) 等价电子可能的微观状态。先讨论 $n\mathrm{p}^3$ 可能状态数。$n\mathrm{p}$ 的三个轨道中,电子可选择自旋向上与向下两个方向填入,共有六种可能性。现有三个电子,在六种状况中选择三个,用组合 C_6^3 计算,$C_6^3=\dfrac{6!}{3!\,(6-3)!}=20$,有 20 个微观状态。又如 $n\mathrm{d}^2$ 组态,$n\mathrm{d}$ 的五个轨道,电子还有自旋的两种选择,共有十种可能性,两个电子填入这些轨道,即 $C_{10}^2=45$ 种状态,要比非等价电子的可能状态少得多。np^2 组态可能的微观状态为 $C_6^2=15$ 种，现具体列出，如表 2-7 所示。

表 2-7　np^2 组态微观状态

序号	m_l			$M_L=\sum_i m_l(i)$	$M_S=\sum_i m_s(i)$	谱 项
	1	0	−1			
1	↓↑			2	0	^1D
2	↑	↑		1	1	^3P
3	↑	↓		1	0	$^1D,^3P$
4	↓	↑		1	0	
5	↓	↓		1	−1	^3P
6		↑↓		0	0	
7	↑		↓	0	0	$^1D,^3P,^1S$
8	↓		↑	0	0	
9	↑		↑	0	1	^3P
10	↓		↓	0	−1	^3P
11		↑	↓	−1	0	$^1D,^3P$
12		↓	↑	−1	0	
13		↑	↑	−1	1	^3P
14		↓	↓	−1	−1	^3P
15			↓↑	−2	0	^1D

（2）推算原子光谱项。从 15 种可能的微观结构中，首先取 $M_L(\max)=2$（对应 $M_S=0$ 的状态），可写出光谱项 $^1D(L=2,S=0)$，每个谱项 ^{2S+1}L 对应 $(2S+1)(2L+1)$ 个微观状态，即 ^1D 对应五个微观状态（$M_L=2,1,0,-1,0,2,M_S=0$）。然后根据 $M_S(\max)=1$，对应的 $M_L=1$，可写出另一谱项 ^3P，该谱项对应 9 个微观状态（$M_L=1,0,-1,M_S=1,0,-1$），np^2 共有 15 个微观状态，其中 ^1D 表示五个状态，^3P 表示 9 个状态，最后一个状态是 $^1S(M_L=0,M_S=0)$。这样，得到了 np^2 态的全部光谱项：$^1D,^3P,^1S$。从表 2-7 可看出，第 1，15 状态属 ^1D 谱项，第 2，5，9，10，13，14 状态属于 ^3P，还有些状态，如 6，7，8 都是 $M_L=0$，$M_S=0$，很难指认哪一个状态属于 $^1D,^3P,^1S$。这种情况可用图 2-13 来表示。以 M_S 为横坐标，M_L 为纵坐标，首先写出的 ^1D 谱项，对应的 $M_L=2,1,0,-1,-2,M_S=0$ 可在纵坐标上用五个×表示，其次 ^3P 谱项 $M_S=1,0,-1,M_L=1$，0，−1，共 9 个状态用○表示，最后 ^1S 谱项 $M_L=0$，$M_S=0$，用□表示。这一点是三个状态共用一个点，可用这三个状态组合起来表示三个状态。$M_L=\pm1,M_S=0$ 是一个点对应两个状态，也要用态叠加来处理。

由于 Pauli 不相容原理的限制，等价电子的 np^n 与 np^{6-n} 组态有相同的光谱项，即 np^4 的光谱项也是

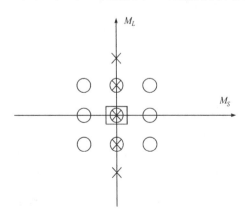

图 2-13　np^2 的 15 种可能状态

$^1D, ^3P, ^1S, np^1$ 与 np^5 有相同的光谱项，nd^1 与 nd^9，nd^2 与 nd^8，nd^3 与 nd^7，nd^4 与 nd^6 都有相同的光谱项。但光谱支项能级次序不同。

2.4.3 组态的能级分裂

1. 光谱项能级

对一个 np^n 或 nd^n 组态，当考虑电子间相互作用时，组态能级分裂成几个不同的光谱项，按 Hund 第一规则，可定性判断光谱项能级高低。

(1) 同一组态中，S 最大的光谱项（多重度最高）能级最低。

(2) S 值相同时，L 值较大的光谱项，能级较低。

这样，np^2 组态中，^3P 谱项能级最低，^1D 谱项能级其次，^1S 谱项的能级最高。

2. 光谱支项能级

以上仅考虑电子的空间轨道运动，若进一步考虑电子轨道与自旋的相互作用，光谱项还会进一步分裂成光谱支项，当 $L \geqslant S$ 时，光谱项分裂成 $(2S+1)$ 个光谱支项。例如，$^3P(L=1, S=1, J=2,1,0)$ 分裂为 $^3P_2, ^3P_1, ^3P_0$。当 $L < S$ 时，如 ^4S 谱项（$L=0, S=3/2, J=3/2$），光谱项可分裂成 $(2L+1)$ 个支项，即 $^4S_{\frac{3}{2}}$ 一项。对光谱支项的能级高低，根据 Hund 第二规则：组态电子少于、等于半满时，J 值越小，能量越低；反之，若组态电子大于半满时，J 值越大，能量越低。

现以 np^3 组态为例说明，如图 2-14 所示，np^3 组态共有 $C_6^3 = 20$ 个微观状态，$M_L(\max) = 2$，对应的 $M_S = \frac{1}{2}$，可写出光谱项 ^2D（$2 \times 5 = 10$ 个微观状态）；再取 $M_S(\max) = \frac{1}{2}$，对应的 $M_L = 0$，即光谱项为 ^4S（$4 \times 1 = 4$ 个微观状态），剩余六个状态（6 为 3 的倍数）可定为 ^2P。根据 Hund 规则，多重度最大的 ^4S 能量最低，^2D 谱项其次，^2P 项能量最高。光谱支项（$J = L+S, L+S-1, \cdots, |L-S|$）：$^4S \rightarrow {}^4S_{\frac{3}{2}}, {}^2D \rightarrow {}^2D_{\frac{5}{2}}, {}^2D_{\frac{3}{2}}, {}^2P \rightarrow {}^2P_{\frac{3}{2}}, {}^2P_{\frac{1}{2}}$。磁场中，每个光谱支项还会分裂成 $(2J+1)$ 项，$M_J = 0, \pm 1, \pm 2, \cdots, \pm J$ 或 $\pm \frac{1}{2}, \pm \frac{3}{2}, \pm \frac{5}{2}, \cdots, \pm J$。

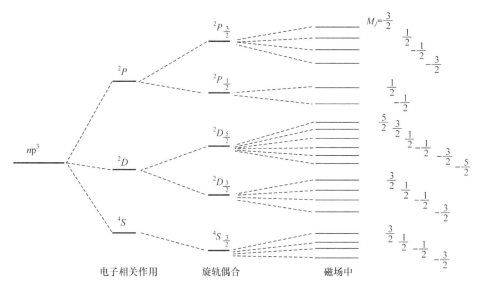

图 2-14 np^3 组态的能级分裂

2.4.4 基态光谱项

在许多情况下,只需要知道基态光谱项,这时不必像上面那样进行繁琐的分析推导,只要根据 Hund 规则和 Pauli 不相容原理,利用图示法就可很快写出基态光谱项,具体步骤如下:

(1) 满壳层组态,如 ns^2,np^6,nd^{10}。因 $L=0$,$S=0$,所以基态谱项恒为 $^1S_0$。

(2) 组态中电子自旋尽量平行(S 达到最大)。

(3) 轨道角动量用箭头表示,矢量先向下再水平方向,然后矢量向上,p 电子垂直向下 $m_l=1$,水平 $m_l=0$,垂直向上 $m_l=-1$。d 电子垂直向下 $m_l=2$,斜向下 $m_l=1$,水平 $m_l=0$,斜向上 $m_l=-1$,垂直向上 $m_l=-2$。超过半满,m_l 取值符号相反。

$$L = \left| \sum_i m_l(i) \right|$$

(4) 自旋用小箭头表示,先填自旋向上 $\left(m_s=\dfrac{1}{2}\right)$,半满后再填自旋向下 $\left(m_s=-\dfrac{1}{2}\right)$,$S = \sum_i m_s(i)$ 。

(5) 总角量子数 J,根据 L,S 的箭头方向,方向相同为 $J=L+S$,方向相反为 $J=|L-S|$。各种状态的基态光谱项见表 2-8。

表 2-8　各种状态的基态光谱项

电子组态	S	L	J	基态光谱项
p^1	$\frac{1}{2}$	1	$\frac{1}{2}$	$^2P_{\frac{1}{2}}$
p^2	1	1	0	$^3P_0$
p^3	$\frac{3}{2}$	0	$\frac{3}{2}$	$^4S_{\frac{3}{2}}$
p^4	1	1	2	$^3P_2$
p^5	$\frac{1}{2}$	1	$\frac{3}{2}$	$^2P_{\frac{3}{2}}$
d^1	$\frac{1}{2}$	2	$\frac{3}{2}$	$^2D_{\frac{3}{2}}$
d^2	1	3	2	$^3F_2$
d^3	$\frac{3}{2}$	3	$\frac{3}{2}$	$^4F_{\frac{3}{2}}$
d^4	2	2	0	$^5D_0$
d^5	$\frac{5}{2}$	0	$\frac{5}{2}$	$^6S_{\frac{5}{2}}$

电子组态	S	L	J	基态光谱项
d^6	2	2	4	$^5D_4$
d^7	$\frac{3}{2}$	3	$\frac{9}{2}$	$^4F_{\frac{9}{2}}$
d^8	1	3	4	$^3F_4$
d^9	$\frac{1}{2}$	2	$\frac{5}{2}$	$^2D_{\frac{5}{2}}$

习　题　2

2.1　已知氢原子 1s 的归一化波函数为 $\psi_{1s}=(\pi a_0^3)^{-\frac{1}{2}}\exp\left(-\dfrac{r}{a_0}\right)$：

(1) 试求其基态能量和第一激发态能量。

(2) 计算坐标与动量的平均值。

2.2　试求氢原子由基态跃迁到第一激发态($n=2$)时光波的波长。

2.3　试证明氢原子 1s 轨道的径向分布函数 $D(r)=4\pi r^2\psi_{1s}^2$ 极大值位于 $r=a_0$。

2.4　计算氢原子 1s 状态函数 ψ_{1s} 及其概率在 $r=a_0$ 和 $r=2a_0$ 处的比值。

2.5　已知 s 和 p_z 轨道角度分布的球谐函数分别为

$$Y_{00}=\frac{1}{\sqrt{4\pi}}\qquad Y_{10}=\sqrt{\frac{3}{4\pi}}\cos\theta$$

试证明 s 和 p_z 轨道相互正交。

2.6　试画出类氢离子 $3d_{z^2}$ 和 $3d_{xy}$ 轨道轮廓，并指出其节面数及形状。

2.7　计算 Li^{2+} 的 $\Psi_1=\dfrac{1}{\sqrt{2}}(\psi_{200}+\psi_{210})$、$\Psi_2=\dfrac{1}{\sqrt{3}}(\psi_{200}+\psi_{211}+\psi_{21\bar{1}})$ 所描述状态的能量 E、角动量平方 L^2 的平均值。

2.8　试比较原子 Li、离子 Li^{2+} 的 6s、5d、4f 轨道能量顺序。

2.9　原子的 5 个 d 轨道能量本来是简并的，但在外磁场的作用下，产生 Zeeman 效应（能量分裂），试作图描述这种现象。

2.10　已知氢原子 2s 轨道波函数为

$$\psi_{2s}=Ne^{-\frac{r}{2a_0}}\left(2-\frac{r}{a_0}\right)$$

试求其归一化波函数。

2.11　证明 $l=1$ 的 $\Theta_{lm}(\theta)$ 函数相互正交。

2.12　试证明球谐函数 Y_{10}、Y_{21}、Y_{32} 是方程 $-i\dfrac{\partial}{\partial\varphi}Y_{lm}(\theta,\phi)=mY_{lm}(\theta,\phi)$ 的本征函数。

2.13 已知氢原子 $2p_z$ 轨道波函数为 $\psi_{2p_z} = \dfrac{1}{4\sqrt{2\pi a_0^3}}\left(\dfrac{r}{a_0}\right)\exp\left(-\dfrac{r}{2a_0}\right)\cos\theta$:

(1) 计算 $2p_z$ 轨道能量和轨道角动量。

(2) 计算电子离核的平均距离。

(3) 径向分布函数的极值位置。

2.14 试比较类氢离子 2s 和 2p 电子离核平均距离。

2.15 类氢离子的 1s 轨道为

$$\psi_{1s}(r) = \left(\dfrac{Z^3}{\pi a_0^3}\right)^{\frac{1}{2}}\exp\left(-\dfrac{Zr}{a_0}\right)$$

试求径向函数极大值离核距离,He^+ 与 F^{8+} 径向函数的极大值位置。

2.16 证明类氢离子的电子离核的平均距离为

$$\langle r\rangle = \dfrac{n^2 a_0}{Z}\left\{1 + \dfrac{1}{2}\left[1 - \dfrac{l(l+1)}{n^2}\right]\right\}$$

2.17 画出 4f 轨道的轮廓图,并指出节面的个数与形状。

2.18 写出 Be 原子的 Schrödinger 方程,计算其激发态 $2s^1 2p^1$ 的轨道角动量与磁矩。

2.19 试用计算说明 Rb 原子第 37 个电子应填充在 5s 轨道,而不是 4d 或 4f 轨道。

2.20 根据 Slater 规则,计算 Sc 原子 4s 和 3d 轨道能量。

2.21 简要说明 Li 原子 $1s^2 2s^1$ 态与 $1s^2 2p^1$ 态能量相差很大($14\,904\text{cm}^{-1}$),而 Li^{2+} 的 $2s^1$ 与 $2p^1$ 态几近简并(只差 2.4cm^{-1})的理由。

2.22 根据 Slater 规则,求 Ca 原子的第一、二电离能。

2.23 计算 Al 原子第一、二电离能。

2.24 给出 O 原子在下列情况下的光谱项,并排出能量高低。

(1) 只考虑电子相互作用。

(2) 考虑自旋-轨道相互作用。

(3) 外磁场存在情况。

2.25 已知 N 原子的电子组态为 $1s^2 2s^2 2p^3$:

(1) 叙述其电子云分布特点。

(2) 写出 N 的基态光谱项与光谱支项。

(3) 写出激发态 $2p^2 3s^1$ 的全部光谱项。

2.26 已知 C 原子与 O 原子电子组态分别为 $1s^2 2s^2 2p^2$ 与 $1s^2 2s^2 2p^4$,试用推导证明两种电子组态具有相同的光谱项,但具有不同的光谱支项,简要说明原因。

2.27 写出下列原子的基态光谱项与光谱支项:

Al　S　K　Ti　Mn

2.28 写出下列序号原子的基态电子组态、基态光谱项与基态光谱支项:

14　25　29　40

2.29 Zn^{2+} 某激发态为 $3d^9 4p^1$,请导出这一组态的所有谱项。

2.30 写出下列原子激发态的光谱项:

$C[1s^2 2s^2 2p^1 3p^1]$　　　$Mg[1s^2 2s^2 2p^6 3s^1 3p^1]$　　　$Ti[1s^2 2s^2 2p^6 3s^2 3p^6 3d^3 4s^1]$

2.31 基态 Ni 原子可能的电子组态为 $[Ar]3d^8 4s^2$ 或 $[Ar]3d^9 4s^1$。由光谱实验测定能量最低的光谱项为 $^3F_4$,试判断其属于哪种组态。

2.32 证明 Unsöld 定理:对于给定的 l 值,所有 m 值的概率分布函数之和是一个常数,即

$$\sum_{m=-l}^{l} Y_{lm}^*(\theta,\phi)Y_{lm}(\theta,\phi) = 常数$$

参 考 文 献

施彼得. 1989. 原子结构. 福州:福建科学技术出版社

徐光宪. 1978. 物质结构. 北京:人民教育出版社

周公度. 1982. 无机结构化学. 北京:科学出版社

Atkins P W. 2002. Physical Chemistry. 7th ed. London:Oxford University Press

Brandt S,Dahmen H D. 1995. The Picture Book of Quantum Mechanics. New York:Springer-Verlag

Karplus M,Porter R N. 1971. Atoms & Molecules. Menlo Park:Benjamin

Murrell J N,Kettle S F A,Tedder J M. 1978. 原子价理论. 文振翼等译. 北京:科学出版社

Slater J C. 1960. Quantum Theory of Atomic Structure. New York:McGraw-Hill

Verkade J G. 1979. A Pictorial Approach to Molecular Bonding and Vibrations. 2nd ed. New York:Springer-Verlag

第3章　分子对称性与点群

3.1　对称元素与点群

3.1.1　对称性、对称操作与对称元素

对称是一个很常见的现象。在自然界,我们可观察到五瓣对称的梅花、桃花,六瓣对称的水仙花、雪花(图 3-1)。松树叶沿枝干两侧对称,槐树叶、榕树叶又是另一种对称……在人类建筑中,北京的古皇城是中轴线对称(图 3-2),厦门大学上弦场(见插页一)的五座建筑是以大礼堂为中心的两侧对称。在化学中,我们研究的气态分子、固态晶体等也有各种对称性。有时会感觉这个分子对称性比那个分子高,那个物体的对称性比这个物体高。如何表达、衡量各种对称性? 对称性包括两个方面:一是变换,二是不变性。我们说分子具有某种对称性,是指分子经过某种变换后,分子构型保持不变。数学中定义了对称操作、对称元素来描述这些对称。本章将做简单介绍。

图 3-1　自然界花卉不同对称性

物体经过某种运动后,物体的各部分与运动前的位置、方向完全重合,这种运动就称为一种对称操作。例如,将一个四周相同的长方体箱子转动 180°后,不能分辨它是否转动过,则称它进行了一次对称操作——转动。又如,我国的民间工艺品剪纸,可将其沿某一折叠线叠起来,发现剪纸图案在某个平面两边完全相同,如镜面反映一般,则称这一边的图案是另一边图案的反映……

在各种对称操作中,每种对称操作又对应一种对称元素。例如,转动操作中,物体必须绕某个轴旋转,对称元素称为旋转轴,与镜面反映操作相联系的对称元素是反映面,与反演操作

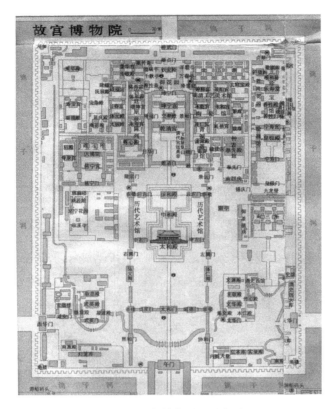

图 3-2　北京故宫平面示意图

相联系的对称元素是对称中心,即用几何学中的点(对称中心)、线(对称轴)、面(镜面)来表示对称元素。

处理分子对称性所需的四种对称元素见表 3-1。

表 3-1　分子对称性的对称元素与对称操作

对称元素		对称操作
名　称	符　号	
对称面	σ	从平面的一侧反映到另一侧
对称中心	i	对称中心外原子两两成对,以对称中心互相反演
旋转轴	C_n	绕轴一次或多次转动
映转轴	S_n	绕轴转动后,对垂直于轴的平面反映

3.1.2　旋转轴与转动

若有一个等边三角形,在它的几何中心有一个垂直于平面的旋转轴,当三角形绕轴转动 $120°\left(\dfrac{2\pi}{3}\right)$ 后,图形完全复原,当三角形绕轴转动 $240°\left(\dfrac{2\cdot 2\pi}{3}\right)$ 时,三角形也完全重复以前的图形……可将三角形转动 $n\cdot\dfrac{2\pi}{3}$ 角度,三角形图形都保持不变,可用 C_3 表示这个旋转轴,转动 $\dfrac{2\pi}{3}$ 为 C_3^1,转动 $2\cdot\dfrac{2\pi}{3}$ 为 C_3^2,转动 $3\cdot\dfrac{2\pi}{3}=2\pi$ 为 $C_3^3=E$(转动 $360°$ 等于不动),E 是恒等元素(不

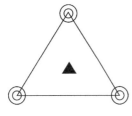

图 3-3　3 次旋转轴

动)的标记(图 3-3)。一般来说,n 重旋转轴用 C_n 来表示,转动角度 $\alpha = \dfrac{2k\pi}{n}$($k$ 为任意正整数),连续完成 m 次转动用 C_n^m 表示。存在多个对称轴时,n 最大的旋转轴为主轴。

对于一个正方形,在它中心存在一个垂直于平面的 C_4 轴,正方形绕轴转动 90°、180°、270°、360°图形都复原。同理,可在正五边形中心找到 C_5 轴,在正六边形中心找到 C_6 轴。

数学上,对三维空间绕 z 轴逆时针转动 α 角度的旋转,可用一个三维矩阵表示,即

$$C_n = \begin{bmatrix} \cos\alpha & -\sin\alpha & 0 \\ \sin\alpha & \cos\alpha & 0 \\ 0 & 0 & 1 \end{bmatrix} \qquad \alpha = \frac{2k\pi}{n}$$

旋转轴 C_2 作用,可使空间一个点 $P(x,y,z)$ 变换到另一个点 $P'(x',y',z')$ 位置上,即

$$\begin{bmatrix} x' \\ y' \\ z' \end{bmatrix} = C_2 \begin{bmatrix} x \\ y \\ z \end{bmatrix} = \begin{bmatrix} \cos\pi & -\sin\pi & 0 \\ \sin\pi & \cos\pi & 0 \\ 0 & 0 & 1 \end{bmatrix} \begin{bmatrix} x \\ y \\ z \end{bmatrix} = \begin{bmatrix} -1 & 0 & 0 \\ 0 & -1 & 0 \\ 0 & 0 & 1 \end{bmatrix} \begin{bmatrix} x \\ y \\ z \end{bmatrix} = \begin{bmatrix} -x \\ -y \\ z \end{bmatrix}$$

旋转轴 C_3^1 作用在空间点 $P(x,y,z)$ 上,可得到新的点 $Q_1(x_1,y_1,z_1)$,即

$$\begin{bmatrix} x_1 \\ y_1 \\ z_1 \end{bmatrix} = C_3^1 \begin{bmatrix} x \\ y \\ z \end{bmatrix} = \begin{bmatrix} \cos\dfrac{2\pi}{3} & -\sin\dfrac{2\pi}{3} & 0 \\ \sin\dfrac{2\pi}{3} & \cos\dfrac{2\pi}{3} & 0 \\ 0 & 0 & 1 \end{bmatrix} \begin{bmatrix} x \\ y \\ z \end{bmatrix} = \begin{bmatrix} -\dfrac{1}{2} & -\dfrac{\sqrt{3}}{2} & 0 \\ \dfrac{\sqrt{3}}{2} & -\dfrac{1}{2} & 0 \\ 0 & 0 & 1 \end{bmatrix} \begin{bmatrix} x \\ y \\ z \end{bmatrix} = \begin{bmatrix} -\dfrac{x}{2} - \dfrac{\sqrt{3}}{2}y \\ \dfrac{\sqrt{3}}{2}x - \dfrac{y}{2} \\ z \end{bmatrix}$$

C_3^2 轴作用在 $P(x,y,z)$ 上,可得到 $Q_2(x_2,y_2,z_2)$ 点,即

$$\begin{bmatrix} x_2 \\ y_2 \\ z_2 \end{bmatrix} = \begin{bmatrix} \cos\dfrac{4\pi}{3} & -\sin\dfrac{4\pi}{3} & 0 \\ \sin\dfrac{4\pi}{3} & \cos\dfrac{4\pi}{3} & 0 \\ 0 & 0 & 1 \end{bmatrix} \begin{bmatrix} x \\ y \\ z \end{bmatrix} = \begin{bmatrix} -\dfrac{1}{2} & \dfrac{\sqrt{3}}{2} & 0 \\ -\dfrac{\sqrt{3}}{2} & -\dfrac{1}{2} & 0 \\ 0 & 0 & 1 \end{bmatrix} \begin{bmatrix} x \\ y \\ z \end{bmatrix} = \begin{bmatrix} -\dfrac{x}{2} + \dfrac{\sqrt{3}}{2}y \\ -\dfrac{\sqrt{3}}{2}x - \dfrac{y}{2} \\ z \end{bmatrix}$$

3.1.3　对称面与反映

对称面包含两个坐标轴(一般是 x,y 轴),垂直于第三轴(z 轴)。若物体含有一个对称面,则物体在该平面上方的每一点在平面下方可找到它的对应点,另一种特殊情况是物体本身是一个平面物体,被包含在对称面内,则平面上每一点与自己对应。例如,B_2H_6 分子(图 3-4),两个 B 原子与四个 H 原子在平面内与自己对应,H_1 与 H_2 在平面上下互相对应。

对称面可用符号 σ 表示,σ 平面又可分为水平平面 σ_h(垂直于主轴)、垂直平面 σ_v(包含主轴)、包含主轴且平分相邻 C_2 轴夹角的平面 σ_d。平面反映两次,等于恒等元素(不动),$\sigma^2 = E$。反映也可用一个矩阵表示,如过原点 σ_{xy} 平面的反映,即

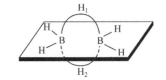

图 3-4　B_2H_6 分子

$$\sigma_{xy}=\begin{bmatrix}1&0&0\\0&1&0\\0&0&-1\end{bmatrix}\qquad \sigma_{xy}\begin{bmatrix}x\\y\\z\end{bmatrix}=\begin{bmatrix}1&0&0\\0&1&0\\0&0&-1\end{bmatrix}\begin{bmatrix}x\\y\\z\end{bmatrix}=\begin{bmatrix}x\\y\\-z\end{bmatrix}$$

3.1.4　对称中心与反演

分子若有对称中心,从分子中某个原子到对称中心连一条直线,在其反向延长线上等距离处必有一个相同原子,反演操作就是第一个原子通过对称中心反演到第二个原子上的操作。由于每个原子通过对称中心反演可找到另一个原子,所以除了对称中心上的原子外,其他原子是成对出现的。反演时,除了对称中心上的原子不动外,其他原子全部两两互换到新的位置,分子总体保持不变。

对称中心用符号 i 表示,若位于坐标原点,在三维空间它的矩阵为 $\begin{bmatrix}-1&0&0\\0&-1&0\\0&0&-1\end{bmatrix}$。

$P(x,y,z)$点通过对称中心反演,得到 $Q(-x,-y,-z)$点,即

$$i\begin{bmatrix}x\\y\\z\end{bmatrix}=\begin{bmatrix}-1&0&0\\0&-1&0\\0&0&-1\end{bmatrix}\begin{bmatrix}x\\y\\z\end{bmatrix}=\begin{bmatrix}-x\\-y\\-z\end{bmatrix}$$

当反演操作进行偶次时,相当于恒等操作 $i^{2n}=E$;当 n 为奇数时,$i^n=i$。

3.1.5　映转轴与旋转反映

映转轴也称为非真轴,与它联系的对称操作是 n 次轴转动,再接垂直该轴的平面反映,两个动作组合成一个操作。

例如,甲烷分子,一个经过 C 原子的四次映转轴 S_4 作用在分子上,氢原子1旋转到$1'$的位置后,经平面反映到 H_4 的位置,同时 H_2 旋转到$2'$的位置再反映到 H_3 的位置……整个分子图形不变,如图 3-5 所示。n 次映转轴可用符号 S_n 来表示,即旋转 α 角度 $\left(\alpha=\dfrac{2k\pi}{n}\right)$ 再平面反映

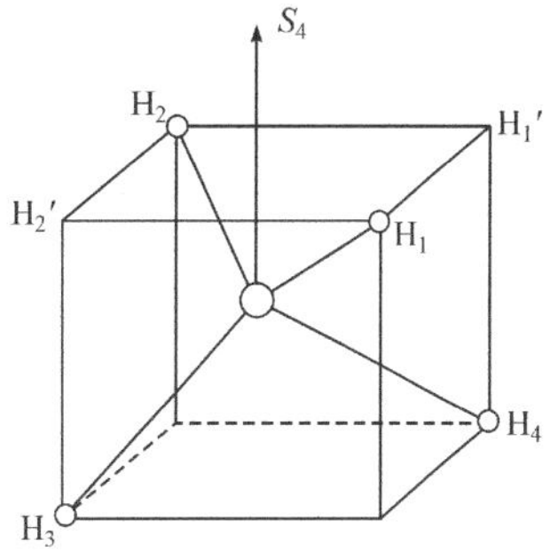

$$S_n=\sigma\cdot C_n$$

这样

图 3-5　甲烷分子

$$S_1=\sigma_h C_1=\sigma_h \qquad S_2=\sigma_h C_2=i \qquad S_3=\sigma_h C_3=C_3+\sigma_h$$
$$S_4=\sigma_h C_4 \qquad S_5=\sigma_h C_5=C_5+\sigma_h \qquad S_6=\sigma_h C_6=C_3+i$$

一般来说,对于映转轴 S_n,只有 n 为 4 的整数倍时是独立的对称元素,其余 S_n 可化为 i,σ_h 或 $C_n+i,C_n+\sigma_h$。有些教材定义的是反轴 I_n,即先进行旋转再进行反演的联合操作。与 S_n 点群相同,也只有 I_4 是独立对称元素。

S_n 群与 I_n 群之间既有联系,又相互包含,通常只需选择一套就够了,对分子多用 S_n 群,对晶体多用 I_n 群。S_n 群与 I_n 群的关系如下:

$$I_1=S_2^- \qquad I_2=S_1^- \qquad I_3=S_6^- \qquad I_4=S_4^- \qquad I_5=S_5^- \qquad I_6=S_3^-$$
$$I_1=iC_1=i \qquad I_2=iC_2=\sigma_h \qquad I_3=iC_3=C_3+i$$
$$I_4=iC_4 \qquad I_5=iC_5=C_5+i \qquad I_6=iC_6=C_3+\sigma_h$$

3.1.6 对称点群

可用对称群来衡量物体对称性的高低,现介绍群的有关概念。

1. 群的定义

一组元素若满足以下四个条件,则组成一个数学群:

(1) 群中任意两个元素的乘积(包括一个元素的平方)必为群中的一个元素——群的封闭性。

(2) 群中必有一个元素可与其他所有元素交换而使它们不变,通常称之为恒等元素 E。

(3) 乘法结合律成立,即 $(AB)C=A(BC)$。

(4) 每个元素都有一个逆元素,它也是群的元素,若 $RS=E$,则 R、S 互为逆元素,有些元素本身为自己的逆,即 $T^2=E$。

现以 NH_3 分子为例说明。NH_3 存在一个通过 N 的 C_3 轴,旋转 C_3^1,C_3^2,分子都能与原来图像重合,我们说 NH_3 分子至少存在一个 C_3 群,包含 E,C_3^1,C_3^2 三个群元素。可检验它是否满足群的条件:

(1) $C_3^1 \cdot C_3^2 = C_3^3 = E$,$C_3^1 \cdot C_3^1 = C_3^2$,$C_3^2 \cdot C_3^2 = C_3^1$,即分子先绕轴旋转 120°,再转 240°,共转 360° 等于恒等元素;分子绕轴转 240°,再转 240°,等于绕轴转动 480°,扣去 360°,相当于绕轴转动 120°——满足封闭性。

(2) 群中存在恒等元素 E。

(3) $(C_3^1 \cdot C_3^2) \cdot C_3^1 = C_3^1(C_3^2 \cdot C_3^1)$,乘法结合律成立。

(4) 因为 $C_3^1 \cdot C_3^2 = E$,所以 C_3^1 与 C_3^2 互为逆元素。

四个条件都满足,所以 E、C_3^1、C_3^2 三个元素组成一个群,记为 C_3。各类点群符号通常使用 Schönflies(熊夫利)记号,采用与对称元素相关的字母和数字。例如,NH_3 分子除 C_3 对称元素外,还包括三个对称面 σ_v,用 C_{3v} 表示该分子的对称点群。

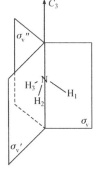

图 3-6 NH_3 分子

2. 群的乘法

仍以 NH_3 为例(图 3-6)。实际上,NH_3 除存在 C_3 轴外,还存在经过 C_3 轴与 $N—H_1$ 键的 σ_v 平面。通过平面反映,可将 $N—H_2$ 键反映到 $N—H_3$ 键,同理还有经过 C_3 轴与 $N—H_2$ 键的 σ_v' 平面,经过 C_3 轴与 $N—H_3$ 的 σ_v'',共有三个垂直平面,相交于 C_3 轴,现在来做它的乘法表。

首先,根据恒等元素与任何元素相乘等于它本身,可写出第一行与第一列,再根据 C_3 群中的结果可写出乘法表左上角的结果如下:

	E	C_3^1	C_3^2	σ_v	σ_v'	σ_v''
E	E	C_3^1	C_3^2	σ_v	σ_v'	σ_v''
C_3^1	C_3^1	C_3^2	E			
C_3^2	C_3^2	E	C_3^1			
σ_v	σ_v					
σ_v'	σ_v'					
σ_v''	σ_v''					

其次,进行右上角的乘法,如 $C_3^1\sigma_v$,NH_3 分子进行 σ_v 反映,N 和 H_1 保持不变,H_2 与 H_3 互换位置,再绕 C_3 轴旋转 $120°$,则 N 还是不变,H_3 到 H_1 位置,H_1 到 H_3 位置,H_2 回到原位置,两个操作的净结果相当于一个 σ_v' 平面反映……可写出右上角的九个结果。

同理,也可写出左下角的九个结果如下:

	E	C_3^1	C_3^2	σ_v	σ_v'	σ_v''
E	E	C_3^1	C_3^2	σ_v	σ_v'	σ_v''
C_3^1	C_3^1	C_3^2	E	σ_v'	σ_v''	σ_v
C_3^2	C_3^2	E	C_3^1	σ_v''	σ_v	σ_v'
σ_v	σ_v	σ_v''	σ_v'			
σ_v'	σ_v'	σ_v	σ_v''			
σ_v''	σ_v''	σ_v'	σ_v			

最后,1/4 乘法表是 σ_v 平面反映相乘,每个反映操作与自己相乘的结果是恒等元素。对于 $\sigma_v\sigma_v'$,NH_3 分子先进行 σ_v' 反映,则 N 原子和 H_2 保持不变,H_3 到了 H_1 的位置;再进行 σ_v 反映,H_2 到了 H_3 的位置,H_1 到了 H_2 的位置,净结果相当于一个 C_3^2 的旋转。NH_3 分子先进行 σ_v'' 反映,再进行 σ_v 反映,净结果相当于分子旋转 $120°$(C_3^1)……同理可得到 σ_v 平面相乘结果都是旋转 C_3^n。这样,我们做出了 C_{3v} 点群的乘法表(表 3-2)。

表 3-2　C_{3v} 点群的乘法表

	E	C_3^1	C_3^2	σ_v	σ_v'	σ_v''
E	E	C_3^1	C_3^2	σ_v	σ_v'	σ_v''
C_3^1	C_3^1	C_3^2	E	σ_v'	σ_v''	σ_v
C_3^2	C_3^2	E	C_3^1	σ_v''	σ_v	σ_v'
σ_v	σ_v	σ_v''	σ_v'	E	C_3^2	C_3^1
σ_v'	σ_v'	σ_v	σ_v''	C_3^1	E	C_3^2
σ_v''	σ_v''	σ_v'	σ_v	C_3^2	C_3^1	E

C_{3v} 点群共有六个元素,六个元素相乘所得结果还在这六个元素之中,满足封闭性,又有恒等元素 E,C_3^1 与 C_3^2 元素互为逆元素,三个 σ_v 元素与自身为逆元素,又满足乘法结合律,符合群的条件。

也可以通过表示对称操作的矩阵的乘法,获得其他点群的乘法表。

3. 群的一些相关概念

(1) 群的构成:构成群的对象很广泛,群的元素可以是各种数学对象或物理动作。例如,它可以是整数、实数或矩阵;也可以是某种数学运算,如置换、线性变换;还可以是某种物理动作,如旋转、反映等。它们虽然性质很不相同,但服从共同的代数运算规则,可用一个抽象的数学概念"元素"代替。

(2) 群的分类:群有各种类型,如旋转群、置换群、点群、空间群、李群等。

本章介绍的是研究分子对称性的对称点群,本课程在介绍晶体结构时要介绍空间群,对称点群的特点是所有的对称元素至少交于一点。

（3）群阶：群所含的对称元素个数称为群阶，如 C_3 群群阶为 3，C_{3v} 群群阶为 6。

（4）类：群中的对称元素可按相似变换分类。相互共轭元素的一个集合构成群的一类。例如，C_{3v} 群中 C_3^1，C_3^2 构成一类，σ,σ',σ'' 构成一类。

（5）子群：若群 $G\{g_1,g_2,\cdots\}$ 中的一部分元素构成的子集合，也满足群的乘法，构成群 F，则称群 F 为群 G 的子群。例如，C_{3v} 群中有子群 C_3，子群也满足群的四个要求。

3.2 分子对称点群

3.2.1 对称点群分类

分子中的原子在空间排列成各种对称的图像，利用对称性原理探讨分子的结构和性质，是人们认识分子的重要途径。

在化学研究中，经常要确定一个分子、离子或原子簇空间排列的对称性质，通过所有对称操作所组成的点群，可以很好地描述分子和团簇体系的对称性。由于群论原理制约，某个分子具有的对称元素和可能进行的对称操作是有限的，因此分子点群大致可分为几类：C_n，C_{nv}，C_{nh}，D_n，D_{nh}，D_{nd} 及高阶群。以下分类介绍这些点群。

3.2.2 C_n 群

若分子只有 n 次旋转轴，它就属于 C_n 群，群元素为 $\{E,C_n,C_n^2,\cdots,C_n^{n-1}\}$。这是 n 阶群。

图 3-7 二氯丙二烯

（1）以二氯丙二烯为例（图 3-7）。该分子两个 $-C\begin{smallmatrix}Cl\\H\end{smallmatrix}$ 碎片分别位于两个相互垂直的平面上，两平面交于 C—C—C 轴。C_2 轴穿过中心 C 原子，与两个平面形成 45°夹角。C_2 轴旋转 180°，两个 Cl、两个 H 和头、尾两个 C 各自交换，整个分子图形复原。它属于 C_2 点群，群元素为 $\{E,C_2\}$。

（2）H_2O_2 分子。H_2O_2 分子是 C_2 群的又一个例子，H_2O_2 像躺在一本打开的书上，C_2 轴穿过 O—O 键的中心和两个 H 连线的中心，如图3-8(a)所示。

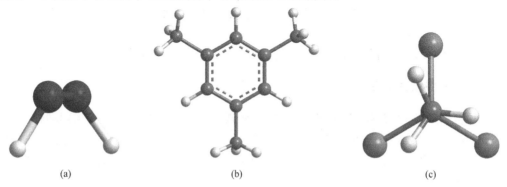

(a)　　　　　　　　　　(b)　　　　　　　　　　(c)

图 3-8　几种 C_n 群分子

(a) H_2O_2；(b) 1,3,5-三甲基苯；(c) 三氯乙烷

（3）1,3,5-三甲基苯[图 3-8(b)]是 C_3 点群的例子，若不考虑甲基上 H 原子，分子的对称

性可以很高,但整体考虑,$C_6H_3(CH_3)_3$ 只有 C_3 对称元素。C_3 轴位于苯环中心,垂直于苯环平面,分子绕 C_3 轴转动 120°、240° 都能复原。CH_3 与 CCl_3 错开一定角度的 1,1,1-三氯乙烷[图 3-8(c)]也是 C_3 对称性分子。

3.2.3　C_{nv} 群

若分子有 n 次旋转轴和通过 C_n 轴的对称面 σ,就生成一个 C_{nv} 群。由于 C_n 轴的存在,有一个对称面,必然产生 $(n-1)$ 个对称面。两个平面交角为 π/n。它是 $2n$ 阶群。

水分子属 C_{2v} 点群。C_2 轴经过 O 原子、平分 $\angle HOH$,分子所在平面是一个 σ_v 平面,另一个 σ_v 平面经过 O 原子且与分子平面相互垂直,相交于 C_2 轴。

与水分子类似的 V 形分子,如 SO_2、NO_2、ClO_2、H_2S、船式环己烷[图 3-9(a)]、N_2H_4[图 3-9(b)]等均属 C_{2v} 点群。其他构型的分子也多属 C_{2v} 群,如稠环化合物菲($C_{14}H_{10}$)[图 3-9(c)]、茚,杂环化合物呋喃(C_4H_4O)、吡啶(C_5H_5N)等。

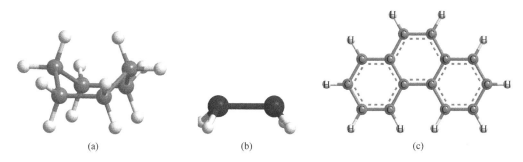

(a)　　　　　　　　(b)　　　　　　　　(c)

图 3-9　船式环己烷(a)、N_2H_4(b)和 $C_{14}H_{10}$(c)属 C_{2v} 群

NH_3[图 3-10(a)]分子是 C_{3v} 点群的典型例子。C_3 轴穿过 N 原子和三角锥的底心,三个垂面各包括一个 N—H 键。其他三角锥形分子如 PCl_3、PF_3、$PSCl_3$、CH_3Cl、$CHCl_3$ 等均属 C_{3v} 点群。P_4S_3[图 3-10(b)]也属 C_{3v} 点群。

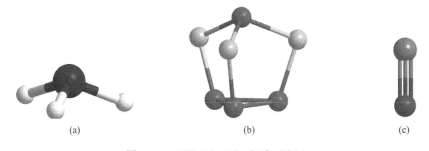

(a)　　　　　　　　(b)　　　　　　　　(c)

图 3-10　NH_3(a)、P_4S_3(b)和 CO(c)

CO[图 3-10(c)]分子是 $C_{\infty v}$ 点群典型例子。C_∞ 轴穿过 C 原子和 O 原子所在的直线,无数个 σ_v 平面相交于 C 原子和 O 原子所在的直线。无对称中心的线形分子如 HCN、HF 等都属 $C_{\infty v}$ 点群。

3.2.4　C_{nh} 群

若分子有一个 n 次旋转轴和一个垂直于轴的水平对称面就得到 C_{nh} 群,它有 $2n$ 个对称操作,$\{E, C_n, C_n^2, \cdots, C_n^{n-1}, \sigma_h, S_n^2, \cdots, S_n^{n-1}\}$,包括 $(n-1)$ 个旋转、1 个反映面及旋转与反映结合

的 $(n-1)$ 个映转操作。当 n 为偶次轴时，S_{2n}^n 即为对称中心。现以二氯乙烯分子为例说明 C_{2h} 点群。

二氯乙烯[图 3-11(a)]分子是一个平面分子。C＝C 键中点存在垂直于分子平面的 C_2 旋转轴，分子所在平面即水平对称面 σ_h，C＝C 键中点还是分子的对称中心 i。所以，C_{2h} 点群的对称元素有四个：$\{E, C_2, \sigma_h, i\}$，若分子中有偶次旋转轴及垂直于该轴的水平平面，就会产生一个对称中心。反式丁二烯等均属 C_{2h} 点群。

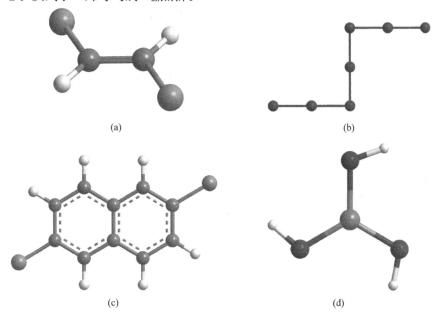

(a)

(b)

(c)

(d)

图 3-11　二氯乙烯(a)、I_7^-(b)、萘的对二氯化物(c)和 H_3BO_3 分子(d)属 C_{nh} 群

I_7^-[图 3-11(b)]也属于 C_{2h} 点群，I_7^- 为 Z 形的平面离子，C_2 轴与对称中心位于第四个 I 原子上。萘的对二氯化物[图 3-11(c)]也属于 C_{2h} 点群。

H_3BO_3 分子[图 3-11(d)]是 C_{3h} 群的例子。由于 B 与 O 原子都以 sp^2 杂化与其他原子成键，因此整个分子在一个平面上。C_3 轴位于 B 原子上且垂直分子平面。

3.2.5　D_n 群

如果某分子除一个主旋转轴 $C_n (n \geqslant 2)$ 外，还有 n 个垂直于 C_n 轴的二次轴 C_2，则该分子属 D_n 点群，有 $2n$ 个对称元素。

D_2 对称性分子，C_2 主轴穿过分子轴线，还有两个 C_2 轴与 C_2 主轴垂直。例如，双乙二胺 $NH_2—CH_2—CH_2—NH—CH_2—CH_2—NH_2$ 可与 Co^{3+} 3 配位螯合，两个双乙二胺与 Co^{3+} 形成 $Co(dien)_2$ 配合物[图 3-12(a)]，具有 D_2 对称性，C_2 主轴穿过垂直的 N—Co—N 键，水平的两个 C_2 轴与两个水平 N—Co—N 键成 45°。

非平衡态乙烷[图 3-12(b)]，甲、乙碳上的两组氢原子相互错开一定角度，该状态对称性为 D_3。沿 C—C 键的 C_3 轴垂直于纸面，水平 C_2 轴平分一组 HC—CH，与 HO—OH 情况相同。

另有 Co^{3+} 与三个双乙二胺形成的螯合物，螯合配体(双乙二胺)像风扇叶片一样排布，也是 D_n 对称性。

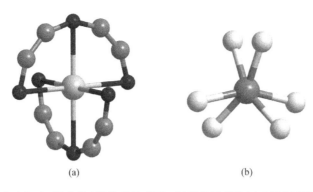

(a)　　　　　　　　　　(b)

图 3-12　Co(dien)$_2$ 配合物(黑球表示 NH$_2$,灰球表示 CH$_2$)(a)和非平衡态乙烷(b)

3.2.6　D_{nh}群

D_{nh}分子含有一个主旋转轴 $C_n (n \geqslant 2)$,n 个垂直于 C_n 主轴的二次轴 C_2,还有一个垂直于主轴 C_n 的水平对称面 σ_h;由此可产生 $4n$ 个对称操作:$\{E, C_n, C_n^2, C_n^3, \cdots, C_n^{n-1}, C_2(1), C_2(2), \cdots, C_2(n); \sigma_h, S_n^1, S_n^2, \cdots, S_n^{n-1}; \sigma_v(1), \sigma_v(2), \cdots, \sigma_v(n)\}$。$C_n$ 旋转轴产生 n 个旋转操作,n 个 $C_2(i)$ 轴产生 n 个旋转操作,还有对称面反映及$(n-1)$个映转操作,n 个通过 C_n 主轴的垂面 σ_v 的反映操作,故 D_{nh}群为 $4n$ 阶群。

D_{2h}对称性的分子也很多,如常见的乙烯[图 3-13(a)]分子、平面形的对硝基苯分子 $C_6H_4(NO_2)_2$、乙二酸根离子 $C_2O_4^{2-}$ 等。还有稠环化合物萘[图 3-13(b)]、蒽,立体型的双吡啶四氟化硅[图 3-13(c)]等。

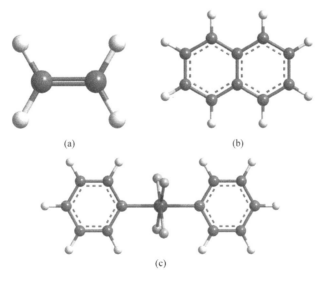

(a)　　　　　　　　　　(b)

(c)

图 3-13　乙烯(a)、萘(b)和双吡啶四氟化硅(c)属 D_{2h}群

D_{3h}:平面三角形的 BF$_3$[图 3-14(a)]、CO$_3^{2-}$、NO$_3^-$ 均属 D_{3h}点群。三角双锥 PCl$_5$[图 3-14(b)]、三棱柱形的 Tc$_6$Cl$_6$[图 3-14(c)]金属簇合物等也是 D_{3h}对称性。

D_{4h}:[Ni(CN)$_4$]$^{2-}$[图 3-15(a)]、[PtCl$_4$]$^{2-}$ 等平面四边形分子属 D_{4h}对称性,典型的金属四重键分子[Re$_2$Cl$_8$]$^{2-}$[图 3-15(c)],两个 Re 各配位四个 Cl 原子,两层 Cl 原子完全重叠,故符合 D_{4h}对称性要求。

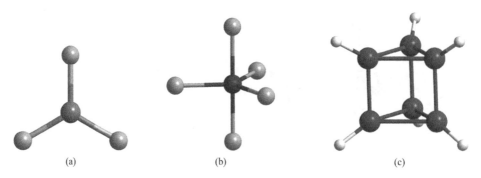

图 3-14　BF$_3$(a)、PCl$_5$(b)和 Tc$_6$Cl$_6$(c)属 D_{3h} 群

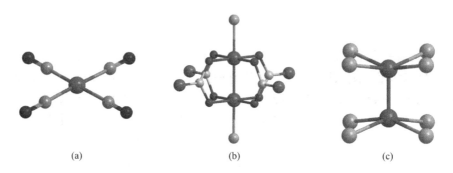

图 3-15　[Ni(CN)$_4$]$^{2-}$(a)、[M$_2$(COOR)$_4$X$_2$](b)和[Re$_2$Cl$_8$]$^{2-}$(c)属 D_{4h} 群

还有一类金属簇,双金属原子间形成多重键,并通过四个羧桥再形成离域键。例如,[M$_2$(COOR)$_4$X$_2$](M=Mo,Tc,Re,Ru;X=H$_2$O,Cl)[图 3-15(b)],C_4 轴位于 M—M 键轴,四个 C_2 轴中,两个各横贯一对羧桥平面、经过两个 R 基,两个与羧桥平面成 45°,经过 M—M 键中心,还有一个水平对称面存在。它也是 D_{4h} 对称性。

D_{5h}:重叠型的二茂铁属 D_{5h} 对称性,IF$_7^-$、UF$_7^-$ 为五角双锥构型,也属 D_{5h} 对称性。

D_{6h} 点群以苯[图 3-16(a)]分子为例说明:苯的主轴 C_6 位于苯环中心垂直于分子平面,6 个二次轴,3 个分别经过两两相对 C—H 键,3 个分别平分 2 个相对的 C—C 键。分子平面即 σ_h 平面,6 个 σ_v 垂面,分别经过 6 个 C_2 轴且相交于 C_6 轴。苯环属于 D_{6h} 对称群,共有 $4\times6=24$ 阶对称操作,是对称性很高的分子。

夹心面包型的二苯铬(重叠型)[图 3-16(b)]也是 D_{6h} 对称性。

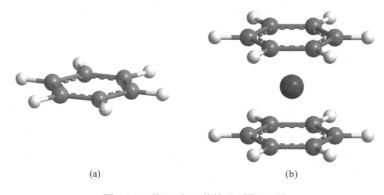

图 3-16　苯(a)和二苯铬(b)属 D_{6h} 群

$D_{\infty h}$：同核双原子分子 H_2、N_2、O_2 等，或中心对称的线形分子 CO_2、CS_2、C_2H_2、Hg_2Cl_2 等均属 $D_{\infty h}$ 对称群。在分子轴线存在一个 C_∞ 轴，过分子中心又有一个垂直于分子轴的平面，平面上有无数个 C_2 轴垂直于 C_∞ 轴，还有无数个垂面 σ_v 经过并相交于 C_∞ 轴。

3.2.7 D_{nd} 群

一个分子若含有一个 n 次旋转轴 C_n 及垂直于 C_n 轴 n 个 2 次轴，即满足 D_n 群要求后，要进一步判断是 D_{nh} 或 D_{nd}，首先要寻找有否垂直于 C_n 主轴的水平对称面 σ_h。若无，则进一步寻找有否通过 C_n 轴并平分 C_2 轴的 n 个 σ_d 垂直对称面，若有则属 D_{nd} 点群，该群含 $4n$ 个对称操作。

现以丙二烯[图 3-17(a)]为例说明。沿着 C═C═C 键方向有 C_2 主轴，经过中心 C 原子垂直于 C_2 轴的两个 C_2 轴，与两个 C—C—CH$_2$ 所在平面成 45° 交角。但不存在一个经过中心 C、垂直于主轴的平面，故丙二烯分子属 D_{2d} 而不是 D_{2h}。

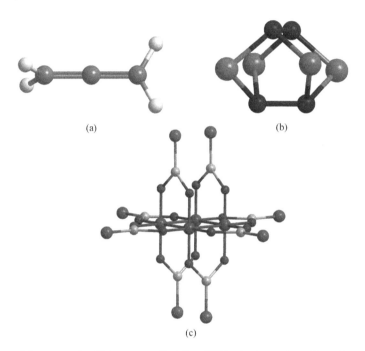

图 3-17 丙二烯(a)、N_4S_4(黑球为 S 原子)(b)和 $Pt_4(COOR)_8$(c)

N_4S_4[图 3-17(b)]、As_4S_4 是四个共边五元环围成的网络立体结构，它也是 D_{2d} 对称性，C_2 主轴经过上下 S—S 键的中心，两个 C_2 轴各经过一对 N 原子相互垂直。还有两个垂面各经过一个 S—S 键，平分另一个 S—S 键。

$Pt_4(COOR)_8$[图 3-17 (c)]也是一个 D_{2d} 对称性的分子。

D_{3d}：$[TiCl_6]^{2-}$[图 3-18(a)]构型为八面体沿 3 次轴方向拉伸，属于 D_{3d} 对称性。

D_{4d}：一些过渡金属八配位化合物，$[ReF_8]^{2-}$、$[TaF_8]^{3-}$[图 3-18(b)]和 $[Mo(CN)_8]^{3+}$ 等均形成四方反棱柱构型，它的对称性属 D_{4d}。

S_8[图 3-18(c)]分子为皇冠形，属 D_{4d} 点群，C_4 旋转轴位于皇冠中心。四个 C_2 轴分别穿过 S_8 环上正对的两个 S—S 键，四个垂直平分面分别经过相对的两个 S 原子，把皇冠均分成八部分。

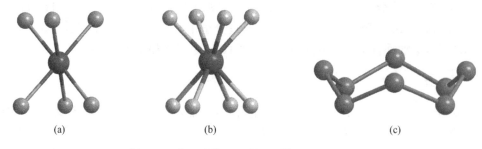

图 3-18 $[TiCl_6]^{2-}$(a)、$[TaF_8]^{3-}$(b)和 S_8(c)

为了达到 18 电子效应，$Mn(CO)_5$ 易形成二聚体 $Mn_2(CO)_{10}$[图 3-19(a)]。为减少核间排斥力，两组 $Mn(CO)_5$ 采用交错型，故对称性属 D_{4d}。

D_{5d}：交错型二茂铁[图 3-19(b)]分子属 D_{5d} 点群。

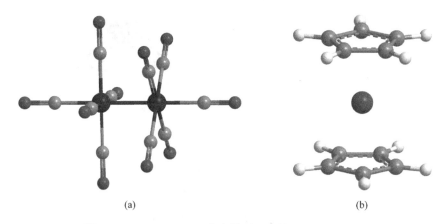

图 3-19 $Mn_2(CO)_{10}$(a)和交错型二茂铁 $Fe(C_5H_5)_2$(b)

3.2.8 S_n 群

分子中只含有一个映转轴 S_n 的点群属于这一类。映转轴所对应的操作为绕轴转 $2\pi/n$，然后对垂直于轴的平面进行反映。

1. $S_1 = C_s$ 群

$S_1 = \sigma = C_{1h}$，即 S_1 为对称面反映操作，故 S_1 群相当于 C_s 群，对称元素仅有一个对称面。也可记为 $C_{1h} = C_{1v} = C_s:\{E, \sigma\}$。这样的分子不少。

例如，$TiCl_2(C_5H_5)_2$[图 3-20(a)]，Ti 形成四配位化合物，两个 Cl 原子和双环戊烯基成四面体配位。

又如，六元杂环化合物 $N_3S_2PCl_4O_2$[图 3-20(b)]也属于 C_s 对称性。

2. $S_2 = C_i$ 群

$S_2 = \sigma C_2 = C_i$ 为绕轴旋转 $180°$ 再进行水平面反映，操作结果相当于一个对称中心的反演，故 S_2 群也记为 C_i 群。

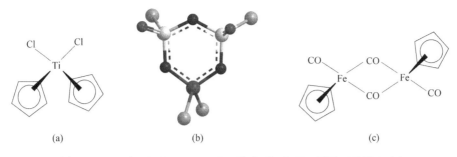

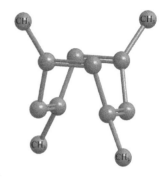

图 3-20 $TiCl_2(C_5H_5)_2$(a)、$N_3S_2PCl_4O_2$(b)和 $Fe_2(CO)_4(C_5H_5)_2$(c)

例如,$Fe_2(CO)_4(C_5H_5)_2$[图 3-20(c)],每个 Fe 与一个羰基、一个环戊烯基配位,再通过两个桥羰基与另一个 Fe 原子成键,它属于 C_i 对称性。

3. S_4 点群

只有 S_4 是独立的点群。例如,1,3,5,7-四甲基环辛四烯(图 3-21)有一个 S_4 映转轴,没有其他独立对称元素,一组甲基基团破坏了所有对称面及 C_2 轴。

3.2.9 高阶群

数学已证明,有且只有五种正多面体(正多面体是指表面由同样的正多边形组成,各个顶点、各条棱等价)。它们是四面体、立方体、八面体、十二面体和二十面体。它们的面(F)、棱(E)、顶点(V)满足 Euler 公式

图 3-21 1,3,5,7-四甲基环辛四烯

$$F+V=E+2$$

五种正多面体如图 3-22 所示。

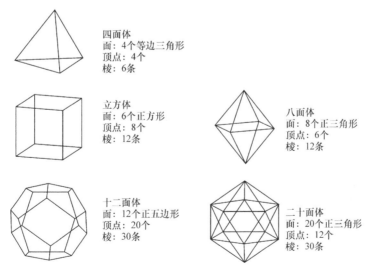

图 3-22 五种正多面体

可以证明具有两个以上高次旋转轴的分子,体系骨架必与某个正多面体相同。下面分三类情况讨论。

1. 正四面体群

T 群：当一个分子具有四面体骨架构型，过四面体顶点存在一个 C_3 旋转轴，4 个顶点共有 4 个 C_3 轴，连接每两条相对棱的中点，存在 1 个 C_2 轴，6 条棱共有 3 个 C_2 轴，共形成 12 个对称操作：$\{E, 4C_3, 4C_3^2, 3C_2\}$。这些对称操作构成 T 群，群阶为 12。

T 群是纯旋转群，不含对称面，这样的分子很少，如新戊烷[$C(CH_3)_4$，图 3-23(a)，CH_3 用一个球代替]。

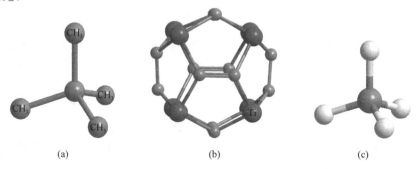

图 3-23　$C(CH_3)_4$(a)、$[Ti_8C_{12}]$(b) 和 CH_4(c)

T_h 群：当某个分子存在 T 群的对称元素外，在垂直 C_2 轴方向有一对称面，3 个 C_2 轴则有 3 个对称面，C_2 轴与垂直的对称面又会产生对称中心。这样共有 24 个对称元素 $\{E, 4C_3^1, 4C_3^2, 3C_2, i, 4S_6^1, 4S_6^5, 3\sigma_h\}$，这个群称为 T_h 群，群阶为 24。

属 T_h 群的分子也不多。近年合成的过渡金属与 C 的原子簇合物 $[Ti_8C_{12}]$、$[V_8C_{12}]$ 即属此对称性。

$[Ti_8C_{12}]$[图 3-23(b)]分子由 12 个五边形组成，每个五边形由 3 个 C、2 个 Ti 原子构成。上下两个 C—C 键中点，左右两个 C—C 键中点，前后两个 C—C 键中点间各存在 1 个 C_2 轴，两两相对的金属 Ti 原子间的连线为 C_3 轴。垂直于 C_2 轴还有 3 个对称平面。

T_d 群：若一个四面体骨架的分子存在 4 个 C_3 轴、3 个 C_2 轴和 3 个映转轴 S_4，同时每个 C_2 轴还处在两个互相垂直的平面 σ_d 的交线上，这两个平面还平分另外两个 C_2 轴（共有 6 个这样的平面），则该分子属 T_d 对称性。对称元素为 $\{E, 3C_2, 8C_3, 6S_4, 6\sigma_d\}$ 共有 24 阶。这样的分子很多。

四面体 CH_4、CCl_4 对称性属 T_d 群，一些含氧酸根 SO_4^{2-}、PO_4^{3-} 等也是 T_d 群。在 CH_4[图 3-23(c)]分子中，每个 C—H 键方向存在 1 个 C_3 轴，两个氢原子连线中点与中心 C 原子间是 S_4 轴，还有 6 个 σ_d 平面。

一些分子骨架是四面体，所带的一些配体也符合对称要求。例如，过渡金属的一些羰基化合物，$Ir_4(CO)_{12}$[图 3-24(a)]，每个金属原子有 3 个羰基配体，符合顶点 C_3 旋转轴的要求，故对称性为 T_d。又如 P_4O_6[图 3-24(b)]，P_4 形成四面体，6 个 O 位于四面体 6 条棱的桥位，符合 C_2 轴对称性，故也是 T_d 点群。

还有一些分子，如封闭碳笼富勒烯分子 C_{76}、C_{80} 等，由于封闭碳笼由 12 个五边形与 m 个六边形组成，五边形与六边形相对位置的改变使碳笼对称性发生变化。C_{76}、C_{80}、C_{84} 等碳笼的某种排列就属于 T_d 点群。

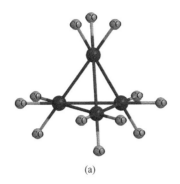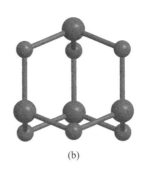

图 3-24　四面体群的一些分子

(a) $Ir_4(CO)_{12}$；(b) P_4O_6

2. 立方体群

分子几何构型为立方体、八面体的,其对称性可属于 O 或 O_h 点群。

立方体与八面体构型可相互嵌套(图 3-25),在立方体的每个正方形中心处取 1 个顶点,把这 6 个顶点连接起来就形成八面体。

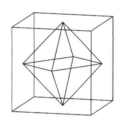

经过立方体两个平行面的中心,存在 1 个 C_4 旋转轴,共有 3 组平行面,所以有 3 个 C_4 轴。通过立方体对角线各有 1 个 C_3 轴,共有 4 个 C_3 轴,3 个 C_4 轴与 4 个 C_3 轴构成了 24 个对称操作,$\{E,6C_4,3C_2,6C_2',8C_3\}$,构成纯旋转群 O 群。O 群的 C_4 轴对八面体构型来说,存在于两个对立顶点之间。6 个顶点就有 3 个 C_4 轴,连接两个平行的三角面的中心,则为 1 个 C_3 轴,共有 8 个三角面,就有 4 个 C_3 轴。对称性为 O 群的分子较少。

图 3-25　立方体与八面体构型可互相嵌套

O_h 群:一个分子若已具有 O 群的对称元素(4 个 C_3 轴,3 个 C_4 轴),再有一个垂直于 C_4 轴的对称面 σ_h,同理会存在 3 个 σ_h 对称面,有 C_4 轴与垂直于它的水平对称面,将产生一个对称中心 i,由此产生一系列的对称操作,共有 48 个:$\{E,6C_4,3C_2,6C_2',8C_3,i,6S_4,3\sigma_h,6\sigma_v,8S_6\}$ 这就形成了 O_h 群。

属于 O_h 群的分子有八面体构型的 SF_6[图 3-26(a)]、WF_6、$Mo(CO)_6$,立方体构型的 OsF_8、立方烷 C_8H_8[图 3-26(b)],还有一些金属簇合物对称性属 O_h 点群。例如,$[Mo_6Cl_8]^{4+}$、$[Ta_6Cl_{12}]^{2+}$ 这两个离子中,6 个金属原子形成八面体骨架,Cl 原子在三角面上配位或在棱桥位置与金属配位。

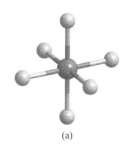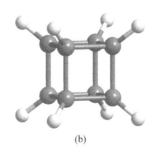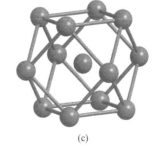

图 3-26　O_h 群的一些分子

(a) SF_6；(b) 立方烷 C_8H_8；(c) Rh_{13}

还有一种立方八面体构型的分子对称性也属 O_h 群。从一个立方体的八个顶点各切去一个三角锥，即形成一个立方八面体（十四面体）。一些金属簇如 Rh_{13}［图 3-26(c)］就是这种构型，一个金属原子位于中心，周围 12 个原子等距离围绕它，这种构型 3 个 C_4 轴、4 个 C_3 轴都存在，还有 3 个 σ_h 对称面、6 个 σ_v 对称面、对称中心 i 等，也有 48 个对称元素。

3. 二十面体群

正二十面体与正十二面体具有完全相同的对称操作（将正十二面体的每个正五边形的中心取为顶点，连接起来就形成三角面正二十面体；反之，从正二十面体每个三角形中心取一个顶点，连接起来就形成一个正十二面体）。

I 群：现以十二面体为例说明。连接十二面体两个平行五边形的中心，即是多面体的一个 C_5 对称轴，共有 12 个面，即有 6 个 C_5 轴，连接十二面体相距最远的两个顶点，则为 C_3 轴，共有 20 个顶点，故有 10 个 C_3 轴。经过一对棱的中点，可找到 1 个 C_2 轴，共有 30 条棱，所以有 15 个 C_2 轴。6 个 C_5 轴、10 个 C_3 轴、15 个 C_2 轴共同组成了 I 群的 60 个对称元素：$\{E, 12C_5, 12C_5^2, 20C_3, 15C_2\}$，$I$ 群是一个 60 阶的纯旋转群。属于 I 群的分子很少。

I_h：在 I 群对称元素基础上增加一个对称中心，即可再产生 60 个对称元素，形成 120 个对称元素的 I_h 点群：$\{E, 12C_5, 12C_5^2, 20C_3, 15C_2, i, 12S_{10}, 12S_{10}^3, 20S_6, 15\sigma\}$。

现以 $B_{12}H_{12}^{2-}$［图 3-27(a)］分子为例说明：该分子为正二十面体构型，相隔最远的 2 个 B 原子间有一个 C_5 旋转轴，12 个原子共有 6 个 C_5 轴。两个平行三角面的中心是一个 C_3 轴，共有 10 个 C_3 轴。

$C_{20}H_{20}$［图 3-27(b)］分子则是正十二面体结构。

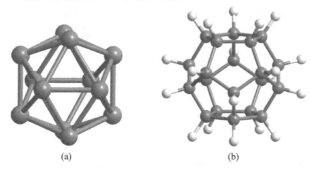

(a)   (b)

图 3-27　$B_{12}H_{12}^{2-}$（H 未画出）(a) 和 $C_{20}H_{20}$ (b)

C_{60} 由 12 个五边形与 20 个六边形构成，也属 I_h 点群，其 5 次轴和 3 次轴分别如图 3-28(a) 和 (b) 所示（垂直于纸面）。

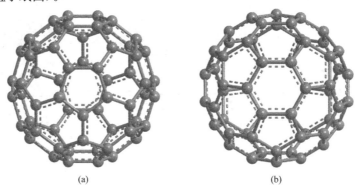

(a)   (b)

图 3-28　C_{60} 5 次轴俯视图 (a) 和 C_{60} 3 次轴俯视图 (b)

3.2.10 分子点群的判别

以上介绍了各类点群的特征和例子,图 3-29 给出了各个点群的特征几何图形。这些图形既可帮助我们掌握该点群的对称元素,又可以帮助我们判别分子所属点群,只要分子具有相同的构型,就可确定分子所属点群。

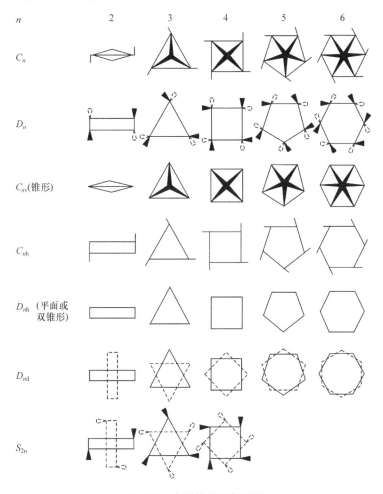

图 3-29　点群特征几何图形

在实际应用中更需要判别分子所属的点群。具体判别步骤如下:

(1) 判别是否属高阶群或线形分子(有无两个以上高次轴)。

(i) 若是高阶群,进一步判别有无 C_5 轴,有则为 I 群,无则为 O 或 T 群。

(ii) 若是线形分子,进一步判别有无对称中心,有则为 $D_{\infty h}$ 群,无则为 $C_{\infty v}$ 群。

(2) 判别是否属于中阶群(有无垂直主轴的 2 次轴)。

(i) 若是中阶群,进一步判别有无垂直主轴的水平对称面,有则为 D_{nh} 群,无则为 D_n 或 D_{nd} 群。

(ii) 若无水平对称面,进一步判别有无平分水平 C_2 轴的垂直对称面,有则为 D_{nd} 群。

(3) 判别属于低阶群中的哪个点群(详见图 3-30)。

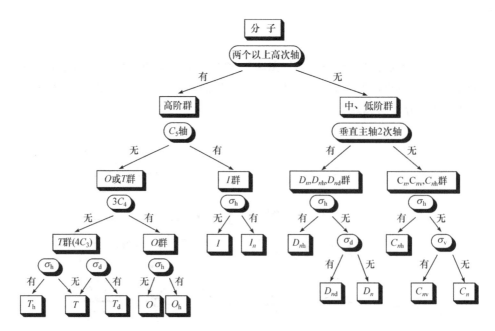

图 3-30 分子点群判别步骤

3.3 群的表示理论

3.3.1 可约表示与不可约表示

在对称点群中,每个群元素对应一个对称操作,每个对称操作可用一个矩阵表示。这些非零矩阵的集合形成了这个群的一个表示。矩阵的阶为表示的维数,群元素与矩阵不必一一对应,一个群元素可以用多个矩阵表示。例如,C_{3v}点群有 6 个对称元素:$E,C_3^1,C_3^2,\sigma_v,\sigma_v',\sigma_v''$,在三维空间可表示为

$$E:\begin{bmatrix}1 & 0 & 0\\0 & 1 & 0\\0 & 0 & 1\end{bmatrix}=E \quad C_3^1:\begin{bmatrix}-\dfrac{1}{2} & -\dfrac{\sqrt{3}}{2} & 0\\[2mm]\dfrac{\sqrt{3}}{2} & -\dfrac{1}{2} & 0\\[2mm]0 & 0 & 1\end{bmatrix}=A \quad C_3^2:\begin{bmatrix}-\dfrac{1}{2} & \dfrac{\sqrt{3}}{2} & 0\\[2mm]-\dfrac{\sqrt{3}}{2} & -\dfrac{1}{2} & 0\\[2mm]0 & 0 & 1\end{bmatrix}=B$$

$$\sigma_v:\begin{bmatrix}\dfrac{1}{2} & \dfrac{\sqrt{3}}{2} & 0\\[2mm]\dfrac{\sqrt{3}}{2} & -\dfrac{1}{2} & 0\\[2mm]0 & 0 & 1\end{bmatrix}=C \quad \sigma_v':\begin{bmatrix}\dfrac{1}{2} & -\dfrac{\sqrt{3}}{2} & 0\\[2mm]-\dfrac{\sqrt{3}}{2} & -\dfrac{1}{2} & 0\\[2mm]0 & 0 & 1\end{bmatrix}=D \quad \sigma_v'':\begin{bmatrix}-1 & 0 & 0\\0 & 1 & 0\\0 & 0 & 1\end{bmatrix}=F$$

通过相似变换(右乘一个非奇异矩阵 P,左乘矩阵 P 的逆 P^{-1}),可以得到另一组三维表示

$$P^{-1}AP=A' \qquad P^{-1}BP=B' \qquad \cdots$$

可以证明 A'、B'、C'、D'、E'、F' 也组成了 C_{3v} 群的一个三维表示。C_{3v} 群的表示矩阵除了三维表示外,也可以用一维或二维矩阵表示。

应用相似变换将一个 n 维矩阵转换成对角块的形式,称为可约表示向不可约表示约化。

$$P^{-1}\begin{bmatrix} A_{11} & A_{12} & \cdots & A_{1n} \\ A_{21} & A_{22} & \cdots & A_{2n} \\ \vdots & \vdots & & \vdots \\ A_{n1} & A_{n2} & \cdots & A_{nn} \end{bmatrix} P = \begin{bmatrix} \boxed{A_1} & & 0 \\ & \boxed{A_2} & \\ 0 & & \boxed{A_3} \end{bmatrix}$$

若用 $\varGamma$ 表示可约表示,A_1、A_2、A_3 为不可约表示,$\oplus$表示直和。

$$\varGamma = A_1 \oplus A_2 \oplus A_3$$

A_1、A_2、A_3 可以是一维、二维或多维不可约表示。

3.3.2　特征标表

在许多问题中,用矩阵的迹(所有对角元的和)提供的信息已足够了,无需用整个矩阵。这使问题的处理简单许多。例如,某群的表示矩阵 D 对应的对称操作为 $\hat{R}$,则 $D(\hat{R})$ 的迹 χ 为该表示 $D(\hat{R})$ 的特征标。

对称群中两个群元素 $\hat{R}$ 和 $\hat{S}$ 若属于同一类,则可通过相似变换互相联系,即

$$\hat{R} = T^{-1}\hat{S}T$$

它们的迹相等,即同类对称操作的特征标相等(矩阵的迹在相似变换中保持不变)。

研究表明,不可约表示之间存在以下性质:

(1) 一个群的不可约表示的数目等于该群中类的数目。

(2) 一个群的所有不可约表示维数 l 的平方和等于该群的阶(h)。

$$l_1^2 + l_2^2 + \cdots = \sum_i l_i^2 = h \tag{3-1}$$

(3) 同一不可约表示特征标平方和等于该群的群阶。

$$\chi_1^2(R_1) + \chi_2^2(R_2) + \chi_3^2(R_3) + \cdots = \sum_R \chi_i^2(R) = h \tag{3-2}$$

(4) 两个不同的不可约表示 i、j 的特征标 $\chi_i(R)$ 和 $\chi_j(R)$ 的向量正交:

$$\sum_R \chi_i^*(R)\chi_j(R) = 0 \tag{3-3}$$

以上性质实际上是从广义正交定理引申出来的,对于一组不可约表示矩阵,m 行 n 列矩阵元为 $\varGamma_i(R)_{mn}$,则广义正交定理表述为

$$\sum_R [\varGamma_i(R)_{mn}][\varGamma_j(R)_{m'n'}]^* = \frac{h}{\sqrt{l_i l_j}}\delta_{ij}\delta_{mm'}\delta_{nn'} \tag{3-4}$$

这意味着不同表示矩阵的不同向量相互正交,同一表示的不同组矩阵元也相互正交,而 i 表示向量的长度平方和等于 h/l_i。

当可约表示向不可约表示约化时,第 i 个不可约表示在可约表示中出现的次数为 a,则

$$a_i = \frac{1}{h}\sum_R \chi(R)\chi_i(R) \tag{3-5}$$

式中:$\chi(R)$ 为可约表示特征标;$\chi_i(R)$ 为 i 表示特征标。

不可约表示标记的规定:

(1) 一维不可约表示用 A 或 B 标记[根据该表示在主轴作用下对称(特征标为 1)或反对称(特征标为 -1)而定]。

(2) 二维不可约表示用 E 标记。

(3) 三维不可约表示用 T 标记。

(4) 若分子有对称中心,在反演操作下,不可约表示的特征标为正值则表示标记为 g,特征标为负值表示标记为 u。

(5) 若有多个相同的不可约表示,还可用下标 1、2、3 来分辨。

这样,我们可写出对称点群的特征标表。例如,C_{3v} 群共有 6 个对称元素:$E,C_3^1,C_3^2,\sigma_v,\sigma_v'$,$\sigma_v''$。可分为 3 类 $\{E\}、\{2C_3\}、\{3\sigma_v\}$,根据性质(1)可知 C_{3v} 群的不可约表示也有 3 个,再根据性质(2),3 个不可约表示维数的平方和等于群阶 6,即

$$l_1^2 + l_2^2 + l_3^2 = 6$$

则 3 个不可约表示只能是 2 个一维和 1 个二维的。每个群都会有一个一维全对称表示,第 1 个一维不可约表示是全对称的 A_1 表示(所有特征标均为 1),第 2 个一维表示 A_2 根据性质(3)、性质(4),可定出它的特征标,即

$$\begin{cases} \chi_1^2(A_2) + 2 \times \chi_2^2(A_2) + 3 \times \chi_3^2(A_2) = 6 \\ 1 \times \chi_1(A_2) + 2 \times 1 \times \chi_2(A_2) + 3 \times 1 \times \chi_3(A_2) = 0 \end{cases}$$

$$\chi_1 = 1 \qquad \chi_2 = 1 \qquad \chi_3 = -1$$

同理可以写出二维 E 表示的特征标如下:

C_{3v}	E	$2C_3$	$3\sigma_v$
A_1	1	1	1
A_2	1	1	-1
E	2	-1	0

3.3.3 应用

应用对称性,可以构造原子的杂化轨道、分子的对称性匹配轨道,研究配位场中轨道能级的分裂,分析分子振动。这是因为可将原子轨道或分子轨道构成分子所属点群不可约表示的基。

1. 投影算符

设有 l 个正交函数 $\varphi_1^i, \varphi_2^i, \cdots, \varphi_l^i$ 的集合,组成群阶为 h 的第 i 个不可约表示(维数为 l_i)的基,对于群的任意算符 $\hat{R}$ 作用在函数 φ_t^i 上,可表示为 φ_s^i 函数的线性组合,组合系数为 $\Gamma(R)_{st}^i$

$$\hat{R}\varphi_t^i = \sum_s \varphi_s^i \Gamma(R)_{st}^i \tag{3-6}$$

式(3-6)左乘 $\sum_R [\Gamma(R)_{s't'}^j]^*$,根据广义正交定理

$$\sum_R [\Gamma(R)_{s't'}^j]^* \hat{R}\varphi_t^i = \left(\frac{h}{l_i}\right)\varphi_s^i \delta_{ij}\delta_{tt'} \tag{3-7}$$

引入符号

$$\hat{P}_{s't'}^j = \frac{l_i}{h}\sum_R [\Gamma(R)_{s't'}^j]^* \hat{R} \tag{3-8}$$

$$\hat{P}_{s't'}^i \varphi_t^i = \varphi_s^i \delta_{ij}\delta_{tt'} \tag{3-9}$$

算符 $\hat{P}_{s't'}^j$ 为投影算符,它可以应用于任意函数,而且只有函数含有 φ_t^j 时,结果才不为零。若 φ_t^j 是任意函数的分量,φ_s^j 是它的"投影",其余被忽略,即

$$\hat{P}_{s't'}^j \varphi_t^j = \varphi_s^j$$

它意味着 $\hat{P}_{s't'}^j$ 把 φ_s^j 从任意函数 φ_t^j 中投影出来。

令式(3-8)中 $s'=t'=t$, 然后对 t 求和, 即

$$\hat{P}^j = \frac{l_i}{h}\sum_R\sum_t\left[\Gamma(R)_{tt}^j\right]^*\hat{R}$$

$$= \frac{l_i}{h}\sum_R\chi^j(R)^*\hat{R}$$

上式为 j 不可约表示特征表投影算符。

2. 环丙烯基的 π 轨道

C_3H_3 是最简单的含非定域 π 轨道的碳环, 现以它为例介绍用投影算符构造对称性匹配分子轨道。

(1) 根据 C_3H_3 对称性, 确定其属 D_{3h} 点群(为简化计算, 用其子群 D_3 处理)。

(2) 对照 D_3 群特征表, 写出 3 个 pπ 轨道构成的可约表示 Γ。

D_3	E	$2C_3$	$3C_2$
A_1	1	1	1
A_2	1	1	−1
E	2	−1	0
Γ	3	0	−1

(3) 根据式(3-5)将可约表示化为不可约表示的直和。

若 A_1, A_2, E 不可约在可约表示中出现的次数分别为 a_1, a_2, a_3, 则

$$a_1 = \frac{1}{6}\left[1\times3\times1+2\times0\times1+3\times(-1)\times1\right]=0$$

$$a_2 = \frac{1}{6}\left[1\times3\times1+2\times0\times1+3\times(-1)\times(-1)\right]=1$$

$$a_3 = \frac{1}{6}\left[1\times3\times2+2\times0\times(-1)+3\times(-1)\times0\right]=1$$

$$\Gamma = A_2 \oplus E$$

pπ 轨道的可约表示可约化为 A_2 和 E 不可约表示的直和。

(4) 用投影算符产生对称性匹配分子轨道(一般不归一)。例如, A_2 表示某元素特征标, 乘以该元素作用在轨道 φ_1 上, 从而产生轨道 φ_i。

$$\hat{P}^{A_2} = \frac{1}{6}\sum_R\chi(R)^{A_2}\hat{R}$$

$$\hat{P}^{A_2}\varphi_1 \approx \frac{1}{6}\left[(1)\hat{E}\varphi_1+(1)\hat{C}_3^1\varphi_1+(1)\hat{C}_3^2\varphi_1+(-1)\hat{C}_2\varphi_1+(-1)\hat{C}_2'\varphi_1+(-1)\hat{C}_2''\varphi_1\right]$$

$$\approx \frac{1}{6}(\varphi_1+\varphi_2+\varphi_3+\varphi_1+\varphi_2+\varphi_3)$$

$$\approx \frac{1}{3}(\varphi_1+\varphi_2+\varphi_3)$$

归一化后得

$$\psi_1 = \sqrt{\frac{1}{3}}(\varphi_1+\varphi_2+\varphi_3)$$

$$\hat{P}^E\varphi_1 \approx \frac{1}{6}\left[(2)\hat{E}\varphi_1+(-1)\hat{C}_3^1\varphi_1+(-1)\hat{C}_3^2\varphi_1+(0)\hat{C}_2\varphi_1+(0)\hat{C}_2'\varphi_1+(0)\hat{C}_2''\varphi_1\right]$$

$$\approx \frac{1}{3}(\varphi_1-\varphi_2-\varphi_3)$$

归一化后得

$$\psi_2 = \sqrt{\frac{1}{6}}(2\varphi_1 - \varphi_2 - \varphi_3)$$

第 3 个波函数可从正交归一化获得

$$\psi_3 = \sqrt{\frac{1}{2}}(\varphi_2 - \varphi_3)$$

这样,我们用投影算符方法获得了环丙烯基的 3 个 π 分子轨道。

3.4　分子对称性与旋光性和偶极矩

3.4.1　分子旋光性

许多化合物,特别是有机化合物具有旋光性。化合物是否具有旋光性与它的分子对称性密切相关。

1. 平面偏振光

普通的光是各种波长可见光的混合体,光波与光线前进方向成直角关系,单色光虽然具有单一波长,仍在无数交错的平面内振动。如果让一束光线通过冰晶石(Na_3AlF_6)制的棱镜,可使光线分解成原来光线强度一半的两束光线,一束遵循折射定律的平常光线,一束异于折射定律的非常光线,它们所含的光波是只在一个平面内振动的平面偏振光(图 3-31)。

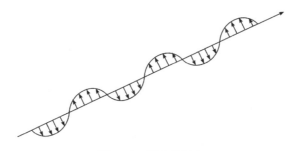

图 3-31　平面偏振光

2. 旋光仪与旋光性

旋光仪是一种简单仪器,由一个单色光源和两个棱镜组装而成,另有一装溶液的器皿和光电记录仪。可用其测定分子的旋光性。

有机化学已告诉我们,含不对称 C 原子的分子导致旋光异构现象,如乳酸、酒石酸、苹果酸等。这些化合物至少含有一个结合 4 个不同基团的不对称 C 原子。乳酸的不对称 C 原子与 H、OH、CH_3、COOH 4 个互不相同的基团结合[图 3-32(a)],它只能有两种异构体。

又如,酒石酸[图 3-32(b)]分子中两个不对称碳原子都结合 H、COOH、OH 和 CH(OH)COOH 4 个不同的基团,酒石酸的主体异构体只有 3 个,两个具有旋光性的异构体分子不能相互重叠,互呈对映体关系,能组成一个外消旋体,第三个异构体含有一个对称平面,所以不具旋光性,称为内消旋酒石酸。

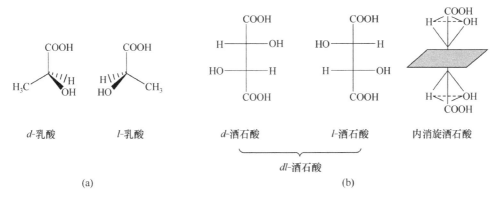

d-乳酸　　l-乳酸　　　　　d-酒石酸　　l-酒石酸　　　内消旋酒石酸

dl-酒石酸

(a)　　　　　　　　　　(b)

图 3-32　乳酸(a)和酒石酸(b)分子的左右旋构象

3. 旋光性与对称性

有机化学中常用有无不对称碳原子作为有无旋光性的标准,这是一个简单实用但不够严密的标准。例如,六螺旋分子[图 3-33(a)],每个 C 原子的配位与苯环中 C 原子类同,但整个分子 6 个苯环形成螺旋状,故有旋光性。($H_3CCHCONH$)$_2$[图 3-33(b)]分子有不对称 C 原子却没有旋光性。因此,旋光性严格的定义为:有 σ 平面、有对称中心 i、有 S_n 映转轴的分子没有旋光性,没有 σ、i、S_n 的分子才有旋光性。

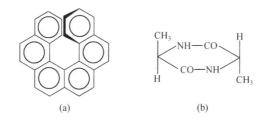

(a)　　　　　　　　(b)

图 3-33　六螺旋分子(a)和($H_3CCHCONH$)$_2$ 分子(b)

4. 手性分子与不对称合成

人工合成的手性分子,两种对映体分子的数量是相等的,因此是外消旋产品,而天然动植物中的手性分子,往往只有一种对映体出现。例如,组成 α-蛋白质的 20 多种天然氨基酸,除甘氨酸无旋光性外,其他基本上是左旋的,而组成核糖核酸的糖基本是右旋的,这是由于动植物中的手性分子是由生物酶的不对称催化作用产生的,在不对称环境中形成。酶是由蛋白质与核酸组成的巨大的手性分子,是不对称的催化剂,有强烈的选择性,由于酶的催化作用产生出不对称蛋白质和核酸,由不对称蛋白质和核酸又产生不对称酶,因此生命在不断地产生手性分子。近年来,不对称合成成为合成化学的热点,人们为了获得与天然纤维类似的人工纤维、与天然药物相仿的合成药物,都必须选择不对称合成。

3.4.2　分子偶极矩

1. 偶极矩

偶极矩是表示分子中电荷分布情况的物理量。分子由带正电的原子核和带负电的电子组成。对于中性分子,正、负电荷数量相等,整个分子是电中性的,但正、负电荷的中心可以重合,也可以不重合。正、负电荷中心不重合的分子称为极性分子,它有偶极矩。偶极矩是个矢量,我们规定其方向是由正电重心指向负电重心,偶极矩 μ 是正、负电重心间的距离 r 与电荷量 q 的乘积,即

$$\mu = qr$$

偶极矩的单位为库仑·米(C·m)。当一个电量(1.6022×10^{-19} C)的正、负电荷相距 10^{-10} m,则其偶极矩为

$$\mu = 1.6022 \times 10^{-29} \text{C} \cdot \text{m}$$

在静电制中,上述偶极矩为

$$\mu = 4.8 \times 10^{-18} \text{cm} \cdot \text{esu} = 4.8 \text{deb}$$

德拜(deb)是偶极矩的另一种单位,两者之间的换算为

$$1 \text{deb} = 3.336 \times 10^{-30} \text{C} \cdot \text{m}$$

分子有无偶极矩与分子的对称性有密切关系,可根据分子的对称性,对分子的偶极矩做出简单而明确的判据:只有属于 C_n 和 $C_{nv}(n=1,2,3,\cdots,\infty)$ 这两类点群的分子才具有偶极矩,而其他点群的分子偶极矩为 0。$C_{1v} \equiv C_{1h} \equiv C_s$,$C_s$ 点群也包括在 C_{nv} 之中。

由于偶极矩是分子中正、负电中心的矢量和,因此具有对称中心的分子不可能有偶极矩,因为处在对称中心上的矢量大小为 0。具有多个 $C_n(n>1)$ 轴的分子,偶极矩也应为 0,因为一个矢量不可能同时与两个方向的轴相重合。只有 C_n 和 C_{nv} 点群,偶极矩矢量可和 C_n 轴重合,正、负电中心可分别处在轴的任意点上。具有镜面对称性的分子仍可以有偶极矩,而镜面和二重映转轴是等同的,所以不能说具有映转轴对称性的分子都没有偶极矩。

根据上述原理,可由分子的对称性推测分子有无偶极矩,也可由分子有无偶极矩及偶极矩的大小了解分子结构的信息。

同核双原子分子没有偶极矩。异核双原子分子有偶极矩。其大小反映分子的极性,反映组成分子的两个原子间电负性的差异,也反映化学键的性质。表 3-3 中列出若干分子的偶极矩数据,其中 μ、r 都是实验测定数据。μ/er 值小于 1,说明键的性质为极性共价键。Pauling 用 μ/er 值作为键的离子性判据,但有人认为还应考虑离子在其他离子电场作用下的变形因素,即诱导偶极矩的影响。

表 3-3　分子的偶极矩

分 子	$\mu/(10^{-30}\text{C} \cdot \text{m})$	$r/(10^{-10}\text{m})$	$er/(10^{-30}\text{C} \cdot \text{m})$	μ/er
CO	0.39	1.1283	18.08	0.02
HF	6.37	0.9168	14.69	0.43
HCl	3.50	1.2744	20.42	0.18
HBr	2.64	1.4145	22.66	0.12
HI	1.27	1.6090	25.78	0.05

2. 诱导偶极矩

以上介绍的是极性分子的永久偶极矩,它是分子固有的性质,与是否处于外加电场无关。没有电场时,由于大量分子热运动取向随机,平均偶极矩为 0。另一类正、负电荷中心重合的称为非极性分子。在电场作用下,非极性分子的正、负电荷中心也会变为不重合,即产生诱导

偶极矩。当然,在电场作用下,极性分子也可产生诱导偶极矩。

电场中,分子产生诱导极化,它包括两个部分:一是电子极化,由电子与核产生相对位移引起;二是原子极化,由原子核间产生相对位移,即键长、键角变化引起的。

诱导极化又称形变极化,对于极性分子还有定向极化,极性分子在电场中永久偶极矩转到与电场方向反平行,由采取择优取向引起,诱导极化产生诱导偶极矩 μ_I,即

$$\mu_I = \alpha_I E$$

式中:E 为电场强度;α_I 为诱导极化率。

它是由电子在外电场下变形(这是主要的)和原子核在外场下变形引起的:

$$\alpha_I = \alpha_E + \alpha_A$$

式中:α_E 为电子极化率;α_A 为原子极化率,单位为 $C^2 \cdot m^2 \cdot J^{-1}$。

对于极性分子还要加上定向极化率

$$\alpha_0 = \frac{\mu_0^2}{3kT}$$

式中:μ_0 为永久偶极矩;k 为 Boltzmann 常量;T 为热力学温度,所以

$$\alpha = \alpha_I + \alpha_0 = \alpha_E + \alpha_A + \frac{\mu_0^2}{3kT}$$

3. 从偶极矩判断分子构型

多原子分子的偶极矩由分子中全部原子相互成键的性质以及它们的相对位置所决定。若不考虑键相互影响,并认为每个键可以贡献它自己的偶极矩,则分子的偶极矩可近似地由键的偶极矩(简称键矩)按矢量加和而得。

各种化学键的键矩可根据实验测定的偶极矩数值以及分子的几何构型进行推导计算得到。例如,H_2O 的 $\mu = 6.17 \times 10^{-30} C \cdot m$,$\angle HOH = 104.5°$。如果认为 H_2O 分子的偶极矩为两个 H—O 键键矩的矢量和,则

$$\mu = 6.17 \times 10^{-30} C \cdot m = 2\mu_{H-O}\cos(104.5°/2)$$

这样可得 $\mu_{H-O} = 5.04 \times 10^{-30} C \cdot m$。

表 3-4 列出分子某些化学键的键矩。

表 3-4 分子某些化学键的键矩(单位:deb)

A—B	键 矩	A—B	键 矩	A＝B	键 矩
H—C	0.4	C—C	0	C＝C	0
H—N	1.31	C—N	0.22	C＝N	0.9
H—O	1.51	C—O	0.74	C＝O	2.3
H—S	0.68	C—S	0.9	C＝S	2.6
H—Cl	1.08	C—F	1.41	N＝O	2.0
H—Br	0.78	C—Cl	1.46	P＝O	2.7
H—I	0.38	C—Br	1.38	S＝O	3.0
H—P	0.36	N—O	0.3	P＝S	3.09
H—As	−0.10	N—F	0.17		

偶极矩数据可帮助我们判断合成出的化合物或未知化合物的构型。例如,合成一种氯甲苯,可能有 3 种异构体:邻位、间位、对位,已知苯环上 C—Cl 键矩为 5.17×10^{-30} C·m,C—CH$_3$ 键矩为 -1.34×10^{-30} C·m,计算可得邻位、间位、对位氯甲苯的偶极矩分别为 4.65×10^{-30} C·m,5.95×10^{-30} C·m,6.51×10^{-30} C·m。现从实验测得合成的氯甲苯偶极矩为 4.15×10^{-30} C·m,故可推断该氯甲苯为邻位氯甲苯。在烷烃及其衍生物中,C 原子为正四面体构型,根据对称关系可知 C—CH$_3$ 和 C—CH 的偶极矩相等,由此可推论:烷烃的偶极矩接近 0,同系物的偶极矩大致相等。

由于键型的多样性,键矩及其矢量和规则仅在某些同系物中得到较好结果。分子中原子间的相互作用是很复杂的,同是 CH 键,C 原子采用不同的杂化轨道,键矩就不完全相同。对于不相邻原子间的相互作用,如诱导效应、共轭效应、空间阻碍、分子内旋转等都会对分子的偶极矩发生影响,所以矢量加和规则只能获得近似的数值。

习 题 3

3.1 寻找下列生活用品中所含的对称元素:
剪刀、眼镜、铅笔(削过与未削)、书本、方桌

3.2 CO 和 CO$_2$ 都是直线形分子,试写出这两个分子各自的对称元素。

3.3 分别写出顺式和反式丁二烯分子的对称元素。

3.4 指出下列几何构型所含的对称元素,并确定其所属对称点群:
(1) 菱形　　(2) 蝶形　　(3) 三棱柱　　(4) 四角锥　　(5) 圆柱体　　(6) 五棱台

3.5 H$_2$O 属 C_{2v} 点群,有 4 个对称元素:E、C_2、σ_v、σ_v',试写出 C_{2v} 点群的乘法表。

3.6 BF$_3$ 为平面三角形分子,属 D_{3h} 点群,请写出其 12 个对称元素,并将其分为 6 类。

3.7 二氯乙烯属 C_{2h} 点群,有 4 个对称元素:E、C_2、σ_h、i,试造出 C_{2h} 点群的乘法表。

3.8 判断下列分子所属的点群:苯、对二氯苯、间二氯苯、氯苯、萘。

3.9 指出下列分子中的对称元素及其所属点群:
SO$_2$(V 形)、P$_4$(四面体)、PCl$_5$(三角双锥)、S$_6$(船式)、S$_8$(冠状)、Cl$_2$

3.10 指出下列有机分子所属的对称点群:

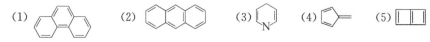

(1)　　　　(2)　　　　(3)　　(4)　　(5)

3.11 指出下列分子所属对称点群:
乙炔、乙烯、1,2-氯乙烯、1,3-氯乙烯、苯乙烯

3.12 从下列含氧酸根的几何构型推测其所属对称点群:
SO$_4^{2-}$,SO$_3^{2-}$,NO$_3^-$,NO$_2^-$,ClO$^-$,CO$_3^{2-}$,C$_2$O$_4^{2-}$

3.13 对下列各点群加入或减少某些元素可得到什么群?
(1) $C_3 + i$　　(2) $C_3 + \sigma_h$　　(3) $T + i$　　(4) $D_{3d} - i$　　(5) $D_{4h} - \sigma_h$

3.14 试用对称操作的表示矩阵证明:
(1) $C_2^1(z)\sigma_{xy} = i$。
(2) $C_2^1(x)C_2^1(y) = C_2^1(z)$。
(3) $\sigma_{yz}\sigma_{xz} = C_2^1(z)$。

3.15 判断下列说法是否正确,并说明理由:
(1) 凡是八面体配合物一定属于 O_h 点群。
(2) 异核双原子分子一定没有对称中心。

(3) 凡是四面体构型分子一定属于 T_d 点群。

(4) 在分子点群中,对称性最低的是 C_1,对称性最高的是 O_h 群。

3.16 $CoCl_6^{3-}$ 是八面体构型,假设两个配位为 F 原子取代,形成 $CoCl_4F_2^{3-}$,可能属于什么对称点群?

3.17 假定 $CuCl_4^{2-}$ 对称性为 T_d,当出现下列情况时,对称点群如何变化?

(1) Cu—Cl(1) 键缩短。

(2) Cu—Cl(1),Cu—Cl(2) 缩短同样长度。

(3) Cu—Cl(1),Cu—Cl(2) 缩短不同长度。

(4) Cl(1)—Cl(2),Cl(3)—Cl(4) 间距同样缩短。

3.18 环丁烷具有 D_{4h} 对称,X 或 Y 取代的环丁烷属什么对称点群?

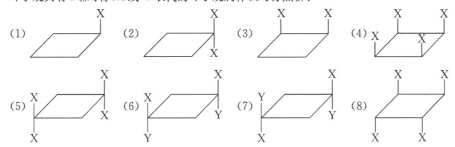

3.19 找出下列分子对称性最高的点群及其可能的子群:

(1) C_{60} (2) 二茂铁(交错型)   (3) 甲烷

3.20 根据偶极矩数据,推测分子立体构型及其点群:

(1) C_3O_2 ($\mu=0$)   (2) H—O—O—H ($\mu=6.9\times10^{-30}$ C·m)

(3) H_2N—NH_2 ($\mu=6.14\times10^{-30}$ C·m)   (4) F_2O ($\mu=0.9\times10^{-30}$ C·m)

(5) N≡C—C≡N ($\mu=0$)

3.21 请判断下列点群有无偶极矩、旋光性:

	C_i	C_{nv}	D_n	D_{nd}	T_d
偶极矩					
旋光性					

3.22 指出下列分子所属的点群,并判断其有无偶极矩、旋光性。

(1) ⬡—NO_2 (2) IF_5

(3) 环己烷(船式和椅式)   (4) SO_4^{2-}(四面体)

(5) 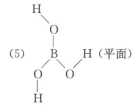 (平面)   (6)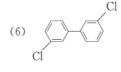

(7) $XeOF_4$(四方锥)   (8) ⬡—CH=CH₂

3.23 已知 C_6H_5Cl 和 $C_6H_5NO_2$ 偶极矩分别为 1.55deb 和 3.95deb,计算下列化合物的偶极矩:

(1) 邻二氯苯   (2) 间二硝基苯   (3) 对硝基氯苯   (4) 间硝基氯苯   (5) 三硝基苯

3.24 已知立方烷 C_8H_8 为立方体构型,若 2 个 H,3 个 H 分别为 Cl 取代:

(1) 列出可形成的 $C_8H_6Cl_2$、$C_8H_5Cl_3$ 可能的构型与所属的点群。

(2) 判别这些构型有无偶极矩、旋光性。

3.25 由下列分子的偶极矩数据,推测分子的立体构型及所属的点群:

(1) CS_2, $\mu=0$
(2) SO_2, $\mu=1.62$deb

(3) PCl_5, $\mu=0$
(4) N_2O, $\mu=0.166$deb

(5) $O_2N—NO_2$, $\mu=0$
(6) $H_2N—NH_2$, $\mu=1.84$deb

3.26 将分子或离子按下列条件归类:

CH_3CH_3, NO_2^+, $(NH_2)_2CO$, C_{60}, 丁二烯, $B(OH)_3$, CH_4, 乳酸

(1) 既有极性又有旋光性。

(2) 既无极性又无旋光性。

(3) 无极性但有旋光性。

(4) 有极性但无旋光性。

3.27 甲醚 $\angle COC$ 为 $110°$,偶极矩为 4.31×10^{-30} C·m,环氧乙烷 $\angle COC$ 为 $61°$,求其偶极矩。

3.28 甲苯偶极矩为 0.4deb,估算二甲苯三种异构体的偶极矩。

3.29 若环丁二烯对称性为 D_{4h},试用其子群 C_4 投影算符构造 π 分子轨道。

3.30 五个 d 轨道在 O 群对称操作作用下产生的可约表示为 $\Gamma=5(E)$, $-1(C_4)$, $1(C_2)$, $-1(C_3)$, $1(C_2)$,证明可分解为 $E+T_2$ 不可约表示的直和,即 d 轨道在八面体场中分裂为 e 和 t_2 两个能级。

3.31 对 D_6 点群求出各表示的直积,并确定组成它们的不可约表示。

$$A_1\times A_2, \quad A_1\times B_1, \quad B_1\times B_2, \quad E_1\times E_2$$

3.32 ⊟ 分子属 D_{2h} 点群,试写出 π 电子组成的可约表示,并将其化成不可约表示的直和。

参 考 文 献

曹阳. 1980. 量子化学引论. 北京:人民教育出版社

江元生. 1997. 结构化学. 北京:高等教育出版社

徐光宪,黎乐民. 1999. 量子化学(上册). 北京:科学出版社

Atkins P W. 2002. Physical Chemistry. 7th ed. London:Oxford University Press

Cotton F A. 1975. 群论在化学中的应用. 刘春万等译. 北京:科学出版社

Ladd M F C. 1998. Introduction to Physical Chemistry. 3rd ed. London:Cambridge University Press

Ludwig W,Falter C. 1996. Group Theory Applied to Physical Problems. Berlin:Springer-Verlag

第4章 双原子分子

两个原子相互靠近,它们之间存在什么样的作用力? 多个原子按什么结构排列,才能形成稳定的分子? 这是化学键理论讨论的主要问题。两个原子相距较长距离时,它们倾向于相互吸引,而在短距离内它们会相互排斥。某一对原子间相互吸引力很弱,而另一对原子间吸引力强到足以形成稳定分子。为什么有这么大的差别? 这正是本章要讨论的内容。

4.1 化学键理论简介

4.1.1 原子间相互作用力

原子是由带电粒子组成的,我们推测原子间相互作用力大多是静电相互作用。主要取决于两个方面:一是原子的带电状态(中性原子或离子);二是原子的电子结构,按原子最外价电子层全满状态(闭壳层)或未满状态(开壳层)来分类。

闭壳层包括中性原子,如稀有气体 He、Ne、Kr 等及具有稀有气体闭壳层结构的离子如 Li^+、Na^+、Mg^{2+}、F^-、Cl^- 等。开壳层则包括大多数中性原子,如 H、Na、Mg、C、F 等。显然,闭壳层原子(或离子)与开壳层原子之间的相互作用很不相同。

原子间相互作用大致可分为以下几类:

(1) 两个闭壳层的中性原子(如 He—He),它们之间是 van der Waals(范德华)引力作用。

(2) 两个开壳层的中性原子,如 H—H,它们之间共用电子对结合,称为共价键。

(3) 一个闭壳层的正离子与一个闭壳层的负离子,如 Na^+—Cl^-,它们之间是静电相互作用,称为离子键。

(4) 一个开壳层离子(一般是正离子)与多个闭壳层离子(或分子),如过渡金属配合物 $M^{n+}(X^-)_m$,它们之间形成配位键(属共价键范围)。

(5) 许多金属原子聚集在一起,最外层价电子脱离核的束缚,在整个金属固体内运动——金属键。

讨论这些成键原理的理论称为化学键理论。

4.1.2 化学键理论

典型的化学键可归纳为三种:共价键、离子键和金属键。广义的化学键还包括分子间的相互作用——van der Waals 力。气态分子中的化学键主要是共价键。离子键和金属键分别存在于离子化合物与块状金属中。分子间和分子内部有时还形成氢键,其强弱介于共价键和 van der Waals 力之间。

研究化学键的理论方法,从 20 世纪初发展至今已形成三大流派:分子轨道(molecular orbital,MO)理论、价键(valence bond,VB)理论和密度泛函理论(density functional theory,DFT)。

1. 分子轨道理论

20 世纪 30 年代初,由 Hund、Mulliken、Lennard-Jones(伦纳德-琼斯)开创了分子轨道理论,Slater、Hückel(休克尔)、Pople(波普尔)等发展至今。该方法的分子轨道具有较普遍的数学形式,较易程序化。60 年代以来,随着计算机的发展,该方法得到了很大的发展。以后我们将主要介绍该方法。

分子轨道理论要点:

(1) 分子轨道采用原子轨道线性组合,如 CH_4 分子,C 原子有 1s、2s、2p 等 5 个轨道,加上 4 个 H 原子 1s 轨道,共有 9 个原子轨道,可组合成 9 个分子轨道。分子轨道的表达式如下:

$$\Psi = \sum_i c_i \varphi_i$$

式中:Ψ 为分子轨道;φ_i 为原子轨道。

(2) 分子中每个电子看成是在核与其他电子组成的平均势场中运动,每个电子在整个分子中运动——称为单电子近似。

(3) 分子轨道按能级高低排列,电子从低至高两两自旋反平行填入分子轨道。

2. 价键理论

价键理论是 20 世纪 30 年代由 Heitler-London(海特勒-伦敦)创立,Slater、Pauling 等发展的化学键理论。价键理论很重视化学图像。

价键波函数采用可能形成化学键的大量共价结构和少量离子结构形成键函数,通过变分计算得到状态波函数和能量。例如,苯分子的 π 电子可形成如图4-1所示的多种共振结构。

图 4-1　苯分子的多种共振结构

这是描述电子空间轨道运动的键函数,还有描述电子自旋运动的键函数。从这些结构的键函数出发,通过各种近似计算,可得到体系的波函数与能量。键函数形式因不同分子而异,很难用一个统一的公式表示,因此给价键理论的程序化带来很大的困难。20 世纪 30 年代,化学家都倾向用价键理论来解释分子结构,但到了 50 年代,价键理论发展缓慢;到了 80 年代,又有人对价键理论方法进行改进,张乾二教授的课题组也在价键方法程序化方面取得了突破性的进展。

3. 密度泛函理论

密度泛函理论基于 Hohenberg-Kohn(霍恩伯格-科恩)定理,将体系的能量表达为电子密度的泛函。其基本思想是将复杂的多电子体系先简化成没有相互作用的电子在有效势场中运动,而将电子相互作用归入交换关联的泛函中。Kohn 和 Sham(沙姆)提出了实用的能量泛函表达形式,因而在计算精度和时间之间达到了较好的平衡,在物理、化学、生物等领域得到了广泛应用。

4.1.3　结构与性质的关系

原子通过化学键结合成分子,分子是物质中独立地、相对稳定地存在并保持其特性的最小颗粒,是参与化学反应的基本单元。原子相互吸引、相互排斥,以一定的次序和方式结合成分子。物质的化学性质主要取决于分子的性质,而分子的性质主要由分子的结构决定,因此探索分子内部的结构、了解结构和性能的关系就成了结构化学的重要任务。

4.2　H_2^+ 的 Schrödinger 方程

H_2^+ 的 Schrödinger 方程可一般地写为

$$\hat{H}\psi=E\psi \tag{4-1}$$

忽略相对论效应下,H_2^+ 的 Hamilton 算符为

$$\hat{H}=-\frac{\hbar^2}{2m_p}\nabla_a^2-\frac{\hbar^2}{2m_p}\nabla_b^2-\frac{\hbar^2}{2m_e}\nabla_e^2-\frac{Z_a e^2}{4\pi\varepsilon_0 r_a}-\frac{Z_b e^2}{4\pi\varepsilon_0 r_b}+\frac{Z_a Z_b e^2}{4\pi\varepsilon_0 R} \tag{4-2}$$

其中前两项分别为两个氢原子的核动能项,第三项为电子动能项,第四、五项分别为两个核对电子的核电吸引项,最后一项是核核排斥项。m_p 和 m_e 分别为质子和电子的质量;r_a 和 r_b 分别为电子到两个核的距离;R 为两个核之间的距离(图 4-2)。

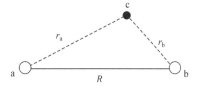

图 4-2　H_2^+ 的坐标

4.2.1　原子单位

在量子化学中,人们习惯采用原子单位,即以 Bohr 半径 a_0 为长度单位,以 hartree 为能量单位,以电子质量为质量单位,以电子所带电荷为电荷单位。

$$1\ a_0=1\ \text{bohr}=\frac{4\pi\varepsilon_0\hbar^2}{m_e e^2}=0.5292\text{Å}$$

$$1\ E_h=1\ \text{hatree}=\frac{m_e e^4}{\hbar^2}=27.21\text{eV}$$

采用原子单位,H_2^+ 的 Schrödinger 方程形式上可以简化为

$$\left(-\frac{1}{2m_p}\nabla_a^2-\frac{1}{2m_p}\nabla_b^2-\frac{1}{2}\nabla_e^2-\frac{1}{r_a}-\frac{1}{r_b}+\frac{1}{R}\right)\psi=E\psi \tag{4-3}$$

其中 $m_p\approx 1836m_e$。

4.2.2　Born-Oppenheimer 近似

由于电子质量比原子核质量小很多,因此电子运动速度比核快得多。当核进行微小运动时,快速运动的电子能够立即调整其运动状态适应变化后的核势能场。也就是说任意核坐标下,电子都有相应的运动状态。同时,核运动又可以看成在全部电子运动的平均势场作用下的结果。根据这一思想,Born(玻恩)和 Oppenheimer(奥本海默)处理分子体系时,采用核运动与电子运动分离处理的近似方案,此即 Born-Oppenheimer 近似。

以 H_2^+ 为例,假设体系总波函数 ψ 可以写成电子波函数 Ψ 与核波函数 χ 乘积的形式

$$\psi(R,r_a,r_b)=\Psi(R,r_a,r_b)\chi(R) \tag{4-4}$$

将式(4-4)代入 H_2^+ 的 Schrödinger 方程,并忽略相互作用很小的耦合项后,电子波函数 Ψ 与核波函数 χ 满足

$$\left(-\frac{1}{2}\nabla_e^2-\frac{1}{r_a}-\frac{1}{r_b}+\frac{1}{R}\right)\Psi=E(R)\Psi \tag{4-5}$$

$$\left[-\frac{1}{2m_p}\nabla_a^2-\frac{1}{2m_p}\nabla_b^2+E(R)\right]\chi=U\chi \tag{4-6}$$

对任意核坐标,由式(4-5)求得电子波函数和能量 $E(R)$。这里可以把核看作不动,在固定核间距下求解电子波函数和能级。改变核坐标,画出 $E(R)$ 与 R 的变化关系,可得势能面。与电子能量最低值相对应的 R 就是平衡核间距 R_e。得到 $E(R)$ 之后,再由式(4-6)求得体系的核波函数。研究势能面对了解分子的微观化学反应过程十分重要。然而,这一工作通常是繁复的,后面将着重于电子结构部分。

4.3 H$_2^+$ 的精确解法

4.3.1 椭球坐标与变数分离

即使在 Born-Oppenheimer 近似下,H$_2^+$ 的 Hamilton 算符还同时涉及两个核中心,单中心坐标下无法求解,可采用双中心椭球坐标进行变换后求解式(4-5)。电子位置的表征可以直角坐标 (x,y,z),或者单中心坐标 (r_a,r_b,ϕ),其中 ϕ 是绕分子轴的转动角度,或者双中心椭球坐标(简称椭球坐标)。转角形式不变,椭球坐标与单中心坐标之间的变换关系为

$$\xi=\frac{r_a+r_b}{R}$$

$$\eta=\frac{r_a-r_b}{R}$$

由三角形三边关系,可知椭球坐标的取值范围

$$1\leqslant\xi\leqslant\infty,\ -1\leqslant\eta\leqslant1,\ 0\leqslant\phi\leqslant2\pi$$

在椭球坐标下,能量本征方程可以表达为

$$\left\{\frac{\partial}{\partial\xi}\left[(\xi^2-1)\frac{\partial}{\partial\xi}\right]+2R\xi+\frac{\partial}{\partial\eta}\left[(1-\eta^2)\frac{\partial}{\partial\eta}\right]\right.$$
$$\left.+\left(\frac{1}{\xi^2-1}+\frac{1}{1-\eta^2}\right)\frac{\partial^2}{\partial^2\phi}+\frac{1}{2}R^2(\xi^2-\eta^2)\left(E-\frac{1}{R}\right)\right\}\Psi=0 \tag{4-7}$$

进一步地,电子波函数可设为

$$\Psi=\Xi(\xi)H(\eta)\Phi(\phi) \tag{4-8}$$

代入式(4-7),可以得到关于 ϕ、η 和 ξ 的三个独立方程

$$\left(\frac{\partial^2}{\partial^2\phi}+m^2\right)\Phi(\phi)=0 \tag{4-9a}$$

$$\left\{\frac{\partial}{\partial\eta}\left[(1-\eta^2)\frac{\partial}{\partial\eta}\right]+\left(\beta+p^2\eta^2-\frac{m^2}{1-\eta^2}\right)\right\}H(\eta)=0 \tag{4-9b}$$

$$\left\{\frac{\partial}{\partial\xi}\left[(\xi^2-1)\frac{\partial}{\partial\xi}\right]+\left(\beta+2R\xi-p^2\xi^2-\frac{m^2}{\xi^2-1}\right)\right\}\Xi(\xi)=0 \tag{4-9c}$$

其中,m^2 和 β 是变量分离时引入的与变量 ϕ、η 和 ξ 无关的常数,并且

$$p^2=\frac{1}{2}R^2\left(E-\frac{1}{R}\right)$$

求解式(4-9)可以得到一系列解,即 H$_2^+$ 的波函数。类似于将类氢离子波函数称为原子轨道波函数,我们将 H$_2^+$ 的波函数称为分子轨道波函数,通常简称为分子轨道。H$_2^+$ 的精确解法难以推广到其他分子体系,但是由 H$_2^+$ 的精确解而发展的分子轨道概念是分子轨道理论的一块基石。

4.3.2 H_2^+ 的精确解的对称性

表观上 Φ 方程的解与类氢离子的相同。用指数函数的形式表示的正交归一化的本征函数为

$$\Phi(\phi)=(2\pi)^{-\frac{1}{2}}\mathrm{e}^{im\phi} \qquad m=0,\pm1,\pm2,\cdots \tag{4-10}$$

其中，m 只能取整数。

在双原子分子体系中，虽然总角动量不是守恒量，但是角动量在分子所在 z 轴的分量是守恒的。事实上，角动量在 z 轴的分量算符 $\hat{L}_z$ 与体系的 Hamilton 算符 $\hat{H}$ 对易，即

$$[\hat{L}_z, H]=0$$

因此，m 具有确定的物理意义，也称为角动量分量量子数。因为对易的两个算符可以有相同本征函数，后面将用角动量 z 轴分量算符 $\hat{L}_z$ 的本征函数对 Hamilton 算符的本征函数（分子轨道）进行分类。

对任意核间距 R，由式(4-9b)和式(4-9c)可以联立解出本征能量和相应本征函数 $H(\eta)$ 和 $\Xi(\xi)$。但是一般没有封闭的解析解，只能得到一系列数值解。本书不讨论具体的解的形式。然而，解析解的一些对称性质，直接由特征方程的对称性质就可以知道。由于式(4-9a)中将 ϕ 替换为 $-\phi$ 时，不改变左边的算符，因此能够构造一组有确定奇偶性的本征函数。实际上，当 $|m|>0$ 时，Φ 方程的两个实数解就分别是偶函数和奇函数。

$$\Phi_1(\phi)=(\pi)^{-\frac{1}{2}}\cos(m\phi) \qquad \Phi_2(\phi)=(\pi)^{-\frac{1}{2}}\sin(m\phi) \tag{4-11}$$

同理，可以构造 H 方程的本征函数，使其具有确定的奇偶宇称，即

$$H(-\eta)=\pm H(\eta) \tag{4-12}$$

在 H_2^+ 体系中，$|m|$ 值不同的，能量将不同。而 $|m|$ 值相同时，由式(4-9)可解出相同的能量值。因此，当 $m\neq0$ 时，能级的简并度为 2。

与所有同核双原子分子一样，H_2^+ 分子具有 $D_{\infty h}$ 对称性。对称中心 i 和无穷多个 σ_v 面常用于标识分子轨道。当空间反演时

$$\hat{i}(x,y,z)=(-x,-y,-z)$$

两个核的坐标对调，电子的单中心坐标

$$\hat{i}(r_a,r_b,\phi)=(r_b,r_a,\phi+\pi)$$

或者用椭球坐标表示，即

$$\hat{i}(\xi,\eta,\phi)=(\xi,-\eta,\phi+\pi)$$

因此

$$\hat{i}\Psi(\xi,\eta,\phi)=\Psi(\xi,-\eta,\phi+\pi)=p\Psi(\xi,\eta,\phi) \tag{4-13}$$

其中 p 称为分子轨道的宇称，可能取值 ±1。这里使用了式(4-12)和以下两式：

$$\Psi(\xi,-\eta,\phi+\pi)=\Xi(\xi)H(-\eta)\Phi(\phi+\pi) \tag{4-14}$$

$$\Phi(\phi+\pi)=(-1)^m\Phi(\phi) \tag{4-15}$$

当 $p=1$ 时，分子轨道关于中心是对称的，具有偶宇称(gerade)，以 g 为下标。而当 $p=-1$ 时，分子轨道关于中心是反对称的，具有奇宇称(ungerade)，以 u 为下标。

进一步地，还可以使用 σ_v 面。不失一般性，设为 σ_{xx}。在 σ_{xx} 作用下，电子坐标从 (ξ,η,ϕ) 变为 $(\xi,\eta,-\phi)$，即

$$\hat{i}(\xi,\eta,\phi)=(\xi,\eta,-\phi)$$

因此

$$\sigma_{xz}\Psi_m = \sigma_{xz}\Psi(\xi,\eta,\phi) = \Psi(\xi,\eta,-\phi) = \Psi_{-m} \tag{4-16}$$

一般 σ 轨道关于 σ_{xz} 操作总是对称的，故无需另外标记。另外，当 $m\neq0$ 时，分子轨道 Ψ_m 本身不是 σ_{xz} 操作定的本征函数。类似地，当 $M\neq0$ 时，体系的总波函数也不是 σ_{xz} 操作定的本征函数。因此，这两种情形也无需标记。一般只在 $M=0$ 时，分别以上标$+/-$表示关于 σ_{xz} 操作下是对称/反对称两种情形，用于标识体系 Σ 态波函数。

4.3.3 态的分类

求解式(4-9)得到的每一个解表征 H_2^+ 体系的一个状态。H_2^+ 有一个电子，体系状态波函数即为其分子轨道。根据角动量 z 轴分量的量子数的长度，$|m|=0,1,2,3,4,\cdots$，用 $\sigma,\pi,\delta,\varphi$，$\gamma$ 表示分子轨道。同时用 u 和 g 表示分子轨道的奇偶宇称。再考虑轨道能量从低到高自然顺序编号，并将编号数值置于角动量分量符号前面，H_2^+ 的分子轨道常标记为 $1\sigma_g,2\sigma_g,\cdots$、$1\sigma_u$，$2\sigma_u,\cdots$和 $1\pi_u,2\pi_u,\cdots$。同核双原子分子与 H_2^+ 具有相同的 $D_{\infty h}$ 对称性，也采用这套标记方案。异核双原子分子只有 $C_{\infty v}$ 对称性，不存在对称中心，不添加宇称符号。

4.4 H_2^+ 的近似解法

由于 H_2^+ 的精确解法不易推广，因此更加复杂的分子体系一般采用近似方法求解分子轨道。

4.4.1 变分法简介

变分法是解 Schrödinger 方程的一种近似方法，它基于下列原理：对任何一个品优函数 ψ，用体系的 $\hat{H}$ 算符求得的能量平均值，将大于或略大于体系基态的能量(E_0)，即

$$\langle E \rangle = \frac{\int \psi^* \hat{H} \psi \mathrm{d}\tau}{\int \psi^* \psi \mathrm{d}\tau} \geqslant E_0 \tag{4-17}$$

据此原理，利用求极值的方法调节参数，找出能量最低时对应的波函数，即为和体系相近似的波函数。式(4-17)可证明如下：

设 $\varphi_0,\varphi_1,\varphi_2,\cdots$是体系 $\hat{H}$ 的本征函数，且其能量依次递增，$E_0 \leqslant E_1 \leqslant E_2 \cdots$

$$\hat{H}\varphi_i = E_i\varphi_i$$

由于 $\varphi_0,\varphi_1,\varphi_2,\cdots$形成正交归一完备集，可将式(4-17)中的 ψ 按照体系 $\hat{H}$ 的本征函数 φ_i 展开

$$\psi = a_0\varphi_0 + a_1\varphi_1 + a_2\varphi_2 + \cdots = \sum_i a_i\varphi_i \tag{4-18}$$

利用 φ_i 的正交归一性，可得平均能量

$$\langle E \rangle = \int \psi^* \hat{H} \psi \mathrm{d}\tau = \sum_i a_i^* a_i E_i \tag{4-19}$$

因 $a_i^* a_i$ 恒为正值

$$\sum_i a_i^* a_i = 1 \quad \text{又} \quad 0 < a_i^* a_i \leqslant 1$$

故得

$$\langle E \rangle - E_0 = \sum_i a_i^* a_i E_i - E_0 \geqslant 0 \tag{4-20}$$

所以变分原理成立。

为了获得更好的近似值,一种方法是增加变分的参量,即线性变分法。该法选择一个品优的线性变分函数

$$\psi = c_1 x_1 + c_2 x_2 + c_3 x_3 + \cdots + c_n x_n$$

其中 $x_1, x_2, \cdots, x_n$ 为线性无关函数,$c_1, c_2, \cdots, c_n$ 为待定参数。

令能量矩阵元 $H_{nk} = \int x_n \hat{H} x_k \mathrm{d}\tau$,重叠矩阵元 $S_{nk} = \int x_n x_k \mathrm{d}\tau$,则

$$E = \frac{\int \psi^* \hat{H} \psi \mathrm{d}\tau}{\int \psi^* \psi \mathrm{d}\tau} = \frac{\sum\limits_{n,k} c_n c_k H_{nk}}{\sum\limits_{n,k} c_n c_k S_{nk}} \tag{4-21}$$

为了寻找能量极小,对式(4-21)中 c_k 取偏微商 $\dfrac{\partial E}{\partial c_k} = 0 (k = 1, 2, \cdots, n)$,获得方程组

$$\sum_n c_n (H_{nk} - S_{nk} E) = 0 \tag{4-22}$$

这是一个含 n 个变量 $c_1, c_2, \cdots, c_n$ 的线性方程组,要使方程组有非零解,则系数行列式必须为零,即

$$\begin{vmatrix} H_{11} - S_{11}E & H_{12} - S_{12}E & \cdots \\ H_{21} - S_{21}E & H_{22} - S_{22}E & \cdots \\ \vdots & & \vdots \\ H_{n1} - S_{n1}E & \cdots & H_{nn} - S_{nn}E \end{vmatrix} = 0 \tag{4-23}$$

求出的解 E 是能量的上限,$E \geqslant E_0$。将该值代入式(4-22)求解 c_n,可得到体系的变分波函数 ψ。

4.4.2　变分法解 H_2^+

H_2^+ 体系当电子运动到核 a 附近区域时,分子轨道 ψ 很像原子轨道 φ_a;同样,当电子运动到核 b 附近区域时,分子轨道近似于 φ_b。根据态叠加原理,分子轨道可用原子轨道的线性组合表示

$$\psi = c_a \varphi_a + c_b \varphi_b \tag{4-24}$$

作为 H_2^+ 的变分函数,式(4-24)中 c_a 和 c_b 为待定参数,而

$$\varphi_a = \frac{1}{\sqrt{\pi}} \mathrm{e}^{-r_a} \qquad \varphi_b = \frac{1}{\sqrt{\pi}} \mathrm{e}^{-r_b}$$

将 ψ 代入 $E = \dfrac{\int \psi^* \hat{H} \psi \mathrm{d}\tau}{\int \psi^* \psi \mathrm{d}\tau}$ 中,得

$$E(c_a, c_b) = \frac{\int (c_a \varphi_a + c_b \varphi_b)^* \hat{H} (c_a \varphi_a + c_b \varphi_b) \mathrm{d}\tau}{\int (c_a \varphi_a + c_b \varphi_b)^2 \mathrm{d}\tau} \tag{4-25}$$

由于 H_2^+ 的两个核是等同的,而 φ_a 和 φ_b 又都是归一化函数,展开式(4-25)并令

库仑积分
$$H_{aa} = \int \varphi_a^* \hat{H} \varphi_a d\tau = H_{bb} = \int \varphi_b^* \hat{H} \varphi_b d\tau$$

交换积分
$$H_{ab} = \int \varphi_a^* \hat{H} \varphi_b d\tau = H_{ba} = \int \varphi_b^* \hat{H} \varphi_a d\tau$$

重叠积分
$$S_{aa} = \int \varphi_a^* \varphi_a d\tau = S_{bb} = \int \varphi_b^* \varphi_b d\tau = 1$$

$$S_{ab} = \int \varphi_a^* \varphi_b d\tau = S_{ba} = \int \varphi_b^* \varphi_a d\tau \tag{4-26}$$

式(4-25)化简得

$$E(c_a, c_b) = \frac{c_a^2 H_{aa} + 2c_a c_b H_{ab} + c_b^2 H_{bb}}{c_a^2 S_{aa} + 2c_a c_b S_{ab} + c_b^2 S_{bb}} = \frac{Y}{Z} \tag{4-27}$$

对 c_a 和 c_b 偏微商求极值,得

$$\frac{\partial E}{\partial c_a} = \frac{1}{Z} \frac{\partial Y}{\partial c_a} - \frac{Y}{Z^2} \frac{\partial Z}{\partial c_a} = 0$$
$$\frac{\partial E}{\partial c_b} = \frac{1}{Z} \frac{\partial Y}{\partial c_b} - \frac{Y}{Z^2} \frac{\partial Z}{\partial c_b} = 0 \tag{4-28}$$

式(4-28)乘以 Z,并将 $\frac{Y}{Z} = E$ 代入,得

$$\frac{\partial Y}{\partial c_a} - E \frac{\partial Z}{\partial c_a} = 0 \qquad \frac{\partial Y}{\partial c_b} - E \frac{\partial Z}{\partial c_b} = 0 \tag{4-29}$$

将 Y、Z 值代入式(4-29)并化简,可得久期方程,即

$$c_a(H_{aa} - E) + c_b(H_{ab} - ES_{ab}) = 0$$
$$c_a(H_{ab} - ES_{ab}) + c_b(H_{bb} - E) = 0 \tag{4-30}$$

为了使 c_a 和 c_b 有不完全为零的解,可得久期行列式

$$\begin{vmatrix} H_{aa} - E & H_{ab} - ES_{ab} \\ H_{ab} - ES_{ab} & H_{bb} - E \end{vmatrix} = 0 \tag{4-31}$$

使用 $H_{aa} = H_{bb}$,并展开此行列式可得 E 的两个解,即

$$E_1 = \frac{H_{aa} + H_{ab}}{1 + S_{ab}} \qquad E_2 = \frac{H_{aa} - H_{ab}}{1 - S_{ab}} \tag{4-32}$$

将 E_1 值代回式(4-30)的 E,得 $c_a = c_b$,相应的波函数为成键分子轨道

$$\psi_1 = c_a(\varphi_a + \varphi_b)$$

将 E_2 值代回式(4-30)的 E,得 $c_a = -c_b$,相应的波函数为反键分子轨道

$$\psi_2 = c_a'(\varphi_a - \varphi_b)$$

通过波函数归一化条件,可求得

$$c_a = (2 + 2S_{ab})^{-\frac{1}{2}} \qquad c_a' = (2 - 2S_{ab})^{-\frac{1}{2}}$$

对应的波函数为

$$\psi_1 = (2 + 2S_{ab})^{-\frac{1}{2}}(\varphi_a + \varphi_b) \qquad \psi_2 = (2 - 2S_{ab})^{-\frac{1}{2}}(\varphi_a - \varphi_b)$$

H_2^+ 形成的分子轨道示意图如图 4-3 所示。

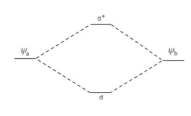

图 4-3 H_2^+ 形成的分子轨道示意图

4.4.3　积分意义

通常把能量矩阵元(对角项)H_{aa} 和 H_{bb} 称为库仑积分。根据 $\hat{H}$ 算符表达式,可得

$$
\begin{aligned}
H_{aa} &= \int \varphi_a^* \hat{H} \varphi_a \mathrm{d}\tau \\
&= \int \varphi_a^* \left(-\frac{1}{2}\nabla^2 - \frac{1}{r_a} - \frac{1}{r_b} + \frac{1}{R} \right) \varphi_a \mathrm{d}\tau \\
&= \int \varphi_a^* \left(-\frac{1}{2}\nabla^2 - \frac{1}{r_a} \right) \varphi_a \mathrm{d}\tau + \frac{1}{R}\int \varphi_a^* \varphi_a \mathrm{d}\tau - \int \varphi_a^* \frac{1}{r_b} \varphi_a \mathrm{d}\tau \\
&= E_H + \frac{1}{R} - \int \frac{\varphi_a^2}{r_b} \mathrm{d}\tau \\
&= E_H + J
\end{aligned}
\tag{4-33}
$$

E_H 代表基态氢原子的能量

$$
J \equiv \frac{1}{R} - \int \frac{1}{r_b} \varphi_a^2 \mathrm{d}\tau
\tag{4-34}
$$

式(4-34)第二项表示电子处在 φ_a 轨道时受到核 b 作用的平均吸引能,由于 φ_a 为球形对称,这时平均值近似等于电子在 a 核处受到的 b 核吸引能,其绝对值与核排斥能 $1/R$ 相近,而符号相反,几乎可以抵消。据计算,在 H_2^+ 平衡距离时,J 值只是 E_H 的 5.5%,所以 $H_{aa} \approx E_H$。

能量矩阵元(非对角)H_{ab} 和 H_{ba} 称为交换积分或 β 积分。β 积分与 φ_a 和 φ_b 的重叠程度有关,因而是与核间距 R 有关的函数,即

$$
H_{ab} = E_H S_{ab} + \frac{1}{R} S_{ab} - \int \frac{1}{r_a} \varphi_a \varphi_b \mathrm{d}\tau = E_H S_{ab} + K
\tag{4-35}
$$

$$
K \equiv \frac{1}{R} S_{ab} - \int \frac{1}{r_a} \varphi_a \varphi_b \mathrm{d}\tau
\tag{4-36}
$$

K 为负值,S_{ab} 为正值,$E_H = -13.6\mathrm{eV}$,就使 H_{ab} 为负值。所以,当两个原子接近成键时,体系能量降低,H_{ab} 起重大的作用。

S_{ab} 称为重叠积分或简称 S 积分,即

$$
S_{ab} = \int \varphi_a \varphi_b \mathrm{d}\tau
$$

它与核间距 R 有关:当 $R = 0$ 时,$S_{ab} = 1$;当 $R = \infty$ 时,$S_{ab} \to 0$;R 为其他值时,S_{ab} 的数值可通过具体计算得到。

将上述 H_{aa}、H_{ab}、S_{ab} 关系式代入式(4-32),可得

$$
E_1 = E_H + \frac{J+K}{1+S} \qquad E_2 = E_H + \frac{J-K}{1-S}
\tag{4-37}
$$

图 4-4 绘出 H_2^+ 能量随核间距变化的曲线,两实线为计算获得,虚线为实验测定。计算得成键曲线 E_1 在 $2.50a_0(1.32\text{Å})$ 处有一极小值,说明 H_2^+ 能稳定存在。

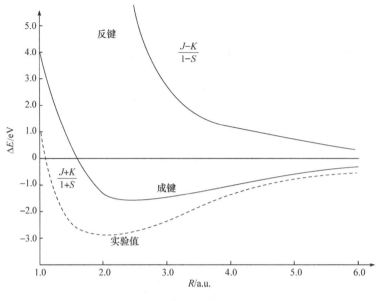

图 4-4 H_2^+ 的能量曲线

4.4.4 成键原理

H_2^+ 的变分法处理可以推广到其他双原子体系。一般来说,两个原子轨道进行相干、相消叠加时分别得到成键、反键分子轨道。能级次序上,成键轨道低于原子轨道,反键轨道高于原子轨道,而非键轨道一般接近原子轨道。原子轨道线性叠加时总是生成能量尽可能低的成键分子轨道,以利于形成稳定的分子。分子轨道的能量满足久期方程[式(4-31)]。考虑到分子中重叠积分一般较小,略去重叠积分不影响能级的定性结论。

设 $H_{aa} \leqslant H_{bb}$,并取 $S_{ab}=0$ 代入久期方程,展开得 E 的二次方程

$$E^2 - (H_{aa} + H_{bb})E + (H_{aa}H_{bb} - H_{ab}^2) = 0 \tag{4-38}$$

解出两个能量为

$$E_1 = H_{aa} - h \qquad E_2 = H_{bb} + h \tag{4-39}$$

其中

$$h = \frac{1}{2}\{[(H_{bb} - H_{aa})^2 + 4H_{ab}^2]^{1/2} - (H_{bb} - H_{aa})\} \geqslant 0 \tag{4-40}$$

图 4-5 画出了相应能级示意图。

当 $\beta=0$ 时,成键稳定化能 $h=0$。因此,只有对称性匹配的两个原子轨道才能组合形成分子轨道,而对称性不匹配的原子轨道不能形成分子轨道(图4-6)。又因为 h 随 β 增大而增大,且 β 积分与轨道的重叠积分成正比,所以重叠大的轨道间能够更有效地成键。最后,h 随($H_{bb} - H_{aa}$)增大而减小,能级相近的轨道成键效率较大。总之,两个原子轨道要有效地组合成分子轨道,必须满足对称性匹配、能级相近和轨道最大重叠三个条件。其中,对称性匹配是先决条件,其他条件影响成键的效率。

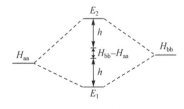

图 4-5 非等同原子轨道形成
分子轨道能级图

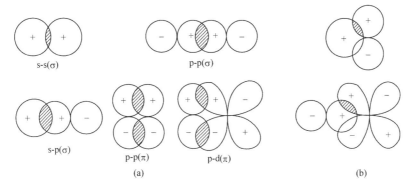

图 4-6 对称性匹配(a)与不匹配(b)

4.5 分子轨道理论和双原子分子结构

4.5.1 分子轨道理论

(1) 分子中每个电子是在原子核与其他电子组成的平均势场中运动,运动状态可用波函数来描述。体系总波函数可写成单电子函数的乘积,即

$$\psi(1,2,\cdots,n)=\varphi_1(1)\varphi_2(2)\cdots\varphi_n(n)$$

体系总 Hamilton 算符 $\hat{H}$ 可写为单电子算符 $\hat{h}(i)$ 之和

$$\hat{H}=\sum_i \hat{h}(i)$$

通过变数分离,可得到单电子函数满足的本征方程

$$\hat{h}\varphi_i=\varepsilon_i\varphi_i$$

这就是分子轨道理论采用的独立电子近似。

(2) 分子轨道可用原子轨道线性组合(linear combination of atomic orbitals,LCAO)得到,即采用 LCAOMO 方案。由 n 个原子轨道组合可得到 n 个分子轨道,线性组合系数可用变分法或其他方法确定。

(3) 满足 4.4.4 成键原理。

(4) 根据 Pauli 原理,每个分子轨道至多能容纳两个自旋反平行的电子。分子中的电子按能量顺序由低到高依次填入分子轨道。当有轨道能量简并时,依 Hund 规则优先填充 α 电子。

4.5.2 双原子分子轨道的特点

双原子形成的分子轨道,根据轨道总角动量 Λ 的量子数为 $0,\pm1,\pm2,\cdots$,双原子分子键轴的对称性可分为 $\Sigma(\sigma)$、$\Pi(\pi)$、$\Delta(\delta)$ 等类型(图 4-7),现分类介绍。

1. σ轨道

两个符号相同的 s 轨道相互靠拢,正重叠可形成 σ 成键轨道。σ 轨道是以两个原子核连线为轴心的椭球形,轨道图形中心对称。当两个 s 轨道负重叠时,则形成 σ* 反键轨道。轨道图形为两个球形,一正一负,中间有一垂直节面,是中心反对称图形。

两个符号相同 p 轨道头顶头正重叠,也形成 σ 成键轨道,轨道图形除中间一个大椭球外,两侧各有一个异号的小球,三个球间为两个垂直节面所分开。当两个 p 轨道头顶头负重叠,则

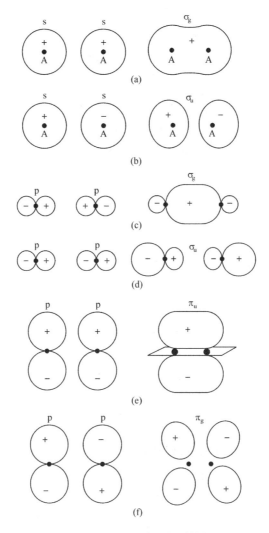

图 4-7 双原子分子轨道特征

形成 σ^* 反键轨道,这种 σ^* 轨道图形为两侧两个异号的大球,中间两个异号的小球,球间为三个垂直节面所隔开。

s 轨道若向 p 轨道或 d_{z^2} 轨道一端靠近,也可以形成 σ 成键与反键轨道,这些 σ 轨道图形就失去中心对称性。另外,两个 d_{z^2} 轨道沿 z 轴靠近,正重叠也可形成 σ 成键轨道,负重叠可形成 σ^* 反键轨道。

2. π 轨道

两个符号相同的 p 轨道肩并肩排列,相互靠拢正重叠可形成 π 成键轨道。π 轨道图形如上下两弧形沙袋。符号一正一反,中间为一水平节面隔开。若以两核连线中点为中心,则 π 轨道图形是中心反对称的。当两个 p 轨道负重叠时,即形成 π^* 反键轨道,图形由四个球形组成,为水平和垂直两个节面分开,π^* 反键轨道是中心对称的。

当符号相反的两个 d_{xz} 轨道沿 x 轴或两个 d_{yz} 轨道沿 y 轴靠近并重叠,也可形成 π 成键轨道。d-dπ 键与 p-pπ 键类似,中间是两个符号相反的大弯椭球两侧各有两个小球,上下为一个水平节面所分割,两边还各有一个垂直节面。整个图形是中心反对称的。若两个符号相同的

d_{xz} 或 d_{yz} 重叠,则可形成 π^* 反键轨道。

p 轨道与 d 轨道重叠,也可形成 π 成键或反键轨道。

3. δ 轨道

当两个 d_{xy} 或 $d_{x^2-y^2}$ 轨道沿 z 轴方向正重叠,则形成 δ 成键轨道。δ 轨道与四瓣的 d 轨道图形相近,只不过更厚一些,也有两个垂直的节面。与 σ 轨道一样,δ 成键轨道是中心对称的,若 d_{xy}、$d_{x^2-y^2}$ 轨道各自负重叠,可得到 δ^* 反键轨道。δ^* 轨道由八瓣组成,被三个相互垂直的节面隔开,是中心反对称的(图 4-8)。

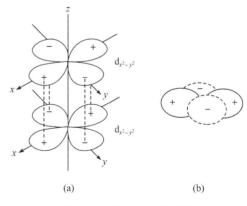

图 4-8　δ 轨道成键示意图

4.5.3　同核双原子分子

1. 电子组态

将分子体系中电子按 Pauli 规则填充在轨道中,分子轨道按能量顺序排列,可得到体系的电子组态。

H_2 由两个氢原子的 1s 轨道组合成两个分子轨道 $1\sigma_g$、$1\sigma_u$,两个电子填充在 $1\sigma_g$ 上,H_2 的电子组态记为 $(1\sigma_g)^2$。

He_2 有 4 个电子,电子组态为 $(1\sigma_g)^2(1\sigma_u)^2$,由于成键与反键轨道都填满,成键作用与反键作用相互抵消,因此 He_2 不能形成稳定分子。

Li_2、B_2 等分子的电子组态如表 4-1 所示。

表 4-1　同核双原子分子和离子的电子组态

分子(离子)	电子	电子组态	键级	光谱项	键长/pm	键解离能/(kJ·mol^{-1})
H_2^+	1	$(1\sigma_g)^1$	0.5	$^2\Sigma_g^+$	106	255.48
H_2	2	$(1\sigma_g)^2$	1	$^1\Sigma_g^+$	74.12	431.96
He_2^+	3	$(1\sigma_g)^2(1\sigma_u)^1$	0.5	$^2\Sigma_u^+$	108.0	322.2
Li_2	6	$KK(2\sigma_g)^2$	1	$^1\Sigma_g^+$	267.2	110.0
B_2	10	$KK(2\sigma_g)^2(2\sigma_u)^2(1\pi_u)^2$	1	$^3\Sigma_g^-$	158.9	274.1
C_2	12	$KK(2\sigma_g)^2(2\sigma_u)^2(1\pi_u)^4$	2	$^1\Sigma_g^+$	124.25	602
N_2^+	13	$KK(2\sigma_g)^2(2\sigma_u)^2(1\pi_u)^4(3\sigma_g)^1$	2.5	$^2\Sigma_g^+$	111.6	842.15
N_2	14	$KK(2\sigma_g)^2(2\sigma_u)^2(1\pi_u)^4(3\sigma_g)^2$	3	$^1\Sigma_g^+$	109.76	941.69
O_2^+	15	$KK(2\sigma_g)^2(2\sigma_u)^2(3\sigma_g)^2(1\pi_u)^4(1\pi_g)^1$	2.5	$^2\Pi_g$	112.27	626
O_2	16	$KK(2\sigma_g)^2(2\sigma_u)^2(3\sigma_g)^2(1\pi_u)^4(1\pi_g)^2$	2	$^3\Sigma_g^-$	120.74	493.54
F_2	18	$KK(2\sigma_g)^2(2\sigma_u)^2(3\sigma_g)^2(1\pi_u)^4(1\pi_g)^4$	1	$^1\Sigma_g^+$	141.7	155

从 B_2、C_2 分子可看出,由于 2s、2p 轨道能级靠近,$1\sigma_g$、$1\sigma_u$ 能量降低,$2\sigma_g$、$2\sigma_u$ 轨道能量升高,$2\sigma_g$ 轨道被推到 $1\pi_u$ 上面,即能量顺序为 $1\sigma_g<1\sigma_u<1\pi_u<2\sigma_g<1\pi_g<2\sigma_u$。$N_2$ 分子形成两个 π 键和一个 σ 键,由于存在三重键,N_2 分子十分稳定。

到了 O_2、F_2 分子,2s 与 2p 能级相差较远,$2\sigma_g$ 轨道能量又回到原来位置(参考附录 4)。

电子组态还有另一种表达方式,即标明组成它的轨道,反键轨道标上"＊"号。例如,O_2:

$$KK(\sigma_{2s})^2(\sigma_{2s}^*)^2(\sigma_{2p})^2(\pi_{2p})^4(\pi_{2p}^*)^2$$

2. 键级

分子键级定义为成键电子数与反键电子数的差除以2。表4-1也列出了双原子分子的键级,从 B_2 至 N_2 分子键级逐渐增多,实验测定键长逐渐缩短,解离能逐渐增大。从 N_2 至 F_2,键级逐渐降低,实验测得键长逐渐拉长,解离能逐渐减少,理论分析与实验完全符合。

3. 分子光谱项

双原子分子光谱项用符号 $^{2S+1}\Lambda$ 表示:

$$\Lambda = 0 \quad 1 \quad 2 \quad 3 \quad 4$$
$$\text{符号为} \quad \Sigma \quad \Pi \quad \Delta \quad \Phi \quad \Gamma$$

Λ 为大写希腊字母,对应分子的总轨道角动量的值。$2S+1$ 是自旋多重度,类似原子光谱项。一个分子的电子组态,如果所有的轨道是全满或全空,称为满壳层结构,总轨道角动量为0,总自旋角动量也为0,这种结构呈 $^1\Sigma$ 态。H_2、Li_2、C_2、N_2 等基态光谱项均为 $^1\Sigma$。对同核双原子分子,各状态对于反演动作的对称性,可根据公式确定

$$g \times g = u \times u = g \qquad u \times g = u$$

总对称性由各个电子的对称性相乘而得,只有在反对称轨道上有奇数个电子时,才有 u 状态。对于二重简并的 π、δ、φ 等轨道,它们的 Λ 值分别对应 ±1、±2、±3。例如,B_2 分子,两个电子分别占据 $\pi_u(+1)$ 和 $\pi_u(-1)$ 轨道,总轨道角动量的和仍为0,电子自旋角动量为1,则多重度为3,其基态光谱项为 $^3\Sigma_g^-$,自旋三重态则意味着该分子是顺磁性的;两个电子也可分别占据 $\pi_u(+1)$ 和 $\pi_u(-1)$,自旋相反,则光谱项为 $^1\Sigma_g^+$。两个电子还可占据同一个 π 轨道,则 $\Lambda=2$,自旋角动量为0,光谱项为 $^1\Delta_g$。后两种状态都是 B_2 的激发态。光谱项右上角的 +、- 号则是根据分子轴所在的平面,波函数是对称的记为 +,反对称的记为 -,详见图4-9。异核双原子分子光谱项则无 g、u 之分。

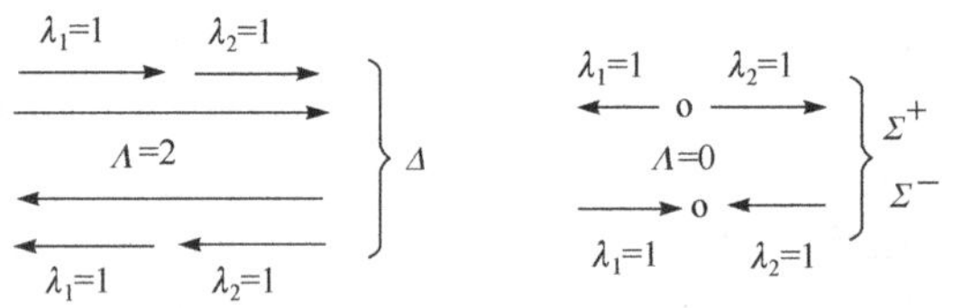

图4-9 两个 π 电子角动量耦合

4. 轨道能级示意图

图4-10为 O_2 分子的分子轨道能级示意图。图4-10中,左、右两侧为 O 原子的原子轨道,能级从低往高自下而上排列。根据对称性匹配,能级相近形成分子轨道,画在图中间。原子轨道与所形成的分子轨道间用虚线连接起来。1s、2s 轨道能量较低,各自形成两个 σ、σ^* 轨道。三个 2p 轨道,其中一个形成 σ_{2p},能量比 2p 轨道低,还有两个 p 轨道形成 π_{2p} 和 π_{2p}^* 轨道,π^* 轨道上两个单占据电子。

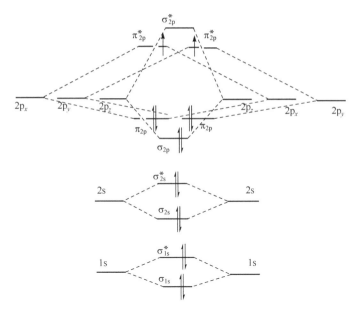

图 4-10　O_2 分子的分子轨道能级示意图

4.5.4　异核双原子分子

1. 电子组态

异核双原子分子,因不同原子有不同的电子结构,它们不像同核双原子分子可利用相同的原子轨道进行组合(表 4-2)。例如,LiH 分子,Li 原子的 1s 轨道能级低至 $-64.87eV$,无法与氢原子的 1s 轨道($-13.6eV$)成键,因此 1σ 基本还是 Li 原子的 1s 内层电子,Li 的 2s 轨道与 H 的 1s 轨道能量相近,对称性匹配,可有效形成 σ 键。LiH 的电子组态为 $(1\sigma)^2(2\sigma)^2$。又如,HF 分子,F 原子的内层 1s、2s 电子能级都很低,$(1\sigma)^2(2\sigma)^2$ 属于非键轨道,2p 轨道能级为 $-18.6eV$,与 H 的 1s 轨道能级相近,可形成 σ 键,还有两个 p 轨道各有两个电子,形成分子时,能级基本保持不变——两个孤对电子,在分子轨道中用简并的 $(1\pi)^4$ 非键轨道表示这两个孤对电子,即 HF 分子的电子组态为 $(1\sigma)^2(2\sigma)^2(3\sigma)^2(1\pi)^4$。

表 4-2　异核双原子分子的电子组态

分　子	电子数	电子组态	光谱项
LiH	4	$(1\sigma)^2(2\sigma)^2$	$^1\Sigma^+$
BeH	5	$(1\sigma)^2(2\sigma)^2(3\sigma)^1$	$^2\Sigma^+$
CH	7	$(1\sigma)^2(2\sigma)^2(3\sigma)^2(1\pi)^1$	$^2\Pi$
NH	8	$(1\sigma)^2(2\sigma)^2(3\sigma)^2(1\pi)^2$	$^3\Sigma^-$
OH	9	$(1\sigma)^2(2\sigma)^2(3\sigma)^2(1\pi)^3$	$^2\Pi$
HF	10	$(1\sigma)^2(2\sigma)^2(3\sigma)^2(1\pi)^4$	$^1\Sigma^+$
BeO,BN	12	$(1\sigma)^2(2\sigma)^2(3\sigma)^2(4\sigma)^2(1\pi)^4$	$^1\Sigma^+$
CN,BeF	13	$(1\sigma)^2(2\sigma)^2(3\sigma)^2(4\sigma)^2(1\pi)^4(5\sigma)^1$	$^2\Sigma^+$
CO	14	$(1\sigma)^2(2\sigma)^2(3\sigma)^2(4\sigma)^2(1\pi)^4(5\sigma)^2$	$^1\Sigma^+$
NO	15	$(1\sigma)^2(2\sigma)^2(3\sigma)^2(4\sigma)^2(1\pi)^4(5\sigma)^2(2\pi)^1$	$^2\Pi$

2. 等电子原理

某些异核双原子分子与同核双原子分子电子总数相同,周期表位置相近,它们的分子轨道、成键的电子排布也大致相同,即等电子原理。可用它来推测异核双原子分子电子组态。

例如,CO 的电子数与 N_2 相同,它们的电子组态也相类似,即它和 N_2 的区别是氧原子比碳原子多提供两个电子,形成一个配键。氧原子的电负性比碳原子的高,但在 CO 分子中,由于氧原子单方面向碳原子提供电子,抵消了碳、氧之间的由电负性差别引起的极性,因此 CO 分子 $\mu=0.37\times10^{-30}C \cdot m$,是偶极矩较小的分子,与 N_2 分子相似,有三重键,较稳定,是一碳化学中的重要原料,也是羰基化合物中很强的配体。

应用等电子原理,BN 分子与 C_2 分子相似,电子组态 $(1\sigma)^2(2\sigma)^2(3\sigma)^2(4\sigma)^2(1\pi)^4$,基态光谱项为 $^1\Sigma^+$。

3. 轨道能级示意图

根据能级相近和对称性原理,可画出 NO 分子轨道能级示意图(图 4-11)。两个原子中,原子序数较大的轨道能量相对较低。2s 与 $2p_z$ 轨道杂化成键,在轨道连线上体现了这一情况。

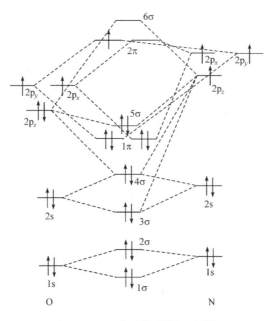

图 4-11 NO 分子轨道能级示意图

4. 分子轨道图

通过量子化学计算,可以很方便地获得分子轨道图。图 4-12 是计算获得的 CO 分子轨道立体图。所有价轨道按能级高低自下而上排列。实线为正、虚线为负。图 4-12 中,能级较低的 3σ、4σ 轨道由 C、O 的 2s 轨道形成成键和反键轨道,1π 和 5σ 是 2p 轨道形成的 3 个成键轨道。

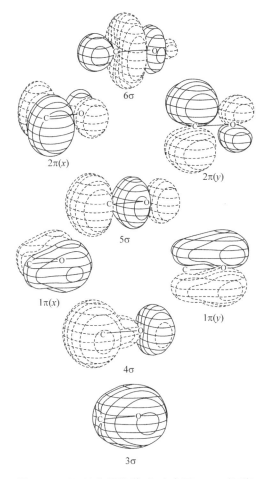

图 4-12 CO 的分子轨道(忽略内层 1σ, 2σ 轨道)

4.6 价键理论和 H_2 分子结构

4.6.1 价键理论

价键理论强调电子配对,其要点如下:

(1) 原子 A 和原子 B 各有一个未成对的电子,且自旋相反,则可配对形成共价单键。例如,A 和 B 原子各有两个或三个未成对电子,则可两两配对形成共价双键、共价三键。

Li 原子虽有三个电子,但未成对电子仅有一个,所以 Li—Li 只能形成共价单键。N 原子含有三个未成对电子,N—N 间可形成共价三键。两个 He 原子互相靠近,但不能形成共价键,因为 He 没有未成对电子。

(2) 如果 A 原子有两个未成对电子,B 原子有一个未成对电子,则 A 原子就能和两个 B 原子形成 AB_2 分子,如 O 原子有两个未成对电子,H 原子有一个未成对电子,于是 O 与两个 H 形成 H_2O 分子。N 原子有三个未成对电子,H 原子有一个未成对电子,N 与三个 H 形成 NH_3 分子。

(3) 两个原子电子配对后,就不能再与第三个原子配对,这称为共价键的饱和性。例如,两个氢原子各有一个未成对电子,它们形成 H_2 分子后,第三个氢原子再靠近,就不能化合成

H_3 分子。

（4）电子云最大重叠原理——共价键的方向性。两个原子间的电子云重叠越多,所形成的共价键越稳定。若原子轨道径向部分相同,s、p、d、f 轨道的角度分布用球谐函数表示。

$$Y_{00}=1 \qquad Y_{10}=\sqrt{3}\cos\theta \qquad Y_{20}=\frac{\sqrt{5}}{2}(3\cos^2\theta-1) \qquad Y_{30}=\frac{\sqrt{7}}{2}\cos\theta(5\cos^2\theta-3)$$

Pauling 把波函数的角度分布最大值称为成键能力,这样 s、p、d、f 轨道的成键能力比为 $1:\sqrt{3}:\sqrt{5}:\sqrt{7}$。对主量子数相同的轨道,p-p 重叠形成的 σ 键比 s-s 轨道重叠形成的 σ 键键能要高得多。同样,d-d 轨道重叠形成的 π 键也比 p-p 轨道重叠形成的 π 键稳定。

4.6.2 H_2 的价键处理

20 世纪 30 年代,Heitler-London 对 H_2 的变分处理是价键理论的开创性工作。H_2 分子有两个原子核 a、b 和两个电子,当两个核远离时,体系的基态就是两个氢原子。可以假定电子 e_1 和核 a 相结合,电子 e_2 和核 b 相结合,两个原子间的相互作用能是核间距 r_{ab} 的函数,当 r_{ab} 不断缩小时,它迅速地变为强烈的排斥作用(图 4-13 中右上曲线)。

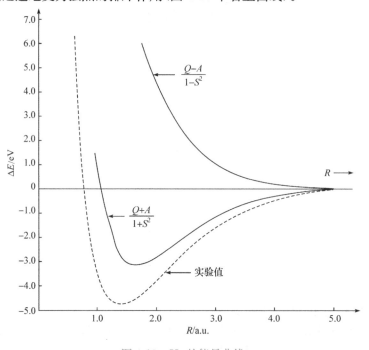

图 4-13　H_2 的能量曲线

从计算看,这两个原子不会结合成稳定的分子。但是这里忽略了另一种结构,即电子 e_2 和核 a 的结合、电子 e_1 和核 b 的结合,与上面假定的结构有相同的稳定性。根据量子力学原理,不能取其中某一结构单独来描述这个体系的基态,而要采用两种结构的组合来反映这一体系。

结构 I:$H_a \cdot 1 \quad 2 \cdot H_b$。

结构 II:$H_a \cdot 2 \quad 1 \cdot H_b$。

这样得出来的相互作用能曲线具有明显的极小值(图 4-13 下面的实线)。用 $\psi_1(1,2)$,$\psi_2(1,2)$ 分别表示结构 I,II 的状态:

$$\psi_1(1,2)=\varphi_a(1)\varphi_b(2)$$

$$\psi_2(1,2)=\varphi_a(2)\varphi_b(1) \tag{4-41}$$

体系总波函数是两种状态的线性组合,即

$$\Psi(1,2)=c_1\psi_1+c_2\psi_2 \tag{4-42}$$

设 Ψ 为变分试探函数。

氢分子的 Hamilton 算符可表示为两个电子的动能、电子与核的吸引能、电子与电子排斥能、核与核排斥能之和。

$$\hat{H}=\left(-\frac{1}{2}\nabla_1^2-\frac{1}{r_{a1}}\right)+\left(-\frac{1}{2}\nabla_2^2-\frac{1}{r_{b2}}\right)+\left(-\frac{1}{r_{a2}}-\frac{1}{r_{b1}}+\frac{1}{r_{12}}+\frac{1}{R}\right) \tag{4-43}$$

再把它们组合成 H_a 原子 Hamilton 算符、H_b 原子 Hamilton 算符和其他相互作用能,即

$$\hat{H}=\hat{H}_a(1)+\hat{H}_b(2)+\hat{H}' \tag{4-44}$$

根据变分法

$$E(c_1,c_2)=\frac{\displaystyle\int(c_1\psi_1+c_2\psi_2)\hat{H}(c_1\psi_1+c_2\psi_2)\mathrm{d}\tau}{\displaystyle\int(c_1\psi_1+c_2\psi_2)^2\mathrm{d}\tau} \tag{4-45}$$

令

$$H_{11}=\int\psi_1^*\hat{H}\psi_1\mathrm{d}\tau$$

$$=\int\varphi_a^*(1)\varphi_b^*(2)[\hat{H}_a(1)+\hat{H}_b(2)+\hat{H}']\varphi_a(1)\varphi_b(2)\mathrm{d}\tau$$

$$=2E_H+\int\varphi_a^*(1)\varphi_b^*(2)\hat{H}'\varphi_a(1)\varphi_b(2)\mathrm{d}\tau$$

$$=2E_H+Q \tag{4-46}$$

$$H_{12}=\int\psi_1^*\hat{H}\psi_2\mathrm{d}\tau$$

$$=\int\varphi_a^*(1)\varphi_b^*(2)[\hat{H}_a(1)+\hat{H}_b(2)+\hat{H}']\varphi_a(2)\varphi_b(1)\mathrm{d}\tau$$

$$=2E_H S_{ab}^2+\int\varphi_a^*(1)\varphi_b^*(2)\hat{H}'\varphi_a(2)\varphi_b(1)\mathrm{d}\tau$$

$$=2E_H S_{ab}^2+A \tag{4-47}$$

从变分法得

$$c_{11}(H_{11}-E)+c_{12}(H_{12}-ES_{ab}^2)=0$$

$$c_{21}(H_{21}-ES_{ab}^2)+c_{22}(H_{22}-E)=0 \tag{4-48}$$

解久期方程,得

$$E_1=\frac{H_{11}+H_{12}}{1+S_{ab}^2}=2E_H+\frac{Q+A}{1+S_{ab}^2} \tag{4-49}$$

$$E_2=\frac{H_{11}-H_{12}}{1-S_{ab}^2}=2E_H+\frac{Q-A}{1-S_{ab}^2} \tag{4-50}$$

把 E 代回方程(4-48),得

$$\Psi_1=\frac{1}{\sqrt{2+2S_{ab}^2}}[\varphi_a(1)\varphi_b(2)+\varphi_a(2)\varphi_b(1)]$$

$$\Psi_2 = \frac{1}{\sqrt{2-2S_{ab}^2}}[\varphi_a(1)\varphi_b(2) - \varphi_a(2)\varphi_b(1)] \tag{4-51}$$

这样,计算所得的键能约为实验测定值的 67%,以后有人进一步改进试探波函数,计算得到的键能达正确值的 80%。Pauling 分析以上的处理,认为只考虑氢分子的两个电子在运动中分别靠近不同的核的结构,未考虑两个电子同时靠近某个核的情况,即离子结构Ⅲ:$(H_a:)^- H_b^+$、结构Ⅳ:$H_a^+ (:H_b)^-$。这类结构包含一个正氢离子 H^+ 和一个具有氦电子结构的负氢离子 H^-。在负离子中也满足了电子配对的要求,结构Ⅲ、结构Ⅳ在基态氢分子中也占有一定比例。

计算表明,考虑这两种结构的能量约占总键能的 5%。Pauling 认为,实验键能中余下的 15% 可能是由分子变形作用引起的,在前面简单处理中忽略了复杂的相互作用。直至 1958 年,James 等对基态 H_2 做了精确的理论处理,获得的分子键能为 $428.95\,kJ \cdot mol^{-1}$,与实验测定一致,平衡核间距、振动频率等也与实验相符。

习 题 4

4.1 如果线性算符 $\hat{A}(-x) = \hat{A}(x)$,证明其本征函数可以有确定的奇偶性。

4.2 对 H_2^+ 体系,根据极值条件

$$\frac{\partial E}{\partial c_1} = 0 \qquad \frac{\partial E}{\partial c_2} = 0$$

以及

$$E = \frac{c_1^2 H_{aa} + 2c_1 c_2 H_{ab} + c_2^2 H_{bb}}{c_1^2 S_{aa} + 2c_1 c_2 S_{ab} + c_2^2 S_{bb}}$$

导出

$$c_1(H_{aa} - ES_{aa}) + c_2(H_{ab} - ES_{ab}) = 0$$
$$c_1(H_{ab} - ES_{ab}) + c_2(H_{bb} - ES_{bb}) = 0$$

4.3 对于 H_2^+ 或其他同核双原子分子,采用 $c_a\Phi_A + c_b\Phi_B$ 为分子轨道时,且 Φ_A、Φ_B 均为 1s 或 2s 轨道,仅仅通过变分计算而不求助于对称性原理,能推出 $c_a = \pm c_b$ 吗?

4.4 以 z 轴为键轴,按对称性匹配原则,下列各对原子轨道能否组成分子轨道?若能形成,写出分子轨道的类型。

   (1) s d_{z^2} (2) d_{xy} d_{xy} (3) d_{yz} d_{yz} (4) s d_{xy}

4.5 现有 $4s$、$4p_x$、$4p_y$、$3d_{z^2}$、$3d_{x^2-y^2}$、$3d_{xy}$、$3d_{xz}$、$3d_{yz}$ 等 9 个原子轨道,若规定 z 轴为键轴方向,则它们之间(包括自身之间)可能组成哪些分子轨道?各是何种分子轨道?

4.6 比较 O_2^{2+}、O_2、O_2^-、O_2^{2-} 的键长及磁性,并按顺序排列。

4.7 根据分子轨道理论说明 Cl_2 的化学键比 Cl_2^+ 强还是弱。为什么?

4.8 根据 N_2^+、N_2、N_2^- 的电子组态,预测各体系 N—N 键长度,并比较它们的稳定性。

4.9 用两种分子轨道记号写出 O_2 的分子轨道,并画出轨道能级图。

4.10 比较下列分子磁矩,并按大小顺序排列:

   Li_2 C_2 C_2^+ B_2

4.11 N_2 的电子组态是 $KK(\sigma_{2s})^2(\sigma_{2s}^*)^2(\pi_{2p_y})^4(\sigma_{2p_z})^2$,$O_2$ 的电子组态是 $KK(\sigma_{2s})^2(\sigma_{2s}^*)^2(\sigma_{2p_z})^2(\pi_{2p_y})^4(\pi_{2p_y}^*)^2$,其中 (σ_{2p_z}) 与 (π_{2p_y}) 次序颠倒的原因是什么?

4.12 CF 和 CF^+ 哪一个的键长短些?

4.13　画出 CN⁻ 的分子轨道能级示意图,写出基态的电子组态,计算键级及不成对电子数。

4.14　试用分子轨道理论讨论 SO 分子的电子结构,说明基态时有几个不成对电子。

4.15　下列 AB 型分子: NO、O_2、C_2、CN、CO,哪几个是得电子变为 AB^- 后比原来中性分子能量低? 哪几个是失电子变为 AB^+ 后比原来中性分子能量低?

4.16　OH 分子已在星际空间发现:

(1) 试按分子轨道理论只用氧原子 2p 轨道和氢原子的 1s 轨道叠加,写出其电子组态。

(2) 在哪个分子轨道中有不成对电子?

(3) 此轨道是由氧和氢的原子轨道叠加形成,还是基本上定域于某个原子上?

(4) 已知 OH 和 HF 的第一电离能分别为 13.2eV 和 16.05eV,它们的差值几乎和 O 原子与 F 原子的第一电离能(15.8eV 和 18.6eV)的差值相同,为什么?

4.17　将 NO、N_2O、NO^+ 和 NO_3^- 填入表中,使其与实验测定的 N—O 键长相匹配:

分　子				
N—O 键级				
N—O 键长/Å	1.062(光谱)	1.154(微波)	1.188(微波)	1.256(中子)

4.18　CO 的键长为 112.9pm,CO^+ 的键长为 111.5pm,试解释其原因。

4.19　试从双原子分子轨道的能级解释:

(1) N_2 的键能比 N_2^+ 大,而 O_2 的键能比 O_2^+ 小。

(2) NO 与 NO^+ 键能大小及它们磁性的差别。

4.20　试从 MO 理论写出双原子分子 OF、OF^-、OF^+ 的电子构型,求它们的键级,并解释它们的键长、键能和磁性的变化规律。

4.21　比较价键理论与分子轨道理论处理 H_2 体系的异同点。

4.22　请写出 Cl_2、O_2^+ 和 CN^- 基态时价层的分子轨道表达式,并说明是顺磁性还是反磁性。

4.23　HF 分子以何种键结合? 写出这种键的完全波函数。

4.24　分别用 MO 与 VB 方法分析 CO、BN、NO 的化学键。

4.25　实验测定卤素分子及负离子的平衡键距、振动波数与解离能如下:

	r_e/pm	ν/cm^{-1}	D_e/eV
F_2	1.411	916.6	1.60
F_2^-	1.900	450.0	1.31

试从分子的电子组态说明这些数据。

4.26　若 AB 型分子的原子 A 和 B 的库仑积分分别为 H_{AA} 和 H_{BB},且 $H_{AA} > H_{BB}$,并设 $S_{AB} \sim 0$(忽略 S_{AB})。试证明成键 MO 的能级和反键 MO 的能级分别为

$$E_{成} = H_{BB} + \frac{H_{AB}^2}{H_{BB} - H_{AA}}$$

$$E_{反} = H_{AA} + \frac{H_{AB}^2}{H_{AA} - H_{BB}}$$

4.27　试写出在价键理论中描述 H_2 运动状态的符合 Pauli 原理的波函数,并区分单态和三重态。

4.28　H_2^+ 成键轨道能量曲线可表示如下:

$$E = E_H - \frac{V_1 + V_2}{1 + S} + \frac{e^2}{4\pi\varepsilon_0 R}$$

式中:V_1 为一核电子中心与另一核电荷间的吸引能;V_2 为核与电荷密度间的吸引能。根据下表数据画出分子成键轨道势能曲线,寻找平衡键长与键解离能。

$R(a_0)$	0	1	2	3	4
$V_1(E_h)$	1.00	0.729	0.473	0.330	0.250
$V_2(E_h)$	1.00	0.736	0.406	0.199	0.092
S	1.00	0.858	0.587	0.349	0.189

注：$E_h=27.3\text{eV}$，$a_0=52.9\text{pm}$，$E_H=-1/2E_h$。

4.29 习题 4.28 数据也可用来计算反键轨道势能曲线

$$E' = E_H - \frac{V_1 - V_2}{1 - S} + \frac{e^2}{4\pi\varepsilon_0 R}$$

参 考 文 献

徐光宪等. 1965. 物质结构简明教程. 北京：高等教育出版社

周公度，段连运. 1995. 结构化学基础. 2 版. 北京：北京大学出版社

Atkins P W. 2002. Physical Chemistry. 7th ed. London：Oxford University Press

Karplus M, Porter R N. 1971. Atoms & Molecules. Menlo Park：Benjamin

Ladd M F C. 1998. Introduction to Physical Chemistry. Menlopark：Cambridge University Press

Levine I N. 1975. Quantum Chemistry. 2nd ed. Boston：Allyn & Bacon

Murrell J N, Kettle S F A, Tedder J M. 1978. The Chemical Bond. Chichester：John Wiley & Sons

Pauling L. 1966. 化学键的本质. 卢嘉锡等译. 上海：上海科学技术出版社

第5章 多原子分子结构(一)

5.1 杂化轨道理论

Heitler-London 模型描述氢分子成键,成功解释了化学键的本质,是价键理论的开拓性工作。为了将该理论推广到更大的分子,Pauling 提出了杂化轨道理论。在形成分子的过程中,某原子因周围一些原子靠近,该原子轨道能级重新排列组合,以利于形成稳定的分子,这一过程称为轨道杂化。例如,C 原子基态电子排布为 $(2s)^2(2p)^2$,当四个 H 原子靠近时,C 原子为了与 H 原子形成四个等价的 C—H 键,2s、2p 轨道发生杂化,形成 sp^3 杂化轨道。杂化前后轨道数目不变,空间排布方向发生变化。常见的杂化类型有 sp、sp^2、sp^3、dsp^2 和 d^2sp^3 等。根据原子轨道角度分布函数的最大值,可定义 s、p、d 轨道的成键能力比为 $1:\sqrt{3}:\sqrt{5}$,由此形成的杂化轨道成键能力为 f,则

$$f=\sqrt{\alpha}+\sqrt{3\beta}+\sqrt{5\gamma}$$

sp 杂化 $\qquad f_1=\sqrt{\dfrac{1}{2}}+\sqrt{3\times\dfrac{1}{2}}=1.932$

sp^2 杂化 $\qquad f_1=\sqrt{\dfrac{1}{3}}+\sqrt{3\times\dfrac{2}{3}}=1.992$

sp^3 杂化 $\qquad f_1=\sqrt{\dfrac{1}{4}}+\sqrt{3\times\dfrac{3}{4}}=2.00$

d^2sp^3 杂化 $\qquad f_1=\sqrt{\dfrac{1}{6}}+\sqrt{3\times\dfrac{1}{2}}+\sqrt{5\times\dfrac{1}{3}}=2.925$

比较各种杂化轨道的成键能力,sp^n 杂化中 sp^3 杂化轨道成键能力最大,即原子形成杂化轨道时,尽可能形成 sp^3 杂化,其次为 sp^2 杂化,sp 杂化再次之;而 d-s-p 杂化比 sp^n 杂化的成键能力大得多。

下面介绍如何用态叠加原理写出杂化轨道,并讨论杂化轨道的方向。

5.1.1 杂化轨道波函数

sp 杂化是由一个 s 轨道与一个 p 轨道组合而成的两个 sp 杂化轨道,若用 h_i 表示杂化轨道,ϕ_i 表示未杂化的原子轨道,则

$$h_1=\frac{1}{\sqrt{2}}(\phi_s+\phi_p) \qquad h_2=\frac{1}{\sqrt{2}}(\phi_s-\phi_p)$$

参与 sp^2 杂化的两个 p 轨道设为 p_x、p_y,则 sp^2 杂化轨道可写为

$$h_i=a_i\phi_s+b_i\phi_{p_x}+c_i\phi_{p_y}$$

先讨论等性杂化,即在三个杂化轨道中,s 轨道都占有 1/3 成分,即 $a_i=\sqrt{1/3}$,再假定 sp^2 杂化中,h_1 沿 x 轴方向,则

$$h_1=\sqrt{1/3}\phi_s+b_1\phi_{p_x}$$

根据波函数的归一性,可很快写出

$$h_1 = \sqrt{1/3}\phi_s + \sqrt{2/3}\phi_{P_x}$$

第二杂化轨道 h_2 必须与 h_1 正交且归一，即

$$\begin{cases} a_2^2 + b_2^2 + c_2^2 = 1 \\ a_1 a_2 + b_1 b_2 + c_1 c_2 = 0 \end{cases}$$

$$\begin{cases} \dfrac{1}{3} + b_2^2 + c_2^2 = 1 \\ \dfrac{1}{3} + \sqrt{\dfrac{2}{3}} b_2 + 0 \times c_2 = 0 \end{cases}$$

解出

$$b_2 = -\sqrt{1/6} \qquad c_2 = \pm\sqrt{1/2}$$

所以

$$h_2 = \sqrt{1/3}\phi_s - \sqrt{1/6}\phi_{P_x} + \sqrt{1/2}\phi_{P_y}$$
$$h_3 = \sqrt{1/3}\phi_s - \sqrt{1/6}\phi_{P_x} - \sqrt{1/2}\phi_{P_y}$$

杂化轨道 sp、sp^2 如图 5-1 所示，原子轨道经过杂化，可使轨道重叠度增大，成键强度加大。

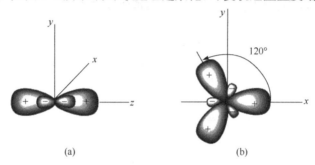

图 5-1　杂化轨道
（a）sp 杂化轨道；（b）sp^2 杂化轨道

5.1.2　杂化轨道的方向

先讨论 sp^n 杂化轨道，用 α 表示轨道中 s 成分，$1-\alpha$ 表示轨道中 p 成分，令 h_i 与 h_j 为两个 sp^n 杂化轨道，则

$$h_i = \sqrt{\alpha_i}\phi_s + \sqrt{1-\alpha_i}\phi_{P_i}$$
$$h_j = \sqrt{\alpha_j}\phi_s + \sqrt{1-\alpha_j}\phi_{P_j}$$

其中，ϕ_{P_i} 是 ϕ_{P_x}、ϕ_{P_y}、ϕ_{P_z} 的组合

$$\phi_{P_i} = x_i\phi_{P_x} + y_i\phi_{P_y} + z_i\phi_{P_z}$$

ϕ_{P_i}、ϕ_{P_j} 两个矢量的夹角也是杂化轨道 h_i 与 h_j 之间的夹角，有

$$\int \phi_{P_i}\phi_{P_j}\,d\tau = x_i x_j \int \phi_{P_x}^2\,d\tau + y_i y_j \int \phi_{P_y}^2\,d\tau + z_i z_j \int \phi_{P_z}^2\,d\tau = \cos\theta$$

根据 h_i 与 h_j 正交可得

$$\int h_i h_j\,d\tau = 0$$

所以

$$\int h_i h_j\,d\tau = \sqrt{\alpha_i}\sqrt{\alpha_j}\int \phi_s^2\,d\tau + \sqrt{(1-\alpha_i)(1-\alpha_j)}\int \phi_{P_i}\phi_{P_j}\,d\tau$$

$$= \sqrt{\alpha_i}\,\sqrt{\alpha_j} + \sqrt{(1-\alpha_i)(1-\alpha_j)}\cos\theta = 0$$

$$\cos\theta = -\sqrt{\dfrac{\alpha_i\alpha_j}{(1-\alpha_i)(1-\alpha_j)}}$$

对于等性杂化，$\alpha_i = \alpha_j$，所以 $\cos\theta = -\dfrac{\alpha}{1-\alpha}$。

等性 sp 杂化中，$\alpha = 1/2$，$1-\alpha = 1/2$，$\cos\theta = -1$，$\theta_1 = 180°$，即 sp 杂化轨道之间夹角为 $180°$。

等性 sp^2 杂化中，$\alpha = 1/3$，$1-\alpha = 2/3$，$\cos\theta = -1/2$，$\theta_2 = 120°$。

等性 sp^3 杂化中，$\alpha = 1/4$，$1-\alpha = 3/4$，$\cos\theta = -1/3$，$\theta_3 = 109.5°$。

若 d 轨道参与杂化，除 d^2sp^3 杂化形成八面体外，常见的还有以下几种：

（1）dsp^2 平面四方形杂化。$d_{x^2-y^2}$ 轨道与 s 轨道、p_x、p_y 轨道组合，得到一组四瓣等同的杂化轨道，轨道处于 xy 平面，指向正方形的四个角。

（2）sd^3 正四面体杂化。s 轨道和一组 d_{xy}、d_{xz}、d_{yz} 轨道组合，可以得到一组指向四面体顶点方向的杂化轨道。

（3）dsp^3 三角双锥杂化。轨道 s、p_x、p_y、p_z 和 d_{z^2} 可以形成一组非等同的五个杂化轨道，这些轨道指向三角双锥体五个顶点。

（4）dsp^3 四方锥杂化。s、p_x、p_y、p_z 和 $d_{x^2-y^2}$ 可以形成一组非等同的五个杂化轨道，这些轨道指向四方锥的五个顶点。

前面讨论过等性杂化轨道之间的夹角。对于不等性杂化，准确的几何构型要通过实验测定，理论上可由键角数据推算杂化轨道中各组分的比例。下面举例说明。

5.1.3　应用

1. H_2O

以水分子为例说明杂化轨道如何重叠成键。氧原子采用不等性 sp^3 杂化，其中两个杂化轨道与氢原子形成 O—H 键，另外两个轨道为孤对电子占据，由于孤对电子的电子云较弥散，电荷斥力也较大，在空间占较大位置，所以 $\angle HOH$ 小于 $109°$，实验测定 $\angle HOH$ 为 $104.5°$。

2. NH_3

NH_3 分子中氮原子采用不等性 sp^3 杂化，与 H 原子形成的三个 N—H 键中 s、p 成分相同，实验测定 $\angle HNH$ 为 $107.3°$，设 N—H 键中 s 的成分为 α，p 成分为 $1-\alpha$，则

$$\cos\theta = -\frac{\alpha}{1-\alpha} = \cos107.3°$$

可求出

$$\alpha = 0.23 \qquad 1-\alpha = 0.77$$

即形成 N—H 键的杂化轨道中 s 轨道占 23%，p 轨道占 77%。

而孤对电子中杂化轨道成分：

$$L_s = 1.00 - 3 \times 0.23 = 0.31$$

$$L_p = 3.00 - 3 \times 0.77 = 0.69$$

即孤对电子轨道中 s 成分占 31%，p 成分占 69%。

3. 硫的氧化物

由于 S 的化合价可在 $-2 \sim +6$ 变化,硫的氧化物种类繁多,有 SO_2、SO_3、亚硫酸根 SO_3^{2-}、硫酸根 SO_4^{2-},还有硫代硫酸根和过硫酸根等,结构示意图如图 5-2 所示。

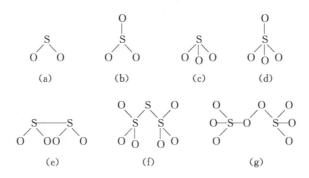

图 5-2 硫的氧化物结构

(a) SO_2;(b) SO_3;(c) SO_3^{2-};(d) SO_4^{2-};(e) $S_2O_4^{2-}$;(f) $S_3O_6^{2-}$;(g) $S_2O_8^{2-}$

在 SO_2 中,S 以 sp^2 杂化,与两个 O 形成 σ 键,还有一个杂化轨道为孤对电子占据,分子为 V 形,S、O 间除形成 σ 键外,还形成一个共轭 π 键 Π_3^4。S—O 键带部分双键性质,键长 143pm,$\angle OSO$ 为 $119.5°$。

SO_3 有三个变体,单体的 SO_3 中 S 同样是 sp^2 杂化,与三个 O 形成 σ 键,分子为平面三角形,四个原子还形成 Π_4^6 离域键。三聚的 S_3O_9 成环状分子,多聚的 $(SO_3)_n$ 成螺旋长链,其中硫原子以 sp^3 杂化。

S 在 SO_3^{2-}、SO_4^{2-} 中采用 sp^3 杂化,与 O 形成 σ 键,氧还把多余电子反馈到 S 的外 d 轨道,S—O 键也是双键。SO_3^{2-} 有一对孤对电子,分子构型为三角锥,SO_4^{2-} 为四面体构型。

$S_2O_8^{2-}$ 中,S 为 sp^3 杂化,与四个氧成键,每个 SO_4^{2-} 中一个 O 与另一个 SO_4^{2-} 的一个 O 连接,形成链状分子。

4. 氮的化合物

NO_2 与其正、负离子的构型都有差别(图 5-3)。最新研究表明,NO_2 中性分子中,N 采用 sp^2 杂化与两个 O 形成 σ 键,还有一个杂化轨道为单电子占据,N 还有两个价电子、O 还有一个价电子形成一个离域 π 键(Π_3^4),分子构型为 V 形,但不稳定,极易形成二聚体 N_2O_4。

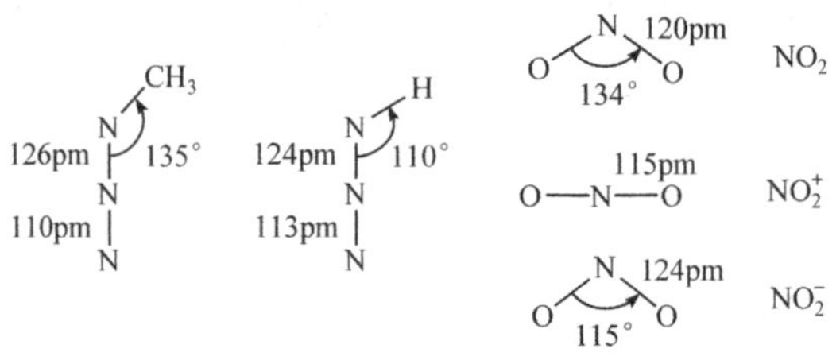

图 5-3 氮的化合物结构

NO_2 很容易失去一个电子形成正离子 NO_2^+,NO_2^+ 与 CO_2 是等电子体系,也是直线形分子,N、O 都是 sp 杂化,N 还有两个价电子,O 还有三个价电子,三个原子组成两个离域 π 键(Π_3^4)。

NO_2 的负离子亚硝酸根 NO_2^- 也是 V 形分子,但 $\angle ONO$ 明显变小。在 NO_2^- 中,N 为 sp^2 杂化,还有一个孤对电子,N 与 O 除形成 σ 键外,还形成离域 π 键(Π_3^4)。

叠氮化合物是很特殊的化合物,极易爆炸,叠氮化钠可用于汽车的安全气囊中。叠氮酸第一个 N 原子采用 sp^2 杂化,第二、三个 N 原子采用 sp 杂化。$N_{(1)}$—$N_{(2)}$ 间形成单键,$N_{(2)}$—$N_{(3)}$ 间形成双键,除此之外,$N_{(1)}$ 余两个价电子,$N_{(2)}$、$N_{(3)}$ 还余一个价电子,三个 N 原子还形成 Π_3^4 的离域键。叠氮甲烷类同叠氮酸。

5.2　常见分子化学键

5.2.1　二元氢化物

甲烷是最常见的氢化物之一,它的成键情况是 C 原子采用 sp^3 杂化,与 4 个 H 形成 σ 键,分子构型为四面体。乙烷与甲烷相似,两个 C 都采用 sp^3 杂化,与 3 个 H、1 个 C 形成 σ 键。由于 C—C 间只有单键,因此两侧的 CH_3 经常绕 C—C 键轴转动(转动能垒约 $13kJ \cdot mol^{-1}$)。据实验测定,全转动过程中能量有三个极大值和三个极小值,当两个甲基重叠时能量达极大,甲基交叉时能量最小。乙烷脱氢,还可形成乙烯、乙炔等氢化物。C_2H_4 中,每个 C 采用 sp^2 杂化,与 1 个 C、2 个 H 形成 σ 键,两个 C 之间还形成 π 键,分子为平面型,属 D_{2h} 对称群。C_2H_2 分子则是 C 采用 sp 杂化,C—C 之间形成三重键,为线形分子,对称群为 $D_{\infty h}$。SiH_4 成键情况与甲烷相似,Si 采用 sp^3 杂化,与 4 个 H 形成 σ 键,分子构型为四面体。但 Si—Si 之间形成的烯类、炔类氢化物极活泼。表 5-1 是常见氢化物的结构参数。

表 5-1　一些氢化物 MH_n 的结构参数

	H_2O	H_2S	NH_3	PH_3	CH_4	C_2H_6	C_2H_4	SiH_4
键长/pm	96	134	101	142	109.5	109.5	108.7	148
$\angle HMH$/($^\circ$)	104.5	92.2	107.3	93.3	109.5	109.5	120	109.5

5.1 节已讨论了 NH_3 分子的杂化轨道,它的分子构型为三角锥,常温下在不停地伞形振动,犹如伞面上下翻转。据实验测定,分子上下翻转的能垒仅 $24kJ \cdot mol^{-1}$,因此 NH_3 分子一直在翻转,每秒达几千次。N_2H_4(肼,又称联氨)分子(图 5-4)中,N 采用 sp^3 杂化,与 1 个 N、2 个 H 形成 σ 键,还有一个孤对电子。N—N 间为单键,键长 145pm,它会扭曲,但常温下不像乙烷那样转动,可能是有孤对电子的缘故。另一种氢化物 N_2H_2(二亚胺)是偶氮化合物的源头。分子中 N 采用 sp^2 杂化,与另一个 N、H 形成 σ 键,另一杂化轨道被孤对电子占据,N 还有一个 p 轨道相互重叠,形成 π 键,N—N 间以双键连接。该化合物有顺、反式之分,反式为基态结构。

HCN 是简单而重要的氢化物,剧毒且致命,又是合成生物化合物的重要源头或中间体。HCN 分子中,C、N 原子均采用 sp 杂化,形成 H—C—N σ 骨架,C、N 还各有两个 p 轨道,相互重叠,形成两个 π 键,这样 C—N 间有三重键,C—H 间为单键。分子呈直线形,属 $C_{\infty v}$ 对称群。将 HCN 氧化可得到 $(CN)_2$,原子排列为 NCCN,C—N 间为三键,C—C 间为单键;还可以形成多聚氰 $(CN)_n$。而氨基氰聚合可获得三聚氰胺,分子中的 C、N 原子均采用 sp^2 杂化,3 个 C 原子与 3 个 N 原子形成六元环 σ 骨架。每个 C 还与氨基上的 N 形成 σ 键,每个 N 原子还有一个杂化轨道被孤对电子占据,环上 6 个原子都还有 1 个 p 轨道和 1 个价电子,氨基上的 N 原子上还有 2 个价电子,这 9 个原子形成 1 个共轭大 π 键 Π_9^{12}。

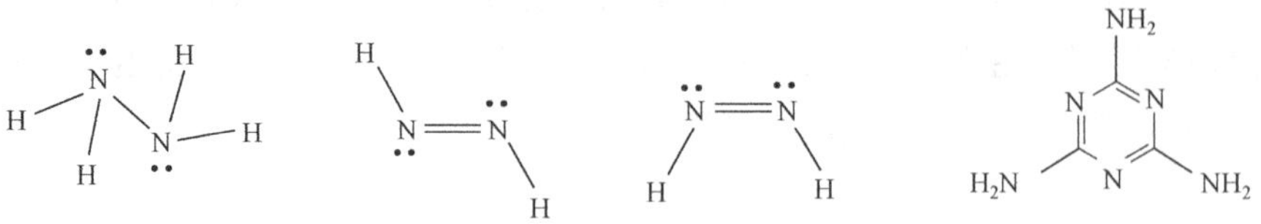

图 5-4　一些氮氢化物的结构

(a) N_2H_4;(b) N_2H_2(反);(c) N_2H_2(顺);(d) 三聚氰胺

5.2.2　各种氧化物

P_4O_6、P_4O_{10} 是常见的氧化物(图 5-5)。P_4O_6 中 4 个 P 原子形成四面体骨架,6 个 O 原子位于四面体 6 条棱中心的上方。每个 P 原子采用 sp^3 杂化,与 3 个桥 O 原子形成 σ 单键,另一个杂化轨道被孤对电子占据;此外,桥 O 原子还将 2 个电子与 2 个 P 的 3d 空轨道,形成弱的 P—O—P 桥 π 键,即 P—O 键具有弱双键特性,键长为 164pm。而 P_4O_{10} 是在此基础上,P 原子用 1 个杂化轨道与端基 O 原子形成 σ 配键,又用 3d 轨道与端基 O 形成两重 $p_\pi(O)\rightarrow d_\pi(P)$ π 配键;实验测得的端位 P—O 键长仅为 143pm,而棱桥的 P—O 键长达 160pm。无论是 P_4O_6 还是 P_4O_{10},它们的对称群都为 T_d。

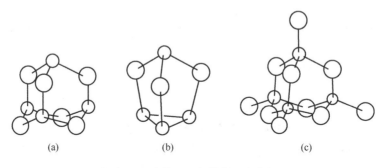

图 5-5　磷的一些氧化物和硫化物

(a) P_4O_6;(b)P_4S_3;(c)P_4O_{10}

氯的氧化物都很活泼,最典型的是 Cl_2O,加热极易爆炸、分解为 Cl_2 和 O_2。Cl_2O 分子中,O 原子采用 sp^3 杂化,与两个 Cl 形成 σ 键,还有 4 个价电子,形成 2 对孤对电子,分子为 V 形,实验测定键角为 111°,Cl—O 原子间距 171pm。另一个氧化物 ClO_2 也很活泼。分子中 Cl 采用 sp^2 杂化,与两个 O 原子形成 σ 键,另一个杂化轨道被孤对电子占据,其余的价轨道和价电子形成 Π_3^5 共轭键,分子也是 V 形,实验测定键角为 118°,Cl—O 键长为 147pm。

NO_3^-、CO_3^{2-}、BO_3^{3-} 等是很常见的含氧酸根。CO_3^{2-} 体系中 C 原子采用 sp^2 杂化,与 O 原子形成 σ 骨架,同时每个 O 原子提供 1 个价电子,C 原子还有 1 个价电子和两价负电荷,形成 4 个 p 轨道、6 个电子的共轭 π 键,整个体系为平面三角形。NO_3^-、BO_3^{3-} 与 CO_3^{2-} 是等电子体系,N、B 也是 sp² 杂化,与 O 原子形成 σ 骨架,同样形成 Π_4^6 共轭键。而偏硼酸根(BO_2)⁻更特殊,可形成链状或三聚为环状。

SiO_4^{4-}、PO_4^{3-}、SO_4^{2-}、ClO_4^- 等含氧酸根是另一种成键情况。以 PO_4^{3-} 为例,P 原子采用 sp³ 杂化,与 4 个 O 形成 σ 键,O 原子的 p 轨道还提供电子,与 P 原子的外 d 轨道重叠,形成 p-d π 配键,实验测定 P—O 原子间距仅 154pm,远小于两原子共价半径之和,整个离子呈四面体构型。SO_4^{2-}、ClO_4^- 体系中,S、Cl 虽然价电子比 P 多 1 或 2,但加上负电荷,总数均为 8,4 个 O 原子各提供 2 个电子形成 σ、π 双键,即体系内共用 16 个价电子,形成 4 组 σ、π 双键,中心原子 S、Cl 的 3d 轨道都参与成键。实验证明这些酸根的原子间距都比它们的共价半径和短约 20pm,都是四面体构型。SiO_4^{4-} 的成键情况也相同。

5.2.3　卤化物

卤素与许多元素都能形成化合物,由于卤素的电负性比较大,因此在大多数情况下,卤素与其他元素只形成单键。例如,PCl_3 分子,P 采用 sp³ 杂化,与 3 个 Cl 原子形成 σ 键,还有 2 个电子形成孤对电子,分子构型为三角锥;PCl_5 分子情况则不同,因为有 5 个配体,P 采用 sp³d 杂化,形成 5 个 σ 键,分子构型为三角双锥。

碱金属、碱土金属的卤化物多是固态,基本是离子晶体,如 NaCl、CsCl、CaF_2,这些晶体结构将在第 9 章介绍。B、Al 等元素的卤化物多是二聚体。例如,Al_2Cl_6 中每个 Al 采用 sp³ 杂化,分别与两个桥 Cl 形成两个 Cl—Al—Cl 三中心双电子桥键,还与两个端基 Cl 形成两个 Al—Cl 单键。

碳族最常见的卤化物是 CF_4、CCl_4,后者是常用的有机溶剂,它们的化学键都是 C 原子采用 sp³ 杂化,与卤素原子形成 4 个等价的 σ 单键,分子构型为四面体,属 T_d 对称群。若卤素只是部分取代 H 原子,即形成 CH_3Cl 或 CH_2Cl_2,分子对称性降低,变为 C_{nv} 对称群。

硫可形成多种卤化物,SF_6 分子很稳定,S 采用 sp³d² 杂化,与 6 个 F 形成 σ 键,分子构型为八面体;SF_4 分子不稳定,S 采用 sp³d 杂化,4 个杂化轨道与 F 成单键,还有 1 个轨道被孤对电子占据,分子构型为不规则四面体(图 5-6)。

卤素之间还会相互成键。例如,ClF_3 分子是 T 形结构,中心 Cl 原子采用 sp³d 杂化,3 个杂化轨道与 F 原子形成 σ 键,另外两个被孤对电子占据。ICl_3 易形成二聚体,两个 I 原子各采用 sp³d² 杂化,与 Cl 原子构成 σ 键,分子为平面构型。每个 I 原子上还有 2 个孤对电子,垂直于平面。两个 I—Cl—I 桥中,I—Cl 键长为 268~272pm,4 个 I—Cl 端键,键长为 238~239pm。IF_5 是又一个卤素间化合物,是很强的氟化剂。I 原子也是采用 sp³d² 杂化,与 5 个氟原子形成 σ 键,还有 1 个孤对电子,分子构型为四角锥。

5.2.4　稀有气体化合物

以氙化物为例说明一些稀有气体化合物的结构(图 5-7)。

XeF_2:Xe 含有 8 个价电子,2 个配体与其成键后,还有 6 个电子形成 3 对孤对电子,Xe 采用 sp³d 杂化,3 对孤对电子占据赤道平面方向,电子构型为三角双锥,分子构型为直线形。

XeF_4:4 个配体,孤对电子 n=(8−4)/2=2,Xe 采用 sp³d² 杂化,上下两个轨道被孤对电子占据,其余 4 个形成 Xe—F 键,分子构型应为平面四边形。

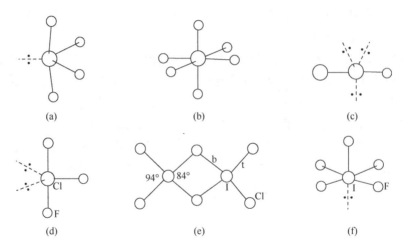

图 5-6　一些卤化物与卤素间化合物的结构

(a) SF_4；(b) SF_6；(c) I_2Cl^-；(d) ClF_3；(e) I_2Cl_6；(f) IF_5

XeF_6：6 个配体，1 对孤对电子。Xe 采用 sp^3d^3 杂化，电子构型为五角双锥，分子构型为畸变的八面体。

$XeOF_4$：5 个配体，还有 1 对孤对电子。Xe 采用 sp^3d^2 杂化，Xe—O 成双键，电子构型为八面体，分子构型为四角锥。

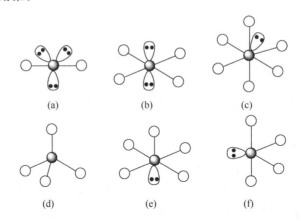

图 5-7　某些 Xe 化合物的结构

(a) XeF_2；(b) XeF_4；(c) XeF_6；(d) XeO_4；(e) $XeOF_4$；(f) XeO_2F_2

5.3　离域化学键

5.3.1　一般 π 键

多原子分子中两个原子之间除形成 σ 键外，还形成 π 键。例如，乙烯分子 C_2H_4，每个 C 原子价轨道采用 sp^2 杂化，与另一个 C 原子、两个 H 原子形成三个 σ 键，还有一个 p 轨道与另一个 C 原子的 p 轨道重叠，形成双原子的 π 键。这是价键理论对乙烯分子成键的定性描述。根据分子轨道理论，可由两个 CH_2 碎片的轨道组合成乙烯价层分子轨道，按能级高低排列，如图 5-8 所示。

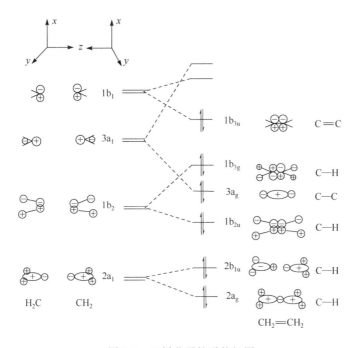

图 5-8　乙烯分子轨道能级图

5.3.2　离域 π 键

分子中参与形成 π 键的电子,它们不是仅在两个原子间,而是在多个原子形成的分子骨架中运动,这种化学键称为离域 π 键。若满足以下两个条件,就可形成离域 π 键:

(1) 成键的原子共面(或共曲面),每个原子可提供一个垂直于平面的 p 轨道。

(2) π 电子数小于参加成键原子的 p 轨道总数的 2 倍。

离域 π 键一般用 Π_n^m 表示,n 为参与成键的原子轨道数,m 为电子数。我们所熟知的一些无机化合物含有共轭 π 键(图 5-9)。例如,硝酸根离子 NO_3^-,N,O 均采用 sp^2 杂化,形成 3 个 σ 键外,每个 O 还有 1 个 p 电子,N 上还有 2 个电子,再加上 1 个负电荷,形成 4 中心 6 电子的大 π 键 Π_4^6。BF_3 分子中,B 和 F 都采用 sp^2 杂化,除形成 σ 键外,每个 F 提供 2 个电子,与 B 原子形成 4 中心 6 电子的共轭大 π 键 Π_4^6。有些无机物能形成两个大 π 键,如 CO_2,C 以 sp 杂化轨道与 2 个 O 原子形成 σ 骨架后,还有 2 个 p 轨道、2 个电子,每个 O 原子除形成 1 个 σ 键和 1 对孤对电子外,还有 2 个轨道、3 个电子,所以 CO_2 还能形成两个 Π_3^4 的大 π 键,N_2O 也是如此。

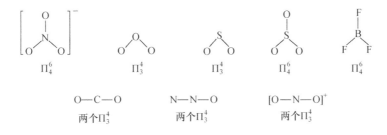

图 5-9　一些无机化合物的共轭 π 键

有机环烃化合物和单、双键交替的链状化合物都含有共轭 π 键(图 5-10)。丁二烯、己三烯是链状烯烃形成共轭 π 键的例子,每个 C 原子提供 1 个 p 轨道、1 个价电子,分别形成 Π_4^4、

Π_6^6 共轭键。苯、萘等环状化合物形成 Π_n^m 大 π 键。稠环化合物蒽、菲、芘等也形成共轭键,而这些环上的取代基若满足共轭键的要求,可共同形成更大的大 π 键。例如,硝基苯 NO_2 基团中 N 除形成 3 个 σ 键外,还有 2 个 p 电子,O 采用 sp^2 杂化,形成 1 个 σ 键和 2 对孤对电子,还有 1 个 p 电子,硝基上 4 个 p 电子和苯环上的 6 个 π 电子形成 10 个电子的大 π 键 Π_9^{10}。

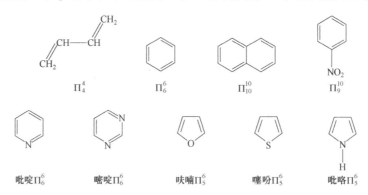

图 5-10 一些有机物的共轭 π 键

以上为纯碳原子环状物,若环上 C 原子被一个或几个 N、O、S 等原子置换,则形成杂环化合物,如吡啶、嘧啶等六元杂环。吡啶分子中,N 原子采用 sp^2 杂化,2 个杂化轨道与 C 形成 σ 骨架,1 个被孤对电子占据,还有 1 个电子参与碳环形成共轭键 Π_6^6。五元杂环呋喃、噻吩中,O 或 S 原子采用 sp^2 杂化,2 个杂化轨道与 C 形成 σ 骨架,1 个被孤对电子占据,还有 2 个电子参与形成共轭键 Π_5^6。

5.3.3 共轭效应

分子形成离域 π 键而表现出的特有性能称为共轭效应或离域效应,是化学中的一种基本效应。它除了使分子更稳定外,还影响分子的构型和构象(单键缩短、双键增长、原子保持共面等),改变分子的电性、颜色等。

苯酚和羧酸电离出 H^+ 后形成大 π 键,苯酚与羧酸均呈酸性。苯酚的酸电离常数为 1.7×10^{-10},比一般的脂肪族醇大得多。

苯胺与酰胺都形成大 π 键,氨基的碱性比一般的氨基弱。甲胺的碱电离常数为 5.0×10^{-4},而苯胺是 3.5×10^{-10}。

芳香烃稠环化合物,随着苯环数目的增加,离域 π 键电子数目成倍增长,能量间隙减少。以多并苯为例,实验测得的分子第一激发能随并联苯环数的增加而依序下降,苯 356kJ ·

mol^{-1}、萘 255kJ·mol^{-1}、蒽 176kJ·mol^{-1}、四并苯 126kJ·mol^{-1}、五并苯 84kJ·mol^{-1}、六并苯 50kJ·mol^{-1},环数更高的多并苯因具双自由基特性而不稳定,难以合成。此外,多并苯分子固体的电阻率也随环数的增加而迅速下降。例如,萘的电阻率约为 10^{19}Ω·cm,蒽减少至 10^{16}Ω·cm,戊省则降到 $3×10^{13}$Ω·cm 数量级。

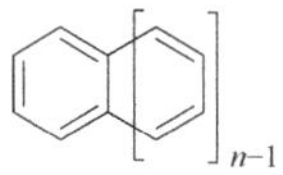

$$\left[\begin{array}{c} \end{array}\right]_{n-1}$$

在石墨层中离域 π 键扩展到整个二维平面,因此它具有金属光泽,能导电。共轭分子聚合物通过掺杂,导电性大大提高。例如,聚乙炔通过掺杂 AsF_5,电导率可达到 $2.2×10^3$S·cm^{-1};$(SN)_n$ 聚合物也是共轭体系,其单晶在分子链方向的电导率达 330S·cm^{-1}。又如,四氰代二甲苯醌(TCNQ)具有离域 π 键和氰基吸电子取代基团,可作为电子受体;四硫代富瓦烯(TTF)具有富电子离域 π 键,可作为电子给体,组成电荷转移盐型的有机半导体材料。

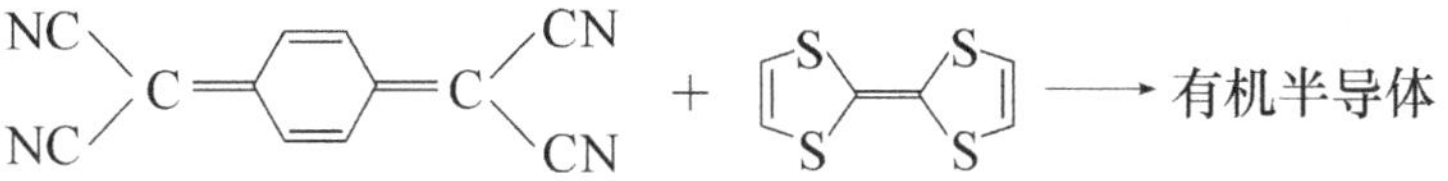

形成共轭 π 键还可使化合物颜色发生变化。例如,含双烯化合物吸收光子后,发生 π→π* 跃迁,最大吸收波长 λ_{max} 约为 220nm,随着共轭体系增大,相邻分子轨道能级差减小,最大吸收波长向长波移动。含苯环的 λ_{max} 约为 260nm。含杂原子的发色基团(—C=N、—C=O、—N=O等)分子中最高占据轨道为杂原子的非键孤对电子轨道 n,发生 n→π* 跃迁,如—C=O 的 λ_{max} 约为 280nm。—N=O 基团的 λ_{max} 为 660nm。这些数据反过来成为光谱测定有机化合物结构的依据。一些染料或指示剂,由于形成大 π 键,电子活动范围增大,因而改变它的显色范围。例如,指示剂酚酞原为无色,与碱反应形成大 π 键,颜色变红,如图 5-11 所示。

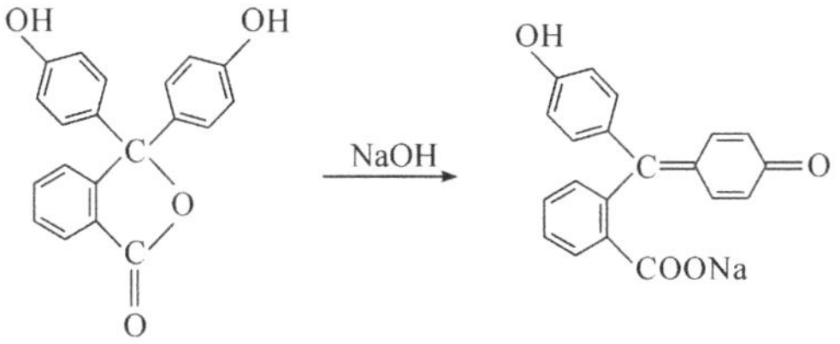

图 5-11 酚酞变色机理

5.3.4 芳香性

人们很早就发现苯这类具有香味的环状不饱和烃类物质的化学稳定性远高于非环状不饱和烃,因而将这类芳香化合物的特殊稳定性命名为芳香性。早在 20 世纪 30 年代,Hückel 指出,单环平面分子的离域 π 电子数为 $4n+2$ 时具有特别的稳定性和反应性,即具有芳香性,这就是芳香性的 Hückel $4n+2$ 规则。苯分子就是这样的代表性体系。

当环戊二烯基、环庚三烯基各获得或失去一个电子分别形成 $C_5H_5^-$、$C_7H_7^+$ 时,与苯等电子,具有相似的轨道能级,也有芳香性。当 $n=0$ 时,芳香体系具有两个电子,环丙烯基正离子相当稳定就是一个例子。芳香性也不仅限于纯碳原子形成的环状分子,含有杂原子 N 的吡啶环,含有 O 原子、S 原子的五元杂环砆喃、噻吩,具有 6 个 π 电子,均有芳香性。

根据 $4n+2$ 规则,可以预测 $4n(n=1)$ 个 π 电子的环丁二烯是不稳定的,某些化学证据也表明,环丁二烯确实因电子离域而降低稳定性,反芳香性一词就是为这种体系提出来的。

随着时间的推移,芳香性的内涵与外延不断发生变化。后来人们又提出了非平面环状共轭分子的莫比乌斯芳香性、周环反应过渡态芳香性、过渡金属簇合物(如$[Mo_3S_4]^+$等)中 d-p 共轭的类芳香性、富勒烯 C_{60} 球面共轭的超级芳香性和球状芳香性、环丙烷等高张力稳定分子中 σ 电子离域效应所致的 σ 芳香性等,这些新型芳香性已超出本书的讨论范围。总之,芳香性概念总是与电子离域效应所致的额外稳定性紧密关联。

5.4 HMO 方 法

为了研究共轭大 π 键,1931 年德国科学家 Hückel 提出一种基于分子轨道理论的近似计算方法,称为 Hückel 分子轨道法,简称 HMO 方法。通过较简单的计算,即可获得有机分子中共轭 π 键的轨道和能量,在预测同类物的性质、分子的稳定性、解释电子光谱等方面显示出高度的准确性。直至今日,对一些较大的生物分子,这种方法仍能做出一些定性的预测。

20 世纪 50 年代又发展了改进的 HMO 方法,即 EHMO,不仅能处理共轭 π 键,也能处理 σ 键。

5.4.1 HMO 方法简介

分子轨道理论处理离域 π 键,先用组成 π 键的原子轨道线性组合构成分子轨道 ψ:

$$\psi = c_1\phi_1 + c_2\phi_2 + \cdots + c_x\phi_x = \sum_i c_i\phi_i$$

式中:ϕ_i 为组成 π 轨道的第 i 个原子的 p 轨道;c_i 为该原子轨道的系数(待定)。

根据线性变分法,为获得体系能量最低值,需对参数(轨道系数)偏微商,即

$$\frac{\partial E}{\partial c_1} = 0 \qquad \frac{\partial E}{\partial c_2} = 0 \qquad \cdots \qquad \frac{\partial E}{\partial c_n} = 0$$

可得久期方程式:

$$\begin{pmatrix} H_{11}-ES_{11} & H_{12}-ES_{12} & \cdots & H_{1n}-ES_{1n} \\ H_{21}-ES_{21} & H_{22}-ES_{22} & \cdots & H_{2n}-ES_{2n} \\ \vdots & \vdots & & \vdots \\ H_{n1}-ES_{n1} & \cdots & \cdots & H_{nn}-ES_{nn} \end{pmatrix} \begin{pmatrix} c_1 \\ c_2 \\ \vdots \\ c_n \end{pmatrix} = 0$$

其中

$$H_{ij} = \int \psi_i \hat{H} \psi_j \mathrm{d}\tau \qquad S_{ij} = \int \psi_i \psi_j \mathrm{d}\tau$$

在线性变分法的基础上,Hückel 引入以下近似:

设库仑积分

$$H_{11} = H_{22} = \cdots = H_{nn} = \alpha$$

交换积分

$$H_{ij} = \begin{cases} \beta(i=j\pm1) & \text{相邻原子} \\ 0(i \neq j\pm1) & \text{不相邻原子} \end{cases}$$

重叠积分

$$S_{ij} = \begin{cases} 1(i=j) & \text{同一原子轨道} \\ 0(i \neq j) & \text{不同原子轨道} \end{cases}$$

化简上述久期行列式,可求出能量 E,再将 E 代入方程,可得分子轨道系数 c_i,由此得出 ψ_i。

5.4.2 丁二烯的 HMO 处理

以丁二烯为例说明 HMO 方法。

丁二烯分子中,C 原子以 sp^2 杂化与 C、H 形成 σ 骨架,π 电子的分子轨道为 $\psi_{(1)} \sim \psi_{(4)}$,是由 $C_{(1)} \sim C_{(4)}$ 原子参与 π 轨道的 p 轨道组成,轨道系数 c_{ij} 为变分参数,能量 E 对参数偏微商可得久期方程:

$$
\begin{pmatrix}
H_{11}-ES_{11} & H_{12}-ES_{12} & H_{13}-ES_{13} & H_{14}-ES_{14} \\
H_{21}-ES_{21} & H_{22}-ES_{22} & H_{23}-ES_{23} & H_{24}-ES_{24} \\
H_{31}-ES_{31} & H_{32}-ES_{32} & H_{33}-ES_{33} & H_{34}-ES_{34} \\
H_{41}-ES_{41} & H_{42}-ES_{42} & H_{43}-ES_{43} & H_{44}-ES_{44}
\end{pmatrix}
\begin{pmatrix}
c_1 \\ c_2 \\ c_3 \\ c_4
\end{pmatrix} = 0
$$

令同一原子的库仑积分

$$H_{11}=H_{22}=H_{33}=H_{44}=\alpha$$

相邻原子的交换积分

$$H_{12}=H_{21}=H_{23}=H_{32}=H_{34}=H_{43}=\beta$$

非相邻原子的交换积分

$$H_{13}=H_{31}=H_{14}=H_{41}=H_{24}=H_{42}=0$$

同一原子的重叠积分

$$S_{11}=S_{22}=S_{33}=S_{44}=1$$

不同原子的重叠积分

$$S_{12}=S_{21}=S_{31}=S_{13}=S_{14}=S_{41}=S_{23}=S_{32}=S_{24}=S_{42}=S_{34}=S_{43}=0$$

上述久期方程化为

$$
\begin{pmatrix}
\alpha-E & \beta & 0 & 0 \\
\beta & \alpha-E & \beta & 0 \\
0 & \beta & \alpha-E & \beta \\
0 & 0 & \beta & \alpha-E
\end{pmatrix}
\begin{pmatrix}
c_1 \\ c_2 \\ c_3 \\ c_4
\end{pmatrix} = 0
$$

再用 β 除各项,并令

$$x=\frac{\alpha-E}{\beta}$$

上述久期方程所对应的久期行列式化为

$$
\begin{vmatrix}
x & 1 & 0 & 0 \\
1 & x & 1 & 0 \\
0 & 1 & x & 1 \\
0 & 0 & 1 & x
\end{vmatrix} = 0
$$

行列式可降阶为

$$
x\begin{vmatrix}
x & 1 & 0 \\
1 & x & 1 \\
0 & 1 & x
\end{vmatrix} - \begin{vmatrix}
1 & 0 & 1 \\
x & 1 & 0 \\
1 & x & 0
\end{vmatrix} = x(x^3-2x)-(x^2-1)
$$

$$=x^4-3x^2+1=0$$

解方程得

$$x^2 = \frac{3 \pm \sqrt{5}}{2} \qquad x_{1,4}^2 = 2.618 \qquad x_{2,3}^2 = 0.382$$

$$x_1 = -1.62 \qquad E_1 = \alpha + 1.62\beta$$
$$x_2 = -0.62 \qquad E_2 = \alpha + 0.62\beta$$
$$x_3 = 0.62 \qquad E_3 = \alpha - 0.62\beta$$
$$x_4 = 1.62 \qquad E_4 = \alpha - 1.62\beta$$

β 积分是负值,所以 $E_1 < E_2 < E_3 < E_4$,代入久期方程可求得四组轨道系数 c_1、c_2、c_3、c_4(有时还要结合分子轨道的正交归一性,才能求得全部解)。

$$\psi_1 = 0.372\phi_1 + 0.602\phi_2 + 0.602\phi_3 + 0.372\phi_4$$
$$\psi_2 = 0.602\phi_1 + 0.372\phi_2 - 0.372\phi_3 - 0.602\phi_4$$
$$\psi_3 = 0.602\phi_1 - 0.372\phi_2 - 0.372\phi_3 + 0.602\phi_4$$
$$\psi_4 = 0.372\phi_1 - 0.602\phi_2 + 0.602\phi_3 - 0.372\phi_4$$

这样,用 HMO 方法得到了丁二烯的 π 电子的分子轨道波函数和能量,丁二烯共有四个 π 电子,根据能量最低原理,ψ_1、ψ_2 是占据轨道,ψ_3、ψ_4 是未占据轨道。

电子离域可降低体系的能量,称为离域能。丁二烯中每两个电子若形成小 π 键键能为 2β,丁二烯离域结果比单纯两个双键能量要低 0.48β。该数值称为离域能。

$$E_n = 2(\alpha + 1.62\beta) + 2(\alpha + 0.62\beta) = 4\alpha + 4.48\beta$$
$$E_{离域能} = 4.48\beta - 2 \times 2\beta = 0.48\beta$$

5.4.3 电荷集居与分子图

得到分子轨道后,可用它来计算体系的 π 电子集居、原子间的键级、原子的自由价,从而绘出分子图。

1. π 电子集居 ρ_i

第 i 个原子附近 π 电子出现的概率(π 电子集居),可用该原子占据轨道的组合系数 c_{k_i} 平方乘以占据数 n_k,再对所有占据轨道求和,即

$$\rho_i = \sum_k n_k c_{k_i}^2$$

例如,计算丁二烯 $C_{(1)}$ 原子上的 π 电子集居,取 ψ_1、ψ_2 上 ϕ_1 的系数 c_{11}、c_{21} 平方乘以占据电子数 2 后求和。

$$\rho_1 = 2 \times (0.372)^2 + 2 \times (0.602)^2 = 1.00$$

同理可得

$$\rho_2 = 2 \times (0.602)^2 + 2 \times (0.372)^2 = 1.00$$
$$\rho_3 = 2 \times (0.602)^2 + 2 \times (-0.372)^2 = 1.00$$
$$\rho_4 = 2 \times (0.372)^2 + 2 \times (-0.602)^2 = 1.00$$

2. 键级

原子 i 和 j 之间的 π 电子键级 P_{ij},用两个原子轨道系数相乘,再乘以占据数,对所有占据轨道求和,即

$$P_{ij} = \sum_k n_k c_{k_i} c_{k_j}$$

$$P_{12} = 2 \times 0.372 \times 0.602 + 2 \times 0.602 \times 0.372 = 0.896$$
$$P_{23} = 2 \times 0.602 \times 0.602 + 2 \times 0.372 \times (-0.372) = 0.448$$
$$P_{34} = 2 \times 0.602 \times 0.372 + 2 \times (-0.372) \times (-0.602) = 0.896$$

计算结果表明,丁二烯分子中 $C_{(1)}$—$C_{(2)}$ 之间 π 电子键级为 0.896,$C_{(2)}$—$C_{(3)}$ 之间 π 电子键级为 0.448,$C_{(3)}$—$C_{(4)}$ 之间 π 电子键级为 0.896。

3. 自由价 F_i

自由价是一个从实验推测出的理论数据,理论上,定义碳原子单个 p 轨道的最大成键能力 (F_{max})为 $\sqrt{3}$。用最大值减去某个 C 原子与其他原子的 π 电子的键级,剩余值即为这个 C 原子的自由价。对丁二烯来说,$C_{(1)}$ 只与 $C_{(2)}$ 之间有 P_{12} 键级,所以 $C_{(1)}$ 自由价为

$$F_1 = 1.732 - 0.896 = 0.836$$

$C_{(2)}$ 与 $C_{(1)}$,$C_{(3)}$ 都有 π 键

$$F_2 = 1.732 - 0.896 - 0.448 = 0.388$$

同理,$C_{(3)}$ 的自由价为

$$F_3 = 0.388$$

$C_{(4)}$ 的自由价为

$$F_4 = 0.836$$

4. 分子图

在获得 π 电子集居、键级、自由价的基础上,可把每个 C 原子的 π 电子集居写在元素符号下,原子间 π 电子键级写在原子连线上,用箭头标出原子的自由价,这样就得到一个分子的分子图。图 5-12 为丁二烯的分子图。

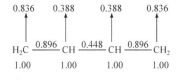

图 5-12　丁二烯的分子图

从以上数据可看出 $C_{(1)}$—$C_{(2)}$、$C_{(3)}$—$C_{(4)}$ 之间 π 电子键级较高(0.896),$C_{(2)}$—$C_{(3)}$ 之间 π 电子键级较低(0.448),实验证明了理论计算结果,实验测得 $C_{(1)}$—$C_{(2)}$、$C_{(3)}$—$C_{(4)}$ 键长为 134.4pm,$C_{(2)}$—$C_{(3)}$ 键长为 146.8pm,而 C—C 单键的典型键长为 154pm,双键键长为 133pm,则 $C_{(1)}$—$C_{(2)}$、$C_{(3)}$—$C_{(4)}$ 比双键略长,$C_{(2)}$—$C_{(3)}$ 键比单键短得多,这说明形成共轭 π 键后,键长均匀化了,从分子图还可看出,$C_{(1)}$、$C_{(4)}$ 原子自由价较高,这也被实验证明,当丁二烯与卤素(Br_2)等发生加成反应,在 1,4-位于加成。

5.4.4　环烯烃体系

从 HMO 计算得到苯的离域 π 轨道如图 5-13 所示,三个占据轨道中能量最低的是全对称轨道,还有两个轨道能量简并,垂直轨道平面各有一个节面。随着能量升高,轨道节面逐渐增多。

$$E_1 = \alpha + 2\beta \qquad \psi_1(a_{2u}) = \frac{1}{\sqrt{6}}(\phi_1 + \phi_2 + \phi_3 + \phi_4 + \phi_5 + \phi_6)$$

$$E_2 = E_3 = \alpha + \beta \qquad \psi_2(e_{1g}) = \frac{1}{\sqrt{12}}(2\phi_1 + \phi_2 - \phi_3 - 2\phi_4 - \phi_5 + \phi_6)$$

$$\psi_3(e_{1g}) = \frac{1}{2}(\phi_2 + \phi_3 - \phi_5 - \phi_6)$$

$$E_4 = E_5 = \alpha - \beta \qquad \psi_4(e_{2u}) = \frac{1}{\sqrt{12}}(2\phi_1 - \phi_2 - \phi_3 + 2\phi_4 - \phi_5 - \phi_6)$$

$$\psi_5(e_{2u}) = \frac{1}{2}(\phi_2 - \phi_3 + \phi_5 - \phi_6)$$

$$E_6 = \alpha - 2\beta \qquad \psi_6(b_{2g}) = \frac{1}{\sqrt{6}}(\phi_1 - \phi_2 + \phi_3 - \phi_4 + \phi_5 - \phi_6)$$

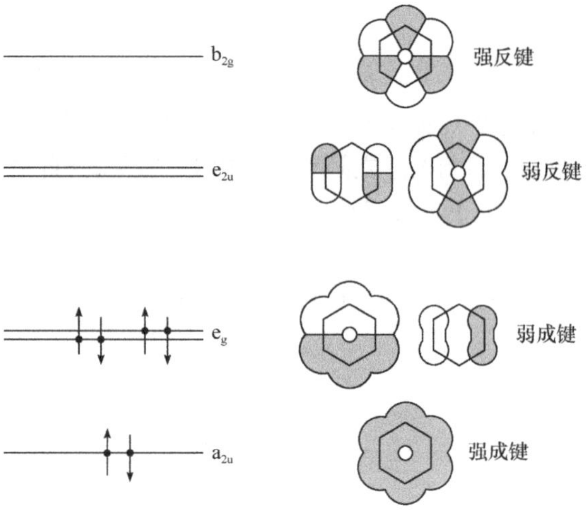

b_{2g} 强反键

e_{2u} 弱反键

e_g 弱成键

a_{2u} 强成键

图 5-13 苯分子的 π 轨道

经过大量 HMO 计算,发现环烯烃 π 电子轨道能级有一规律:最低能级非简并,向上能级都是两重简并,而 n 为偶数的 π 电子体系,最高能级也是非简并的。可用正 n 边形代表含 n 个碳原子的环烯烃。以 2β 为半径画圆,内接正 n 边形,使多边形的一个顶点处于圆的最低点,每个顶点对应一个轨道,轨道能量等于各顶点到水平直径的距离(以 β 为单位),如图 5-14 所示。

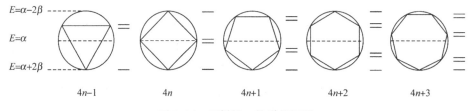

$$E = \alpha - 2\beta$$
$$E = \alpha$$
$$E = \alpha + 2\beta$$

4n-1   4n   4n+1   4n+2   4n+3

图 5-14 环烯烃 π 轨道能级图

由于每个轨道可容纳两个电子,只有 $(4n+2)\pi$ 电子体系是闭壳层(HOMO 双占据),化学上是稳定分子,$(4n+1)\pi$ 电子体系是自由基,$4n\pi$ 电子体系基态为三重态(简并轨道各有一电子)。例如,环戊二烯 C_5H_5 为自由基,实验中得到稳定的五元环是环戊二烯基负离子 $C_5H_5^-$,同理七元环正离子 $C_7H_7^+$ 是稳定的。

5.5 分子轨道先定系数法

5.5.1 介绍

本节介绍张乾二教授等提出的 Hückel 先定系数法。

从 HMO 法的论述可以看到,通常的计算是根据久期方程求解得到能量本征值,然后将其一一代入久期方程,求得相应分子轨道的系数。虽然应用群论的方法可以简化计算,但必须计算原子轨道的库仑积分、同一不可约表示的原子轨道的共振积分,这些都是很冗长的。

张乾二教授等注意到:在一些共轭体系中,分子轨道的系数是其几何构型的直接反映,并考虑到共轭分子排列的"准周期"性特点,提出了解 HMO 的图形方法,称为先定系数法,它不仅把求系数和解久期方程的方法统一起来,使计算简化,而且对于同系物或结构类型相同的共轭分子能给出统一的解析表达式。现结合丁二烯介绍如下:

丁二烯的久期方程为

$$c_1(\alpha-E)+c_2\beta=0$$
$$c_1\beta+c_2(\alpha-E)+c_3\beta=0$$
$$c_2\beta+c_3(\alpha-E)+c_4\beta=0 \tag{5-1}$$
$$c_3\beta+c_4(\alpha-E)=0$$

令 $-2\cos\theta=\dfrac{\alpha-E}{\beta}$,则方程的第一式化为

$$-2\cos\theta \cdot c_1+c_2=0$$

即

$$c_2=2\cos\theta \cdot c_1 \tag{5-2}$$

如取组合系数 c_1 的相对值为

$$c_1=\sin\theta$$

则

$$c_2=2\cos\theta \cdot \sin\theta=\sin2\theta$$

再依方程式(5-1)的第二式

$$2\cos\theta \cdot c_2=c_1+c_3$$
$$c_3=2\cos\theta c_2-c_1=2\cos\theta\sin2\theta-\sin\theta=\sin3\theta$$

同理可得

$$c_4=\sin4\theta$$

因此,对于直链多烯烃,可得到一般系数(称为 AO 系数)图示如下:

即

$$c_n=\sin n\theta \tag{5-3}$$

同时,综合式(5-2)和式(5-3)可以得到循环公式如下:

$$2\cos\theta c_r=c_{r-1}+c_{r+1} \tag{5-4}$$

即任一原子的 AO 系数乘以 $2\cos\theta$ 等于邻近原子的 AO 系数之和。

参数 θ 可由边界条件 $c_{n+1}=0$ 得到,即

$$\sin(n+1)=0$$

所以

$$\theta=\dfrac{m\pi}{n+1} \tag{5-5}$$

能级表达式为

$$E=\alpha+2\beta\cos\theta \tag{5-6}$$

而相应的分子轨道为

$$\psi_m=\sqrt{\frac{2}{n+1}}\sum_{r=1}^{n}\sin\frac{rm\pi}{n+1}\varphi_r \tag{5-7}$$

式中：$\sqrt{\dfrac{2}{n+1}}$ 为归一化因子，n 为碳原子个数，$1\leqslant m\leqslant n$。

例如，丁二烯，$n=4$，边界条件为 $\sin5\theta=0$，$\theta=\dfrac{m\pi}{5}$，所以

$$\theta_1=36°(m=1)\qquad\theta_2=72°(m=2)\qquad\theta_3=108°(m=3)\qquad\theta_4=144°(m=4)$$
$$2\cos\theta_1=1.6180\quad 2\cos\theta_2=0.6180\quad 2\cos\theta_3=-0.6180\quad 2\cos\theta_4=-1.6180$$
$$E=\alpha+1.6180\beta\qquad\alpha+0.6180\beta\qquad\alpha-0.6180\beta\qquad\alpha-1.6180\beta$$

$$\psi_m=\sqrt{\frac{2}{5}}\left(\sin\frac{m\pi}{5}\varphi_1+\sin\frac{2m\pi}{5}\varphi_2+\sin\frac{3m\pi}{5}\varphi_3+\sin\frac{4m\pi}{5}\varphi_4\right)$$

$$\psi_1=0.3717\varphi_1+0.6015\varphi_2+0.6015\varphi_3+0.3717\varphi_4$$
$$\psi_2=0.6015\varphi_1+0.3717\varphi_2-0.3717\varphi_3-0.6015\varphi_4$$
$$\psi_3=0.6015\varphi_1-0.3717\varphi_2-0.3717\varphi_3+0.6015\varphi_4$$
$$\psi_4=0.3717\varphi_1-0.6015\varphi_2+0.6015\varphi_3-0.3717\varphi_4$$

结果与前面（5.4节）一致。

对于己三烯，$n=6$，边界条件为 $\sin7\theta=0$，π 电子的分子轨道能级和波函数分别为

$$E_m(\pi)=\alpha+2\beta\cos\frac{m\pi}{7}\qquad(m=1,2,3,4,5,6)$$

$$\psi_m(\pi)=\sqrt{\frac{2}{7}}\sum_{r=1}^{6}\sin\frac{rm\pi}{7}\varphi_r$$

计算结果如表5-2所示。

表 5-2　己三烯的 π 分子轨道与相应能级

m	θ	$2\cos\theta$	E	$\psi_m(\pi)=\sqrt{\dfrac{2}{n+1}}\sum_{r=1}^{n}\sin\dfrac{rm\pi}{n+1}\varphi_r$
1	25°42′	1.8019	$\alpha+1.8019\beta$	$\psi_1(\pi)=0.2319\varphi_1+0.4179\varphi_2+0.5211\varphi_3+0.5211\varphi_4+0.4179\varphi_5+0.2319\varphi_6$
2	51°25′	1.2470	$\alpha+1.2470\beta$	$\psi_2(\pi)=0.4179\varphi_1+0.5211\varphi_2+0.2319\varphi_3-0.2319\varphi_4-0.5211\varphi_5-0.4179\varphi_6$
3	77°8′	0.4450	$\alpha+0.4450\beta$	$\psi_3(\pi)=0.5211\varphi_1+0.2319\varphi_2-0.4179\varphi_3-0.4179\varphi_4+0.2319\varphi_5+0.5211\varphi_6$
4	102°51′	-0.4450	$\alpha-0.4450\beta$	$\psi_4(\pi)=0.5211\varphi_1-0.2319\varphi_2-0.4179\varphi_3+0.4179\varphi_4+0.2319\varphi_5-0.5211\varphi_6$
5	128°34′	-1.2470	$\alpha-1.2470\beta$	$\psi_5(\pi)=0.4179\varphi_1-0.5211\varphi_2+0.2319\varphi_3+0.2319\varphi_4-0.5211\varphi_5+0.4179\varphi_6$
6	154°17′	-1.8019	$\alpha-1.8019\beta$	$\psi_6(\pi)=0.2319\varphi_1-0.4179\varphi_2+0.5211\varphi_3-0.5211\varphi_4+0.4179\varphi_5-0.2319\varphi_6$

由丁二烯和己三烯的分子轨道表示式我们看到，直链多烯烃分子轨道可以分为对称和反对称两种类型。若分子轨道对于 2 次轴为对称的，则对于对称面为反对称；若分子轨道对于对

称面为对称的,则对于 2 次轴就为反对称。因此,直链多烯烃体系可以按其对称性质进行分类。在此情况下,对偶数碳分子和奇数碳分子分别进行讨论。

5.5.2 *偶数碳链分子*

当 n 为偶数,选取中间两个等价原子作为"始点"原子,端点两个原子为"终点"原子,如下所示:

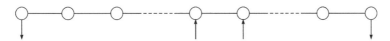

对于对称状态轨道系数用余弦表示,如取始点原子的 AO 系数为 $\cos\frac{1}{2}\theta$,依式 (5-4),某一原子的 AO 系数乘以 $2\cos\theta$ 等于邻近原子 AO 系数的和,则其余的 AO 系数如下:

$$\cos\frac{n-1}{2}\theta \quad \cos\frac{n-3}{2}\theta \qquad \cos\frac{1}{2}\theta \quad \cos\frac{1}{2}\theta \qquad \cos\frac{n-3}{2}\theta \quad \cos\frac{n-1}{2}\theta$$

边界条件为

$$\cos\frac{n+1}{2}\theta=0$$

所以

$$\theta=\frac{2m+1}{n+1}\pi \qquad \left(m=0,1,2,\cdots,<\frac{n}{2}\right)$$

$$E_m=\alpha+2\beta\cos\frac{2m+1}{n+1}\pi$$

对于反对称状态轨道系数用正弦表示,取始点原子的 AO 系数为 $\sin\frac{1}{2}\theta$ 和 $-\sin\frac{1}{2}\theta$,则依式(5-4),其余 AO 系数如下:

$$-\sin\frac{n-1}{2}\theta \quad -\sin\frac{n-3}{2}\theta \qquad -\sin\frac{1}{2}\theta \quad \sin\frac{1}{2}\theta \qquad \sin\frac{n-3}{2}\theta \quad \sin\frac{n-1}{2}\theta$$

终点原子的边界条件为

$$\sin\frac{n+1}{2}\theta=0$$

所以

$$\theta=\frac{2m\pi}{n+1} \qquad \left(m=1,2,\cdots,\leqslant\frac{n}{2}\right)$$

$$E_m=\alpha+2\beta\cos\frac{2m\pi}{n+1}$$

例如,己三烯 $n=6$,由对称状态可解得三个分子轨道能级为

$$E_m=\alpha+1.8019\beta \ (m=0) \qquad \alpha+0.4450\beta \ (m=1) \qquad \alpha-1.2470\beta \ (m=2)$$

由反对称状态可解得三个轨道能级为

$$E_m=\alpha+1.247\beta \ (m=1) \qquad \alpha-0.4450\beta \ (m=2) \qquad \alpha-1.8019\beta \ (m=3)$$

其归一化后的分子轨道与表 5-2 相同。

5.5.3 奇数碳链分子

当 n 为奇数，取中心原子为"始点"原子，表示如下：

对于对称状态，选取中心原子的 AO 系数为 $1(\cos 0°)$。注意到分子轨道的对称性质及循环公式(5-4)，可得其余的 AO 系数为

$$\cos\frac{n-1}{2}\theta \quad \cos\frac{n-3}{2}\theta \qquad \cos\theta \qquad 1 \qquad \cos\theta \qquad \cos\frac{n-3}{2}\theta \quad \cos\frac{n-1}{2}\theta$$

所以

$$\cos\frac{n+1}{2}\theta=0 \qquad \theta=\frac{2m+1}{n+1}\pi \qquad \left(m=0,1,2,\cdots,<\frac{n}{2}\right)$$

$$E_m=\alpha+2\beta\cos\frac{2m+1}{n+1}\pi$$

对于反对称状态，由于中心原子不参与组合，可选取其 AO 系数为 $0(\sin 0°)$，而其余的 AO 系数如下：

$$-\sin\frac{n-1}{2}\theta \quad -\sin\frac{n-3}{2}\theta \qquad -\sin\theta \qquad 0 \qquad \sin\theta \qquad \sin\frac{n-3}{2}\theta \quad \sin\frac{n-1}{2}\theta$$

所以

$$\sin\frac{n+1}{2}\theta=0 \qquad \theta=\frac{2m\pi}{n+1}$$

$$E_m=\alpha+2\beta\cos\frac{2m\pi}{n+1}$$

例如，戊二烯基($n=5$)，由对称状态可得到三个轨道能为

$$E_1=\alpha+1.732\beta \quad (m=0) \qquad E_2=\alpha \quad (m=1) \qquad E_3=\alpha-1.732\beta \quad (m=2)$$

由反对称状态解得两个分子轨道能为

$$E_4=\alpha+\beta \quad (m=1) \qquad E_5=\alpha-\beta \quad (m=2)$$

从上面的讨论看到，当采用对称和反对称形式表示时，其结果与前面统一讨论链状的情况完全一致。

5.5.4 共轭环链之一

把分子轨道基于 AO 系数分为对称和反对称类型之后，共轭环链问题就很容易解决。在先定系数法中，环链和直链并不是截然分开的，环链可以看成是直链的两个端点原子键合或重合的结果。例如，苯环可以看成是一条六原子链的两端原子键合组成的共轭体系，表示如下：

因此,苯环与六原子链的差别仅在终点原子(两个端点原子)的边界条件不同。现按其对称情况分述如下:

对称状态

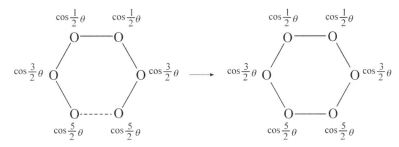

对于六原子直链体系,边界条件为

$$\cos \frac{7}{2}\theta = 0$$

而对于苯环,其边界条件为

$$2\cos\theta\cos \frac{5}{2}\theta = \cos \frac{5}{2}\theta + \cos \frac{3}{2}\theta$$

利用三角函数的积化和差的关系,上式化为

$$\cos \frac{7}{2}\theta - \cos \frac{5}{2}\theta = 0$$

再用三角函数和差化积关系:

$$-2\sin3\theta\sin \frac{1}{2}\theta = 0$$

取循环周期较短的解,有

$$\theta = 0, \frac{\pi}{3}, \frac{2\pi}{3}$$

即

$$2\cos\theta = 2, 1, -1$$

反对称状态

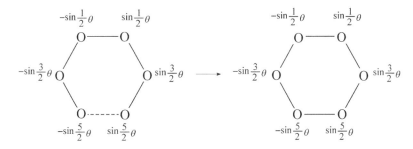

它们的边界条件分别为

$$\sin \frac{7}{2}\theta = 0 \qquad 2\cos\theta\sin \frac{5}{2}\theta = \sin \frac{3}{2}\theta - \sin \frac{5}{2}\theta$$

利用积化和差,上式化为

$$\sin \frac{7}{2}\theta + \sin \frac{5}{2}\theta = 0$$

再用和差化积得

$$2\cos3\theta\cos\frac{1}{2}\theta=0 \qquad \theta=\frac{\pi}{3}, \frac{2\pi}{3}, \pi$$

$$2\cos\theta=1, -1, -2$$

所以苯环的 π 轨道能为

$$E_1=\alpha+2\beta \qquad E_2=E_3=\alpha+\beta \qquad E_4=E_5=\alpha-\beta \qquad E_6=\alpha-2\beta$$

其波函数为

$$\psi_m=\sum_{i=1}^{6}c_i\varphi_i(\pi)$$

把 θ 的值代入并经归一化后,得六个分子轨道波函数如下:

$$\psi_1(\pi)=\frac{1}{\sqrt{6}}(\varphi_1+\varphi_2+\varphi_3+\varphi_4+\varphi_5+\varphi_6)$$

$$\psi_2(\pi)=\frac{1}{2}(\varphi_2+\varphi_3-\varphi_5-\varphi_6)$$

$$\psi_3(\pi)=\frac{1}{2\sqrt{3}}(2\varphi_1+\varphi_2-\varphi_3-2\varphi_4-\varphi_5+\varphi_6)$$

$$\psi_4(\pi)=\frac{1}{2\sqrt{3}}(2\varphi_1-\varphi_2-\varphi_3+2\varphi_4-\varphi_5-\varphi_6)$$

$$\psi_5(\pi)=\frac{1}{2}(\varphi_2-\varphi_3+\varphi_5-\varphi_6)$$

$$\psi_6(\pi)=\frac{1}{\sqrt{6}}(\varphi_1-\varphi_2+\varphi_3-\varphi_4+\varphi_5-\varphi_6)$$

5.5.5 共轭环链之二

从另一角度看,苯环也可以看成是由七个原子链的两个端点原子重合的结果,表示如下:

对于对称状态,AO 系数为

由边界条件得

$$2\cos\theta\cos3\theta=2\cos2\theta$$

先积化和差得

$$\cos4\theta-\cos2\theta=0$$

再和差化积得

$$-2\sin3\theta\sin\theta=0$$

取循环周期较短的解,所以

$$\theta=0,\frac{\pi}{3},\frac{2\pi}{3},\pi \quad (\text{相应于 } m=0,1,2,3) \quad 2\cos\theta=2,1,-1,-2$$

对于反对称状态

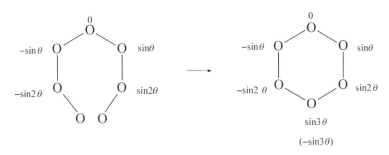

当七个原子链的两个端点原子重合时,要求 $\sin3\theta=-\sin3\theta$,相当于 $\sin3\theta=0$,因此重合原子的 AO 系数为 0,由 $\sin3\theta=0$ 解得 $\theta=\frac{\pi}{3},\frac{2\pi}{3}$(相应 $m=1,2$)。所以我们看到,运用分子轨道先定系数法,直链和共轭单环的计算非常简便。

5.5.6 复杂共轭体系

上述方法不仅限于共轭链和单环,对更为复杂的共轭体系也有普遍的适用性。例如,苄基

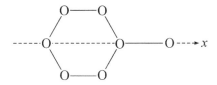

分子具有过 x 轴的对称面,因而可以分为对称和反对称部分进行讨论,箭头所指为"始点"原子,箭头指出为"终点"原子,它们的 AO 系数分别如下所示:

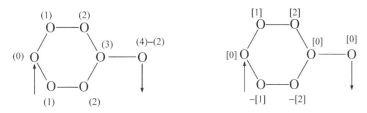

其中:$\sin\theta$ 以[ ]标记;$\cos\theta$ 以( )标记。对于对称状态,依序确定前六个原子的 AO 系数后,由循环公式知"终点"原子的 AO 系数当为 $2\cos\theta\cos3\theta-2\cos2\theta(=\cos4\theta-\cos2\theta)$,从而由循环公式得方程:

$$2\cos\theta(\cos4\theta-\cos2\theta)=\cos3\theta$$

解得

$$2\cos\theta=0,\pm(3\pm\sqrt{2})^{1/2}$$

而反对称状态中,x 轴上的原子 AO 系数为零,相当于轴上原子不参与组合,因此它相当于两个独立成反对称分布的乙烯分子,所以

$$2\cos\theta = \pm 1$$

由此得到苄基 π 电子分子轨道的 7 个能级。

对于萘,按其对两个垂直面的对称性质,可以立即标出各种对称状态下的 AO 系数(以两环重叠的原子为"终点"原子),并得到相关能级。

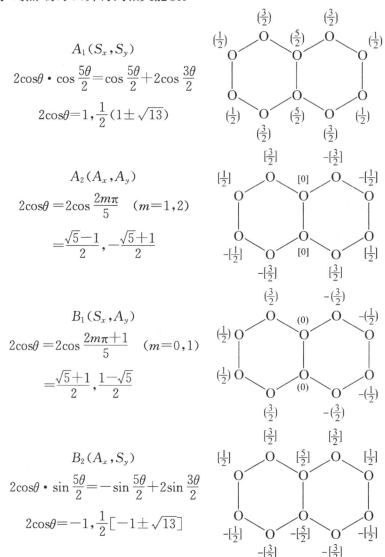

$$A_1(S_x, S_y)$$

$$2\cos\theta \cdot \cos\frac{5\theta}{2} = \cos\frac{5\theta}{2} + 2\cos\frac{3\theta}{2}$$

$$2\cos\theta = 1, \frac{1}{2}(1 \pm \sqrt{13})$$

$$A_2(A_x, A_y)$$

$$2\cos\theta = 2\cos\frac{2m\pi}{5} \quad (m=1,2)$$

$$= \frac{\sqrt{5}-1}{2}, -\frac{\sqrt{5}+1}{2}$$

$$B_1(S_x, A_y)$$

$$2\cos\theta = 2\cos\frac{2m\pi+1}{5} \quad (m=0,1)$$

$$= \frac{\sqrt{5}+1}{2}, \frac{1-\sqrt{5}}{2}$$

$$B_2(A_x, S_y)$$

$$2\cos\theta \cdot \sin\frac{5\theta}{2} = -\sin\frac{5\theta}{2} + 2\sin\frac{3\theta}{2}$$

$$2\cos\theta = -1, \frac{1}{2}[-1 \pm \sqrt{13}]$$

5.6 共价键能与半径

5.6.1 共价键键能

根据热化学概念,双原子分子键能指反应体系在标准状态下焓的改变量,双原子分子的解离能就是它的键能。

但多原子分子就不同了。首先考虑较简单的情况,即 AB_n 型分子,其中 A 与 B 成键,B 与 B 之间不成键,如 BF_3,所有的 B—F 键都是等同的,则所有 B—F 键能 D_{B-F} 必须相等,即

$$BF_3(g) = B(g) + 3F(g) \qquad \Delta H = 3D_{B-F}$$

若有 $BF_3(g)$、$B(g)$、$F(g)$ 的生成热数值,就可计算 D_{B-F},但这个值不等于一个 B—F 键的解离能 ΔH_1

$$BF_3(g) = BF_2(g) + F(g)$$

第二个、第三个 B—F 的解离能 ΔH_2、ΔH_3 也不见得相等,但

$$\Delta H_1 + \Delta H_2 + \Delta H_3 = 3D_{B-F}$$

实际分子分解成全部原子时所需的能量恰好等于这个分子中全部化学键键能的总和,因此可以从解离能计算键能,反过来也可以从键能计算解离能,某些化学键的键能如表 5-3 所示。

表 5-3　某些化学键(单键)的键能(单位:kJ·mol^{-1})

单 键	H	C	N	O	F	Si	P	S	Cl	Ge	As	Se	Br	Te	I
H	436														
C	415	344													
N	389	293	159												
O	465	343	201	138											
F	570	486	272	184	159										
Si	320	281		368	540	197									
P	318	264	300	352	490	214	214								
S	364	289	247		340	226	230	264							
Cl	432	327	201	205	256	360	318	272	243						
Ge	289	243			465				239	163					
As	247				465				289		178				
Se	314	247			306				251			193			
Br	366	276	243		280	289	272	214	218	276	239	226	193		
Te	268				343									126	
I	298	239	201	201	271	214	214		211	214	180		179		151

例如,H_2S 的解离能为

$$H_2S(g) \longrightarrow 2H(g) + S(g) \qquad \Delta H = 735\text{kJ} \cdot \text{mol}^{-1}$$

S—H 键能为

$$D_{S-H} = 735\text{kJ} \cdot \text{mol}^{-1}/2 = 367\text{kJ} \cdot \text{mol}^{-1}$$

已知 S—S 键能为 $266\text{kJ} \cdot \text{mol}^{-1}$,可估算解离能

$$H_2S_2(g) \longrightarrow 2H(g) + 2S(g)$$

$$\Delta H = 266 + 2 \times 367 = 1000(\text{kJ} \cdot \text{mol}^{-1})$$

H_2S_2 分子实验测定的解离能为 $984\text{kJ} \cdot \text{mol}^{-1}$。

5.6.2　键长和共价半径

通过衍射、光谱等实验,可获得各种分子几何构型的数据。在不同分子中两个原子形成相同类型化学键时,键长相近,即共价键键长有某种恒定性。

我们可将形成共价单键的双原子分子,如 F_2、Cl_2 等,键长的一半取为该原子的共价半径。对于不形成双原子分子的元素,也可用估算法。例如,金刚石与有机分子中 C—C 键长为

(154 ± 1)pm,因此 C 的共价半径取 77pm。为了得到 N 的共价半径,从 $CH_3—NH_2$ 中 C—N 键长 147pm 扣去 77pm,得到 N 的共价半径 70pm。表 5-4 列出常见元素的共价半径。

表 5-4 原子的共价半径(单位:pm)

共价三键		共价双键		共价单键							
原 子	半 径	原 子	半 径	原 子	半 径	原 子	半 径	原 子	半 径	原 子	半 径
				H	32						
				Li	134	Na	154	K	196	Rb	211
				Be	90	Mg	130	Ca	174	Sr	192
B	64	B	71	B	82	Al	118	Ga	126	In	144
C	60	C	67	C	77	Si	113	Ge	122	Sn	141
N	55	N	62	N	75	P	106	As	119	Sb	138
O	55	O	60	O	73	S	102	Se	116	Te	135
S	87	S	94	F	72	Cl	99	Br	114	I	133
				Cu	138	Ag	153	Au	150		
				Zn	131	Cd	148	Hg	149		

多重键半径也可得到,如 C 和 N 的三键共价半径可从 HC≡CH 和 N≡N 键长得到,分别为 60pm 和 55pm,两者相加得 115pm,与实验测定 C≡N 键长 116pm 非常相近。表 5-5 列出不同 C—C 键键长和键能,反映了共轭效应或超共轭效应。

表 5-5 不同 C—C 键键长和键能

键 型	C 原子的杂化形式	C—C 键长/pm	C—C 键能/(kJ·mol^{-1})
—C—C—	sp^3-sp^3	154	346.3
—C—C=	sp^3-sp^2	151	357.6
—C—C≡	sp^3-sp	146	382.5
=C—C=	sp^2-sp^2	146	383.2
=C—C≡	sp^2-sp	144	403.7
≡C—C≡	sp-sp	137	433.5

用异核原子间键长计算共价半径比实验测定值偏大。例如,实验测定 $SnCl_4$ 中 Sn—Cl 键长为 231pm,而共价半径加和为 141pm+99pm=240pm。这是因为实际分子中,原子间电负性差异较大时,原子间有较强吸引力,使键长缩短。另外,化学键对不同分子也有特殊性,键长略有差异。

5.6.3 范德华半径

有些原子既不形成离子键,也不形成共价键,但原子间保持某种距离。例如,稀有气体可以完全液化、固化的事实,证明它们之间存在某种吸引力,同时它们冷却时要求的较低温度证明这种力极其微弱。荷兰科学家 van der Waals 指出这种力的存在,后人就以他的名字命名这种力。van der Waals 力是决定物质熔点、沸点、溶解度、表面张力等物理性质的主要因素。

van der Waals 力由静电力、诱导力和色散力三个部分组成。

(1) 静电力。极性分子的偶极矩间有静电相互作用,作用力大小与它们的相对位置方向有关。若偶极矩分别为 μ_1、μ_2,R 为它们的间距,则静电力为

$$F_K = -\frac{2}{3}\frac{\mu_1^2\mu_2^2}{kTR^6} = -\frac{2}{3}\frac{\mu^4}{kTR^6} \qquad (\text{对同类分子})$$

即势能与温度成反比。

(2) 诱导力。在场强为 E 的电场中,极化率 α 的分子会产生诱导偶极矩 $\mu=\alpha E$,诱导力为

$$F_D = -\frac{2\alpha\mu^2}{R^6}$$

(3) 色散力。稀有气体没有静电力、诱导力,但它仍有 van der Waals 力,系电子运动和核振动产生瞬时偶极所致的分子间作用力,用量子力学可近似计算获得,它的数学表达式与光色散力相似,由此得名。色散力为

$$F_L = -\frac{3}{4}\frac{\alpha^2 I}{R^6} \qquad (I \text{ 为电离能})$$

van der Waals 力总的可以表达为

$$F = F_K + F_D + F_L = -\frac{2}{R^6}\left(\frac{\mu^4}{3kT} + \alpha\mu^2 + \frac{3}{8}\alpha^2 I\right)$$

van der Waals 力具有以下特点:①它是一种引力,作用能的数量级是每摩尔几千焦,比化学键键能小一两个数量级;②它没有方向性和饱和性;③van der Waals 引力的作用范围约几百皮米;④van der Waals 力中主要是色散力,而色散力与极化率平方成正比。

例如,稀有气体形成的晶体中,这些球形的单原子分子间用 van der Waals 引力结合成分子晶体,原子间距的一半取为 van der Waals 半径。表 5-6 列出一些原子的 van der Waals 半径。

表 5-6　一些原子的 van der Waals 半径　　　　　　　　　(单位:pm)

	H	He	Li	Be	B	C	N	O	F	Ne
Pauling	110	140				172	150	140	135	154
Alliger	162	153	255	223	215	204	193	182	171	160
Hu	108	134	175	205	147	149	141	140	139	168
	Na	Mg	Al	Si	P	S	Cl	Ar	K	Ca
Pauling					190	185	180	192		
Alliger	270	243	236	229	222	215	207	199	309	281
Hu	184	205	211	207	192	182	183	193	205	211
	Sc	Ti	V	Cr	Mn	Fe	Co	Ni	Cu	Zn
Pauling										
Alliger	261	239	229	225	224	223	223	222	226	229
Hu	216	187	179	189	197	194	192	184	186	210
	Ga	Ge	As	Se	Br	Kr	Sb	Te	I	Xe
Pauling			200	200	195	198	220	220	215	218
Alliger	246	244	236	229	222	215	252	244	236	228
Hu	208	215	206	193	198	212	225	223	223	221

5.7 前线轨道理论和轨道对称守恒原理

本节主要介绍 1981 年诺贝尔奖获得者福井谦一和 Hoffmann(霍夫曼)的工作,这些工作着重讨论化学反应机理,主要适用于基元反应、协同反应。

5.7.1 前线轨道理论

1. 引言

20 世纪 50 年代,福井谦一在研究芳香烃的取代反应时指出,亲电取代反应最易发生在分子最高占据分子轨道(HOMO)上电荷密度最大的原子位置,而亲核取代反应中则是分子最低未占据分子轨道(LUMO)上假想电荷密度最大处的反应活性最大。60 年代他又进一步提出 HOMO 与 LUMO 相互作用时,不仅是电荷的分布,而且是这些轨道的对称性决定反应的选择性,只有轨道对称性匹配时,反应才能进行。前线轨道理论认为两种分子间的相互作用主要来自 HOMO 与 LUMO 之间的作用。该理论在讨论化学反应活性时发现,前线轨道之间作用越大,预测过渡态能量越低,反应势垒越小,反应速率就越快。

在定性讨论中,我们只需知道这些前线轨道的对称性质,就可以推测:反应分子以不同方式相互作用时,若轨道的重叠情况是对称性匹配的,则此反应在动力学上是可能的,或称对称允许;反之,则为对称禁阻的。对称允许的反应,一般反应条件加热即可进行。对称禁阻的反应,即分子在基态很难进行反应,必须经光照成激发态才能使反应进行。

2. 乙烯加氢反应

$$C_2H_4 + H_2 \longrightarrow C_2H_6 \qquad \Delta H = -137.3 \text{kJ} \cdot \text{mol}^{-1}$$

从热力学角度看,反应放热,应该容易进行,但实际上这个反应需要催化剂。对这反应可用前线轨道理论分析如下:

当 C_2H_4 分子的 HOMO 和 H_2 分子的 LUMO 接近,彼此对称性不匹配;当 C_2H_4 分子的 LUMO 和 H_2 分子的 HOMO 接近,彼此对称性也不匹配,如图 5-15(a)、(b)所示。只有进行催化反应,如利用金属镍作催化剂,将 H_2 的反键轨道和 Ni 的 d 轨道叠加,Ni 的 d 轨道提供电子给 H 原子,使其 LUMO 成为 HOMO,再与 C_2H_4 的 LUMO 结合,C_2H_4 分子加 H_2 反应才可进行,如图 5-15(c)所示。

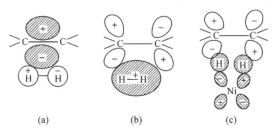

(a)   (b)   (c)

图 5-15 乙烯加氢反应

3. 丁二烯和乙烯环加成生成环己烯的反应

丁二烯和乙烯环加成生成环己烯的反应如下：

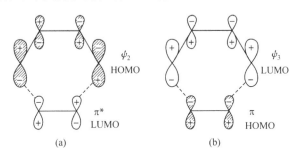

这一反应加热即能进行，因为它们的前线轨道对称性匹配，如图 5-16 所示。

图 5-16　丁二烯和乙烯的环加成反应

但是两个乙烯分子环加成变为环丁烷的反应，单纯加热并不能进行。

5.7.2　分子轨道对称守恒原理

Hoffmann 提出的分子轨道对称守恒原理是将整个分子轨道一起考虑，即在一步完成的化学反应中，若反应物分子和产物分子的分子轨道对称性一致时，反应容易进行，也就是说整个反应体系从反应物、中间态到产物，分子轨道始终保持某一点群的对称性(顺旋过程保持 C_2 对称性，对旋过程保持 σ_v 对称性)，反应容易进行。根据这一考虑，可将反应进程分子轨道的变化关系用能量相关图联系起来，绘制能量相关图要点如下：①将反应物、产物分子轨道按能量高低顺序排列，分别置于图的左、右侧；②判断反应物与产物分子轨道对称性；③相关轨道的能量相近、对称性相同，用一直线相连；④对称性相同的关联线不相交。

在能量相关图中，如果产物的每个成键轨道都只和反应的成键轨道相关联，即相关线不越过 HOMO、LUMO 分界线，则反应的活化能低，易于反应，称为对称允许，一般加热就能实现。如果双方有成键轨道和反键轨道相关联，则反应活化能高，难于反应，称为对称禁阻，要实现这种反应，需把反应物的基态电子活化到激发态。对称性相同的轨道间会产生相互排斥的作用，所以对称性相同的关联线不相交。

1. 丁二烯衍生物

丁二烯衍生物在不同条件下电环合，可得不同构型的环丁烯衍生物。在加热条件下，分子保持 C_2 对称性，进行顺旋反应，如图 5-17(a)所示；在光照条件下，分子保持 σ_v 对称性，进行对旋反应，如图 5-17(b)所示。

丁二烯环合后，两端 π 电子结合成 σ 键，中间两个 π 电子形成小 π 键。按图 5-17 将丁二烯和环丁烯的分子轨道的能级高低和对称性列在一起，画出顺旋和对旋两种方式，并按能量相关图的几个要点连线，得如图 5-18 所示的结果。

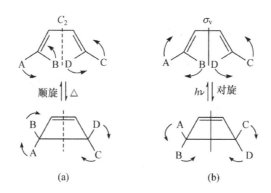

图 5-17　丁二烯环合顺旋(a)、对旋(b)示意图

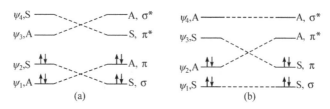

图 5-18　丁二烯环合顺旋(a)、对旋(b)的轨道能级相关图

由图 5-18 可见,在进行顺旋闭环时,反应物的成键轨道是与产物的成键轨道相关联的,说明反应物处于基态时就可直接转化为产物的基态,一般加热条件下即可进行。在进行对旋闭环时,反应物的一些成键轨道与产物中的反键轨道相关联,而产物中的有些成键轨道却与反应物中的反键轨道相关联,这说明反应物必须处在激发态的情况,即 ψ_2 的电子激发到 ψ_3 才能转化为产物的基态,反应的活化能较大,在光照($h\nu$)条件下反应才能进行。

2. 乙烯二聚(环加成反应)

两个乙烯分子靠近,对称守恒元素选择两个互相垂直的镜面 σ 和 σ':一个镜面平分两个要破裂的 π 键;另一个镜面平分两个要生成的 σ 键。反应物两个乙烯的 π 和 π' 轨道线性组合成成键轨道 π_1 和 π_2,两个乙烯的反键轨道 π* 和 π*' 组合成反键轨道 π_3^* 和 π_4^*,即

$$\pi_1 = \pi + \pi' \qquad \pi_2 = \pi - \pi'$$

$$\pi_3^* = \pi^* + \pi^{*'} \qquad \pi_4^* = \pi^* - \pi^{*'}$$

反应物轨道　　　　　　　　　　　$\pi_1, \pi_2, \pi_3^*, \pi_4^*$
　　　　　　　　　　　　　　　　　　　　　　　　　(按能量顺序排列)
生成物轨道　　　　　　　　　　　$\sigma_1, \sigma_2, \sigma_3^*, \sigma_4^*$

π_1、π_2 轨道对 σ 镜面为对称(S),对 σ' 镜面分别为对称(S)和反对称(A)。π_3^*、π_4^* 对 σ 镜面均为对称(S),对 σ' 镜面分别为(S)、(A)。生成物环丁烷在反应中生成的 σ 键(另外两个 σ 键反应中不变,可不考虑)的成键轨道分别为 σ_1、σ_2,反键轨道为 σ_3^*、σ_4^*。对于垂直镜面,σ_1 和 σ_2 轨道分别为对称和反对称,σ_3^*、σ_4^* 也是一个对称一个反对称;对于水平镜面,σ_1、σ_2 都是对称的,σ_3^*、σ_4^* 都是反对称的。再根据对称性相同能级相关,得到乙烯二聚的轨道能量相关图(图 5-19)。从图5-19 中可看出,乙烯二聚是加热反应禁阻的,必须光照反应才能进行。

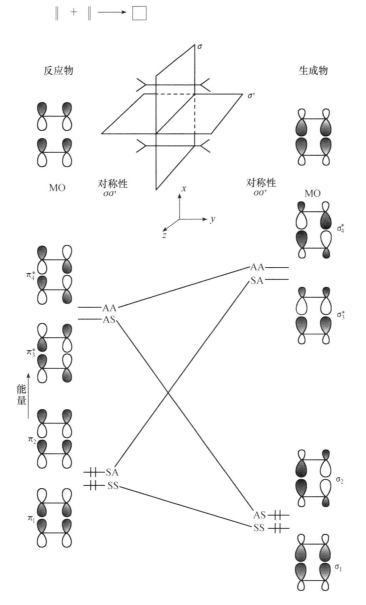

图 5-19　乙烯二聚环加成反应

3. 丁二烯与乙烯的环加成反应

丁二烯与乙烯环加成是对称允许的,即加热反应即可进行。比较反应物丁二烯的 4 个 π 分子轨道 $\psi_1 \sim \psi_4$ 与乙烯的 π 轨道、π* 轨道能量高低,ψ_1 是离域 π 键,能量比乙烯 π 键低;ψ_2 轨道有一个垂直节面,能量比乙烯 π 键高。同理,π* 轨道介于 ψ_3 与 ψ_4 之间。丁二烯两侧 p 轨道与乙烯 p 轨道形成两个 σ 键,中间两个 p 轨道形成小 π 键,这样生成物六个轨道按能量顺序排列为 σ_a、σ_b、π、π*、σ_c^*、σ_d^*。再根据对称性相同能级连线,得到丁二烯与乙烯环合的能级相关图 (图 5-20)。它们是对称允许的,即加热反应即可进行。

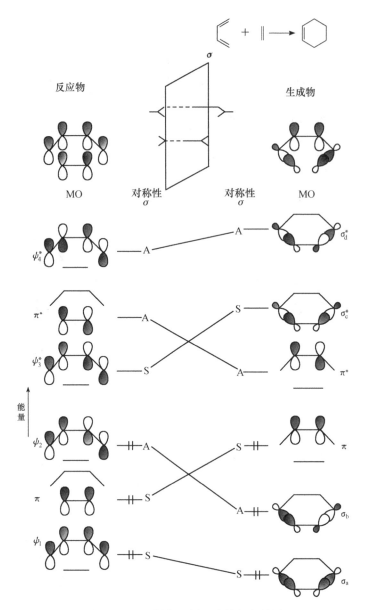

图 5-20　丁二烯与乙烯环合能级相关图

习 题 5

5.1　试写出 sp^3 杂化轨道的表达形式。

5.2　从原子轨道 ϕ_s 和 ϕ_{P_x} 的正交性,证明两个 sp 杂化轨道相互正交。

$$h_1 = \sqrt{\alpha}\,\phi_s + \sqrt{1-\alpha}\,\phi_{P_x}$$

$$h_2 = \sqrt{1-\alpha}\,\phi_s - \sqrt{\alpha}\,\phi_{P_x}$$

5.3　写出下列分子或离子中,中心原子所采用的杂化轨道:

CS_2,NO_2^+,NO_3^-,CO_3^{2-},BF_3,CBr_4,PF_4^+,IF_6^+

5.4　试求等性 d^2sp^3 杂化轨道的波函数形式。

5.5　试用杂化轨道理论说明 NO、NO_2、N_2O 的化学键。

5.6　实验测定水分子的 $\angle HOH$ 为 $104.5°$,试计算 O—H 键与孤对电子杂化轨道中 s、p 轨道的成分。

5.7　用价电子对互斥理论解释下列分子夹角变化:

(1) $NH_3(107.3°)$,$PH_3(93.3°)$,$AsH_3(91.8°)$。

(2) $H_2O(104.5°)$,$H_2S(92.2°)$,$H_2Se(91.0°)$,$H_2Te(89.5°)$。

5.8　依 VSEPR 理论预测 SCl_3^+ 和 ICl_4^- 的几何构型,给出各自情况下中心原子的氧化态和杂化方式。

5.9　实验测定 N_2H_2 能以三种异构体存在,写出各种异构体的形式,并讨论它们的稳定性。

5.10　对下列分子和离子:CO_2,NO_2^+,NO_2,NO_2^-,SO_2,ClO_2,O_3,依 VSEPR 判断它们的形状,指出中性分子的极性及每个体系的不成对电子数。

5.11　利用价电子对互斥理论说明 $As H_3$、ClF_3、SO_3、SO_3^{2-}、CH_3^+、CH_3^-、ICl_3 等分子和离子的几何形状,说明哪些分子有偶极矩。

5.12　对于极性分子 AB,如果分子轨道中的一个电子有 90% 的时间在 A 的原子轨道 ϕ_A 上,10% 的时间在 B 的原子轨道 ϕ_B 上,试描述该分子轨道波函数的形式(此处不考虑原子轨道的重叠)。

5.13　用杂化轨道理论讨论下列分子的几何构型:

C_2H_2,BF_3,NF_3,C_6H_6,SO_3,PCl_5

5.14　下列分子形成何种离域 π 键?

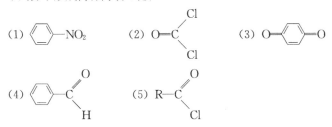

5.15　判断下列分子是否形成大 π 键,若有请写出 Π_n^m:

$CH\equiv C-CH_2-CH_3$,$C_6H_5-CH=CH_2$,C_6H_5Cl,$CH_2=C=O$,NO_2^-

5.16　比较 ROH、C_6H_5OH、$RCOOH$ 的酸性,并说明理由。

5.17　试比较 CO、$R-COH$、CO_2 碳氧间键长的大小,并说明理由。

5.18　环己烷-1,4-二酮有五种可能构象:椅式,两种船式,两种扭转式(对称性一高一低)。请画出这五种构象,并确定它们所属的点群。

5.19　XeO_nF_m 化合物是稳定的($n,m=1,2,3,\cdots$),请用 VSEPR 模型推导所有具有这一通式的化合物结构。

5.20　大部分五配位化合物采用三角双锥或四方锥结构,请解释:

(1) 当中心原子为主族元素时,在三角双锥结构中轴向键比水平键长,而在四方锥中则相反。

(2) 当中心原子为过渡金属时,如四方锥 $[Ni(CN)_5]^{3-}$ 中,Ni—C 轴向键 217pm,水平键 187pm;而在三角双锥 $[CuCl_5]^{3-}$ 中,Cu—Cl 轴向键 230pm,水平键 239pm。

5.21　根据 Hückel 近似,写出下列分子 π 电子分子轨道久期行列式:

(1) ▷　　　(2) □　　　(3) ⬠　　　(4) ▭

5.22　写出下列各分子的 Hückel 行列式:

(1) $CH_2=CH_2$　　(2) $CH_2-CH-CH_2$　　(3) C_6H_6

5.23　用 HMO 处理环丙烯自由基,计算 π 电子能量与轨道。

5.24　用 HMO 或先定系数法求出戊二烯基阴离子 π 电子的分子轨道及其对应的能量,并计算离域能。

5.25　用 HMO 或先定系数法求出 C_6H_6 π 电子分子轨道的表达形式及其对应的能量。

5.26　试求下列分子的 π 电子分子图:

5.27　富烯 ⬠═ 3 个能量较低的 π 轨道是

$$\psi_1 = 0.247\varphi_1 + 0.523\varphi_2 + 0.429(\varphi_3 + \varphi_6) + 0.385(\varphi_4 + \varphi_5)$$

$$\psi_2 = 0.5(\varphi_1 + \varphi_2 - \varphi_4 - \varphi_5)$$

$$\psi_3 = 0.602(\varphi_3 - \varphi_6) + 0.372(\varphi_4 - \varphi_5)$$

计算各个 C 原子的电荷密度和 C 原子间的 π 电子键级。

5.28　试用前线轨道理论说明乙烯在光照的条件下发生二聚反应生成环丁烷的机理。

5.29　试用前线轨道理论说明反应：$C_2H_4 + Br_2 \longrightarrow CH_2Br—CH_2Br$ 不可能是基元反应。

5.30　试用轨道对称守恒原理讨论己三烯环合反应对热与光的选择性。

5.31　二硫二氮（S_2N_2）是有机金属聚合的前驱体，低温 X 射线分析指出 S_2N_2 是平面正方形结构（D_{2h}），假设该结构是 S、N 采用 sp^2 杂化形成 σ 键。

(1) 试描述 S_2N_2 的成键情况。

(2) 已知 S_4N_2 为非平面结构，存在两类不同的 S—N 键，试描述 S_4N_2 可能的成键情况，并比较 S_4N_2 中两个不同 S—N 键与 S_2N_2 中 S—N 键长。

5.32　等物质的量对苯醌与氢醌溶液混合，可制得醌氢醌，以前认为是氢键把两个分子结合在一起，但用氢醌醚或六甲基苯代替氢醌，也能形成类似化合物，试讨论其化学键。

参 考 文 献

胡盛志等. 2003. 晶体中原子的平均范德华半径. 物理化学学报, 19:1073

伍德沃德 R B, 霍夫曼 R. 1978. 轨道对称性守恒. 王志中等译. 北京:科学出版社

徐光宪等. 1965. 物质结构简明教程. 北京:高等教育出版社

张乾二, 林连堂, 王南钦. 1982. Hückel 图形理论方法. 北京:科学出版社

周公度, 段连运. 2002. 结构化学基础. 3 版. 北京:北京大学出版社

Atkins P W. 2002. Physical Chemistry. 7th ed. London:Oxford University Press

Dewar M J S. 1979. 有机化学分子轨道理论. 戴树珊等译. 北京:科学出版社

Murrell J N, Kettle S F A, Tedder J M. 1978. 原子价理论. 文振翼等译. 北京:科学出版社

Wells A F. 1984. Structural Inorganic Chemistry. 5th ed. London:Oxford University Press

第6章 多原子分子结构(二)

6.1 缺电子多中心键

第5章介绍的离域π键存在于价电子数较多的原子形成的分子中。这样的原子除了形成σ键,还有多余的电子可形成离域π键。这一节要讨论的是一些价电子缺乏、多个原子共用电子对的多中心键,在硼烷、金属烷基化合物中常存在这种缺电子多中心键。

6.1.1 硼烷的结构

早期对硼烷 B_2H_6 的结构有很长时间的争论,一种意见认为 B_2H_6 类似乙烷的结构[图 6-1(a)],每个 B 原子与 3 个氢原子成键,再与另一个 B 原子成键。但从 B 的价电子数来看,B_2H_6 仅有 12 个价电子,而乙烷式构型需要 14 个价电子成键,况且 B_2H_6 与乙烷相比,化学、物理性质都有很大差别。因此,有人提出硼烷应是桥式结构[图 6-1(b)],即每个 B 原子与两个 H 原子形成普通的 B—H 键,还与两个 H 原子形成桥键,桥键中的 H 原子只有 1 个价电子,如何形成两个共价键,也不好处理。Lipscomb 支持桥式结构,他认为 2 个 B 与 1 个 H 形成的桥键是三中心双电子键,而不是 2 个 B—H 键。后来电子衍射实验证明气态中与晶体中的 B_2H_6 确实是桥式的结构。B 与两端的 H 原子形成的普通 B—H 键键长是 119pm,B 与 H 形成的桥键键长达 133pm。

图 6-1 硼烷 B_2H_6 的两种结构

(a) 乙烷式;(b) 桥式

现在普遍接受的观点是:B_2H_6 中的 B 以 sp^3 杂化参与成键,每个 B 原子与两个 H 原子形成普通的 B—H 键,剩余的两个杂化轨道各以一个电子与另一个同样的 B 原子、两个 H 桥原子形成两个三中心键,即缺电子原子的特殊共价键形式——三中心双电子键。除 B_2H_6 外,还有许多硼烷,这些化合物中有三种类型的化学键,说明如下:

(1) 正常的共价单键,如 B—H、B—B。

(2) B〜B、B〜B 三中心双电子桥键[图 6-2(a)、(b)]。

(3) 3 个以上的 B 原子形成的多中心键[图 6-2(c)、(d)]。

图 6-2 几种缺电子多中心键的形式

(a) 三中心双电子氢桥键;(b) 三中心双电子硼桥键;(c) 三中心双电子硼键;(d) 五中心六电子硼键

现分析几种硼烷成键情况(图 6-3)。巢状硼烷 B_5H_9,5 个 B 原子形成四方锥骨架,每个 B 原子形成 1 个 B—H 键,四方锥底的 4 个 B 两两与氢形成三中心双电子键 $B \overset{H}{\frown} B$,锥底每个 B 原子还有 1 个价电子,锥顶 B 原子还有 2 个价电子,形成一个五中心的六电子键——四方锥骨架。网状硼烷 B_4H_{10},除 6 个一般 B—H 键外,还有 4 个 $B \overset{H}{\frown} B$ 三中心双电子键。

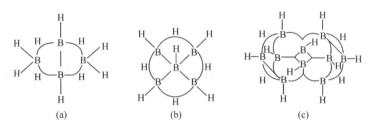

图 6-3　几种硼烷的结构

(a) B_4H_{10};(b) B_5H_9;(c) $B_{10}H_{14}$

6.1.2　Lipscomb 的拓扑结构

Lipscomb 对硼烷结构进行了大量研究后,对开放型硼氢化合物(巢状与网状)B_nH_{n+m} 的拓扑结构提出一种推算方法。

设 n 为 B 原子个数,也是 B—H 定域单键个数,m 为 H 原子多于 B 原子的个数,s 为 $B \overset{H}{\frown} B$,t 为 $B \frown B$ 三中心双电子键个数,x 为构型中 B 形成 BH_2 键的个数,y 为 B—B 普通定域键个数,s,t,y,x 要满足下列关系式才能稳定存在,即

$$\begin{cases} x = m - s \\ t = n - s \\ y = (2s - m)/2 \end{cases} \tag{6-1}$$

n,m 取正整数,方程组可获得 P 组$(styx)$的正整数解,它们对应 P 个可能的异构体(文献中以 $styx$ 编号标记不同的异构体)。例如,B_6H_{10} 体系,从推算可得到 3 种异构体 (4220), (3311),(2402),如图 6-4 所示。

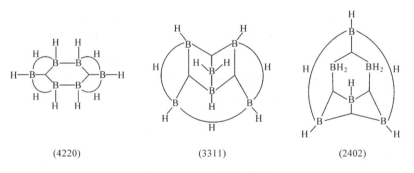

(4220)　　　　　　　(3311)　　　　　　　(2402)

图 6-4　B_6H_{10} 的拓扑结构

同理,对 B_5H_9,可推算出 3 种异构体(4120),(3211),(2302);对 B_5H_{11} 也有 3 种异构体 (5021),(4112),(3203)。

6.1.3 封闭硼笼 $B_nH_n^{2-}$ 与 Wade 规则

硼氢化合物中还有一类是 B、H 按等原子比化合,形成三角面组成的封闭多面体笼,每个化合物还带两个负电荷的 $B_nH_n^{2-}$。

根据 Wade、Stone、Mingos 提出的封闭多面体成键规则,封闭多面体骨架轨道可分为两类:一类是 s、p_z 轨道杂化形成的向心轨道;一类是未杂化 p 轨道组成的切向轨道,n 个向心轨道相互作用,生成 1 个能量最低的成键轨道和 $(n-1)$ 个反键轨道。$2n$ 个切向轨道组成 n 个成键轨道和 n 个反键轨道。这样 n 个顶点的封闭多面体的成键骨架轨道共有 $(n+1)$ 个,这就是多面体成键的 Wade$(n+1)$ 规则。例如,$B_nH_n^{2-}$ 体系,B_n 骨架形成 $(n+1)$ 个骨架轨道,n 个 B 还与 H 形成 n 个 B—H 键,整个体系共有 $(2n+1)$ 个成键轨道,需要 $(4n+2)$ 电子,n 个 B 和 H 可提供 $4n$ 个电子,因此整个体系还需要带两个负电荷才能稳定存在(图 6-5)。$B_5H_5^{2-}$ 是三角双锥构型,除了 5 个 B—H 键外,封闭笼还形成 6 个骨架成键轨道。

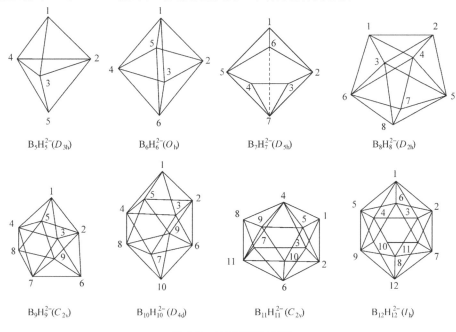

$B_5H_5^{2-}(D_{3h})$　　$B_6H_6^{2-}(O_h)$　　$B_7H_7^{2-}(D_{5h})$　　$B_8H_8^{2-}(D_{2d})$

$B_9H_9^{2-}(C_2)$　　$B_{10}H_{10}^{2-}(D_{4d})$　　$B_{11}H_{11}^{2-}(C_{2v})$　　$B_{12}H_{12}^{2-}(I_h)$

图 6-5 封闭硼笼的结构

唐敖庆先生提出的拓扑结构规则:若硼烷骨架结构是一个三角面多面体,硼原子数为 n,多面体面数为 f,则该硼烷价电子成键轨道数为

$$BMO = 4n - F \tag{6-2}$$

其中

$$F = f + 3(s+1)$$

式(6-2)既适用于封闭硼笼,也适用于巢状与网状结构。对封闭多面体 $s=0$。例如,$B_6H_6^{2-}$ 八面体构型 $F=8+3=11$,则

$$BMO = 4 \times 6 - 11 = 13$$

$B_6H_6^{2-}$ 的成键轨道为 13 个,减去 6 个 B—H 键,骨架成键轨道数为 7 个,与 Wade$(n+1)$ 规则相同。巢状、网状结构可看成多面体减少一、两个顶点,s 取 -1、-2;若是戴帽多面体,s 取正值。例如,B_5H_9 可看成八面体缺少 1 个顶点,$n=5$,$f=8$,$s=-1$,则

$$F = 8 + 3 \times (-1 + 1) = 8$$
$$BMO = 4 \times 5 - 8 = 12$$

有 12 个成键轨道,扣去 5 个 B—H 键,还有 7 个骨架成键轨道。图 6-5 中的其他封闭硼笼同样可用 Wade 规则或唐敖庆拓扑规则计算骨架成键轨道。

6.1.4 其他缺电子多中心键

1. 硼族

B、Al、Ga、In、Tl 均可和甲基形成三甲基化合物 $M(CH_3)_3$,气态时以单体存在,固相中 $Al(CH_3)_3$ 以二聚体存在,$In(CH_3)_3$、$Tl(CH_3)_3$ 以多聚体形式存在。二聚体 $Al_2(CH_3)_6$ 的几何结构与 Al_2Cl_6 很相似:桥位甲基中 C 原子 sp^3 杂化,除了与氢原子成键外,还有 1 个杂化轨道以 1 个电子与 2 个 Al 形成三中心双电子键,Al 与两端甲基形成的 Al—C 的共价键长为 197pm,而 2 个电子为 3 个原子共用的桥键中 Al—C 键长达 214pm,为使 3 个原子更好共用 1 对电子,2 个 Al 原子与桥式 C 原子尽可能多重叠,这要求∠AlCAl 尽可能小,实验观察到三原子间夹角为 70°,如图 6-6 所示。

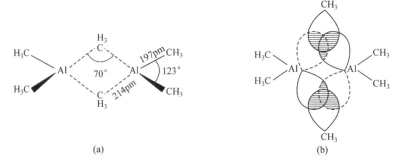

图 6-6 $Al_2(CH_3)_6$ 的三中心双电子键示意图

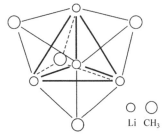

图 6-7 $(LiCH_3)_4$ 的结构

2. 碱金属、碱土金属

碱金属、碱土金属也能和烷基形成缺电子多中心键。

(1) $(LiCH_3)_4$:四聚烷基锂的结构如图 6-7 所示。Li 原子处在四面体的 4 个顶点上,相互间距离为 268pm,每个甲基与三角面上的 3 个 Li 原子通过桥键结合,C—Li 距离为 231pm,形成多中心键。

(2) $Be(CH_3)_2$:固态的 $Be(CH_3)_2$ 为多聚体的结构,形成无限长链,如图 6-8 所示,也可形成二聚体、三聚体。

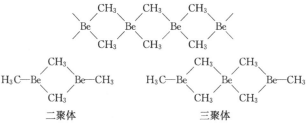

图 6-8 $Be(CH_3)_2$ 的链状结构与多聚体

6.2 配合物的化学键

6.2.1 简介

配位化合物是一类由中心金属原子 M 和若干个配位体(L)形成的化合物,配体少至两三个,如$[Ag(NH_3)_2]^+$、$Pt(PPh_3)_3$,多至七八个,如$[Mo(CN)_8]^{4-}$。当然,最常见的是四或六配位的化合物,如$[FeCl_4]^{2-}$、$[Co(NH_3)_6]^{3+}$等。中心原子一般是过渡金属,根据配体与中心原子配位情况,可分为单齿配体、双齿配体及多齿配体,多齿配体具有多个配位点,形成螯合物(如 EDTA)。早期研究配合物的理论有价键理论与晶体场理论,都是定性理论。

价键理论将配键分为电价配键和共价配键。电价配合物中,中心离子与配体以静电力结合,d 电子采用自旋最大状态为最稳定,故电价配合物多是高自旋。在共价配合物中,配体的孤对电子与中心原子空轨道形成共价配键。为了空出 d 轨道容纳配体,d 电子尽可能自旋成对,共价配合物一般是低自旋配合物。中心原子与配体除形成 σ 键外,若满足生成大 π 键条件,也可形成大 π 键,如$[Cu(CN)_4]^{2-}$形成Π_9^9。举例说明见表 6-1。

表 6-1 配合物中的电子排布

	配合物	中心离子	杂 化	3d	4s 4p	未成对电子	构 型
电价	$[FeF_6]^{3-}$	Fe^{3+}		↑↑↑↑↑		5	八面体
	$[Fe(H_2O)_6]^{2+}$	Fe^{2+}		↑↓↑↑↑↑		4	八面体
	$[Ni(NH_3)_6]^{2+}$	Ni^{2+}		↑↓↑↓↑↓↑↑		2	八面体
共价	$[Co(NH_3)_6]^{3+}$		d^2sp^3	↑↓↑↓↑↓		0	八面体
	$[Mn(CN)_6]^{3-}$		d^2sp^3	↑↓↑↑		1	八面体
	$[Cu(CN)_4]^{2-}$		dsp^2	↑↓↑↓↑↓↑↓	↑	1	四边形
	$[ZnCl_4]^{2-}$		sp^3	↑↓↑↓↑↓↑↓↑↓		0	四面体

晶体场理论是静电作用模型,把中心离子 M 与配体 L 相互作用看成类似离子晶体中正、负离子的静电作用。中心离子 d 轨道受配体的作用,用微扰理论处理,可计算 d 轨道分裂能大小。例如,在六配位的八面体配合物中,d_{z^2}、$d_{x^2-y^2}$轨道与配体轨道正相对,由于静电斥力,这两个轨道能量升高;d_{xy}、d_{xz}、d_{yz}位于配体的间隙中,能量较低。这样,五个 d 轨道按八面体 O_h 群对称性,分裂成 e_g(d_{z^2},$d_{x^2-y^2}$)和 t_{2g}(d_{xy},d_{xz},d_{yz})两组,如图 6-9 所示。设两组能量差为 $\Delta_o = 10Dq$,即

$$\Delta_o = E_{e_g} - E_{t_{2g}} = 10Dq$$

设未分裂 d 轨道能级为零,则

$$6E_{t_{2g}} + 4E_{e_g} = 0$$

$$E_{e_g} = +6Dq = \frac{3}{5}\Delta_o \qquad E_{t_{2g}} = -4Dq = -\frac{2}{5}\Delta_o$$

即 $d_{x^2-y^2}$、d_{z^2}轨道能量比分裂前升高$\frac{3}{5}\Delta_o$,d_{xy}、d_{xz}、d_{yz}轨道能量比分裂前降低$\frac{2}{5}\Delta_o$。Δ_o因配合物不同而异,但对某一离子,配体按其产生 Δ_o 的大小可排成一个顺序。实验表明,无论考虑哪一种中心离子,配体的强弱顺序几乎是相同的,因为 Δ 是以光谱确定,所以这个顺序称为光谱化学序列:

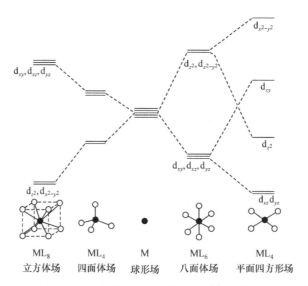

图 6-9 d 轨道在不同晶体场中的能级分裂

$$I^- < Br^- < Cl^- < F^- < OH^- < H_2O < NH_3 < NO_2^- < CN^- \; CO$$

对第一过渡系的二价离子,Δ_o 约为 12 000 cm^{-1},而对三价离子约为 20 000 cm^{-1},第二、三过渡系的离子有更大的 Δ_o 值。

中心离子 d 电子填入 t_{2g} 和 e_g 轨道时,要考虑电子成对能(P)和晶体场分裂能(Δ_o)的相对大小,当 $P > \Delta_o$ 时,电子倾向多占据轨道,形成弱场高自旋(HS)配合物;当 $P < \Delta_o$ 时,形成强场低自旋配合物。d 电子填入这些轨道后,若不考虑电子成对能,能级降低总值称为晶体场稳定化能(CFSE),列于表 6-2。

表 6-2 不同 d 电子组态的 CFSE 的数值($-\Delta_o$)

d 电子数目	HS(弱场) t_{2g}	HS(弱场) e_g^*	HS(弱场) CFSE	LS(强场) t_{2g}	LS(强场) e_g^*	LS(强场) CFSE
0	— — —	— —	0	— — —	— —	0
1	↑ — —	— —	0.4	↑ — —	— —	0.4
2	↑ ↑ —	— —	0.8	↑ ↑ —	— —	0.8
3	↑ ↑ ↑	— —	1.2	↑ ↑ ↑	— —	1.2
4	↑ ↑ ↑	↑ —	0.6	↑↓ ↑ ↑	— —	1.6
5	↑ ↑ ↑	↑ ↑	0	↑↓ ↑↓ ↑	— —	2.0
6	↑↓ ↑ ↑	↑ ↑	0.4	↑↓ ↑↓ ↑↓	— —	2.4
7	↑↓ ↑↓ ↑	↑ ↑	0.8	↑↓ ↑↓ ↑↓	↑ —	1.8
8	↑↓ ↑↓ ↑↓	↑ ↑	1.2	↑↓ ↑↓ ↑↓	↑ ↑	1.2
9	↑↓ ↑↓ ↑↓	↑↓ ↑	0.6	↑↓ ↑↓ ↑↓	↑↓ ↑	0.6
10	↑↓ ↑↓ ↑↓	↑↓ ↑↓	0	↑↓ ↑↓ ↑↓	↑↓ ↑↓	0

中心离子若处在不同晶体场中,d 轨道分裂情况有很大差异。四个配体组成的平面四方形场,可看作八面体场沿 z 轴方向压缩的极限情况,t_{2g} 的三个简并 d 轨道中,d_{xy} 因与配体在同一平面而能量升高,其余两个 d 轨道能量降低并保持简并。e_g 的两个 d 轨道也发生能级分裂:$d_{x^2-y^2}$ 因正对配体而能级升高,d_{z^2} 则能级下降。d 轨道在四方场中分裂成四个能级。对于四面体场,由于配体位置不同,分裂与八面体场恰好相反:三简并 t_2 能级上升,e 能级下降,两组轨道能量差 Δ_t 为八面体场的 $\dfrac{4}{9}$。立方体场可看作是两组四面体场的加和,d 轨道能级分裂

与四面体场相同,但分裂能 Δ_c 比四面体场 Δ_t 大近一倍。d 电子根据晶体场分裂能(Δ)和电子成对能(P)的相对大小填在两组轨道上,形成强场低自旋或弱场高自旋结构。晶体场理论成功地解释了一些配合物的结构与性质,但由于模型过于简单,无法解释不同配体影响分裂能大小的变化次序。以后又有人用分子轨道理论来讨论配合物的能级分裂。

6.2.2　σ 键配合物的结构

　　根据分子轨道理论,中心金属原子提供空的价轨道,配体提供孤对电子,形成 σ 配键。六个配体一般呈八面体或变形八面体的结构,中心离子的六个价轨道($d_{x^2-y^2}$,d_{z^2},s,p_x,p_y,p_z)与对称性匹配的配体群轨道形成 σ 键。中心离子的 s 轨道与六个配体全对称的群轨道形成 a_{1g} 的分子轨道,p_x、p_y、p_z 分别与 x、y、z 轴上两个配体形成 t_{1u} 的三重简并轨道,d_{z^2}、$d_{x^2-y^2}$ 轨道还与配体群轨道形成 e_g 二重简并的分子轨道。可写出对称性匹配的分子轨道(未归一):

$$\psi_1 = \varphi_{4s} \pm \frac{1}{\sqrt{6}}(\sigma_1 + \sigma_2 + \sigma_3 + \sigma_4 + \sigma_5 + \sigma_6)$$

$$\psi_2 = \varphi_{4p_x} \pm \frac{1}{\sqrt{2}}(\sigma_1 - \sigma_4)$$

$$\psi_3 = \varphi_{4p_y} \pm \frac{1}{\sqrt{2}}(\sigma_2 - \sigma_5)$$

$$\psi_4 = \varphi_{4p_z} \pm \frac{1}{\sqrt{2}}(\sigma_3 - \sigma_6)$$

$$\psi_5 = \varphi_{3d_{z^2}} \pm \frac{1}{2\sqrt{3}}(2\sigma_3 + 2\sigma_6 - \sigma_1 - \sigma_2 - \sigma_4 - \sigma_5)$$

$$\psi_6 = \varphi_{3d_{x^2-y^2}} \pm \frac{1}{2}(\sigma_1 - \sigma_2 + \sigma_4 - \sigma_5)$$

其中,ψ_1 属 A_{1g} 不可约表示,ψ_2、ψ_3、ψ_4 属 T_{1u} 不可约表示,ψ_5、ψ_6 属 E_g 不可约表示。八面体配合物中心原子与配体形成的对称性匹配轨道如图 6-10 所示,它的能级分裂如图 6-11 所示。

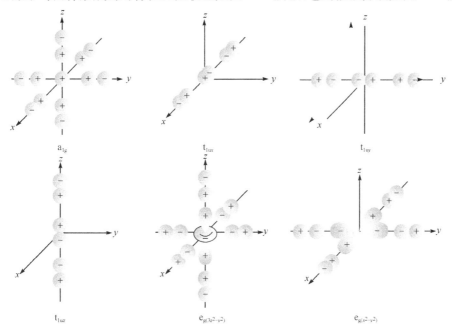

图 6-10　八面体配合物中心原子与配体形成对称性匹配的 σ 键分子轨道图

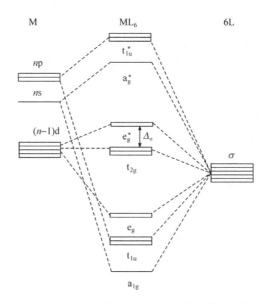

图 6-11 八面体配合物的 σ 键分子轨道能级图

6.2.3 金属羰基配合物（σ-π 配键）

许多过渡金属能以 σ-π 配键与 CO 配体形成配合物，如 $Ni(CO)_4$、$Fe(CO)_5$、$Cr(CO)_6$ 等。在羰基配合物中，配体 CO 以 C 的孤对电子与金属的空 d 轨道形成 σ 配键，金属 d 轨道上电子再反馈到 CO 的 π^* 轨道上形成反馈 π 键，两种作用结合起来，称为 σ-π 授受键（图 6-12），使金属与碳之间的键比单键强，C—O 间键比 CO 分子中要弱，因为反键 π^* 轨道上也有一些电子。

大多数羰基配合物都要满足 18 电子规则，即金属原子的价电子与周围配体提供的电子数加起来等于 18。一般 CO 配体提供两个电子，而中心金属原子的价电子数若为奇数时，配合物倾向于形成双核羰基化合物，如 $Mn_2(CO)_{10}$、$Co_2(CO)_8$ 等。在 $Mn_2(CO)_{10}$ 中，Mn—Mn 形成单键，5 个 M—CO 形成四角锥构型，两组 $Mn(CO)_5$ 为了减少空间阻碍引起的斥力，相互错开 $45°$ 排列。除 CO 外，N_2、O_2、C_2H_2 等小分子均能与过渡金属形成类似的 σ-π 授受键配合物。PF_3、PCl_3、PR_3 等分子与过渡金属也形成 σ-π 授受键的配合物，在 PR_3 中 P 有一孤对电子可提供电子对给中心金属原子，它还有空 d 轨道可接受金属反馈的电子，如 $Pd(PF_3)_4$、$Ni(PF_3)_4$ 等。

6.2.4 烯烃配位化合物

早在 19 世纪初，Zeise（蔡斯）合成出 Zeise 盐 $K[PtCl_3(C_2H_4)] \cdot H_2O$，其中一价负离子 $[PtCl_3(C_2H_4)]^-$ 的结构如图 6-13 所示。Pt^{2+} 按平面正方形和 4 个配体成键，其中 3 个 Cl^- 为正常配体。1 个 C_2H_4 的分子轴与四方形相互垂直，它的 π 轨道像孤对电子一样，向金属 Pt^{2+} 提供电荷，形成侧面 σ 配键，而 Pt^{2+} 再以占据的 d 轨道与 C_2H_2 的 π^* 反键重叠，形成反馈 π^* 键。其他烯烃也能和过渡金属形成配合物，如 $Fe(CO)_3(C_4H_6)$、$Co_2(CO)_6(C_2H_4)$ 等，结构如图 6-14 所示。

中心金属　　　　　配位体　　　　　　　配合物　　　实例

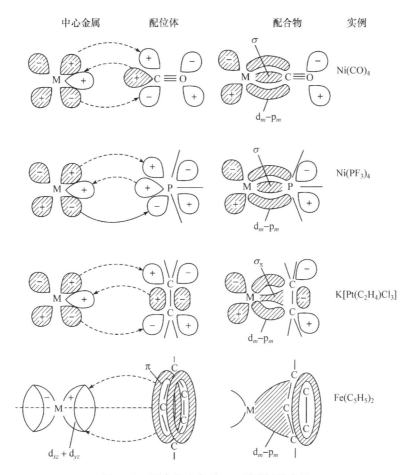

图 6-12　配合物中各种 σ-π 授受键示意图

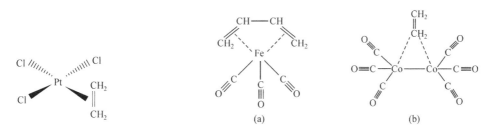

图 6-13　[PtCl₃(C₂H₄)]⁻ 的结构　　　图 6-14　Fe(CO)₃(C₄H₆)(a) 和 Co₂(CO)₆(C₂H₄)(b) 结构示意图

20 世纪 50 年代合成出一种新物质二茂铁 Fe(C₅H₅)₂，两个环戊烯基与一个 Fe 原子形成夹心面包式的分子结构，西方俗称三明治结构，以后陆续合成出一系列过渡金属与环戊烯基的配合物，如 Ru(C₅H₅)₂、Co(C₅H₅)₂、Mn(C₅H₅)₂、Ni(C₅H₅)₂ 等；过渡金属与苯基也可以形成三明治化合物，如二苯铬 Cr(C₆H₆)₂ 等。后来进一步研究发现，环烯烃(三元环、四元环直至七元环、八元环)都能与过渡金属形成这种夹心化合物，但以五元环、六元环为最常见。这种夹心化合物也可以是混合环体系，如含三、五元环的 Ti(C₅H₅)(C₃Ph₃)，含五、七元环的 V(C₅H₅)(C₇H₇)。有些是只含一个环烯基配体的，如 Cr(CO)₃(C₆H₆)(图 6-15)。二茂铁刚合成出来时，许多化学家对它的化学键发生很大兴趣。Fe 原子的价轨道仅有 5 个 3d、1 个 4s 轨道、3 个 4p 轨道，即使用金属 9 个价轨道也不够与上下 10 个 C 原子的 p 轨道成键。分子轨道计算表明，$Fe(C_5H_5)_2$ 中两个戊烯环的转动能垒很低，分子有时是重叠型，有时是交错型。现以 D_{5d} 对称性为例说明。上下环戊烯阴离子各以 6 个 π 电子参与成键，两个环戊烯形成 a_{1g}、a_{2u}、e_{1u}、e_{1g} 6 个配体占据轨道，这 6 个轨道与 Fe 对称性匹配的 d_{z^2}、d_{xz}、d_{yz}、p_x、p_y、p_z 轨道形成 6 个分子轨道 a_{1g}、a_{2u}、e_{1g}、e_{1u}。Fe 的 4s、d_{xy}、$d_{x^2-y^2}$ 则形成非键的 a_{1g}、e_{2g} 轨道，即 Fe 原子以 6 个价轨道与两个环戊烯基的共轭 π 轨道形成 6 个成键分子轨道，其余的 3 个价轨道被非键的孤对电子占据。

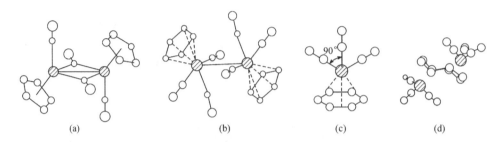

图 6-15　几种金属环烯烃配合物结构

(a) $Fe_2(CO)_4(C_5H_5)_2$；(b) $Mo_2(CO)_6(C_5H_5)_2$；(c) $Cr(CO)_3(C_6H_6)$；(d) $Fe_2(CO)_6(C_8H_8)$

6.3　配位场理论

　　配位场理论是在晶体场理论基础上，用分子轨道理论讨论配位化合物，并结合群论方法，使计算得到很大的简化。以下简要介绍配位场理论。

　　配位场理论认为，配合物中心离子的 d 轨道能级分裂由两个因素决定，一个是 d 电子间的相互作用，另一个是周围配体对中心离子的作用。根据光谱测定，配体强弱按以下次序排列：

$$CO、CN^- > NO_2^- > NH_3 > H_2O > F^- > OH^- > Cl^- > Br^-$$

　　从配合物中化学键的讨论可看出，配体若与中心离子可形成 σ-π 授受键即为强配体，若只与中心离子形成 σ 键的则是较弱的配体。当配体对中心离子的作用大于中心离子本身价电子的相互作用时，此配位场称为强场。中心离子价电子间作用大于配体作用时，则称为弱场。

6.3.1　中心离子电子组态的谱项

　　在原子光谱项中已介绍，原子或离子价电子的相互作用会导致等价电子能级分裂，此现象可在光谱中观察到不同的光谱项。

　　配合物中心离子主要是过渡金属，在此我们主要讨论 d^n 电子组态的能级分裂。由于"空穴"效应，d^1 与 d^9、d^2 与 d^8、d^3 与 d^7、d^4 与 d^6 的能级分裂都是相同的，所以只要讨论 5 种电子组态的能级分裂。

　　(1) $d^1(d^9)$。一个 d 电子填在 5 个 d 轨道上，并有自旋向上向下两种选择，则有 10 种可能状态，根据

$$M_l(\max) = 2 \qquad M_s = 1/2$$

光谱项为 ^2D。

(2) d^2(d^8)。两个 d 电子的 10 种可能选择产生 $C_{10}^2=\dfrac{10\times 9}{2}=45$ 种微观状态,M_l 最大值可以取 4,对应的 $M_s=0$,即光谱项为 ^1G(包括 9 个状态:$M_l=4,3,2,1,0,-1,-2,-3,-4$,$M_s=0$)。

两个 d 电子 M_s 最大值可以取为 1,对应 M_l 最大值可取 3,即光谱项为 ^3F(包括 21 个状态,$M_l=3,2,1,0,-1,-2,-3$,$M_s=1,0,-1$)。

$\sum M_l$ 取 1 时,$\sum M_s$ 取 1 的状态不只 1 个[$M_l(1) = 1$,$M_l(2) = 0$,$M_s(1) =1/2$,$M_s(2) = 1/2;M_l(1) = 2$,$M_l(2) = -1$,$M_s(1) = 1/2,M_s(2) = 1/2$],因此光谱项还可能有 ^3P(9 个状态),剩余的 6 个状态只能是 ^1D 和 ^1S。

d^2 组态可分裂为 ^1G、^3F、^3P、^1D、^1S 等 5 个光谱项,根据量子化学计算可知,光谱项按能级从低到高排列顺序为 ^3F、^1D、^3P、^1G、^1S。

(3) d^3(d^7)。d^3 电子组态对应 120 种微观状态($C_{10}^3=120$)。光谱项为 ^2H、^2G、^2F、^2D、^2D、^2P、^4P、^4F,其中 ^2D 谱项出现两次。

(4) d^4(d^6)。d^4 组态可产生 210 种微观状态,组成光谱项为 ^5D、^3P、^3D、^3F、^3G、^3H、^3P、^3F、^1S、^1D、^1F、^1G、^1I、^1S、^1D、^1G,其中 ^3F、^3P、^1G、^1D、^1S 均出现两次。

(5) d^5。d^5 组态有 252 种微观状态,组成光谱项为 ^6S、^4D、^4G、^4F、^4P、^2S、^2D、^2F、^2G、^2I、^2P、^2D、^2F、^2G、^2H、^2D。

6.3.2　原子轨道在不同环境中的能级分裂

原子轨道波函数 ψ 可表示为径向函数与球谐函数的乘积,即
$$\psi=R(r)Y(\theta,\phi)$$
在转动作用下,径向函数保持不变,仅与角量子数 l、球谐函数 Y_{lm} 有关。某一 l 值的球谐函数在转动下产生的表示 χ 是所有的分量值的加和
$$\chi_l=\sum_m e^{im\alpha}$$
转动角度为 α 的对称操作作用在角量子数为 l 的球谐函数上,产生的表示为
$$\chi=\frac{\sin\left(l+\frac{1}{2}\right)\alpha}{\sin\frac{\alpha}{2}}\qquad(\alpha\neq 0) \tag{6-3}$$
在不同对称性的配体场中,这些轨道函数可分裂为不同不可约表示的基,现以 O 群对称性场为例说明:当 $l=0$ 时,即 s 轨道,有
$$\chi_s=\frac{\sin\frac{\alpha}{2}}{\sin\frac{\alpha}{2}}=1$$
无论转动多大角度,χ_s 恒为 1,s 轨道的可约表示与 O 群中的 A_1 不可约表示完全相同。

当 $l=1$ 时,即 p 轨道,在恒等元素 E 作用下,3 个 p 分量保持不变,在 $C_4\left(\text{转动}\dfrac{\pi}{2}\right)$ 作用下:

$$\chi_p(C_4) = \frac{\sin\left(\frac{3}{2} \times \frac{\pi}{2}\right)}{\sin\frac{1}{4}\pi} = 1$$

在 C_3(转动 $\frac{2}{3}\pi$)作用下：

$$\chi_p(C_3) = \frac{\sin\left(\frac{3}{2} \times \frac{2\pi}{3}\right)}{\sin\frac{\pi}{3}} = 0$$

在 C_2(转动 π)作用下：

$$\chi_p(C_2) = \frac{\sin\left(\frac{3}{2} \times \pi\right)}{\sin\frac{\pi}{2}} = -1$$

得到的可约表示与 T_1 不可约表示完全相同，即 p 轨道可作为 O 群 T_1 不可约表示的基函数。

当 $l=2$ 时，d 轨道在恒等元素 E 作用下，仍有 5 个分量。

在 C_4 作用下：

$$\chi_d(C_4) = \frac{\sin\left(\frac{5}{2} \times \frac{\pi}{2}\right)}{\sin\frac{\pi}{4}} = -1$$

在 C_2 作用下：

$$\chi_d(C_2) = \frac{\sin\frac{5\pi}{2}}{\sin\frac{\pi}{2}} = 1$$

将可约表示 $\Gamma_d(5,-1,1,-1,1)$ 代入公式

$$a = \frac{1}{h}\sum_R n\, \Gamma(R)\chi(R) \tag{6-4}$$

Γ_d 在 O 群中可分解为 e 和 t_2 表示的直和

$$\Gamma_d = e \oplus t_2$$

式中：e 为二重简并；t_2 为三重简并，即 d 轨道可分裂为 e 和 t_2 两个能级。

当 $l=3$ 时，f 轨道也可得到一组可约表示(见 O 群特征标表)，进行可约表示向不可约表示分解，得 $\Gamma_f = a_2 \oplus t_1 \oplus t_2$，即 f 轨道在 O 群作用下可分解成 a_2、t_1 和 t_2 三个不可约表示的直和。

同理，g 轨道可分解为 a_1、e、t_1 和 t_2 四个不可约表示的直和。

以上为各种原子轨道在 O 群(八面体场)对称元素作用下进行的群分解。用相同方法，我们也可以得到各种原子轨道在 D_{4h}(四方形场)、T_d(四面体场)、D_{3d}(三角场)等不同对称群作用下的轨道能级分裂(图 6-16)。

例如，在 O_h(八面体场)作用下 d 轨道可分裂为 e_g 和 t_{2g} 两个能级，t_{2g} 能级较低；在 T_d(四面体场)作用下，d 轨道也分裂为 e 和 t_2 两个能级，但 e 能级较低；在 D_{4h}(正方形)中，d 轨道分裂为 $a_{1g}(d_{z^2})$、$b_{1g}(d_{x^2-y^2})$、$b_{2g}(d_{xy})$ 和 $e_g(d_{xz},d_{yz})$ 四个能级，其中 e_g 能级最低，b_{2g} 其次，a_{1g} 再次，b_{1g} 最高。

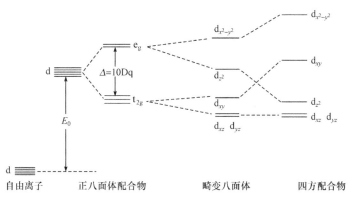

图 6-16 d电子在各种场中的能级分裂

6.3.3 *弱场方案*

当中心离子电子间的相互作用大于配体对中心离子的作用时,配合物的分子轨道能级分裂时,先进行中心离子电子组态的能级分裂,然后进行在不同对称性配位场中的能级分裂,这种处理称为弱场方案。

现以 d^2 在八面体场中分裂为例说明(图 6-17)。d^2 组态由于电子的相互作用,能级分裂为 ^3F、^1D、^3P、^1G、^1S 等 5 个谱项,在 O_h 场中,F、D、P、G、S 谱项进一步分裂如下:

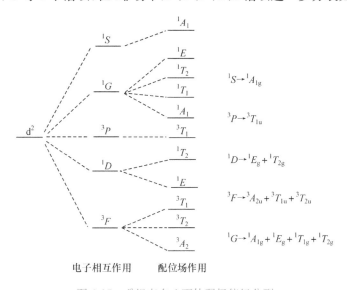

图 6-17 d^2 组态在八面体弱场能级分裂

从某一谱项分裂出来的全部状态,具有和原来谱项相同的自旋多重性。在配位场中分裂的能级高低可通过量子化学计算获得。

6.3.4 *强场方案*

当配体与中心离子间的作用很强,大于中心离子价电子间的作用时,我们处理配合物分子轨道时,先考虑配位场对中心离子 d 电子的影响,再考虑 d 电子间的相互作用,这样处理称为强场方案。

中心离子的 d 轨道在八面体场(O_h)分裂成 e_g 和 t_{2g} 两个能级,我们以 d^2 为例说明。两个 d 电子填充在两个能级不同的轨道上有 3 种可能:两个电子都填充在能量较低 t_{2g} 轨道上;一个填在 t_{2g},另一个填在 e_g 上;或两个都填在能量较高的 e_g 轨道上,即 t_{2g}^2、$t_{2g}^1 e_g^1$、e_g^2。

(1) t_2^2(由于 O_h 场中都是对称表示,以下略去 g 下标)。t_2 是三重简并的轨道,每个电子又可以自旋向上,自旋向下两种方式填入这 3 个轨道,即有 6 种选择。2 个电子在 6 种选择中填充,共有 15 种状态。2 个电子填充在 t_2 轨道上,它们以某种方式偶合,该状态可用 2 个单电子不可约表示的直积来表示,即以 2 个 t_2 不可约表示的特征标相乘,得到一个可约表示,再用以下公式将可约表示分解为不可约表示的直和

$$a = \frac{1}{h} \sum_R n(R) \chi_i(R) \chi_j(R)$$

$$t_2 \otimes t_2 \rightarrow A_1 \oplus E \oplus T_1 \oplus T_2$$

还要进一步确定这些谱项的多重性,A_1 为一种状态,E 为二重简并状态,T_1、T_2 为三重简并,若每个都是单态,只包含 9 种状态,还应有 1 个三重简并的三重态,或(A_1+E)是三重态,参考一下弱场方案的谱项,可定出 T_1 为三重态,即 $^1A + ^1E + ^3T_1 + ^1T_2$。

(2) $t_2^1 e^1$。对于 1 个电子填在 t_2 轨道有 6 种选择,1 个电子填在 e 轨道有 4 种选择,合起来共有 24 种状态,即

$$t_2 \otimes e \rightarrow 2T_1 \oplus 2T_2$$

t_2 与 e 不可约表示的直积为一可约表示 $\Gamma(t_2^1 e^1)$,再进行群分解,可得到 2 个 t_1 和 2 个 t_2 共 4 个不可约表示的直和,若都是单态,仅有 12 个状态,故应是 2 个单态、2 个三重态,即

$$^1T_1 + ^1T_2 + ^3T_1 + ^3T_2$$

(3) e^2。一个电子填在 e 轨道有 4 种选择,2 个电子填在 e 轨道($C_4^2 = \frac{4 \times 3}{2} = 6$)有 6 种选择,即

$$e \otimes e \rightarrow {}^1A \oplus {}^1E \oplus {}^3A_2$$

这样,我们得到了 d^2 组态在强场中先分成 t_2^2、$t_2^1 e^1$、e^2 3 种情况,然后对 3 种情况的状态用点群不可约表示直积处理,最后群分解,得到 3 种情况中两个电子相互作用产生的谱项能级分裂,将这些结果画在图的右边,与弱场的左图联系起来,得到 d^2 离子在八面体场中的能级相关图(图 6-18)。

对于弱配体(卤素等)配合物,图 6-18 的左边可用于光谱的磁学数据的解释。对于强配体(如 CO、CN^- 等)配合物,则遵循图右边的能级分裂关系。对于介于强弱配体之间的,如 H_2O、NH_3 等配体形成的化合物,可从两种方案的连线中的某一位置,得到化合物基态与激发态的关系。

同理,也可得到 d^3、d^4、d^5 组态在八面体场中的能级相关图。

(4) 空穴规则。前面曾提到:d^2 与 d^8、d^3 与 d^7、d^4 与 d^6 即 d^n 与 d^{10-n} 对弱场体系有完全相同的能级分裂,对强场体系 d^2 与 d^8

$$t_{2g}^2 - t_{2g}^4 e_g^4 \qquad t_{2g}^1 e_g^1 - t_{2g}^5 e_g^3 \qquad e_g^2 - t_{2g}^6 e_g^2$$

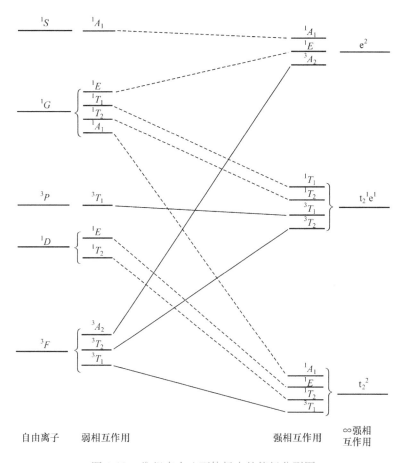

图 6-18 d^2 组态在八面体场中的能级分裂图

t_{2g} 轨道能级较低,t_{2g} 轨道电子填得越多,能级越低,所以 d^8 组态的三种情况中 $t_{2g}^6 e_g^2$ 能量最低,$t_{2g}^5 e_g^3$ 其次,$t_{2g}^4 e_g^4$ 能级最高,在 d^8 组态中要把 $t_{2g}^6 e_g^2$ 部分的能级分裂整体移到最低处,$t_{2g}^4 e_g^4$ 这部分放在最高,即可得到 d^8 组态八面体场中的能级相关图。

(5) 更普遍的关系。以上是讨论 d^n 组态在八面体场中能级相关,对四面体场(T_d),d 轨道分裂也是 e 与 t_2,只是能量颠倒过来,所以可以提出更普遍的关系:

$$d^n_{\text{八面体}} = d^{10-n}_{\text{四面体}} \quad 与 \quad d^n_{\text{四面体}} = d^{10-n}_{\text{八面体}}$$

互为颠倒关系。只要作出下列几种相关图:$d^1_{\text{八面体}}$、$d^2_{\text{八面体}}$、$d^3_{\text{八面体}}$、$d^4_{\text{八面体}}$、$d^5_{\text{八面体}}$ 就能得到 $d^1 \sim d^9$ 在八面体和四面体环境中 18 种可能情况的相关图。其中 d^5 是特殊的,它的 4 种相关图是等同的,因为 $n=5$ 时,$d^n = d^{10-n}$,且 $d^5_{\text{八面体}} = d^5_{\text{四面体}}$。

6.4 过渡金属原子簇化合物

6.4.1 簇合物中 M-M 间多重键

最早发现金属-金属之间存在四重键的化合物是 $[Re_2Cl_8]^{2-}$,金属 Re 晶体中 Re—Re 间距 276pm,但 $[Re_2Cl_8]^{2-}$ 中 Re—Re 间距仅 224pm,每个 Re 与四个 Cl 形成的四边形配位,一般情况下两组 $ReCl_4$ 若交错排列,可获得较小的空间排斥能,如 C_2H_6 中两组 CH_3 是交错排列。而实验证明在$[Re_2Cl_8]^{2-}$中，两组$ReCl_4$却是正重叠排列，这是证明 Re-Re 间存在多重键，无法旋转。

Re 原子的电子组态为$[Xe]5d^5 6s^2$，Re 以dsp^2杂化轨道与四个 Cl—形成 σ 键外，还有 4 个 d 轨道各有 1 个 d 电子，当两组$ReCl_4$沿 z 轴方向靠近时，两个d_{z^2}轨道重叠形成 σ 键，d_{yz}-d_{yz}、d_{xz}-d_{xz}相互重叠形成简并的 π 键，d_{xy}-d_{xy}形成 δ 键，如图 6-19(a)所示。后来发现$Cr_2(RCOO)_4$、$Tc_2(RCOO)_4Cl_2$等金属簇合物也存在类似的金属四重键，如图 6-19(b)所示。过渡金属 d 轨道成键极限是五重键，分布为$\sigma^2\pi^4\delta^4$，但比较罕见。2005 年才首次合成出含金属五重键的双核化合物 ArCrCrAr(Ar＝2,6-二苯基苯基)。后来又利用双齿配体合成了具有金属五重键和最短金属-金属间距(~174pm)的二铬化合物。

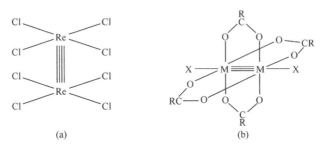

图 6-19　金属四重键化合物

(a) $[Re_2Cl_8]^{2-}$；(b) $M_2(RCOO)_4X_2$

6.4.2　金属簇合物的几何构型与电子计数法

金属配合物是一个金属原子与几个配体形成的化合物。20 世纪 80 年代以来，合成出一类化合物——由几个金属原子轨道相互重叠形成多面体骨架结构，每个金属原子还带有配体，称为金属原子簇化合物。金属多面体骨架多取四面体、八面体构型，如$Co_4(CO)_{12}$、$Os_6(CO)_{18}$，也有蝶形、锥形、三棱柱等其他构型。现介绍基于 18 电子规则的电子计数法，它可用于推测金属原子簇合物的骨架构型(图 6-20)。

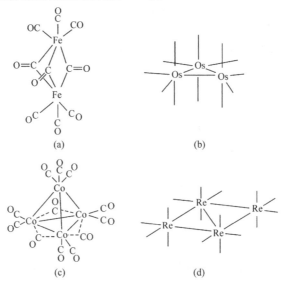

图 6-20　几种金属原子簇羰基化合物

(a) $Fe_2(CO)_9$；(b) $Os_3(CO)_{12}$；(c) $Co_4(CO)_{12}$；(d) $Re_4(CO)_{16}$

1. 骨架多面体与金属键轨道

根据拓扑学，n 个金属原子可形成封闭的几何图形与相应的金属轨道数，如图 6-21 所示。4 个金属原子可形成正方形(4 个骨架轨道)、蝶形(5 个骨架轨道)、四面体(6 个骨架轨道)；5 个、6 个金属原子形成四方锥、三棱柱、八面体等构型，分别对应 8 个、9 个、12 个骨架轨道。

2. 电子计数法

过渡金属原子(M)有 9 个价轨道(5 个 d 轨道，3 个 p 轨道，1 个 s 轨道)，在化合物中每个 M 周围可容纳 18 个电子达到稳定结构。在含 n 个金属原子的多核原子簇合物中，除金属原子本身的价电子和配体提供的电子外，金属-金属间还可形成金属键。形成的金属键个数用 b 表示，则

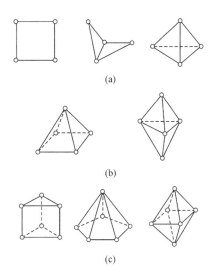

图 6-21　n 个金属原子可形成的多面体骨架
(a) 4 个 M；(b) 5 个 M；(c) 6 个 M

$$b=\frac{1}{2}(18n-g)$$

式中：g 为价电子总数，包括 n 个金属原子的价电子、所有配体提供的电子(CO 提供两个电子)、簇合物所带电荷数，有时还包括嵌在金属原子簇骨架中的 H 或 C 原子的价电子。

现以 $Co_4(CO)_{12}$ 为例说明：

$$g=4\times9+12\times2=60$$

$$b=\frac{1}{2}\times(18\times4-60)=6$$

即 4 个 Co 原子形成 6 个金属键，几何构型应为四面体骨架。

又如，$[Rh_6C(CO)_{15}]^{2-}$：

$$g=6\times9+15\times2+4+2=90$$

价电子总数包括 6 个 Rh 的价电子，15 个羰基提供的电子，Rh_6 骨架中 C 的 4 个价电子和簇合物带的二价负电荷，总计为 90 个电子，即

$$b=\frac{1}{2}\times(18\times6-90)=9$$

6 个 Rh 之间形成 9 个金属键，该金属簇合物的骨架结构为三棱柱。

必须注意的是，电子计数法对含较高氧化态金属簇合物并不适用。例如，三金属簇合物 $[Mo_3(\mu_3\text{-}O)(\mu_2\text{-}O)_3F_9]^{5-}$，若依电子计数法推算得金属键总数为 6，实际上三个 Mo(Ⅳ)仅拥有 6(=2×3) 个簇骼价电子，形成的金属键数仅为 3。类似地，含 Re(Ⅲ)的簇合物 $Re_3(\mu_2\text{-}Cl)_3(CH_2SiMe_3)_6$，其簇骼价电子总数为 12，实际金属键数为 6，若依电子计数法推算其金属键数为 9。有趣的是，这些缺电子金属簇合物的金属中心均具有空的 d 轨道，可与桥位配体的占据 p 轨道形成 p_π-d_π 配键。

6.5 原 子 团 簇

20 世纪 80 年代初,化学家结合激光、分子束等先进技术,发现了一种介于原子与凝聚态之间的新的物质层次——原子团簇(简称团簇)。团簇是由几个乃至数百个原子或离子结合成相对稳定的微观或亚微观聚集体,其物理和化学性质随所含的原子数目而变化。团簇广泛地存在于自然界各种过程,如宇宙尘埃的形成和演化、大气烟雾的成核和凝聚、燃烧中碳素的团聚和分解等,而实验室则可在极端化学条件(如激光溅射、电弧放电)下合成各种团簇。原子团簇的空间尺度在几纳米至几百纳米的范围内,许多性质既不同于单个原子、分子,又不同于固体、液体。人们把原子团簇看成是物质由原子、分子向大块物质转变的过渡状态,也称纳米团簇。

最早发现的碱金属团簇由几个原子至几十个原子,甚至上百个原子组成。这些团簇大多是通过质谱检测到它们的存在。实验发现团簇在生长过程中会出现幻数,即某些数目形成的团簇稳定性明显比相邻数目形成的团簇稳定性大(图 6-22)。对碱金属离子、稀有气体团簇(价层电子层为 8、18 满壳层),理论计算预测它们的结构是从多面体(如四面体、八面体、十二面体等)堆积长大的,如 Na_n^+ 团簇的幻数 $n = 8, 20, 40, 58, 70, 92, \cdots$,$Xe_n$ 的幻数 $n = 13, 55, 147, 309, \cdots$,而 C_n 团簇则是近年研究较多的,下面分别介绍碳笼与碳纳米管。

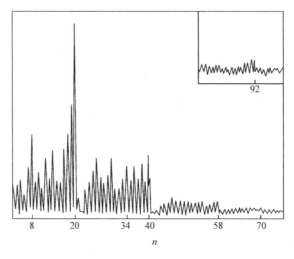

图 6-22 Na_n^+ 团簇的激光质谱图

6.5.1 富勒烯碳笼

1985 年,Kroto 与 Smalley 等用激光溅射石墨,在质谱仪上检测到一系列碳原子簇,其中 C_{60} 的丰度最高,其次为 C_{70}。他们预言 C_{60} 是由 12 个五边形和 20 个六边形构成的笼状圆球。1990 年,Kratschmer 等用电弧放电获得微量的 C_{60},以后又证明了 C_{60} 确实是 I_h 对称性的直径 0.7nm 的足球烯。其中每个 C 原子都采用 sp^2 杂化,与相邻 3 个 C 原子形成 σ 键,还有 1 个 p 轨道参与整个笼的 60 个轨道的曲面大 π 键。常温下 C_{60} 分子不停地转动,温度降到 90K 以下才会停下来。

C_{60} 的发现引发了全球的 C_{60} 热,许多实验室争相合成 C_n 团簇。实验证明 C_n 团簇的幻数 $N = 20, 24, 28, 32, 36, 50, 60, 70, \cdots$。$C_{70}$ 是稳定性仅次于 C_{60} 的碳笼,具有 D_{5h} 对称性,可看成

C_{60} 从中剖开,再接上 5 个六边形。从拓扑学分析,碳笼所含的 12 个五边形必须分隔排列结构才稳定,此所谓"分立五元环规则"。C 原子数少于 60 的富勒烯碳团簇,无法使 12 个五边形完全分离,所以很难得到稳定结构。C_{60} 以上的高碳富勒烯,目前分离得到的也只有 C_{70}、C_{76}、C_{78}、C_{84} 等。它们分别由 12 个五边形和 25、28、29、32 个六边形组成。从拓扑学观点,每种团簇都可能有几种以至几十种异构体,但实际上只获得 $C_{76}(D_2)$、$C_{78}(D_3,C_{3v})$、$C_{84}(D_{2d},D_2)$(图 6-23)等几种构型,说明还有其他因素决定构型稳定性。

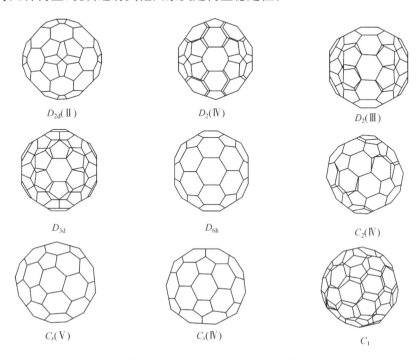

$$D_{2d}(\text{II}) \qquad D_2(\text{IV}) \qquad D_2(\text{III})$$

$$D_{3d} \qquad D_{6h} \qquad C_2(\text{IV})$$

$$C_s(\text{V}) \qquad C_s(\text{IV}) \qquad C_1$$

图 6-23　C_{84} 几种可能的拓扑结构

二十几年来,富勒烯在碳笼外、碳笼内和碳笼上的化学修饰取得很大进展。

碳笼上的化学反应,特别是 C_{60},已合成各种各样的衍生物。例如,C_{60} 与 H 反应生成 $C_{60}H_{36}$、$C_{60}H_{18}$ 等,也可以直接卤化生成 $C_{60}X_n$……

由于 C_{60} 笼较大,内空腔可能填入某些原子或小分子,一研究组将石墨浸泡在金属盐($LaCl_3$)溶液中,通过激光溅射,在质谱仪上检测到 $[C_{60}La]^+$ 存在。为证明金属原子确实在笼内,用激光束轰击碳笼,碳笼每次失去一个 C_2,而不会失去金属原子,激光不断轰击,碳笼不断缩小,直至某临界值,以后碳笼分裂成碎片,不同的金属有不同的临界值,如 $[Cs@C_{48}]^+$、$[K@C_{44}]^+$(科学家用@表示笼内嵌原子或分子)。若笼内不含金属原子时最小碳笼为 C_{32}^+。另一研究组用电弧放电处理稀土氧化物与石墨,经分离获得纯净的碳笼嵌合物 $La@C_{82}$、$Sc_3@C_{82}$ 等。这也给人们一个启示,不稳定的碳笼可通过嵌入金属原子达到稳定。近来相继合成出富勒烯内嵌金属 $Sc_3N@C_{66}$、$Sc_3N@C_{68}$ 等,如图 6-24(a)、(b)所示。空的碳笼都不稳定,且 C_{66}、C_{68} 都不满足 12 个五边形分离原则,但嵌入金属簇后能稳定存在。

另一个发展方向是 C_{60} 掺杂,C_{60} 与碱金属结合可形成超导体,如 C_{60} 掺 K,超导起始温度为 18K,Rb_3C_{60} 起始温度为 29K。与一维有机超导体、二维金属氧化物高温超导体不同,C_{60} 掺碱金属获得的超导体是各向同性的三维超导体。

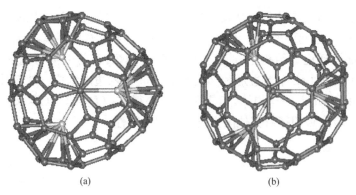

图 6-24　富勒烯内嵌金属

(a) $Sc_3N@C_{68}$；(b) $Sc_3N@C_{80}$

还有一类化合物是笼上的碳原子被其他原子取代,如 B、N 等,已获得 C_{60} 被 N 取代的二聚体$(C_{59}N)_2$。另一类很有特色的金属碳化物 M_8C_{12},即 C_{20} 笼上 8 个 C 被过渡金属替代(图 6-25)。首先从质谱上检测出 Ti_8C_{12},分子属 T_d 对称性。以后相继检测出 Zr_8C_{12}、Hf_8C_{12}、$Ti_xZr_{8-x}C_{12}$ 以及 Ti_8C_{12} 的二聚体、三聚体、四聚体。

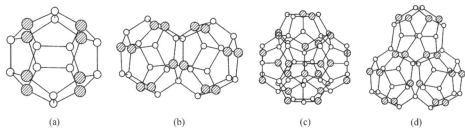

(a)　　　　　　(b)　　　　　　(c)　　　　　　(d)

图 6-25　金属碳化物 M_8C_{12} 及其多聚体

6.5.2　碳纳米管

1991 年,饭岛(Iijima)发现碳纳米管,立即引起科技界极大关注。

碳纳米管分单壁与多壁两种。从高分辨电镜观察,多层碳纳米管由几层至十几层单壁纳米管同轴构成,层间距为 0.34nm 左右,相当于石墨{0002}面间距。碳纳米管的直径从零点几纳米到几十纳米,每一层管壁都是由碳六边形组成,相当于用二维石墨片卷曲而成,长度可达几十到几百纳米。图 6-26 展示一个二维石墨片,取其中方形虚线 $OAB'B$ 所定范围,使 $OAB'B$ 卷起来,端部再用半个富勒烯碳笼封顶,则形成碳纳米管。

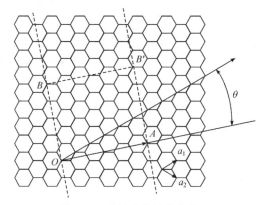

图 6-26　碳纳米管的卷曲角度

根据卷曲角度不同,碳纳米管可分为扶椅形[图 6-27(a)]、锯齿形[图 6-27(b)]和螺旋形[图 6-27(c)]三种。螺旋矢量 $C_h = na_1 + ma_2$,a_1 和 a_2 为单位矢量,n、m 为整数,螺旋角为基准线与 a_1 夹角。当 $n=m$,θ 为 30°,形成扶椅形碳纳米管;当 n 或 $m=0$,θ 为 0°,形成锯齿形碳纳米管;当 θ 为 0°~30°,则形成螺旋形碳纳米管,具有手性。

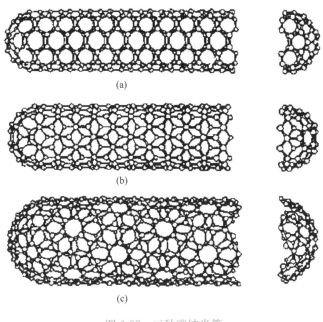

图 6-27　三种碳纳米管
(a) 扶椅形;(b) 锯齿形;(c) 螺旋形

碳纳米管的性能受它们的直径和螺旋角 θ 影响。实验测定碳纳米管具有独特的电学性质,这是由于电子的量子限域效应所致。电子只能在单层石墨中沿碳纳米管轴向运动,径向运动受限制。扶椅形碳纳米管只需极小的能量就可使电子激发到空占据态,因此具有金属性。锯齿形与螺旋形碳纳米管,占据态与空态之间有一个小带隙,因此呈半导体性,随着碳纳米管直径增大,带隙变小趋于 0,碳纳米管从半导体变为导体。经测试碳纳米管与金刚石有相同的热导和独特的力学性质,它的抗张强度比钢高 100 倍,延伸率超过 1‰,具有良好的弯曲性及弹性,可望成为复合材料的增强剂。除碳纳米管外,人们还合成了其他材料的纳米管,如 WS_2、MoS_2、BN 纳米管等。

6.6　次　级　键

近几年,人们发现介于狭义化学键和 van der Waals 力之间存在的各种强弱不等的相互作用形式,在文献上称为弱键(weak bonding)、半键(semibonding)、非键(non-bonding)和短接触(short contact)等。现在逐渐趋向于采用"secondary bonding"这一名称,它是 Alcock 总结百余个无机晶体结构特征后最先提出的。胡盛志将其译为"次级键",也有论文译作"二级化学键"。氢键(X—H···Y)显然是次级键的一个类型,6.7 节将专门介绍。化学家很早就在化学反应过渡态理论中引入了次级键的概念。一个化学反应必然涉及旧键的断裂和新键的生成。在反应过程中形成的过渡态正是以次级键(常以点线表示)为特征的中间体或活化配合物。晶体结构测定、NMR 等谱学实验证明了次级键的存在。

鉴于次级键表现的多样性，我们按非金属原子间、非金属-金属原子间和金属原子间次级键分别加以介绍。

6.6.1 非金属原子间次级键

(1) $Ph_2I_2(\mu\text{-}X)_2Ph_2$($X$=Cl, Br, I)。这类化合物的晶体结构报告是 Alcock 提出次级键这一新概念后的第一篇论文。该分子通过次级键 I…X 形成中心对称的平面分子，如图 6-28 所示，苯环则偏离平面。

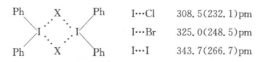

Ph
X
Ph
I
I
Ph
X
Ph
I…Cl 308.5(232.1)pm
I…Br 325.0(248.5)pm
I…I 343.7(266.7)pm

图 6-28 I…X 间的次级键

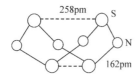

图 6-28 中右边所列出的 I…X 距离均比气相中双原子分子 IX 的键长(列于括号中)约长 76pm，但远小于 van der Waals 半径之和。可以肯定，Ph_2IX 借次级键形成二聚体时涉及 I—X 键长的调整，因四个 I…X 键两两相等，两者可相差 4pm。二聚体的空间构型与 I_2Cl_6 分子相似，但后者桥联 I—Cl 键长仅 270pm。

258pm
S
N
162pm

图 6-29 S_4N_4 分子构型

(2) S_4N_4。S_4N_4 分子构型如图 6-29 所示。该分子形成网状结构，N 原子处在同一平面内，S 原子两两结合成键，键长 258pm，比一般 S—S 共价单键 206pm 长，但比 S 原子 van der Waals 半径和(368pm)短得多。在通常结构中，N 原子形成 3 个共价单键，S 原子形成 2 个，可是 S_4N_4 分子中却相反。

6.6.2 非金属-金属原子间次级键

由于金属原子 van der Waals 半径难以确定，一个可靠的次级键判据是短接触不超过金属-非金属原子单键键长 100pm。例如，在判断一类 Rh(Ⅱ)配合物中是否存在 Rh(Ⅱ)…Cl 次级键时，考虑到 Rh(Ⅱ)—Cl 键长一般为 237pm，因此 337pm 可作为衡量次级键的键长上限。

例如，晶体中 $VO(acac)_2$ 和吡啶(Py)分子通过次级键结合在一起，根据实验测定 V 原子与周围的 6 个配位原子的键长值以及数据计算所得的键价如下：

键	$V—O_{(a)}$	$\langle V—O_{(e)} \rangle$	V…N
键和/pm	157	201	248
键价	1.86	0.52	0.17

键价和为 4.11，和 V 的四价氧化态相近。

Sn_4F_8 的分子结构示于图 6-30 中，该分子呈八元环，如图 6-30(a)所示，图6-30(b)、(c)则画出分子两个不等价的 Sn 原子周围的配位情况。根据实验测定的原子间距离数据和下表所列的参数，可计算 Sn(1)和 Sn(2)周围原子间的键价如下：

Sn(1)	键长/pm	键 价	Sn(2)	键长/pm	键 价
	206	0.55		205	0.56
	210	0.52		220	0.44
	216	0.47		228	0.39
	267	0.22		239	0.33
	283	0.18		249	0.28
	322	0.12		331	0.10
键价和		2.07	键价和		2.10

从所得结果看,若不考虑 Sn 原子周围的次级键,Sn 原子呈三角锥形,孤对电子方向的配位不完整,也不满足键价和规则,而计算次级键后,可得到较完整的图像。

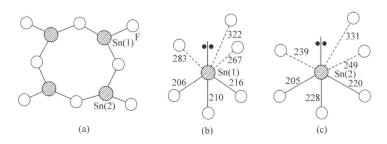

图 6-30　Sn_4F_8 的结构与配位情况

(a) 分子结构;(b) Sn(1)的配位;(c) Sn(2)的配位

6.6.3　金属原子间次级键

选择货币金属的次级键做一简介。与前面讨论的次级键不同,现在没有孤对电子的作用,但其结构化学内容仍然丰富多彩。

(1) Au⋯Au。Au 可形成多种次级键,如 Au⋯N、Au⋯H—C、Au⋯π 和 Au⋯Au 等。其中以 Au⋯Au 次级键最为引人注目,称为亲(亚)金(aurophilic)效应。以二聚来说,至今已发现以下 5 种 Au⋯Au 成键方式,其 Au⋯Au 距离一般在 320pm 左右,注意 Au 的共价半径、金属原子半径和 van der Waals 半径分别为 300pm、288pm 和 332~340pm。二聚 Au 原子间的次级键如图 6-31 所示。

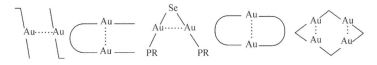

图 6-31　二聚 Au 原子间的次级键

已从剑桥数据库检索得到 Au(I)⋯Au(I)在 van der Waals 半径和以内的连续键长分布。对于上述亲和作用,Hoffmann 认为应用$(n-1)$d 和 ns 对 np 空轨道的杂化即可解释。Pyykkö 将这类次级键归纳为 $s^2⋯s^2$ 和 $d^{10}⋯d^{10}$ 间所谓"闭壳层强相互作用"。揭示次级键本质,还有待理论工作者的进一步努力。

(2) Ag⋯Ag。Ag 不像 Au 那样呈强的亲和作用,要形成 Ag⋯Ag 次级键较难,而形成接近金属键的化合物就更难。唯一接近金属键距离 289pm 的是化合物 $[Ag_2(PhCS_2)_2]_n$。大多数化合物中，Ag···Ag 间距在 300pm 附近或更长。文献报道 Ag 的 van der Waals 半径和为 340~344pm，多核 Ag 形成的笼状物的 Ag···Ag 间距均小于 340pm，乙炔阴离子 C_2^{2-} 分别嵌于 Ag 所形成的八面体、单帽三方柱和单帽八面体等中间。

（3）Cu···Cu。无论在小分子配合物还是生物大分子中均发现这类次级键。前者如 Cu(Ⅱ)的脲和乙酸多元配合物 $[Cu_2(OAc)_4(Ur)_2]2H_2O$，它的 Cu···Cu 距离 261.3(2)pm，比 van der Waals 半径和(280~286pm)短很多，但比细胞色素 c 氧化酶中双硫桥联的 Cu···Cu 距离 250pm 长。

有意思的是，连接两个金属原子的双硫桥结构在固氮酶活性中心大量出现，如图 6-32 所示。它是著名的 FeMo 辅因子核心部位，显然是金属原子间的整体协同效应，而非个别原子在起固氮作用。

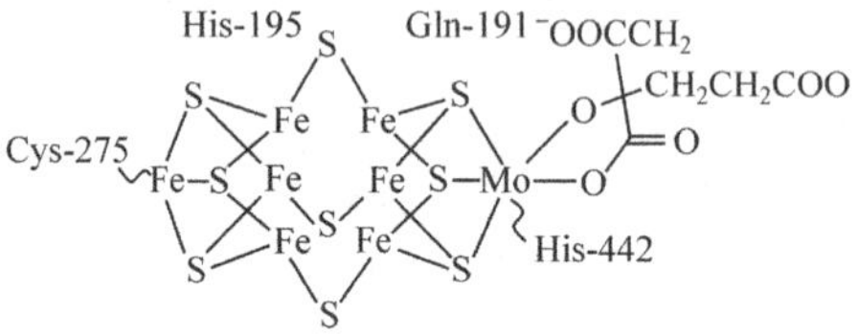

图 6-32　固氮酶活性中心 FeMo 辅因子

6.7　氢　　键

6.7.1　氢键产生的条件和影响

1. 氢键形成条件

100 多年前人们已认识到，在某些情况下，一个氢原子不是被一个其他原子，而是被两个原子(X，Y)强烈吸引，因此可以把它看作在两个原子之间的键，形成 X—H···Y 的氢键，并且认为只有电负性最大的原子才与氢原子形成氢键。近年的研究表明，氢键是另一种重要的结合力。对于较弱到中等强度的氢键，可用静电模型来描述氢键，即极性的给体键($Dn^{\delta-}$—$H^{\delta+}$)和受体原子(:$Ac^{\delta-}$)间的库仑作用。因为氢键只是简单的库仑作用，分子中任何有负电荷的部分都可接受氢键，而不是局限于电负性强的原子，即氢键范围大大拓展。因为静电作用对氢键起支配作用，几何因素影响不大。理想的几何形状是线形排列，也允许有明显偏离。

氢键的强度大致可分为三个范围，固有焓(Gibbs 自由能之差)为 63~167kJ·mol^{-1} 被认为强氢键，21~59kJ·mol^{-1} 为中等强度氢键，小于 17kJ·mol^{-1} 为弱氢键(表 6-3)。氢键虽然能量不大(4~167kJ·mol^{-1})，但在决定物质性质时发挥了很大作用。氢键键能小，形成氢键的活化能也小，特别适合进行常温下的化学反应，对于目前的研究热点——生命科学中的蛋白质构型、生命过程中的质子转移等，具有特别重要的意义。

氢键强度依赖于氢键接受体的性质以及氢键的微环境。

溶剂强烈影响氢键的强度。这是因为给体和受体在形成氢键前已溶剂化了。很多极性溶剂本身可形成氢键，如果给体和受体与溶剂间形成的氢键强度与它们配对形成氢键的强度接近，该溶剂称为竞争性溶剂。当溶剂是非极性的，Dn—H···:Ac 相互作用，使氢键更强。因此，溶剂形成氢键的能力是决定氢键强度的重要因素。

表 6-3　一些氢键的 ΔH 值

氢　键	化合物	介　质	$\Delta H/(kJ \cdot mol^{-1})$
H—O⋯O=C	甲酸/甲酸	气相	−31
H—O⋯O—H	甲醇/甲醇	气相	−32
H—O⋯SR₂	苯酚/正丁硫醚	CCl₄	−18
H—O⋯N	苯酚/吡啶	CCl₄	−27
H—O⋯N	苯酚/三乙胺	CCl₄	−35
H—N⋯SR₂	巯基氰酸/正丁硫醚	CCl₄	−15

氢键的强弱与给体的电负性有关,给体电负性越大,氢键越强:$HF>HCl>HBr>HI$,这里的氢键与 H 上的电荷有关,与其酸度无关。另一类含氧酸,H 带有电荷,是较好的氢键给体,$CF_3CO_2H>CCl_3CO_2H>CBr_3CO_2H>CI_3CO_2H$,氢键强度与酸度大小的趋势一致。对于受体,存在以下趋势:$H_2O>H_3N>H_2S>H_3P$。受体原子的电负性是一把双刃剑。一方面,它能增加原子的负电荷;另一方面,它共享电子对的倾向降低,不利于形成氢键。因此,F 形成的键极性较高,却是一个非常弱的氢键受体。

另外,一些氢键的加强是给体与受体从共振结构中受益。例如,邻硝基苯酚分子内氢键非常强,氢键协助了共振,又从共振结构中受益。极化也能增强氢键,当相邻氢键基团能协助 Dn—H 键极化,使其给体能力增强时,就会发生这种现象。例如,水形成二聚体后极易形成三聚体,还有糖分子内的协同氢键。

还有一种短-强氢键。当氢与给体和受体的距离相同,且两个原子距离很短(通常为240~250pm),氢在两个原子间转移的能垒接近零点振动能。也就是当 Dn—H⋯：Ac 和 Dn⋯H—Ac 的能量相近、Dn 和 Ac 的间距很短时,障碍能就会很低,以致完全消失。这种氢键称为无障碍氢键,也称为短-强氢键。在气相中,已测定大量短-强氢键。表 6-4 是一些例子。

表 6-4　一些短-强氢键的强度

氢　键	强度/$(kJ \cdot mol^{-1})$	氢　键	强度/$(kJ \cdot mol^{-1})$
F⋯HF	163	CN⋯HF	88
Cl⋯HF	92	F⋯HOCH₃	126
Br⋯HF	71	F⋯HOH	96
I⋯HF	63	H₃N⋯H—NH₃	100

2. 氢键对物质的物理性质的影响

氢键对 H_2O、NH_3、HF 等物质的物理性质产生重要影响。可比较一下与 H_2O、NH_3、HF、CH_4 相等价电子体系的物质的熔点和沸点(图 6-33):H_2Te、H_2Se 和 H_2S 的熔点和沸点按照它们的相对分子质量和相互作用 van der Waals 力的下降而依次下降,若按这个趋势推算,水的熔点和沸点分别是 −100℃ 和 −80℃,但实际测量值比这高得多,这是生成氢键的结果。

NH_3 和 HF 的熔点和沸点也大大高于同类化合物序列外推得到数值,但都比水的氢键影响小。氢键对 NH_3 的影响降低,一部分因为 N 的电负性比 O 小,另一方面 NH_3 分子只有一对孤对电子。而 HF 能够生成氢键的质子只有水的一半,虽然 F—H⋯F 比 O—H⋯O 强度大,但总影响还是比水小。

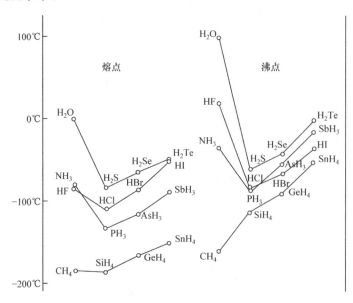

图 6-33　相等价电子氢化物的熔点和沸点

6.7.2　水的氢键

水是地球上数量最多的化合物之一,与动植物生长、人们的生活和工农业生产密切相关。由于水的结构在不同温度、压力下都有变化,几个世纪前人们就开始研究水的结构,这种研究一直持续至今。

气态单个水分子的结构已确定 O—H 键长为 95.7pm,∠HOH 为 104.5°。在冰、水或水合物晶体中,H_2O 分子均可看成按四面体方向分布的电荷体系。水分子的两个氢原子指向四面体的两个顶点,显正电性。氧原子上的两对孤对电子指向四面体的另外两个顶点,显负电性。正电性一端常与另一水分子的负电性一端或其他负离子结合,形成 O—H⋯O、O—H⋯N 或 O—H⋯Cl 型氢键;负电性一端常与正离子或其他分子的正电性一端结合,形成 O⋯H—O、O⋯H—N 等形式的氢键。

常压下,水冷至 0℃以下即可形成六方结构(I_h)的冰(图 6-34),生活中常见的冰、雪、霜都属于这种结构。0℃时,冰的六方晶系参数为:$a=452.3pm$,$c=736.7pm$。晶胞中包含 4 个水分子,空间群为 $P6_1/mmc$,密度为 0.9168g·cm^{-3}。在冰的晶体中,氢原子核为无序分布,氢原子与近端氧原子的平均距离为 97pm,与远端氧原子相距约为 179pm。在真空中,控制温度为 133～153K,可从水蒸气直接结晶成立方结构(I_c)的冰,为亚稳态。I_c 晶体中氧原子排列与金刚石相似,而氢原子也是无序排列。

近年的研究表明,冰的结构可达 15 种之多。冰在加压条件下,可转变成一系列不同晶形 Ⅱ～ⅩⅤ(图 6-35),其中Ⅷ和Ⅸ为低温时的晶形。各种高压晶形的冰,其密度都比冰Ⅰ高(Ⅱ 1.17g·cm^{-3},Ⅲ 1.16g·cm^{-3},Ⅳ 1.29g·cm^{-3},Ⅴ 1.23g·cm^{-3},Ⅵ 1.31g·cm^{-3},Ⅶ 1.65g·cm^{-3},Ⅸ1.16g·cm^{-3})。其原因不是高压下氢键 O—H⋯O 缩短,而是 O 原子配位数增加,出现 O 和 O 的非键配位,使其密度增大。

液态水的结构也有多种变化,至今仍是研究热点,国内外学者用分子动力学模拟液态水的

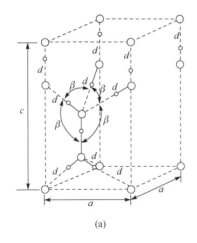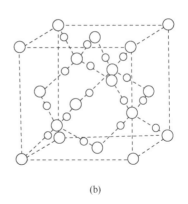

(a)　　　　　　　　　　　　(b)

图 6-34　冰在常温常压下的构型

(a) 稳定构型 I_h；(b) 亚稳构型 I_c

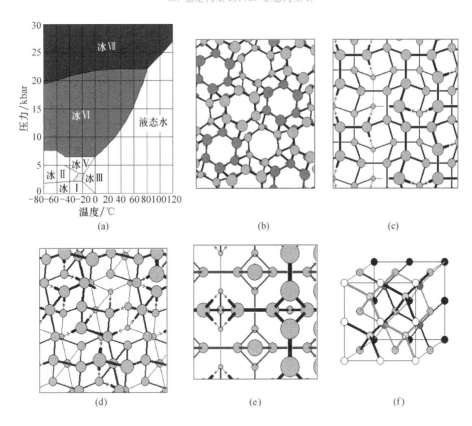

(a)　　　　　　　　　(b)　　　　　　　　　(c)

(d)　　　　　　　　　(e)　　　　　　　　　(f)

图 6-35　冰的各种晶形结构

(a) 不同压力下冰的结构；(b) Ⅱ型冰的晶胞；(c) Ⅲ型冰的晶胞；(d) Ⅴ型冰的晶胞；(e) Ⅵ型冰的晶胞；(f) Ⅶ型冰的晶胞

1bar＝10^5Pa

结构。近年一些研究表明，在一些水包合物中，水可以形成五角十二面体的分子团。20 个水分子的氧原子位于十二面体的顶点，沿着十二面体的各条棱生成氢键。正五边形的内角等于108°，比较接近∠HOH。十二面体的边长约为 276pm，这是 O—H···O 氢键的长度。在一个立方单元中有两个十二面体，一个位于顶点，另一个位于体心位置，但取向不同。每个十二面

159

体的 20 个水分子中有 8 个与相邻的十二面体中水分子形成氢键。十二面体间隙中还有自由活动的水分子。另一些研究提出,水可以形成十二面体与十四面体的氢键水分子团。十四面体上下底为六边形,周围由五边形组成(图 6-36)。

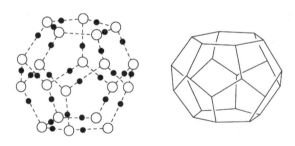

图 6-36　水包合物中形成氢键的多面体
(a) 十二面体;(b) 十四面体

6.7.3　几种重要化合物的氢键

氢键可分为分子间氢键和分子内氢键两大类。分子间氢键,如常见的水、$(HF)_n$、二聚甲酸$(HCOOH)_2$ 等都是。分子内氢键大多存在于有机化合物中,如邻硝基苯酚中的羟基可与硝基的氮原子生成分子内氢键。还有一种分子内氢键,如 NH_4OH 分子中 NH_4^+ 和 OH^- 是以氢键联结。

1. 醇和羧酸

许多醇类可生成分子间氢键。在结晶醇中,分子通常用折链状氢键联合成聚合体。甲醇晶体就具有这种链状结构,氢键长度为 266pm。晶体熔化为液态时,形成链状或环状联合体(图 6-37),一般氢键没有被破坏。因此,醇的熔点只有轻微的不正常现象,醇在很宽的温度范围内保持在液态。但气化时氢键被破坏,气化热与沸点均明显升高。

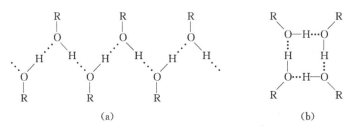

图 6-37　醇的链式(a)和环式(b)结构

许多羧酸由于氢键可产生二聚体。例如,乙酸二聚体中 O—H 键长度为 107pm,比冰中 101pm 大得多,这是氢键强度减弱所致。

氢键对晶体物理性质的影响在乙二酸中表现很突出。乙二酸有两种无水晶形。α 型晶体形成氢键结合的分子层,因此很容易解理,一层层剥开。β 型晶体含有长分子链结构。两种晶形中氢键长度约为 265pm。二者的结构分别如图 6-38 和图 6-39 所示。

其他羧酸都有类似结构,如丁二酸 $COOH(CH_2)_2COOH$,戊二酸 $COOH(CH_2)_3COOH$,己二酸 $COOH(CH_2)_4COOH$ 等。

图 6-38　乙二酸 α 型晶体的层状结构　　　　图 6-39　乙二酸 β 型晶体的链结构

实验证明,苯甲酸和一些羧酸在苯、CCl_4 等溶剂中,因氢键而缔合成二聚体。在丙酮、乙醇、乙酸等溶液中,苯甲酸以单体形式存在。在这些溶液中,苯甲酸以单体与溶剂分子生成氢键而使体系稳定。

邻羟基苯甲酸的羟基与邻位羧基形成分子内氢键,两个苯甲酸又形成二聚体,如图 6-40 所示。既有内氢键、又有外氢键,对邻羟基苯甲酸的酸性影响很突出,它是比间羟基苯甲酸和对羟基苯甲酸强得多的酸,这是因为羟基与羧基形成氢键使其对质子的引力得到部分饱和。这种效果在二羟基苯甲酸中更明显,它是比磷酸、亚硫酸更强的酸[图 6-41(b)]。而二溴二羟基二甲酸乙酯取代的苯环[图 6-41(c)],化学家期待它有较强的氢键,但实验测定,该分子的氢键很弱。

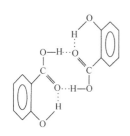

图 6-40　邻羟基苯甲酸二聚体　　　　　图 6-41　几种分子内氢键

(a) 邻硝基苯酚;(b) 二羟基苯甲酸;(c) 二溴二羟基二甲酸乙酯取代苯

2. 核酸中的氢键

脱氧核糖核酸简称 DNA,构成遗传的基因,同时控制着蛋白质的制造和有机体细胞的机能。脱氧核糖核酸结构中,氢键起着重要的作用。这个结构包含 A、G、C 和 T 四种核苷酸形成一个双螺旋体的两个相互交织的链状结构。

DNA 的一级结构就是分子内碱基的排列顺序。DNA 的二级结构决定生物体的物理和化学性质。它由两条多核苷酸链组成,链中每个核苷酸含一个戊糖、一个磷酸根和一个碱基。碱基分两类,一类是单环的嘧啶,另一类是双环的嘌呤。

双螺旋结构要求嘌呤必须与嘧啶配对,只有 A(腺嘌呤)与 T(胸腺嘧啶)通过两个氢键配对,G(鸟嘌呤)与 C(胞嘧啶)通过三个氢键配对。氢键成为两条核苷酸链联系在一起的主要作用。碱基平面与螺旋轴基本垂直。嘌呤和嘧啶碱基上的氨基和酮基是亲水的,能成为氢键的给体与受体。而嘌呤和嘧啶环本身是疏水的,同一链上两个相邻碱基平行的平面通过 π 电子的作用,形成强烈的疏水作用力。氢键和碱基间疏水作用力保持了双螺旋的稳定性。DNA 的两条长链因空间结构要求,形成右手螺旋结构。碱基间距离为 340pm,每个螺旋周期含 10 对碱基,长 3.4nm,如图 6-42 所示。

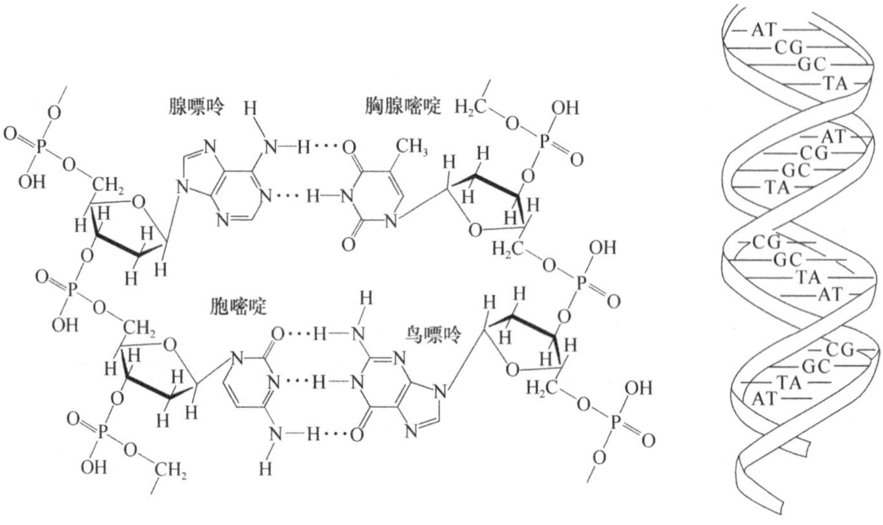

图 6-42   DNA 中 A-T、G-C 通过氢键碱基配对后形成双螺旋链

6.8   超分子化学

6.8.1   分子化学与超分子化学

分子化学主要以共价键结合的分子为研究对象。随着科学的发展,人们发现许多物质的性质不仅取决于单个分子,而且与分子之间有序聚集形成的整体有密切的关系。从研究层次来说,不可避免地导致化学从分子化学发展到超分子化学。超分子化学是"研究分子组装和分子间键的化学",它是高于分子层次的化学,研究有两种或两种以上化学物种通过分子间非共价作用而形成的高度复杂的体系。超分子化学淡化了化学中各分支学科之间的界限,强调了超分子体系所具有的特定结构和功能,为分子器件、材料科学和生命科学的发展开辟了一条崭新的道路。

超分子体系的形成依赖于分子间非共价相互作用,主要包括:离子间的静电作用力、氢键、疏水作用、π 堆叠作用和 van der Waals 力等。此外,金属和配体形成的配位键也常用于构建超分子结构。在超分子化学中,氢键特别重要。一个经典的例子是 DNA,其双螺旋结构就是由两条链的碱基之间通过氢键形成互补的关系。

1987 年,Pedersen(佩德森)、Lehn(莱恩)和 Cram(克拉姆)三位化学家由于在超分子化学领域的杰出贡献而获得诺贝尔化学奖。

6.8.2   经典的超分子主体

超分子化学的发展与大环化学(如冠醚、穴醚、环糊精、杯芳烃等)的发展密切相连。这里简单介绍几种重要的超分子主体。

冠醚(crown ether)：20 世纪 60 年代，Dupont 公司的 Pedersen 在实验中得到一种白色针状的副产物，尽管产率很低，他还是深入地进行研究，最终发现了第一个冠醚——二苯并-18-冠-6。冠醚的结构特征是具有$(CH_2CH_2O)_n$ 结构单元，其中的—CH_2—基团可被其他有机基团所置换。由于这类醚的结构很像西方的王冠，故称为冠醚。常见的冠醚如图 6-43 所示，根据其腔体尺寸与阳离子直径的匹配，可以识别不同的金属离子。例如，18-冠-6 与钾离子结合得很强，而 15-冠 5-对钠离子有很好的选择性。

穴醚(cryptand)和球醚(spherand)：穴醚可以看成是三维的冠醚类似物。Lehn 希望利用穴醚对金属离子进行完全的包裹，从而选择性识别阳离子并提高离子载体的传输性能。由于穴醚的立体构型的优越性，[2.2.2]穴醚(图 6-44)对钾离子的结合力比相应的冠醚类似物高10^4 倍。此外，Cram 设计了刚性、三维的球醚，其六个醚氧原子作八面体排布，容易接受金属离子。图 6-45 中的球醚分子对锂离子有极强的选择性结合能力。

 　　　　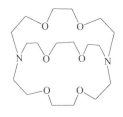　　　　

图 6-43　冠醚对碱金属离子的识别　　　　图 6-44　[2.2.2]穴醚　　　　图 6-45　球醚

环糊精(cyclodextrin, CD)：环糊精是由 6 个或更多的吡喃葡萄糖分子形成的环状低聚糖的总称，由环糊精葡萄糖基转移酶作用于淀粉产生。最重要的三种环糊精分别含有 6、7、8 个吡喃葡萄糖苷单元，简称 α-CD、β-CD、γ-CD(图 6-46)。环糊精的形状为逐渐变细的空心圆柱。细的一头含伯羟基，而 CH_2OH 基团落在粗的一头。环糊精的中间是疏水的空腔，可以在水中与疏水的有机客体分子相互作用形成包合物。

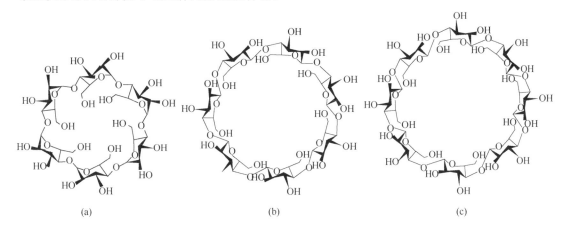

(a)　　　　　　　　　　(b)　　　　　　　　　　(c)

图 6-46　α-环糊精(a)、β-环糊精(b)和 γ-环糊精(c)

杯芳烃(calixarene)：对位取代的苯酚和甲醛缩合生成杯芳烃，因其碗状构象与希腊花瓶相似而得名。最常见的杯芳烃为对叔丁基苯酚和甲醛的四聚体，称为对叔丁基杯[4]芳烃(图 6-47)。杯芳烃下沿的酚氧原子可以结合客体阳离子，而其疏水的孔穴也能包合有机分子。

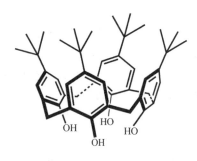

图 6-47 对叔丁基杯[4]芳烃

因此,杯芳烃作为主体分子可以同时结合阳离子和中性分子。

葫芦脲(cucurbituril):葫芦脲由甘脲和甲醛缩合得到,因其结构与葫芦的形状相似而得名(图 6-48)。葫芦脲结构高度对称,两端口完全相同。根据环合单元个数 n 的不同,命名为葫芦[n]脲。葫芦[6]脲、葫芦[7]脲和葫芦[8]脲的空腔尺寸分别与 α-环糊精、β-环糊精和 γ-环糊精相似。葫芦脲作为一种大环穴状配体,具有疏水内腔以及极性羰基基团形成的端口,表现出极强的高度专一的主、客体键合能力。

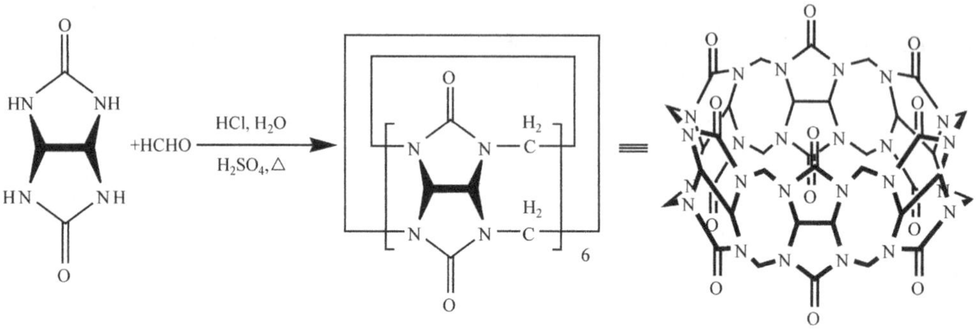

图 6-48 葫芦[6]脲合成途径

6.8.3 分子识别与超分子自组装

分子识别和自组装是超分子化学的两个重要概念。分子识别指的是主、客体之间像"锁和钥匙"一样的对应关系,也就是主体和客体间可以发生选择性键合。超分子化学中合成有机大环的最初目的实际上是要模拟生物体中对离子的识别和传输。自组装指的是一种或多种组分的分子相互间能自发地结合成复杂的聚集体。超分子自组装是通过非共价相互作用自发地形成组装体,其重要的特征在于它的可逆性。下面是几个自组装例子。

1. 玫瑰花环结构

三聚氰酸和三聚氰胺都是三次对称性的平面分子,通过氢键互补作用形成二维网络。其结构中含有非常对称的玫瑰花环单元(图 6-49)。

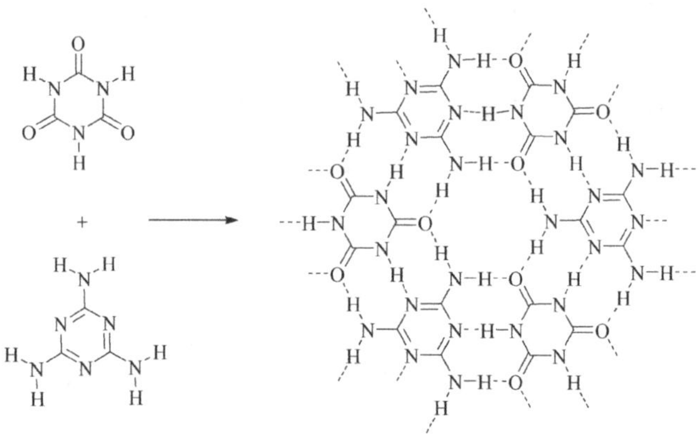

图 6-49 玫瑰花环

2. 索烃

索烃(catenane)由两个或多个互锁在一起的环组成,环和环之间没有任何化学作用,需要破坏化学键才能将环分离开。Pt(Ⅱ)和吡啶基的配位键在高浓度 $NaNO_3$ 溶液中,加热发生解离,并二聚成索烃。该溶液在冷却后可以分离得到计量产率的[2]索烃双环化合物(图 6-50)。

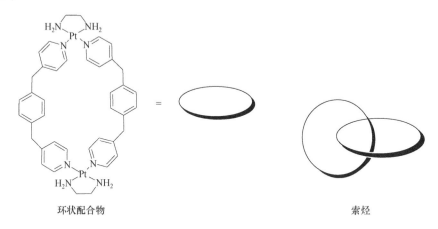

环状配合物　　　　　　　　　　　　　　　索烃

图 6-50　索烃的形成

3. 轮烷

轮烷(rotaxane)由一个线形的长分子穿过大环组成。线形分子的两端分别连接大的基团,使大环不能滑落(图 6-51)。如果没有两端的封端基团,则形成的化合物称为类轮烷(pseudorotaxane)。轮烷可以作为复杂的分子开关。

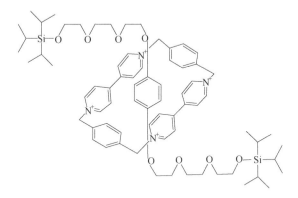

图 6-51　轮烷的结构

4. 超分子立方块

以下反应物中的冠硫醚占据 Ru(Ⅱ)的三个配位点,余下的两个 Cl^- 和一个 $SOMe_2$ 易离去,可以被 4,4′-联吡啶取代而组装成立方块构型(图 6-52)。在缺乏动力学模板的条件下,这样由 8 个角和 12 条边发生同时组装,在统计学上来说是极不可能的。但是,由于立方块分子与敞开式产物相比更稳定,其形成是不可逆的,因此在经过很长的反应时间后,立方块成为最终产物。

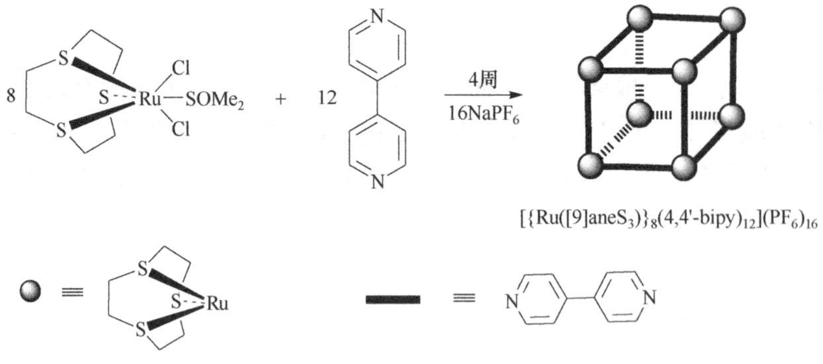
8
12
4周
16NaPF6
[{Ru([9]aneS3)}8(4,4'-bipy)12](PF6)16
Ru
SOMe2
Cl
N

图 6-52　立方块分子的合成

6.8.4　晶体工程

晶体可以说是完美的超分子，数以百万计的分子通过分子间作用有序地排列在一起。Desiraju 定义晶体工程为“通过分子堆积了解分子间的相互作用，用以设计具有特定的物理性质和化学性质的新晶体”。晶体工程已成为一门利用分子或离子间非共价作用进行晶体结构设计，从而获得有价值的晶体的学科。例如，晶体具有二阶非线性光学性质（倍频效应）的前提条件是晶体必须结晶于非心的空间群。为了获得非心的晶体，从设计上就要采用极性分子，控制极性分子的有序排列，才有利于形成非心晶体，为研究倍频效应打下基础。

习　题　6

6.1　写出 B_2H_6 和 B_3H_9 的 styx 数，画出相应的结构图，并指出 s、t、y、x 字母的含义。

6.2　导出 B_4H_{10} 可能的 styx 数，并画出对应的结构图。

6.3　根据式(6-11)求出 B_5H_{11}、B_6H_{10} 可能的异构体数目。

6.4　试用 Wade$(n+1)$规则分析封闭硼笼$(BH)_n{}^{2-}$ $(n=5,6,12)$的成键情况。

6.5　试用唐敖庆拓扑规则分析二十面体碳硼烷 $C_2B_{10}H_{12}$ 的成键情况。

6.6　卤素离子、NH_3、CN^- 配体形成的配位场强弱次序怎样？试从分子轨道理论说明其原因。

6.7　在八面体配合物中过渡金属离子 $d_{x^2-y^2}$ 和 d_{xy} 轨道哪个能量高？试用分子轨道理论说明其原因。

6.8　对于电子组态为 d^4 的八面体过渡金属离子配合物，试计算：

(1) 分别处在高、低自旋基态时的能量。

(2) 当高、低自旋构型具有相同能量时，电子成对能 P 和晶体场分裂能 Δ 的关系。

6.9　配合物$[Co(NH_3)_4Cl_2]$只有两种异构体，若此配合物为正六边形构型，有几种异构体？若为三角柱形时，又有几种异构体？该配合物应是什么构型？

6.10　将 C_2H_6 和 C_2H_4 通过 $AgNO_3$ 溶液，能否将它们分开？如果能分开，简要说明微观作用机理。

6.11　判断下列金属离子是高自旋还是低自旋，画出 d 电子的排布方式，说明金属离子的磁性，计算晶体场稳定化能。

$Mn(H_2O)_6^{2+}$，$Fe(CN)_6^{4-}$，$Co(NH_3)_6^{3+}$，FeF_6^{3-}

6.12　作图表示$[PtCl_3(C_2H_4)]^+$中 Pt^{2+} 和 C_2H_4 间化学键的轨道叠加情况并回答：

(1) Pt^{2+} 和 C_2H_4 间化学键对 C—C 键强度的影响。

(2) $[PtCl_3(C_2H_4)]^-$ 是否符合 18 电子规律？解释其原因。

6.13 作图给出下列每种配位离子可能出现的异构体:

(1) $[Co(en)_2Cl_2]^+$。

(2) $[Co(en)_2(NH_3)Cl]^{2+}$。

(3) $[Co(en)(NH_3)_2Cl_2]^+$。

6.14 许多 Cu^{2+} 的配位化合物为平面四方形结构,试写出 Cu^{2+} 的 d 轨道能级排布及电子组态。

6.15 $[Ni(CN)_4]^{2-}$ 是正方形的反磁性离子,$[NiCl_4]^{2-}$ 是顺磁性离子(四面体形),试用价键理论或晶体场理论解释。

6.16 试解释过渡金属羰基配合物的一些现象:

(1) 虽然 O 的电负性较高,但连接金属的配位原子总是 C。

(2) 虽然 CO 与 N_2 是等电子体系,但分子氮配合物稳定性较差。

(3) 中心金属离子常处于低氧化态。

6.17 $Ni(CO)_4$ 是毒性很大的化合物:

(1) 试根据所学的知识说明其几何构型。

(2) 用晶体场理论描述基态的电子状态。

(3) 能否观察到 d-d 跃迁谱线? 为什么?

6.18 试用群论知识推导 d 轨道在平面四方场中的能级分裂(弱场方案)

6.19 d^3 组态在八面体强场中能级如何分裂?

6.20 金属团簇 M_5(M=Li,Na,K)有 21 种异构体,试画出它们的拓扑结构。

6.21 计算下列各团簇的价电子数,并预测它们的几何构型:

Sn_4^{4-},Sn_3Bi_2,$Sn_3Bi_3^+$,Sn_5Bi_4

6.22 试用 12 个五边形和 8 个六边形构成 C_{36} 笼的结构。

6.23 单壁碳纳米管有几种结构? 各自导电性如何? 若半径增大导电性将如何变化?

6.24 富勒烯笼形结构可以采用下列方法画出:将最上层放在平面图的最内圈,下一层放在此圈外,依此类推,直到最底层在平面图的最外圈。图中各原子间的相互关系与笼形结构中保持一致。例如,图(a)所示的笼可以表示为图(a')。现有两种 C_{36} 笼分别由 12 个五边形和 8 个六边形组成,试用此法画出 C_{36} 笼的二维结构图。

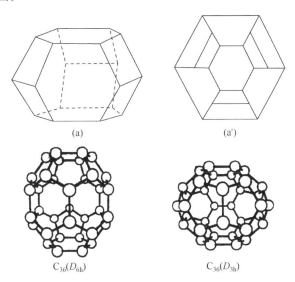

(a)　　　　　　　　(a')

$C_{36}(D_{6h})$　　　　　　$C_{36}(D_{3h})$

6.25 请用电子计数法推测下列中心有 C 原子的金属团簇羰基配合物的几何结构:

(1) $Fe_5C(CO)_{15}$　(2) $Ru_6C(CO)_{16}$　(3) $[Rh_6C(CO)_{15}]^{2-}$　(4) $[Ni_8C(CO)_{16}]^{4-}$

6.26 写出羰基化合物 $Fe_2(CO)_6(\mu_2\text{-}CO)_3$ 的结构式,说明它是否符合 18 电子规则。已知端接羰基的红外伸缩振动波数为 1850~2125cm^{-1},而桥式羰基的振动波数为 1700~1860cm^{-1},试解释原因。

6.27 用 18 电子规则(电子计数法)推测下列团簇化合物的几何结构:

(1) $Fe_6(CO)_{18}$ (2) $[Co_6N(CO)_{15}]^-$ (3) $[Fe_4RhC(CO)_{14}]^-$ (4) $Ni_8(CO)_8(PPh)_6$

6.28 水和乙醚的表面能分别为 72.8J·cm^{-2} 和 17.1×10^{-7}J·cm^{-2},试解释两者存在如此大差异的原因。

6.29 20℃时邻硝基苯酚和对硝基苯酚在水中与苯中的溶解度之比分别为 0.39 和 1.93,试用氢键说明差异原因。

6.30 实验测定水杨酸(羟基苯甲酸)邻位、间位、对位异构体的熔点分别为 159℃、201.3℃、213℃,试用氢键解释。

6.31 乙酸甲酯(沸点 57.1℃)和甲醇(沸点 64.7℃)是共沸物不易分离,工业上采取加水萃取蒸馏,试解释原因。

6.32 乙醇和二甲醚为同分异构体,但乙醇的沸点是 78℃,气化热是 42.8kJ·mol^{-1},二甲醚的沸点是 −24℃,气化热是 18.9kJ·mol^{-1}。试从化学键说明它们的差异。

参 考 文 献

胡盛志.2001.晶体化学中的次级键.大学化学,16(3):6

江元生.1999.结构化学.北京:高等教育出版社

林连堂.1989.分子结构.福州:福建科学技术出版社

唐敖庆等.1979.配位场理论.北京:科学出版社

徐光宪.1965.物质结构简明教程.北京:高等教育出版社

张立德,牟季美.2001.纳米材料和纳米结构.北京:科学出版社

周公度.1982.无机结构化学.北京:科学出版社

Cotton F A,Wilkinson F R S.1980.高等无机化学.3 版.北京师范大学等译.北京:人民教育出版社

Dewar M J S.1979.有机化学分子轨道理论.戴树珊等译.北京:科学出版社

Eric V A , Dennis A D. 2011. 现代物理有机化学.许国桢,佟振合,等译.北京:高等教育出版社

Pauling L.1966.化学键的本质.卢嘉锡等译.上海:上海科学技术出版社

Verkade J G.1996.Molecular Bonding and Vibrations.2nd ed.New York:Springer-Verlag

Wells A F.1984.Structural Inorganic Chemistry.5th ed.London:Oxford University Press

第7章 晶体学基础

7.1 晶体结构的周期性和点阵

7.1.1 晶体及其性质

固态物质可分为两类：一类是晶态，另一类是非晶态。晶态物质（晶体）在自然界中大量存在，如高山岩石、地下矿藏、海边砂粒、两极冰川、人类制造的金属、合金、水泥制品及食品中的盐、糖等。这类晶态物质内部的原子、离子或分子在空间中按某种规律周期性地排列。另一类固态物质，如玻璃、明胶、塑料制品等，它们内部的原子、分子排列杂乱无章，最多呈短程有序的分布而没有周期性，通常称为玻璃体、无定形物或非晶态物质。

远古时期，人类从冰川和雪花开始认识晶体（图 7-1）。后来，人们发现石英、红宝石、祖母绿宝石等固体与冰一样，具有晶莹剔透的外观、棱角分明的形状，把它们都归属为晶体。名贵宝石绚丽的色彩，震撼人们的感官；而现代人类合成出来的晶体，如超导晶体 YBaCuO、光学晶体 BaB_2O_4、磁学晶体 NdFeB 等高科技产品，则推动人类的现代化进程（图 7-2）。

图 7-1　自然界冰川

图 7-2　人工晶体

晶体是由原子或分子在空间按一定规律周期重复排列构成的固态物质，在三维空间具有周期性。周期性是晶体结构最基本的特征。由于具有这一特殊的微观结构，晶体材料具有以下性质：

（1）生长过程中会自发形成确定的多面体外形。晶体在生长过程中自发形成晶面，晶面相交成为晶棱，晶棱聚成顶点，使晶体具有某种多面体外形的特点。熔融的玻璃体冷却时，随着温度降低，黏度变大，流动性变小，逐渐固化成表面光滑的无定形物，工匠因此可将玻璃体制成各种形状的物品，它与晶体有棱、有角、有晶面的情况完全不同。

（2）均匀性。一块晶体内部各部分的宏观性质是相同的，如有相同的密度、相同的化学组成等。晶体的均匀性来源于晶体由无数个极小的晶体基本单元（晶胞）组成，每个基本单元中原子、分子按相同的结构排列而成。气体、液体和非晶态的玻璃体也有均匀性，但那些体系中原子无规律地杂乱排列，体系中原子的无序分布导致宏观上统计结果的均匀性。

（3）各向异性。晶体在不同的方向上具有不同的物理性质，如不同的方向具有不同的电导率、折光率和机械强度等。晶体的这种特征是由晶体内部原子或分子的周期性排列决定的。在周期性排列的微观结构单元中，不同方向的原子或分子的排列情况是不同的，这种差异通过成千上万次叠加，在宏观上体现出各向异性。而玻璃体等非晶态物质，微观结构的差异由于无序分布而平均化了，所以非晶态物质是各向同性的。例如，玻璃的折光率是各向等同的，我们隔着玻璃观察物体就不会产生视差变形。

（4）有确定的熔点。晶体加热至熔点开始熔化，熔化过程中温度保持不变，熔化成液态后温度才继续上升。而非晶态玻璃体熔化时，随着温度升高，黏度逐渐变小，变成流动性较大的液体。

（5）对称性。晶体的外观与内部微观结构都具有特定的对称性，它与晶体内部呈周期性分布的原子或分子的排列方式密切关联。晶体的对称性在后面章节中会专门介绍。

由于自然界和人工合成准晶的发现，过去关于固体的分类和晶体的定义正面临着考验，准晶的结构虽然不呈传统晶体那样的周期性，但具有有序性，同样也可得到衍射花样，因而不能被排斥在晶体之外，现代晶体学研究的领域已大大扩展了。

7.1.2 周期性与点阵结构

1. 周期性

不同物质的晶体，其内部原子、分子的排列方式是丰富多样、各不相同的。但这些晶体有一个共同的基本特点：它们内部结构都具有明显的空间排列上的周期性。周期性是个广义的物理概念，指一定数量的同类物体在空间排列上每隔一定距离重复出现。例如，我们在街上行走，看到马路两旁每隔 50m 有一个路灯，我们说路灯的排列是周期性的。一个周期性的结构中有两个要素：①周期性结构中重复出现的内容，称为结构基元；②重复周期的大小与方向，即平移矢量。

2. 点阵与平移群

点阵是空间中满足以下条件的一组无限的点：每个点都具有完全相同的周围环境，在平移的对称操作下（连接点阵中任意两点的矢量，按此矢量平移），所有点都必须能复原。点阵是对呈周期性排列的物体的数学抽象表达，平移群是它的代数描述。

一组落在直线上的点构成的点阵称为直线点阵。例如，无数个互相接触、沿直线方向排列成一行的直径为 a 的相同圆球构成了等径球密置列。密置列中重复着的基元是圆球，而重复的基本周期是 a。为了研究其结构的周期性，将密置列中每个球的球心抽出来，可以得到分布在一条直线上无穷多个等距离的点。这一组呈周期性间隔的点列称为直线点阵。直线点阵中相邻两个点阵点的间隔即结构的基本周期为 a，平移向量 a 称为直线点阵的基本向量。同理，可从平面密置层中抽象出相应的点阵，这是一个在二维空间无限伸展的平面点阵。平面点阵中必可找到构成二维平面点阵最小重复周期的两个独立而互不平行的基本向量 a 和 b，用于描述该二维点阵。其平移群代数描述如下：

$$T_{mn} = ma + nb \qquad (m, n = 0, \pm 1, \pm 2, \cdots)$$

从点阵的定义可以看出，不是任意的一组点都能称为点阵。只有"按连接其中任意两点的向量平移后能复原的一组点"才能称为点阵。首先，点阵中所包含的点数是无限的。其次，点阵中的每个点阵点均具有相同的周围环境。观察图7-3的二维平面几组点,在(a)组点中,每个点周围的环境不完全相同,所以不是点阵点;(b)组与(c)组点,每个点的周围环境都相同,连接任意两点所得到的平移矢量(如 a、b 矢量)作用在两组点上,图形都能复原,所以是点阵。

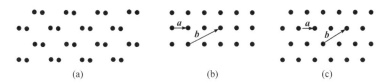

图 7-3　平面中的几组点

3. 平面格子

若用两组交叉的平行线将点阵点连接起来,所得到的网格称为平面格子,网格中面积最小的平行四边形称为素格子。这里要特别指出,由结构中抽象出来的点阵,是结构中客观存在的周期性决定的,是确定的;但将点阵划分为格子的方式可以多种多样,是相对的。因此,在划分和选取平面格子需要作一定的规定:①尽量选取形状较规则的;②尽量选取对称性高的;③在满足对称性高的前提下,选取面积较小的平行四边形。按照上述原则选取的格子称为正当格子。

平面点阵的正当格子可有四种形状:正方格子、六方格子、矩形格子和一般平行四边形格子,其中矩形格子又分简单格子和带心格子两种,如图 7-4 所示。

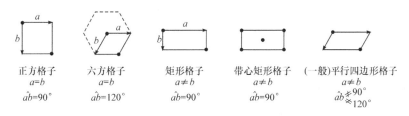

图 7-4　平面格子的正当单位

注意,六方格子包含了六重旋转轴的对称性,每个点阵点周围有 6 个点阵点相邻,但六方格子的基本单位必须取平行四边形。

4. 结构基元

我们研究的晶体含有各种原子、分子,它们按某种规律排列成基本结构单元,可将结构基元抽象为点阵点。现讨论如何选取结构基元。

先观察二维周期排列的一些原子、分子。图 7-5(a)为金属 Cu 的一层平面排列,每个 Cu原子可抽取一个点阵点。在二维平面中,可将点阵点连接成平面格子。由于平面格子是由二组交叉的平行线划分的,每个格子的顶点被 4 个格子共有,只算 1/4 点阵点,Cu 的平面格子含 $4 \times 1/4$ 点阵点,即一个阵点,称为素单位。图 7-5(b)是 NaCl 晶体结构的二维平面图。晶体中有两种离子(若 Na^+ 取空心点位置,Cl^- 取黑点位置),Na^+ 和 Cl^- 交替排列。最基本的单元应该包含一个 Na^+ 和一个 Cl^-,由于 Na^+ 与 Cl^- 是 1∶1 存在,因此可任选其中一种原子位置取点阵点,或选 Na^+ 与 Cl^- 的中点为点阵点,为方便起见,一般选在原子上。在划分平面的格子时,有两种可能,一种取 4 个点阵点围成的正方形格子,仅含一个点阵点,是素单位;而另一种取法为更大的带心正方形格子,格子里有 $4\times1/4+1=2$ 个点阵点,称为复单位。平面格子划分时,在保证对称性高的前提下,应尽可能取面积较小的单位,所以一般取第一种格子。

图 7-5(c)和(d)都是石墨的平面结构图,石墨由 n 个六元碳环共用顶点、共用边连接而成。每个六元碳环可取作一个结构基元(点阵点),这个点阵点可取在六元环的中心[图 7-5(c)],或取在六元环的某个碳原子上[图 7-5(d)],无论取在什么地方,划分出来的平面格子形状、大小都是一样,内容也一样,都含有 2 个碳原子和 3 个 C—C 键。

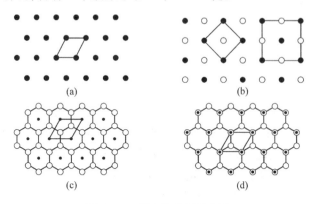

图 7-5　二维点阵格子的划分

5. 空间格子

讨论二维点阵结构后,进一步分析晶体结构。晶体结构是在三维空间伸展的点阵结构。由晶体结构抽取的空间点阵中,一定可以找出与 3 个基本周期对应的 3 个互不平行的矢量 a、b、c。与空间点阵对应的平移群是

$$T_{mnp} = ma + nb + pc \qquad (m,n,p = 0,\pm1,\pm2,\cdots)$$

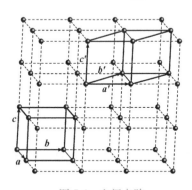

图 7-6　空间点阵

平移 a、b、c 矢量将点阵点相互连接起来,可将空间点阵划分为空间格子,空间格子将晶体结构截成一个包含相同内容的单位,这个基本单位称为单位点阵或素单胞,它是一个平行六面体。从图 7-6 可以看出,素单胞的取法可以多种多样。为此,对素单胞的取法作出如下规定:①a、b、c 三个基本矢量构成右手坐标系;②基本矢量必须尽量与高对称性的方向重合;③素单胞的体积必须最小;④基本矢量 a 最小、b 次之、c 最大;⑤a、b、c 三个基本矢量间的夹角全部为钝角或全部为锐角。

在空间点阵中,结构基元的选取与上面介绍的一维和二维点阵一样。例如,在金属铜晶体(图 7-7)中,每个原子都具有相同的周围环境,每个原子都作为一个结构基元,由这些结构基元抽象出来的点符合点阵定义的要求。金属铜的面心立方单位可画出只含 1 个原子的平面六面体单位(图 7-7 中虚线),整个晶体可按这种单位堆砌而成。图 7-8 为 NaCl 晶体结构,可把点阵点选取在 Na^+ 或 Cl^- 上,结构基元应该包含一个 Na^+ 和一个 Cl^-。

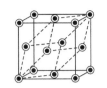

图 7-7　金属铜晶体结构

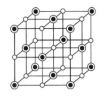

图 7-8　NaCl 晶体结构

7.1.3　晶胞

晶胞是晶体组成的基本单元,它可以是仅包含一个点阵点的素单胞,也可以是包含两个以上点阵点的复单胞。是否选取复单胞的标准是:复单胞的对称性必须比相应的素单胞高。复单胞的类型将在 7.2.2 中作具体的介绍。晶胞有两个要素:①晶胞的大小、形式;②晶胞的内容。晶胞的大小、形式由 a、b、c 三个晶轴及它们间的夹角 α、β、γ 所确定。晶胞的内容由组成晶胞的原子或分子及它们在晶胞中的位置所决定。图 7-9 为 CsCl 的晶体结构。Cl^- 与 Cs^+ 离子数比为 1∶1。可将 Cs^+Cl^- 作为一个结构基元选取点阵点,并把点阵点取在 Cl^- 的位置。根据 Cl^- 的排列,可取出一个 $a=b=c$,$\alpha=\beta=\gamma=90°$ 的立方晶胞(如图 7-9 左下角),其中 8 个 Cl 原子位于晶胞顶点,但每个顶点实际为 8 个晶胞共有,所以晶胞中含 $8\times1/8=1$ 个 Cl 原子。Cs 原子位于晶胞中心。晶胞中只有 1 个点阵点,故为素单胞。

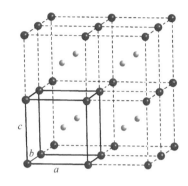

图 7-9　CsCl 晶体结构

图 7-7 的立方体是金属铜的晶胞,也是一个 $a=b=c$,$\alpha=\beta=\gamma=90°$ 的立方晶胞。晶胞除了顶点 $8\times1/8=1$ 个点阵点,每个面心位置各有 1 个点阵点,由于面心位置的点阵点为 2 个晶胞共有,故 $6\times1/2=3$ 个点阵点。所以金属铜晶胞共有 $1+3=4$ 个点阵点,是复单胞。对于金属铜来说,其素单胞是含一个点阵点的菱方体,为 D_{3d} 点群,最高的对称轴仅为一个 3 次轴。当选取含 4 个点阵点的复单胞作为铜的晶胞后,其点群为 O_h,因同时出现 4 个 3 次轴,对称性大为提高了。

晶胞中坐标系一般不采用通常的直角坐标系或内坐标,而是采用晶胞的基矢 **a**、**b**、**c** 构成的三维坐标系。晶胞中原子位置采用分数坐标描述,即晶胞原点坐标为 $(0,0,0)$。晶胞中任意一点的 x 坐标为 **b**、**c** 矢量构成的平面平移到该点处与 a 轴相交处的截距值,以分数或小数来描述。例如,截距为 a 轴的一半时,坐标值则为 $1/2$ 或 0.5;y、z 的坐标值与 x 类似,分别为 **b**、**c** 轴的截距值。以图 7-9 的 CsCl 晶体结构为例,点阵点位置的 Cl^- 的坐标为 $(0,0,0)$,而体心位置的 Cs^+ 的坐标则为 $(1/2,1/2,1/2)$。

7.1.4　实际晶体

若一小块晶体基本上由一个空间点阵所贯穿,称为单晶。有些晶体是由许多小的单晶体按不同的取向聚集而成,称为多晶,金属材料及许多粉状物质是由多晶体组成的。有些晶体,结构重复的周期数很少,只有几个到几十个周期,称为微晶。微晶是指每颗晶粒中只由几千个或几万个晶胞并置而成的晶体,如土壤中高岭土的微晶、石墨的微晶(炭黑)等。

一个按点阵式的周期性在三维空间无限伸展的晶体称为理想晶体。实际晶体可在以下方面偏离理想晶体。首先,在实际晶体中周期性并不能无限地贯彻,一般的晶体多由边长约

1000Å 的晶块组成,每个晶块间堆砌时可差几秒至半度,这样的结构称为镶嵌组织。另一方面,在晶块内还可存在各种晶体缺陷。缺陷在晶体中的形式大致可分成四大类:

(1) 点缺陷。包括空位、间隙原子、杂原子等(图 7-10)。当晶体处于一定温度时,有些原子的振动能可能瞬间增大到可以克服其势垒,脱离平衡位置而挤入间隙,形成一对空位和间隙原子。这种正离子空位和间隙原子称为 Frenkel(弗伦克尔)缺陷。有时也可能是一对正、负离子同时离开其平衡位置而迁移到晶体表面上,在原来的位置形成一对正、负离子空位。这种正、负离子空位并存的缺陷称为 Schottky(肖特基)缺陷。Frenkel 缺陷使离子从它的结构的正常位置进入空隙位置而移动,Schottky 缺陷使离子从它的正常位置迁移到位错位置或表面。这两种迁移都会在晶体中造成空位。

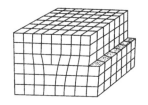

图 7-10　晶体的点缺陷

(2) 线缺陷。主要是各种形式的位错。刃型位错与螺型位错是两种最简单的位错组态(图 7-11)。设想晶体内有一个原子平面,中断在晶体内部,这个原子平面中断处的边沿就是一个刃型位错。而螺型位错并没有原子平面中断在晶体内部,而是原子面沿一条轴线(近似地和原子面相垂直)盘旋上升。每绕轴线一周,原子面上升一个晶面间距。在中央轴线处即为一个螺型位错。

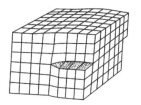

图 7-11　晶体的线缺陷

(3) 面缺陷。面缺陷有层错等。

(4) 体缺陷。包括包裹物、空洞等包在晶体内部的缺陷。

晶体缺陷对晶体生长、晶体力学、电学、磁学等性能有极大的影响,是生产和科研的重要研究课题。

7.2　晶系、Bravais 格子与晶面

7.2.1　七个晶系

根据晶体的对称性,可将晶体分为三斜晶系、单斜晶系、正交晶系、三方晶系、四方晶系、六方晶系和立方晶系等 7 个晶系,每个晶系有它自己的特征对称元素,如表 7-1 所示。

表 7-1　7 个晶系及有关特征

晶　系	特征对称元素	晶胞特点	所属点群	空间点阵形式
三斜晶系(triclinic)	无	—	C_i	aP 简单三斜
单斜晶系 (monoclinic)	1 个对称面或 2 次对称轴(与 b 轴平行)	$\alpha=\gamma=90°\neq\beta$	C_{2h}	mP 简单单斜 $mC(mA)$ 底心单斜
正交晶系 (orthorhombic)	两个互相垂直的对称面或 3 个互相垂直的 2 次对称轴(分别与 a、b、c 轴平行)	$\alpha=\beta=\gamma=90°$	D_{2h}	oP 简单正交 oC 底心正交 oI 体心正交 oF 面心正交
三方晶系 (trigonal)	3 次对称轴	$a=b\neq c$ $\alpha=\beta=90°$ $\gamma=120°$	D_{6h}	hP 简单六方
		$a=b=c$ $\alpha=\beta=\gamma\neq90°$	D_{3d}	hRR 心六方
四方晶系 (tetragonal)	4 次对称轴(与 c 轴平行)	$a=b\neq c$ $\alpha=\beta=\gamma=90°$	D_{4h}	tP 简单四方 tI 体心四方
六方晶系 (hexagonal)	6 次对称轴(与 c 轴平行)	$a=b\neq c$ $\alpha=\beta=90°$ $\gamma=120°$	D_{6h}	hP 简单六方
立方晶系 (cubic)	4 个按立方体对角线取向的 3 次旋转轴	$a=b=c$ $\alpha=\beta=\gamma=90°$	O_h	cP 简单立方 cI 体心立方 cF 面心立方

立方晶系对称性最高,晶胞是立方体,通过立方晶胞 4 个体对角线方向各有 1 个 3 重旋转轴。这 4 个 3 重轴称为立方晶系的特征对称元素。立方晶胞 3 条边长(晶轴单位长度)相等并互相垂直。若在晶体外形或宏观性质中发现 4 个 3 重旋转轴,就可判定该晶体结构必属立方晶系。由于立方晶系的晶体包含一个以上高次轴,也将立方晶系称为高级晶系。

六方晶系、四方晶系、三方晶系中都有一个高次轴(6 次轴、4 次轴、3 次轴),这个高次轴就是它们的特征对称元素。这三个晶系的晶胞中至少有 2 个晶轴的单位长度是相等的。由于它们晶胞形状、规则性比立方晶系低,又统称为中级晶系。六方晶系的特征是宏观可观察到 6 次轴对称性,晶胞为一平行六面体;其中 6 次轴规定为 c 晶轴,另两个晶轴长度相等,为 a、b 轴,夹角为 120°。四方晶系中 4 次轴为 c 晶轴,a、b 两晶轴长度相等,晶轴间夹角都是 90°。三方晶系的晶胞有两种:六方晶胞和菱方(菱面体)晶胞。其中三方晶系的六方晶胞的形状与六方晶系的晶胞形状相同,但三方晶系的晶胞仅体现出 3 次轴对称。六方晶胞适合于三方晶系的对称性,也适合于六方晶系的对称性,只是由于历史原因才将这种形状的晶胞称为六方晶胞,不要因为名称而引起误会。

正交晶系、单斜晶系、三斜晶系中,特征对称元素都不包含高次轴,所以统称为低级晶系。正交晶系三个晶轴互相垂直,均为 2 次轴。单斜晶系有一个 2 次轴,规定为 b 晶轴。三斜晶系不包含 2 次轴或高次轴。

7.2.2　14 种空间点阵形式

1866 年 Bravais(布拉维)将点阵点在空间分布按正当晶胞的规定进行分类,得到 14 种形式,后人也将其称为 Bravais 格子。根据选取正当晶胞的原则,在照顾对称性的条件下,尽量选取含点阵点较少的格子作晶胞。这样每个晶系除简单格子(素单胞)外,部分晶系还有含体心、面心、底心的复单胞存在。图 7-12 给出《国际晶体学表(International Table for Crystallography)》规定的 14 种空间点阵形式。例如，立方晶系除简单立方外，还有体心立方(I)(立方体体心位置还有一个点阵点)、面心立方(F)(立方体每个面中心还有一个点阵点)等 2 种复单胞满足立方晶系 4 个 3 重轴的对称性。立方体中，若两个平行面带心(无论是底心、侧心)，会破坏 3 重轴对称性。因此，立方晶系只有简单(cP)、体心(cI)、面心(cF)三种格子。

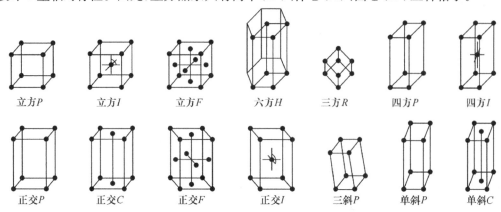

立方P 立方I 立方F 六方H 三方R 四方P 四方I

正交P 正交C 正交F 正交I 三斜P 单斜P 单斜C

图 7-12 14 种 Bravais 格子

六方晶系只有一种格子，即简单六方格子(hP)。

四方晶系有两种格子，一种是简单四方格子(tP)，另一种是体心四方(tI)复格子。若要画底心四方格子，则可以取出体积更小的简单四方格子，所以底心四方格子不存在。同样，四方面心可以取出体积更小的四方体心格子，如图 7-13 所示。

三方晶系的六方晶胞只有简单六方格子(hP)。三方晶系的菱方晶胞有两种表示方法：一是简单菱方格子；二是包含 3 个点阵点的六方晶胞复单位，即 R 心六方格子(hR)。图 7-14 画出了三方晶系菱方晶胞与 R 心六方晶胞的关系。在实际应用中，人们较多采用 R 心六方格子表示。

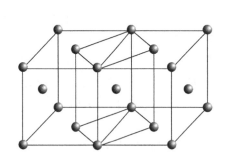

图 7-13 四方体心格子和四方面心格子的关系

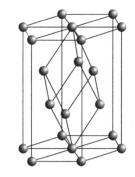

图 7-14 菱方晶胞与 R 心六方晶胞的关系

正交晶系有四种格子：简单正交(oP)、体心正交(oI)、面心正交(oF)和底心正交(oC)。

单斜晶系有简单单斜(mP)和底心单斜(mC)。单斜体心格子可以重新划分出相同体积的单斜底心[图 7-15(a)]，按照《国际晶体学表》规定，单斜晶系不选体心格子；单斜面心格子可以划分出体积更小的单斜底心格子[图 7-15(b)]，因此单斜面心格子不存在。

三斜晶系只有简单格子(aP)。

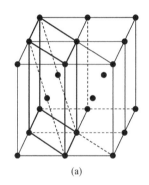 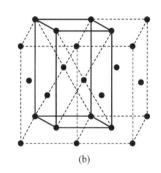

(a)　　　　　　　　　　　　(b)

图 7-15　单斜体心格子和单斜底心格子的关系(a)
及单斜面心格子和单斜底心格子的关系(b)

7.2.3　晶面与米勒指数

1. 晶面与晶面指标

不同方向的晶面,由于原子排列不同,一般具有不同的性质,即晶体的各向异性。为了便于描述不同方向的晶面,晶体学中给予不同方向的晶面以不同的指标,称为晶面指标。

设一组晶面与 3 个坐标轴 x、y、z 相交,在 3 个坐标轴上的截距分别为 r、s、t(以 a、b、c 为单位的截距值),截距值之比 $r:s:t$ 可表示晶面的方向。但直接用截距比表示时,当晶面与某一坐标轴平行时,截距会出现 ∞,为了避免这种情况发生,规定截距的倒数比 $\dfrac{1}{r}:\dfrac{1}{s}:\dfrac{1}{t}$ 作为晶体指标。由于点阵特性,截距倒数比可以成互质整数比 $\dfrac{1}{r}:\dfrac{1}{s}:\dfrac{1}{t}=h:k:l$,晶面指标用 (hkl) 表示。图 7-16 中,r、s、t 分别为 2、2、3;$\dfrac{1}{r}:\dfrac{1}{s}:\dfrac{1}{t}=\dfrac{1}{2}:\dfrac{1}{2}:\dfrac{1}{3}=3:3:2$,即晶面指标为(332),我们说(332)晶面,实际是指一组平行的晶面。

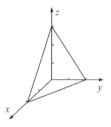

图 7-16　晶面截距

图 7-17 标出立方晶系几组晶面及其晶面指标。(100)晶面表示晶面与 a 轴相截与 b 轴、c 轴平行;(110)晶面面表示与 a 和 b 轴相截且截距之比为 $1:1$,与 c 轴平行;(111)晶面则与 a、b、c 轴相截,截距之比为 $1:1:1$。图 7-18 是几组晶面的投影。

图 7-17　立方晶体的几种晶面

晶面指标出现负值表示晶面在晶轴的反向与晶轴相截。晶面(100)、($\bar{1}$00)、(010)、(0$\bar{1}$0)、(001)、(00$\bar{1}$)可通过 3 重或 4 重旋转轴联系起来,晶面性质是相同的,可用{100}符号来代表这 6 个晶面。同理可用{111}代表(111)、($\bar{1}$11)、(1$\bar{1}$1)、(11$\bar{1}$)、($\bar{1}\bar{1}$1)、($\bar{1}$1$\bar{1}$)、(1$\bar{1}\bar{1}$)、($\bar{1}\bar{1}\bar{1}$)8 个等价晶面。

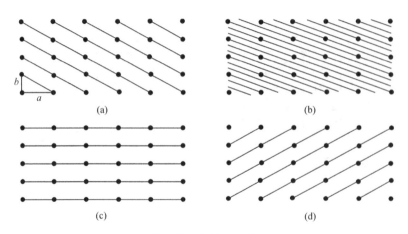

图 7-18 与 z 轴平行的几组晶面的投影

(a)(110);(b)(230);(c)(010);(d)($\bar{1}$10)

晶面指标一般都是三个指数的,用(hkl)表示。对于六方晶系,科技论文中常用四个指数。例如,文献中通常会出现六方 ZnO 的(0001)面等术语。六方晶系的四个指数为($hkil$),其中 i 不是独立的指数,$i=-(h+k)$。六方晶系的晶胞为平行六面体,沿 c 轴投影图[图 7-19(a)]可以看出,仅用 a、b 两基矢是无法准确反映六次轴对称性的。对于六方晶系,如图 7-19(b)所示,a_3 矢量与原有的 a、b[图 7-19(b)中的 a_1、a_2]两基矢是完全等价的,它不是独立的基矢,$a_3=-(a+b)$。引入等价的 a_3 矢量后,六方晶系的六次轴对称性就可以得到准确反映。例如,在三指数中的等价晶面(010)和($\bar{1}$10)之间看不出它们间的等价关系,引入第四个指数后,这两个晶面的指数分别为(0$\bar{1}$10)和($\bar{1}$100),它们的前三个指数的数值一样,仅顺序不一样而已。

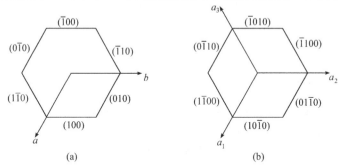

图 7-19 六方晶系中三指数(a)与四指数(b)之间的关系

2. 晶面间距

一组平行晶面(hkl)中两个相邻平面间的垂直距离称为晶面间距,用 d_{hkl} 表示。下面给出不同晶系使用的不同计算公式:

立方晶系

$$d_{hkl} = \frac{a}{(h^2 + k^2 + l^2)^{1/2}} \tag{7-1}$$

正交晶系

$$d_{hkl} = \frac{1}{[(h/a)^2 + (k/b)^2 + (l/c)^2]^{1/2}} \tag{7-2}$$

六方晶系

$$d_{hkl} = \frac{1}{[4(h^2 + hk + k^2)/3a^2 + (l/c)^2]^{1/2}} \tag{7-3}$$

从式(7-1)～式(7～3)可看出,晶面间距与晶胞参数、晶面指标有关。在实际晶体中,晶面间距越大,晶面出现在晶体表面的机会也越大。

3. 直线点阵指标及晶棱指标[uvw]

直线点阵指标及晶棱指标[uvw]又称为行列符号,用来表示某一直线点阵(行列)的方向,它用于晶体中相关方向和晶体外形上的晶棱取向等的描述。行列[uvw]的取向与矢量 $u\boldsymbol{a} + v\boldsymbol{b} + w\boldsymbol{c}$ 平行,其中 u、v、w 是 3 个互质的整数。在图7-20中,OA 的取向为 $1\boldsymbol{a}+1\boldsymbol{b}+1\boldsymbol{c}$,指标为[111],$OB$ 取向为 $\frac{1}{2}\boldsymbol{a}+0\boldsymbol{b}+1\boldsymbol{c}$,指标为[102];$O'C$ 取向为 $-\frac{2}{3}\boldsymbol{a}+1\boldsymbol{b}+1\boldsymbol{c}$,指标为[$\bar{2}33$]。此外,<$uvw$>用于表示[$uvw$]及其所有的等价方向。

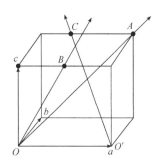

图 7-20　直线点阵指标

7.3　晶体的对称性

7.3.1　晶体结构的对称元素和对称操作

周期性是晶体微观结构基本特点之一,可用空间点阵与平移来描述晶体结构的周期性。它与分子和晶体外形的对称性不同,描述有限大小的分子或单晶外形的所有对称元素,无论是对称中心、旋转轴或对称面,至少有一点是在对称变换中维持不动。当一个以上的对称元素同时出现时,它们必须交汇于一点,这一点在对称变换中必定维持不变。这一特征的对称性称为点群,在第 3 章中已作详细的介绍。由于晶体的空间点阵结构的限制,描述晶体宏观对称性的点群只有 32 个,其特征是一种封闭型的对称性。而描述有限大小分子的对称性可有 5 次和高于 6 次对称轴,其点群就不限于 32 个点群了。

晶体微观结构是要描述具有无穷点的空间点阵结构,除宏观对称所拥有的旋转轴、对称面、对称中心等对称元素外,晶体微观结构还有平移对称和包含平移部分的对称元素。因此,在晶体微观对称变换中不存在不变点,它是一个开放型的对称性。在介绍描述晶体宏观对称性 32 点群和微观对称性的 230 个空间群之前,先介绍呈周期性的晶体结构的各对称元素及相应的对称操作。

1. 平移——点阵

平移是晶体结构中最基本的对称操作,可用 T 表示。

$$\boldsymbol{T}_{mnp} = m\boldsymbol{a} + n\boldsymbol{b} + p\boldsymbol{c} \quad (m,n,p \text{ 为任意整数})$$

即一个平移矢量 T_{mnp} 作用在晶体三维点阵上，使点阵点在 a 方向平移 m 单位，b 方向平移 n 单位，c 方向平移 p 单位后，点阵结构仍能复原。

2. 旋转——旋转轴

如果晶体绕一个旋转轴转动角度 $\alpha = 2\pi/n$，则称旋转轴为 n 重旋转轴。能够和空间点阵共存的旋转轴仅有 5 种，即 1，2，3，4，6 重旋转轴。在分子对称性中对称元素用 Schönflies 符号，而晶体结构中习惯用国际符号，n 表示 n 重旋转轴，还有些图形表示方法，如表 7-2 所示。

表 7-2 晶体对称元素的符号

对称元素	符 号	图 示	
		垂直于投影面	平行于投影面
旋转轴	2,3		
	4,6		
反轴	$\bar{1},\bar{2},\bar{3}$		
	$\bar{4},\bar{6}$		
螺旋轴	2_1		
	$3_1,3_2$		
	$4_1,4_2,4_3$		
	$6_1,6_2$		
	$6_3,6_4,6_5$		
反映面	m		
轴滑移面	a,b		
	e		
	c		
对角滑移面	n		
d 滑移面	d		

晶体结构只允许存在 1、2、3、4、6 五种旋转轴，可证明如下：

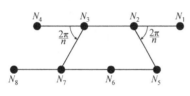

图 7-21 晶体允许的旋转轴

设在晶体结构中取一平面点阵 $N_1 N_2 \cdots N_7 N_8 \cdots$，点阵点间最近间距单位 a，有一 n 重旋转轴位于 N_2，垂直于画面，顺时针方向旋转 $\alpha = 2\pi/n$ 角度，使 N_1 点转到 N_5 位置，同时在 N_3 处有另一 n 重旋转轴，使 N_4 点逆时针方向转到 N_7 位置（图 7-21）。根据点阵特点：

$$N_5 N_7 = ma \quad （m 为整数）$$

又从三角函数关系可知

$$N_5N_7 = a + 2a\cos 2\pi/n$$

则有

$$ma = a + 2a\cos 2\pi/n$$
$$m = 1 + 2\cos 2\pi/n$$

因为 $\cos 2\pi/n$ 最大值为 1，所以 $|(m-1)/2| \leqslant 1$，$(m-1)$ 可取值为 -2、-1、0、1、2，对应的 n 重轴为 1、2、3、4、6 重轴。

3. 旋转反演——反轴

这是一个复合操作，即绕轴旋转 $2\pi/n$ 后，再按对称中心反演后，图形仍能复原，这个轴称为反轴，记为 $\bar{n}$。这一对称操作与分子对称性中介绍的映轴 S_n 是一个相关操作。相互间的联系如下：

$$\bar{1} = S_2 \quad \bar{2} = S_1 \quad \bar{3} = S_6 \quad \bar{4} = S_4 \quad \bar{6} = S_3$$

一般在分子对称点群中用映转轴，在晶体空间群中用反轴。特别指出，$\bar{1}$ 实际就是对称中心，但在晶体中习惯用 $\bar{1}$，而不用对称中心 i。

4. 螺旋旋转——螺旋轴

复合操作由旋转加平移组成。这一对称操作与下一个对称操作反映滑移（滑移轴）都是晶体点阵对称性所特有的。我们观看跳水比赛时，可看到运动员做转身 360° 或 720°，同时做自由落体运动。运动员所完成的动作就是螺旋旋转下降的动作。或用一螺丝、螺母固定某一部件，螺旋上紧的过程就是螺旋旋转运动。

螺旋轴用 n_m 符号表示，即晶体点阵在螺旋轴作用下转动 $2\pi/n$ 的过程中，还沿旋转轴平移 m/n 个单位。例如，2_1 螺旋轴表示图形绕旋转轴转动 180°，同时沿轴方向平移 1/2 个矢量单位。轴次为 n 的螺旋轴有 $(n-1)$ 种，即选择 $360°/n$ 时，同时平移 m/n 个单位，记为 n_m，$m=1$，$2,\cdots,n-1$。因此，4 次螺旋轴可有 4_1、4_2、4_3 三种，分别为旋转 90°，平移 1/4 个单位、平移 2/4 个单位、平移 3/4 个单位。

5. 反映——对称面

与点群对称面相同（见 3.1.3）。

6. 反映滑移——滑移面

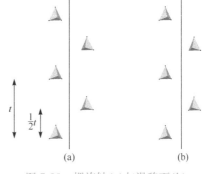

这个动作是图形按对称面反映后，还沿反映面的某方向平移 $1/n$ 个单位，再复原（图 7-22）。滑移面分为三类：①反映后沿 a、b、c 晶轴平移 1/2 个单位，分别称为 a、b、c 轴滑移面；②反映后沿 a、b 轴或 a、c 轴或 b、c 轴对角线方向平移 1/2 个单位，称为对角滑移面，记为 n；③在金刚石结构中存在的滑移面，反映后沿 $(a+b)$、$(b+c)$ 或 $(a+c)$ 方向平移 1/4 单位，称为 d 滑移面或金

图 7-22　螺旋轴（a）与滑移面（b）

刚石滑移面。最新版的《国际晶体学表》对滑移面重新分类,增加了 e 滑移面(称为双滑移面,double glide plane),它表示沿 a、b 轴或 a、c 轴或 b、c 轴方向分别存在滑移面,这类滑移面在过去被简单地用 a、b 或 c 滑移面表示。进行新的分类后,原有的 $Abm2$(39 号)、$Aba2$(41 号)、$Cmca$(64 号)、$Cmma$(67 号)、$Ccca$(68 号)等 5 个空间群分别被命名为 $Aem2$(39 号)、$Aea2$(41 号)、$Cmce$(64 号)、$Cmme$(67 号)、$Ccce$(68 号)。

7.3.2 晶体的宏观对称性——晶体学点群

晶体的理想外形和宏观观察到的对称性称为宏观对称性。由于宏观观察区分不了微观结构平移的差异,晶体微观结构中一些特殊的螺旋轴、滑移面在宏观中表现为旋转轴和对称面,即在宏观仍可以用点群来区分晶体的对称性。但由于晶体点阵平移性质的限制,旋转轴只能有 1,2,3,4,6 次轴,因此总共只有 32 个晶体学点群(表 7-3)。

表 7-3　32 个晶体学点群

晶 系	Schönflies 符号	国际符号	实 例
三斜	C_1	1	$Al_2Si_2O_5(OH)$
	C_i	$\bar{1}$	$CuSO_4 \cdot 5H_2O$
单斜	C_s	m	$BiPO_4$
	C_2	2	KNO_2
	C_{2h}	$2/m$	$KAlSi_3O_8$
正交	C_{2v}	$2mm$	HIO_3
	D_2	222	$NaNO_2$
	D_{2h}	$2/mmm$	Mg_2SiO_4
四方	C_4	4	
	S_4	$\bar{4}$	BPO_4
	C_{4h}	$4/m$	$CaWO_4$
	C_{4v}	$4mm$	$BaTiO_3$
	D_{2d}	$\bar{4}2m$	KH_2PO_4
	D_4	422	$NiSO_4 \cdot 6H_2O$
	D_{4h}	$4/mmm$	TiO_2(金红石)
三方	C_3	3	Ni_3TeO_8
	$S_6(C_{3i})$	$\bar{3}$	$FeTiO_3$
	C_{3v}	$3m$	$LiNbO_3$
	D_3	32	$\alpha\text{-}SiO_2$(石英)
	D_{3d}	$\bar{3}m$	$\alpha\text{-}Al_2O_3$
六方	C_6	6	$NaAlSiO_4$
	C_{3h}	$\bar{6}$	$Pd_5Ge_3O_{11}$
	C_{6h}	$6/m$	$Ca_5(PO_4)_3F$
	C_{6v}	$6mm$	ZnO
	D_6	622	$LaPO_4$
	D_{3h}	$\bar{6}m2$	$CaCO_3$(方解石)
	D_{6h}	$6/mmm$	$BaTiSi_3O_9$

晶 系	Schönflies 符号	国际符号	实 例
	T	$2\,3$	$NaClO_3$
	T_h	$m\bar{3}$	FeS_2
立方	T_d	$\bar{4}3m$	β-Mn
	O	432	ZnS
	O_h	$m\bar{3}m$	$NaCl$

C_n：$n=1,2,3,4,6$ 即 C_1,C_2,C_3,C_4,C_6，五个点群；

C_{nv}：$C_{2v},C_{3v},C_{4v},C_{6v}$，四个点群；

C_{nh}：$C_{1h}=C_s,C_{2h},C_{3h},C_{4h},C_{6h}$，五个点群；

S_n：S_3 与 C_{3h} 等同，不重复计算，只有 $S_2=C_i,S_4,S_6$，三个点群；

D_n：D_2,D_3,D_4,D_6，四个点群；

D_{nh}：$D_{2h},D_{3h},D_{4h},D_{6h}$，四个点群；

D_{nd}：该类点群含有平分面 σ_d，使映转轴次数要扩大一倍，故只有 D_{2d},D_{3d}。

以上共 27 个点群，还有 5 个高阶群：T,T_d,T_h,O,O_h。

晶体学点群有两种表示符号，一种是 Schönflies 符号，另一种是晶体学中通用的国际符号，国际符号的含义将在空间群部分中描述。

7.3.3　晶体的微观对称性——空间群

1. 230 个空间群

晶体具有空间点阵结构，其微观对称操作的集合称为空间群。空间群共有 230 个。由于晶体的空间点阵结构，从数学概念看，点阵点是无限的，则空间群中的对称操作阶次也是无限的。晶体学家都用空间群来标志每一个已知结构的晶体。由于篇幅所限，本书只做一般介绍。

晶体的宏观对称性分别属于 32 个晶体学点群，加上微观平移操作，可以推引出 230 个空间群（详见附录 6），即属于同一点群的各种晶体可以隶属若干空间群。例如，点群为 C_{2h}-$2/m$ 的各种晶体，可以分属以下 6 个空间群中的一个：

$$C_{2h}^1-P2/m,\quad C_{2h}^2-P2_1/m,\quad C_{2h}^3-C2/m,$$
$$C_{2h}^4-P2/c,\quad C_{2h}^5-P2_1/c,\quad C_{2h}^6-C2/c$$

上述空间群记号中，C_{2h}^1 等为 Schönflies 记号。"一"后面的记号为国际记号（如 $P2/m$）。其中，第一个大写字母表示点阵形式，如 C 为 C 底心点阵；其余的记号表示晶体中 3 个方向的对称性，各个晶系所对应的方向列于表 7-4 中。例如，$P2_12_12_1$ 表示正交晶系简单点阵形式，字母 P 后面的 3 组符号代表 $\boldsymbol{a}$、$\boldsymbol{b}$、$\boldsymbol{c}$ 方向的对称性，即平行于 $\boldsymbol{a}$、$\boldsymbol{b}$、$\boldsymbol{c}$ 方向分别都有 2_1 轴。又如，$P2_1/m$ 中字母 P 后面只标示一个方向的对称性，表示为单斜晶系简单点阵形式，平行于 $\boldsymbol{b}$ 轴方向有 2_1 轴，垂直于 $\boldsymbol{b}$ 轴方向有镜面。

表 7-4　各晶系空间群国际记号中三个位置代表的方向

晶 系	方 向		
	1	2	3
立方	$\boldsymbol{a}$	$\boldsymbol{a}+\boldsymbol{b}+\boldsymbol{c}$	$\boldsymbol{a}+\boldsymbol{b}$
六方	$\boldsymbol{c}$	$\boldsymbol{a}$	$2\boldsymbol{a}+\boldsymbol{b}$
四方	$\boldsymbol{c}$	$\boldsymbol{a}$	$\boldsymbol{a}+\boldsymbol{b}$

续表

晶　系	方　向		
	1	2	3
三方（菱方）	$a+b+c$	$a-b$	—
三方*（R 心六方）	c	a	—
正交	a	b	c
单斜	b	—	—
三斜	—	—	—

* 三方（简单六方）与六方晶系表示相同。

2. 等效点系

晶体学中将 230 个空间群的每个群用一组对称元素系图和一个等效点系图来表示。以《国际晶体学表》A 卷中第十四号空间群 $C_{2h}^5 - P2_1/c$ 为例（图 7-23）：（a）、（b）和（c）为对称元素系图，它们图示了空间群的所有对称元素的分布；（d）为等效点系图，它图示了空间群对称性要求所联系起来的一系列等效坐标位置。对称元素系图和等效点系图中的一系列符号的意义可参考《国际晶体学表》或其他参考书，这里不再描述。

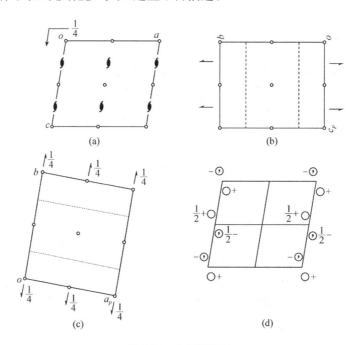

图 7-23　空间群图示

（a）、（b）和（c）为沿不同方向投影的对称元素系图，（d）为等效点系图

《国际晶体学表》中空间群的另一个重要的信息是等效点系表，它是等效点系的数学描述。例如，$C_{2h}^5 - P2_1/c$ 的等效点系表如表 7-5 所示。

表 7-5　空间群 $C_{2h}^5 - P2_1/c$ 的等效点系

多重度，Wyckoff 符号，位置对称性	坐标	消光条件
4　e　1	(1) x, y, z　(2) $\bar{x}, y+\frac{1}{2}, \bar{z}+\frac{1}{2}$ (3) $\bar{x}, \bar{y}, \bar{z}$　(4) $x, \bar{y}+\frac{1}{2}, z+\frac{1}{2}$	$General$: $hk0 : h=2n$ $00l : l=2n$ $h00 : h=2n$ $Special : as\ above$, $plus$
2　d　$\bar{1}$	$\frac{1}{2}, 0, \frac{1}{2}$　$\frac{1}{2}, \frac{1}{2}, 0$	$hkl : h+l=2n$
2　c　$\bar{1}$	$\frac{1}{2}, 0, 0$　$0, 0, \frac{1}{2}$	$hkl : h+l=2n$
2　b　$\bar{1}$	$\frac{1}{2}, 0, 0$　$\frac{1}{2}, \frac{1}{2}, \frac{1}{2}$	$hkl : h+l=2n$
2　a　$\bar{1}$	$0, 0, 0$　$0, \frac{1}{2}, \frac{1}{2}$	$hkl : h+l=2n$

表 7-5 中左半部为多重度、Wyckoff(威科夫)记号和位置对称性,中间部分为一系列等效点的等效坐标等信息,右半部为该空间群所对应的衍射消光规律(见 7.4 节)。等效点坐标信息中:第一行列出一般等效点位置,它表示对于任意的位置坐标 (x, y, z) 在该空间群的对称操作下,可衍生出所有等效点;其他行则列出特殊的等效点位置坐标,该位置落在对称中心、镜面等特殊位置上。在晶体结构的表示中,一般仅列出一系列等效点中的一个坐标,要通过等效点系的计算才可以得到完整的结构信息。

最后应指出的是,20 世纪 80 年代准晶的发现,微观结构中出现 5 次和高于 6 次对称不仅具有衍射实验的坚实基础,而且得到理论研究的证明。问题的关键在于准晶虽然不存在微观结构的周期性,但呈现比周期性内容更为丰富的结构有序性,从而使现代晶体学进入一个新的历史阶段,微观结构的对称理论正在不断发展中。

7.4　晶体的 X 射线衍射

7.4.1　引言

从晶体学的发展可分为古典和现代两个阶段。古典晶体学阶段,确定了 7 个晶系、14 种空间点阵形式,导出 32 种宏观对称群,进而推导出 230 个空间群。1912 年,德国科学家 Laue (劳厄)用硫酸铜晶体作为光栅,发现 X 射线在晶体中的衍射现象,并得到了首张 X 射线衍射图案,开创了现代晶体学阶段。

从 1912 年至 20 世纪 30 年代,Laue、Bragg(布拉格)、Pauling 等对无机化合物的晶体结构做了大量的测定工作,获得了 NaCl 型、ZnS 型、CsCl 型、萤石(CaF_2)、黄铁矿、方解石、尖晶石等典型晶体的精确结构数据。在此基础上,离子晶体结构理论得到发展,Goldschmidt、Pauling 各自总结了一套离子半径。40～50 年代,开展了对有机化合物的晶体结构测定,特别是 60 年代开始至今方兴未艾的蛋白质生物大分子结构的测定,为生命科学、环境科学、医药化学的发展提供了有力的工具。60 年代随着计算机的发展,计算机控制的单晶衍射仪问世,衍射数据收集的速度、精度大大提高。衍射仪和直接法的使用大大改变了 X 射线晶体学的面貌。30 年代测定一个普通的晶体结构要耗费数月的时间,研究晶体需有重原子,所得的精确度相对较低。如今只要得到大小适宜的单晶样品,无论分子是否复杂或有无重原子,一般都能在几至几十个小时内测出单晶结构,而且精度较高。

目前,已形成了 X 射线衍射法、中子衍射法和电子衍射法等多种用于晶体结构的研究方法。其中,X 射线衍射法已成为研究物质结构的最重要的手段之一,广泛应用于晶体结构分析、物相的定性及定量分析、晶粒大小及点阵畸变分析、晶粒大小分布分析、颗粒度分析(小角散射)、残余应力分析、结晶度分析、织构(择优取向)分析等方面,对化学、分子生物学、材料科学、表面科学等学科的发展起到了巨大的推动作用。

国际上现已建立了许多晶体学相关网站(其中国际晶体学联合会网址是 http://www.iucr.org/)和数据库。常用的数据库有:①剑桥结构数据库(Cambridge Structure Database,CSD),收录有机化合物和有机金属化合物的晶体结构数据;②无机晶体结构数据库(Inorganic Crystal Structure Database,ICSD);③金属结构数据库(Metal and Intermetallic Structures,CRYSTMET);④粉末衍射文件数据库(Powder Diffraction File of the International Center for Diffraction Data,ICDD PDF);⑤蛋白质数据库(Protein Data Bank,PDB);⑥生物大分子晶体数据库(Biological Macromolecule Crystallization Database,BMCD);⑦核酸数据库(Nucleic Acid Database,NAD)。

7.4.2　X 射线的产生与散射

1895 年,德国科学家 Röntgen(伦琴)在研究阴极射线时发现了 X 射线,后人为了纪念伦琴的贡献,也把 X 射线称为伦琴射线。

X 射线实际上是一种本质与可见光完全相同的电磁波,只不过它的波长较短。X 射线的波长范围为 $0.01\sim100$Å,两边分别与 γ 射线和紫外线重叠。用于晶体衍射的 X 射线的波长范围为 $0.5\sim2.5$Å,这个范围的 X 射线波长与晶体点阵面的间距大致相当。

晶体衍射所用的 X 射线主要由普通 X 射线管中高速运动的电子冲击金属阳极靶面或电子同步加速环的同步辐射方式产生。普通 X 射线管的工作原理是:在真空约 10^{-4}Pa 的 X 射线管内,当高压加速的电子撞击阳极靶时,高速运动的电子突然被阻止;其中部分电子动能转化为 X 射线辐射,这一部分的 X 射线为具有连续波长的"白色"X 射线;另一部分高速电子则能把阳极靶原子的内层电子(通常是 K 层电子)轰击出来。此时,原子的外层电子跃迁至内层填充空穴,其能量转化为 X 射线辐射出,这类 X 射线称为特征 X 射线,它的波长由阳极靶的材料及相关的电子能级决定。例如,以铜为阳极靶,若在其 K 层上打出一个电子,L 层的电子填充这一空穴时则产生两条能量极相近的 X 射线 $K_{\alpha1}$ 和 $K_{\alpha2}$,相应的跃迁为 $^2P_{3/2}\rightarrow{}^2S_{1/2}$($8.05$keV,$1.54056$Å)和 $^2P_{1/2}\rightarrow{}^2S_{1/2}$($8.03$keV,$1.54439$Å),其强度比为 $2:1$,加权平均波长为 1.5418Å。X 射线衍射工作经常使用的阳极靶材料有铜、钴、铁、铬和钼等。

同步辐射 X 射线由电子同步加速环产生,它的特点是波长范围窄、单色化程度高,且强度高,其强度可达到普通 X 射线管所产生的 X 射线的强度的 10^{10} 倍,它可用于小微晶和固体表面的 X 射线衍射;但电子同步加速器造价昂贵,限制了同步辐射 X 射线的使用。

当 X 射线通过物质时,入射的 X 射线将被物质中的电子吸收并散射。一般把散射 X 射线称为二次 X 射线。散射 X 射线分为相干散射[Thomson(汤姆孙)散射]和非相干散射[Compton(康普顿)散射]。相干散射是指散射线波长与入射线波长相同的散射,而非相干散射的散射线波长则比入射线波长稍长。当 X 射线通过晶体时,相干散射的 X 射线强度会在某一方向增强和削弱,即发生衍射现象,X 射线的这一性质可用于物质结构的研究;非相干散射的 X 射线不会产生衍射现象,而是向所有方向辐射,在晶体的衍射中呈现为背景。本章只讨论晶体对X射线的相干散射,即衍射现象。

7.4.3   衍射方向

晶体的衍射方向是指晶体中作周期性排列的原子所散射的 X 射线干涉、叠加时相互加强的方向。讨论衍射方向的方程有 Laue 方程和 Bragg 方程。前者从一维点阵出发,后者从平面点阵出发,两个方程是等效的。

1. Laue 方程

1) 直线点阵衍射的条件

设由原子组成的直线点阵,相邻两原子间的距离为 a,如图 7-24 所示,X 射线入射方向 S_0 与直线点阵的交角为 α_0。若在与直线点阵交角为 α 的方向 S 发生衍射,则相邻波列的光程差 Δ 应为波长 λ 的整数倍,即 $\Delta = OA - PB = h\lambda$($h$ 为整数)。其中

$$OA = \boldsymbol{a} \cdot \boldsymbol{S} \qquad PB = \boldsymbol{a} \cdot \boldsymbol{S}_0$$

写成三角函数形式为

$$OA = a\cos\alpha \qquad PB = a\cos\alpha_0$$

故得

$$\boldsymbol{a}(\boldsymbol{S} - \boldsymbol{S}_0) = h\lambda$$

或

$$a(\cos\alpha - \cos\alpha_0) = h\lambda \qquad (h = 0, \pm1, \pm2, \cdots) \tag{7-4}$$

这就是直线点阵产生衍射的条件。

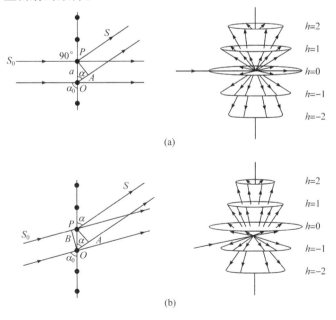

图 7-24   直线点阵衍射图

因为由次生波源发出的 X 射线为球面电磁波,所以与直线点阵交角为 α 的方向的轨迹是以直线点阵为轴的圆锥面。如图 7-24(b)所示,当 $\alpha_0 \neq 90°$ 时,h 等于 n 和 $-n(n=1,2,3,\cdots)$ 的

两套圆锥面。两套并不对称；但当 $\alpha_0 = 90°$ 时，$h = 0$ 的圆锥面蜕化为垂直于直线点阵的平面，这时 h 等于 n 和 $-n$ 的两套圆锥面就是对称的了。若放置照相板与直线点阵平行，在一般情况下所得到的是一些曲线，在 $\alpha_0 = 90°$ 时所得到的是一组双曲线。

2）空间点阵衍射的条件

设空间点阵的三个素平移向量为 a、b 和 c，入射的 X 射线与它们的交角分别为 α_0、β_0 和 γ_0。衍射方向与它们的交角分别为 α、β 和 γ，根据上述的讨论可知，衍射角 α、β 和 γ 应满足下列条件：

$$a(S - S_0) = h\lambda$$
$$b(S - S_0) = k\lambda \qquad (7\text{-}5)$$
$$c(S - S_0) = l\lambda$$

或

$$a(\cos\alpha - \cos\alpha_0) = h\lambda$$
$$b(\cos\beta - \cos\beta_0) = k\lambda \qquad (7\text{-}6)$$
$$c(\cos\gamma - \cos\gamma_0) = l\lambda$$

其中

$$h, k, l = 0, \pm 1, \pm 2, \cdots$$

式(7-6)称为 Laue 方程，hkl 称为衍射指标。衍射指标和晶面指标不同，晶面指标是互质的整数，衍射指标都是整数但不一定是互质的。

符合式(7-6)的衍射方向应是三个圆锥面的共交线。但三个圆锥面却不一定恰好有共交线，这是因为式(7-6)中的三个衍射角 α、β、γ 之间还存在一个函数关系。例如，当 a、b、c 相互垂直时，则有

$$\cos^2\alpha + \cos^2\beta + \cos^2\gamma = 1 \qquad (7\text{-}7)$$

α、β、γ 共计三个变量，但要求它们满足以上所表示的四个方程，这在一般情况下是做不到的，因而不能得到衍射图。为了获得衍射图必须增加一个变数。增加一个变数可采用两种办法：①晶体不动（α_0，β_0，γ_0 固定），只让 X 射线波长变，称为 Laue 法；②采用单色 X 射线（λ 固定），但改变 α_0、β_0、γ_0 的一个或两个以达到产生衍射的目的，包括回转晶体法和粉末法等。

2. Bragg 方程

空间点阵的衍射条件除用 Laue 方程表示外，还有一个很简便的关系式，这就是 Bragg 方程。Bragg 把 X 射线衍射视为互相平行、且间距相等的一组平面点阵反射。如图 7-25 所示，一个三维点阵可用一组相互平行的平面点阵簇表示，相邻平面点阵面的间距为 d_{hkl}。

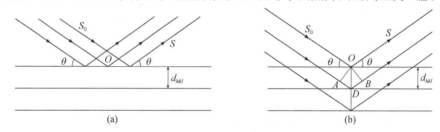

图 7-25　Bragg 方程的推引图示

X 射线入射到晶体上,对于某一平面点阵面来说,当入射角和衍射角相等,且入射线、衍射线和点阵面法线三者共面时,才能保证光程一样[图 7-25(a)],散射的 X 射线相位相同,互相加强。进一步考虑相邻平面点阵面,由于入射角和衍射角必须相等,当入射角和衍射角为 θ 时,相邻点阵面的入射线与衍射线的光程差 $AD+DB$ 为 $2d_{hkl}\sin\theta_{hkl}$。因光程差必须为波长的整数倍时,X 射线散射线才能互相加强,产生衍射线,则有

$$2d_{hkl}\sin\theta_{hkl} = n\lambda \tag{7-8}$$

式(7-8)就是 Bragg 方程,n 为正整数,称为衍射级数,h,k,l 为晶面指标。

对于 $n>1$,晶面 (hkl) 对 X 射线的衍射可以考虑为指标为 $(nh\ nk\ hl)$ 的"虚"晶面的一级衍射,指标为 $(nh\ nk\ hl)$ 的"虚"晶面称为衍射晶面。由晶面间距的公式可推导出 $d_{nhnknl}=d_{hkl}/n$,故 Bragg 方程写为

$$2d_{nhnknl}\sin\theta_{nhnknl} = \lambda \tag{7-9}$$

式中:nh、nk、nl 称为衍射指标。

由于实验中一般无法立即确认衍射线的衍射级数,通常把 nh、nk、hl 简化为 h、k、l,此时的 h、k、l 不再代表晶面指标,而是衍射指标。Bragg 方程简化为

$$2d_{hkl}\sin\theta_{hkl} = \lambda \tag{7-10}$$

Laue 方程和 Bragg 方程都是联系 X 射线的入射方向、衍射方向、波长和点阵参数的关系式,从 Laue 方程可以直接推导出 Bragg 方程,这里不再详述。Laue 方程是衍射的基本关系式,但 Bragg 方程在形式上更为简单,而且提供了由衍射方向计算晶胞参数的简单方法,故在 X 射线结构分析中有广泛的应用。

7.4.4　倒易点阵与反射球

在考虑晶体的 X 射线衍射方向时,引入倒易点阵(倒格子,reciprocal lattice)的概念将使问题简单化。根据单胞基矢 $\boldsymbol{a}$、$\boldsymbol{b}$、$\boldsymbol{c}$ 定义三个新的矢量 $\boldsymbol{a}^* = \dfrac{\boldsymbol{b}\times\boldsymbol{c}}{V}$,$\boldsymbol{b}^* = \dfrac{\boldsymbol{c}\times\boldsymbol{a}}{V}$,$\boldsymbol{c}^* = \dfrac{\boldsymbol{a}\times\boldsymbol{b}}{V}$ 称为倒易点阵的基本矢量(其中 V 为单位晶胞的体积)。在引入倒易点阵后,晶体点阵(正点阵)内定义的衍射面在倒易点阵内就可以用倒易点阵点来表示。倒易点阵中的某一点阵点倒易矢量 $\boldsymbol{r}^* = h\boldsymbol{a}^* + k\boldsymbol{b}^* + l\boldsymbol{c}^*$(其中 h,k,l 为任意整数)正好与晶面 (hkl) 垂直,且它的绝对值 $|\boldsymbol{r}^*|$ 等于晶面间距 d_{hkl} 的倒数$(1/d_{hkl})$。例如,某一立方点阵的倒易点阵如图 7-26 所示,倒易点阵原点到点阵点 $[100]$ 的方向与正点阵中 (100) 面垂直,距离为 $1/a$,等于 $1/d_{100}$;图中倒易点阵点 $[1\bar{2}2]$ 的倒易矢量 $\boldsymbol{r}^*$ 的方向与正点阵中面 $(1\bar{2}2)$ 垂直,距离为 $|\boldsymbol{r}^*|$ 等于 $1/d_{1\bar{2}2}$。

Bragg 方程规定了衍射方向。如图 7-27 所示,X 射线从 A 点射向晶体。以晶体点阵原点 O_1 为圆心,$(1/\lambda)$ 为球半径,向 O_1 引入射波向量 $\boldsymbol{S}_0$,其端点 O 作为相应的倒易点阵的原点,此球即为反射球(Ewald 球)。当倒易点阵点 G 与反射球面相交时,从球心 O_1 到此倒易点阵点 G 的连线方向用向量 $\boldsymbol{S}$ 表示,如图 7-27 所示,AGO 构成直角三角形。因为 G 点为倒易点阵点,OG 的距离则为 $1/d_{hkl}$,OA 的距离为 $2/\lambda$,根据三角关系式可得

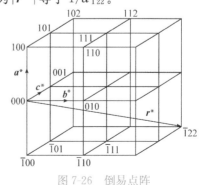

图 7-26　倒易点阵

$$\sin\theta = \frac{1/d_{hkl}}{2/\lambda} \quad 或 \quad 2d_{hkl}\sin\theta = \lambda$$

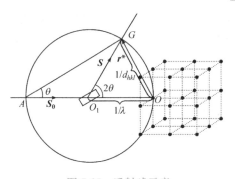

图 7-27　反射球示意

图中虚线表示晶体的倒易点阵

可见，球心 O_1 到此倒易点阵点 G 的连线方向 S 就是衍射波方向。反射球是衍射方程的图解，它直观地表达了倒易点阵与衍射方向间的几何关系：只有当倒易点阵点与反射球相交时，才有可能出现衍射线。从图 7-27 可以看出，当某一单晶取向固定时，只有少量的倒易点阵点落在反射球上，即仅有少量的方向出现衍射。为了获得尽量多的衍射信息，可采用两种方法：①使晶体转动，使得其倒易点阵点在转动过程中切割反射球球面的瞬间发生衍射；②晶体不动，使 X 射线波长发生变化（如采用白色 X 射线），此时反射球相当于实心球，落在该实心球内部的倒易点阵点都可以发生衍射。目前的单晶衍射仪和粉末衍射仪主要采用前一种方法，因此单晶衍射中晶体必须以一定的方式转动，但粉末衍射中由于存在大量小单晶块、且取向无序，样品可以不转动；后一种方法称为 Laue 法，可用于单晶定向等。

7.4.5　衍射强度

以上介绍晶体衍射方向，即满足 Laue 方程或 Bragg 方程的方向将发生衍射，不满足的则不发生衍射，这是衍射的一个要素。衍射的另一个要素是衍射强度，即衍射 X 射线的亮度。某一衍射方向的衍射线强度与晶体晶胞的原子在空间的分布有关。

晶体对 X 射线的衍射是晶体中的每一个原子对 X 射线散射的叠加。由于晶体是由构筑晶体的基本单元——晶胞以周期性点阵形式堆砌而成的，衍射线的总强度可认为是所有单胞对 X 射线散射的总叠加。因此，对于特定的一块晶体，衍射 X 射线的强度直接与晶胞内的原子总类和位置有关。

对于晶胞中任意一个原子，它对衍射指标 hkl 的衍射方向的衍射贡献为 $f_j\exp(i\alpha_j)$，其中 f_j 为原子散射因子，即原子对 X 射线的散射能力，α_j 为散射 X 射线与入射 X 射线的相位差，可用式(7-11)表示：

$$\alpha_j = \frac{2\pi\Delta}{\lambda} = 2\pi(hx_j + ky_j + lz_j) \tag{7-11}$$

设晶胞中有 n 个原子，晶胞中每个原子对 hkl 的衍射方向衍射贡献的总和为

$$F_{hkl} = \sum_{j=1}^{n} f_j\exp(i\alpha_j) \tag{7-12}$$

或

$$F_{hkl} = \sum_{j=1}^{n} f_j\exp\left[i2\pi(hx_j + ky_j + lz_j)\right] \tag{7-13}$$

式中：F_{hkl} 称为结构因子。

衍射指标为 hkl 的衍射线强度 I_{hkl} 正比于 $|F_{hkl}|^2$，还与晶体对 X 射线的吸收、入射光强、温度等多种物理因素有关，考虑这些因素，衍射强度可表示为

$$I_{hkl} = k \mid F_{hkl} \mid^2 \tag{7-14}$$

可见,X 射线的衍射线强度是晶胞内的原子总类和位置的反映,通过测定和分析衍射强度数据,也就可以获得晶胞内结构信息,即测定晶体结构。

7.4.6　系统消光

晶体的点阵结构分为 14 个 Bravais 格子,230 个空间群。其中存在带心点阵形式、滑移面和螺旋轴时,就会出现系统消光,即许多衍射有规律地、系统地不出现,衍射强度为零称为系统消光(systematic absences)。通过了解晶体的系统消光现象,可以测定在晶体结构中存在的螺旋轴、滑移面和带心点阵形式。

例如,面心立方晶胞原子分数坐标为

$$x, y, z; \quad x, y + \frac{1}{2}, z + \frac{1}{2}; \quad x + \frac{1}{2}, y, z + \frac{1}{2}; \quad x + \frac{1}{2}, y + \frac{1}{2}, z$$

结构因子可表达如下:

$$F_{hkl} = \sum_{j=1}^{N/4} f_j \exp\left[i2\pi(hx_j + ky_j + lz_j)\right]\left\{1 + \exp\left[i2\pi\left(\frac{k}{2} + \frac{l}{2}\right)\right]\right.$$
$$\left. + \exp\left[i2\pi\left(\frac{h}{2} + \frac{l}{2}\right)\right] + \exp\left[i2\pi\left(\frac{h}{2} + \frac{k}{2}\right)\right]\right\} \tag{7-15}$$

当 h、k、l 全为偶数或全为奇数($h+k=2n, h+l=2n, k+l=2n$)时,有

$$F_{hkl} = 4\sum_{j=1}^{N/4} f_j \exp\left[i2\pi(hx_j + ky_j + lz_j)\right] \tag{7-16}$$

当 h、k、l 中有偶数又有奇数时,有

$$F_{hkl} = 0$$

从上述结果可见,面心晶胞的衍射指标 h、k、l 中有偶数又有奇数存在时(如衍射指标为 112,300),衍射强度一律为 0。

又如,晶体在 c 方向有二重螺旋轴(2_1 轴),它处在晶体的坐标 $x=y=0$ 处,晶胞中每一对由它联系的原子的坐标为

$$x, y, z; \quad \bar{x}, \bar{y}, z + \frac{1}{2}$$

结构因子可以计算如下:

$$F_{hkl} = \sum_{j=1}^{N/2} f_j\left\{\exp\left[i2\pi(hx_j + ky_j + lz_j)\right] + \exp\left[i2\pi\left(-hx_j - ky_j + l\left(z_j + \frac{1}{2}\right)\right)\right]\right\} \tag{7-17}$$

$$F_{00l} = \sum_{j=1}^{N/2} f_j \exp(i2\pi lz_j)[1 + \exp(i2\pi l/2)] \tag{7-18}$$

当 l 为偶数($l=2n$)时

$$F_{00l} = 2\sum_{j=1}^{N/2} f_j \exp(i2\pi lz_j)$$

当 l 为奇数($l=2n+1$)时

$$F_{00l} = 0$$

由此可见,在 c 方向上有二重螺旋轴时,在 $00l$ 型衍射中,l 为奇数的衍射强度一律为 0。

其他螺旋轴、滑移面和带心点阵类型的系统消光的范围和性质可用同样的原理和方法进行推导。表 7-6 列出晶体的带心形式和存在的滑移面、螺旋轴所出现的系统消光。

表 7-6 部分系统消光规律

衍射指标类型	消光条件	消光解释	对称元素符号
hkl	$h+k+l=$奇数	体心点阵	I
	$h+k=$奇数	C 面带心点阵	C
	$h+l=$奇数	B 面带心点阵	B
	$k+l=$奇数	A 面带心点阵	A
	h,k,l 奇偶混杂	面心点阵	F
$0kl$	$k=$奇数	(100)滑移面,滑移 $b/2$	b
	$l=$奇数	(100)滑移面,滑移 $c/2$	c
	$k+l=$奇数	(100)滑移面,滑移 $(b+c)/2$	a
	$k+l$ 不为 4 的倍数	(100)滑移面,滑移 $(b+c)/4$	d
$h00$	$h=$奇数	[100]螺旋轴,平移 $a/2$	2_1、4_2
	h 不为 4 的倍数	[100]螺旋轴,平移 $a/4$	4_1、4_3

由表 7-6 可见,当存在带心点阵时,在 hkl 型衍射中产生消光;存在滑移面时,在 $hk0$、$h0l$、$0kl$ 等类型衍射中产生消光;而当晶体存在螺旋轴时,在 $h00$、$0k0$、$00l$ 型衍射中产生消光。带心点阵的系统消光范围最大,滑移面次之,螺旋轴最小。系统消光的范围越大,相应的对称性的存在与否就越能从系统消光现象中得到确定。

7.4.7 X 射线相干散射理论简介

在 X 射线的照射下,样品中电子会与 X 射线发生相互作用,并散射出与入射 X 射线具有相同波长和相位的 X 射线,即相干散射(衍射现象只需考虑相干散射)。相干散射中每个电子可近似地视为发射球面波[$\exp 2\pi i(\boldsymbol{k} \cdot \boldsymbol{r})$]的波源。位于位置 $\boldsymbol{r}$ 的电子对 $\boldsymbol{S}$ 方向的散射与原点的相位差为

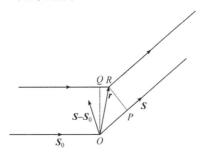

图 7-28 X 射线散射(衍射)示意图

$$\Delta = (OP - QR)/\lambda = (\boldsymbol{r} \cdot \boldsymbol{S} - \boldsymbol{r} \cdot \boldsymbol{S}_0)/\lambda$$

入射 X 射线的方向为 $\boldsymbol{S}_0$,$\boldsymbol{S}_0$ 和 $\boldsymbol{S}$ 分别为入射线和散射线的单位波矢,如图 7-28 所示。

令 $\boldsymbol{q} = \boldsymbol{S} - \boldsymbol{S}_0$,散射贡献为

$$\exp 2\pi i[\boldsymbol{r} \cdot (\boldsymbol{S} - \boldsymbol{S}_0)/\lambda] \quad \text{或} \quad \exp 2\pi i(\boldsymbol{r} \cdot \boldsymbol{q}/\lambda)$$

样品中的电子对 X 射线的散射总贡献为样品中所有电子对散射的总贡献

$$\int \rho(r)\exp(2\pi i \boldsymbol{q} \cdot \boldsymbol{r}/\lambda)\mathrm{d}\tau \tag{7-19}$$

即空间电子云密度的 Fourier 变换。式(7-19)为 X 射线散射的通式。对于周期性的晶体结构

$$\rho(r) = \sum_n \rho_{\text{cell}}(r + \pmb{R}_n) \tag{7-20}$$

式中：ρ_{cell} 为单胞中的电子云分布；$\pmb{R}_n$ 为任意点阵点坐标。

散射总贡献为

$$A = \sum_n \int \rho_{\text{cell}}(r + R_n) \exp(2\pi i \pmb{q} \cdot \pmb{r}/\lambda) \mathrm{d}\tau \tag{7-21}$$

式(7-21)中的积分范围为一个单胞。由式(7-21)可得

$$A = \left[\int \rho_{\text{cell}}(r) \exp(2\pi i \pmb{q} \cdot \pmb{r}/\lambda) \mathrm{d}\tau \right] \sum_n \exp(2\pi i \pmb{q} \cdot \pmb{R}_n/\lambda)$$

$$= F(q) \sum_n \exp(2\pi i \pmb{q} \cdot \pmb{R}_n/\lambda) \tag{7-22}$$

式中

$$F(q) = \int \rho_{\text{cell}}(r) \exp(2\pi i \pmb{q} \cdot \pmb{r}/\lambda) \mathrm{d}\tau \tag{7-23}$$

为结构因子。

由于晶体具有周期性的点阵结构，空间点阵中任意点阵点的位置矢量 $\pmb{R}_n$ 由式(7-24)表示：

$$\pmb{R}_n = n_1 \pmb{a} + n_2 \pmb{b} + n_3 \pmb{c} \tag{7-24}$$

式中：n_1, n_2, n_3 为整数；a, b, c 为点阵(单胞)参数。

若晶体中沿着 a、b、c 轴的方向上分别有 N_1、N_2、N_3 个周期的重复排列，且只有点阵点上有原子，$F(q)$ 为常数 f，f 与原子中的电子数相关，称为原子散射因子。式(7-22)则变换为

$$A_{mnp} = f \sum_{n_1=0}^{N_1-1} \sum_{n_2=0}^{N_2-1} \sum_{n_3=0}^{N_3-1} \mathrm{e}^{2\pi i/\lambda (n_1 \pmb{a} + n_2 \pmb{b} + n_3 \pmb{c}) \cdot \pmb{q}} \tag{7-25}$$

式(7-25)显得相当复杂，我们先考虑一维且 $f=1$ 时的情况：

$$A_N = \sum_{n=0}^{N-1} \mathrm{e}^{2\pi i n \pmb{a} \cdot \pmb{q}/\lambda} = \frac{1 - \mathrm{e}^{2\pi i N \pmb{a} \cdot \pmb{q}/\lambda}}{1 - \mathrm{e}^{2\pi i \pmb{a} \cdot \pmb{q}/\lambda}} \tag{7-26}$$

式(7-26)是包含 N 个原子的一维晶体对 X 射线的散射值，散射强度则是该式模的平方，即

$$I \infty |A_N|^2 = A_N A_N^* = \frac{\sin^2\left(\dfrac{\pi N}{\lambda} \pmb{a} \cdot \pmb{q}\right)}{\sin^2\left(\dfrac{\pi}{\lambda} \pmb{a} \cdot \pmb{q}\right)} \tag{7-27}$$

式(7-27)就是光学中的干涉函数。这个函数的主极大值在 $\pmb{a} \cdot \pmb{q}/\lambda = n$($n$ 为整数)，且主极大值为 N^2。图 7-29 示出了 $N=5$ 和 $N=15$ 时该干涉函数的曲线。可以看出，函数除了主极大值外还有 $N-2$ 个次极大值；N 的值越大，次极大值越小。当 N 的值很大时，计算结果表明了函数除主极大值外($\pmb{a} \cdot \pmb{q}/\lambda = n$ 处)，次极大值几乎等于零。

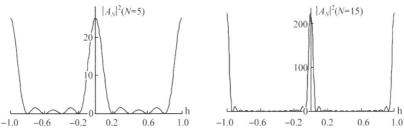

图 7-29　$N=5$ 和 $N=15$ 时该干涉函数的曲线

拓展到三维晶体,衍射强度则为

$$I \propto |A_{mnp}|^2 = |f|^2 \frac{\sin^2\left(\frac{\pi N_1}{\lambda}\boldsymbol{a}\cdot\boldsymbol{q}\right)}{\sin^2\left(\frac{\pi}{\lambda}\boldsymbol{a}\cdot\boldsymbol{q}\right)} \frac{\sin^2\left(\frac{\pi N_2}{\lambda}\boldsymbol{b}\cdot\boldsymbol{q}\right)}{\sin^2\left(\frac{\pi}{\lambda}\boldsymbol{b}\cdot\boldsymbol{q}\right)} \frac{\sin^2\left(\frac{\pi N_3}{\lambda}\boldsymbol{c}\cdot\boldsymbol{q}\right)}{\sin^2\left(\frac{\pi}{\lambda}\boldsymbol{c}\cdot\boldsymbol{q}\right)} \qquad (7\text{-}28)$$

在实际晶体中,因 N_1、N_2、N_3 的值都非常大,由式(7-28)得到在 $|A_{mnp}|^2$ 的主极大值方向须满足下列条件,即 Laue 衍射条件:

$$\boldsymbol{a}\cdot\boldsymbol{q}/\lambda = h \qquad \boldsymbol{b}\cdot\boldsymbol{q}/\lambda = k \qquad \boldsymbol{c}\cdot\boldsymbol{q}/\lambda = l \qquad (h,k,l \text{ 为整数})$$

或

$$\boldsymbol{a}\cdot\boldsymbol{q} = h\lambda \qquad \boldsymbol{b}\cdot\boldsymbol{q} = k\lambda \qquad \boldsymbol{c}\cdot\boldsymbol{q} = l\lambda$$

在满足 Laue 衍射条件的衍射方向,衍射强度

$$I \propto |f|^2 M^2 N^2 P^2 \qquad \text{或} \qquad I \propto |f|^2 \qquad (7\text{-}29)$$

单位点阵内含若干不同原子的场合,f 由晶体结构因子 F_{hkl} 替代,则 $I_{hkl} \propto |F_{hkl}|^2$;其中,$F_{hkl} = \sum_{j=1}^{n} f_j e^{2\pi i(hx_j+ky_j+lz_j)}$($f_j$ 为原子散射因子,x_j、y_j、z_j 为原子坐标),即 $F(q)$ 中的积分项以分立原子的求和替代。

因此,晶体在 X 射线的照射下,从大部分方向观察时,因各原子散射的 X 射线位相不同,散射波互相抵消,点阵中所有原子的散射贡献为 0;只有在符合 Laue 衍射条件的特殊方向上,各点阵点的散射波干涉加强,可检测到强的 X 射线,这些方向只与单胞参数相关;其衍射强度 $I_{hkl} \propto |F_{hkl}|^2$,即与晶胞中原子种类和位置相关。换言之,X 射线的衍射方向是由晶体的单胞参数决定的,其衍射强度则由晶胞中原子种类和位置决定的。因此,通过测量单胞参数和衍射点强度,就可以获得晶体中原子排列信息等,这就是通常所说的晶体结构测定。

7.5　X 射线衍射的应用

7.5.1　单晶衍射法

单晶的 X 射线衍射实验有照相法和衍射仪法。早期使用照相法,一般挑选一粒直径为 0.1~1mm 的完整单晶粒,用胶液粘在玻璃毛顶端,安置在测角头上,用一张感光胶片拍下一批衍射点,通过显影、定影后测量计算出的衍射方向和衍射强度,进而计算晶胞参数,了解体系系统消光及晶体对称性等。常用的照相法有 Laue 法、回摆法、魏森伯法和旋进照相法等,其中 Laue 法采用白色 X 射线,其他方法采用单色 X 射线。由于只有当倒易点阵点与反射球相交时才有可能出现衍射线,因此晶体需要以一定的方式转动(Laue 法除外),使得尽量多的倒易点阵点与反射球相交,以测量到更多的衍射点。随着计算机控制技术的发展,照相法逐渐被衍射仪法取代。

X 射线衍射仪包括测角仪、X 射线检测器和计算机控制系统三部分,通过计算机调整晶体坐标轴和入射 X 射线的相对取向以及 X 射线检测器的位置,记录下每一衍射 hkl 符合衍射条件的衍射线的位置和强度。过去通用的单晶衍射仪为四圆衍射仪,每个圆都有一个独立的马达带动运转,由计算机控制,调节晶体定位取向,使各个 hkl 满足衍射条件产生衍射,并记录它的强度。四圆衍射仪的 X 射线检测器为单通道检测器,需要逐点记录衍射强度,收集一个晶

体的所有衍射点有时需要数天甚至十数天的时间。近年来，随着 X 射线 CCD(charge coupled device,电荷耦合器件)和 IP(image plate,影像板)检测技术的快速发展,平面多通道检测器技术已取代了单通道检测器。CCD 面检测器和 IP 检测器兼顾照相底片多个衍射点同时收集与四圆衍射仪计算机自动控制的特点,是新一代的 X 射线衍射仪。

通过照相法或衍射仪法测定晶胞参数及各个衍射的相对强度数据后,将强度数据统一到一个相对标准上,对一系列影响强度的几何因素、物理因素加以修正后得到结构振幅$|F_{hkl}|$值。可是,实验中仅能测得结构振幅$|F_{hkl}|$,而不能直接测量其相位信息,因此无法得到结构因子 F_{hkl} 的数值。结构振幅和结构因子的关系为

$$F_{hkl} = |F_{hkl}| \exp(i\alpha_{hkl}) \tag{7-30}$$

式中:α_{hkl} 称为衍射 hkl 的相角。相角无法通过实验测定,因而解决相角问题就成了结构测定的关键。解决相角的方法可用重原子法或直接法等。

可以看出,相角问题得以解决后,利用结构振幅和相角数据,可计算电子密度函数。

式(7-23)的结构因子可写为以下形式:

$$F_{hkl} = \iiint \rho(x,y,z) e^{2\pi i(hx+ky+lz)} \, \mathrm{d}x\mathrm{d}y\mathrm{d}z \tag{7-31}$$

通过 Fourier 逆变换

$$\rho(x,y,z) = V^{-1} \sum_h \sum_k \sum_l F_{hkl} e^{-2\pi i(hx+ky+lz)} \tag{7-32}$$

从式(7-32)就可以求得晶胞中电子云密度图,进一步得到晶胞中的原子种类和位置,即晶体结构得以求解。

X 射线单晶衍射法是晶体结构测定的主要方法,也是物质结构测定最重要的手段。除 X 射线衍射外,中子衍射、电子衍射等是 X 射线衍射的重要补充部分。随着同步辐射 X 射线源的开发、使用,X 射线衍射还可以用于研究晶体表面和界面结构(表面 X 射线衍射)。

7.5.2　多晶衍射法

多晶样品是指由无数个随机取向的小晶粒组成的块状或粉末试样。当单色化的 X 射线照射到多晶样品上时,产生的衍射花样与单晶衍射有所不同。设入射的 X 射线与某一晶面 (hkl) 符合衍射条件,其夹角为 θ 时,则在衍射角 2θ 有衍射线。由于多晶中小晶块有各种取向,晶面(hkl)的衍射线形成分布在 4θ 的圆锥方向上,如图 7-30 所示。多晶衍射的测量早期使用照相法,将感光胶片围在以样品 O 为圆心、R 为半径的圆周上,经 X 射线衍射曝光后,测

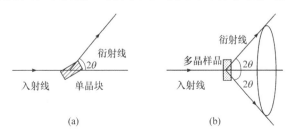

图 7-30　多晶 X 射线衍射示意图

(a) 一个小单晶块产生的衍射情况；(b) 多晶样品产生的衍射情况

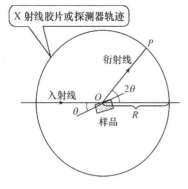

图 7-31 多晶 X 射线衍射测量示意图

量并求算衍射角 θ 的值,然后根据 θ 和入射波长 λ 并按 Bragg 方程求出晶面间距 d 值。

现在,多晶衍射仪已基本取代了粉末照相法。衍射仪中,测角仪和 X 射线探测器替代了粉末照相机和感光胶片。通过计算机控制测角仪上的样品和 X 射线探测器按一定的方式绕中心旋转,把 X 射线的强度和相应的衍射角度记录下来,并计算晶面间距 d 值(图7-31)。

多晶衍射法是一种重要的实验方法,现广泛地应用于化学、物理学、地质、矿物、冶金和材料学等领域。

7.5.3 应用

1. 晶体衍射线的指标化——简单晶体结构的测定

晶体结构测定的关键是得到结构因子 F_{hkl} 的值。从衍射线强度可以计算结构振幅 $|F_{hkl}|$ 的值,因此指标化成为测定结构的关键步骤。指标化就是将各条衍射线的 hkl 标出。对于单晶衍射,通过至少 4 个不共面的衍射线就可对衍射线指标化。对于多晶的衍射,衍射数据的指标化要复杂一些。但对晶胞不大的立方、四方、六方和三方晶系的晶体,多晶衍射线的指标化一般不难;其他低级晶系要难一些,若参考同晶晶体的晶胞参数,也不难指标化。

下面以立方晶系为例说明多晶 X 射线衍射线的指标化。由 Bragg 方程及立方晶系的晶面间距和晶面指标的关系式,可以导出

$$\sin^2\theta_{hkl} = (\lambda/2a)^2(h^2 + k^2 + l^2)$$

可以看出,立方晶系的 $\sin^2\theta_{hkl}$ 与 $(h^2+k^2+l^2)$ 成正比。对于简单点阵 P,没有消光规律,hkl 可以是任意整数,它可采取 100,110,111,200,210,211,220,221,222,300,…数值。$(h^2+k^2+l^2)$ 相应的值为 1,2,3,4,5,6,8,9,10,11,12,13,…(缺 7、15、23 等)。

对于体心点阵 I,$(h+k+l)$ 为奇数时消光,衍射线强度为 0,观测不到衍射线,即 100、111、210、221、300 等衍射线不出现。对于面心点阵 F,hkl 奇偶混杂时不出现衍射线,即 100、210、211、221、300 等衍射线不出现。

可见,在立方晶系的三种点阵形式中,θ 从低角度到高角度的衍射线的值按下列比例分布:

P:$1:2:3:4:5:6:8:9:10:11:12:13:\cdots$(缺 7、15、23 等)

I:$2:4:6:8:10:12:14:16:18:20\cdots$

　　$=1:2:3:4:5:6:7:8:9:10\cdots$(不缺 7、15、23 等)

F:$3:4:8:11:12:16:19:20:24:\cdots$

这样根据实验测得的比值就可以决定点阵形式,并且可以确定每条衍射线的指标,即所谓指标化(图 7-32)。指标确定后可计算晶胞周期 a,再从实验测定密度,进而求得晶胞中所含的原子数等。此外,还可以根据粉末衍射线的分布及强度推测晶胞中的原子位置。一般对称性较高的晶体可用粉末法测定晶体结构。但对于对称性较低的晶体,因为粉末衍射线很多,容易发生重叠,难以分析结果,所以应用不多。

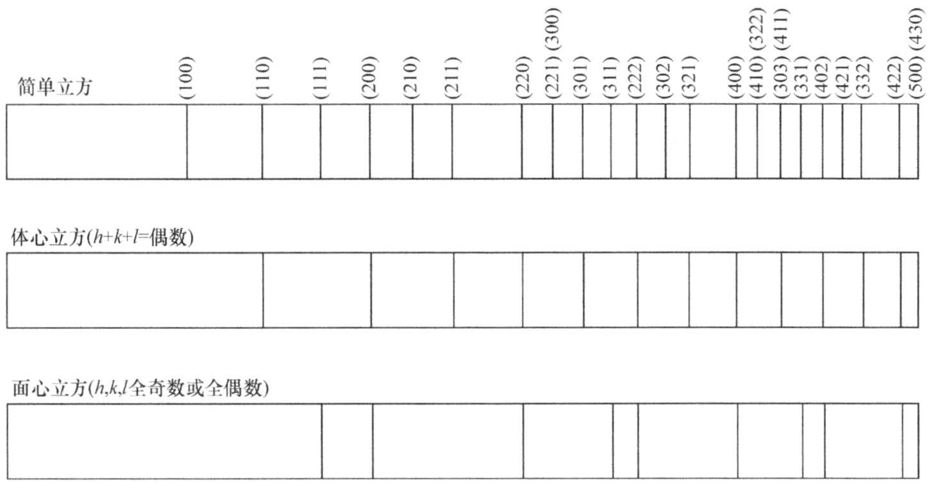

简单立方　(100)　(110)　(111)　(200)　(210)　(211)　(220)　(221)(300)　(301)　(311)　(222)　(302)　(321)　(400)　(410)(322)　(303)(411)　(331)　(402)　(421)　(332)　(422)　(500)(430)

体心立方($h+k+l$=偶数)

面心立方(h,k,l全奇数或全偶数)

图 7-32　立方晶系衍射线指标化

下面以钨为例说明用粉末法测定晶体结构的方法。用 Cu 靶的 K_α 射线（波长 $\lambda =$ 1.5418Å），通过多晶 X 射线衍射仪测得的衍射线的角度 2θ，计算 $\sin^2\theta_{hkl}$ 的比例为

$$\sin^2\theta_1 : \sin^2\theta_2 : \sin^2\theta_3 : \sin^2\theta_4 : \cdots = 0.1184 : 0.2370 : 0.3555 : 0.4740 : \cdots$$
$$= 1 : 2 : 3 : 4 : \cdots$$
$$= 2 : 4 : 6 : 8 : \cdots$$

可见,钨属于立方体心点阵。然后可以对每条衍射环线指标化,计算晶胞常数 a,进而通过衍射线的强度解析其晶体结构等。

2. 衍射峰的位置与强度——物相的定性和定量分析

X 射线的衍射峰位置(衍射方向)是由晶体的单胞参数决定的,其衍射强度则由晶胞中原子种类和位置决定。因此,X 射线衍射的一组峰(包括其位置与强度)反映了晶体中原子种类及其排列方式的信息,即物相的信息。与红外光谱、拉曼光谱中某一谱峰对应某一化学基团等不同,X 射线衍射的一组峰才对应某一物相,反之亦然,某物相的存在一定要有一组衍射峰与之相对应。X 射线衍射分析不是单一的元素分析,它可区分同一化学组成的不同物相,能区分是混合物还是固溶体等。X 射线的物相分析一般是根据实验获得的"$d-I$"数据、化学组成、样品来源等和标准多晶衍射数据互相对比、进行鉴定,若样品衍射图中含有某物相标准图,即可断定样品中含有该物相。最重要的标准多晶衍射数据库是 Joint Committee on Powder Diffraction Standards(JCPDS)编的《粉末衍射卡片集》(PDF)。

另外,混合物中某物相的衍射强度与该物相在试样中的质量分数成正比,与试样的平均质量吸收系数成反比,试样中物相的含量可以通过 X 射线衍射来确定。但是,某些衍射能力较低的物相在含量小于 5％时衍射线就不明显了,因此 X 射线物相分析检测限一般在 5％以上。物相的定量分析有内标法、外标法、K 值法、增量法及无标定量法等,应根据实际实验体系选用合适的分析方法。

3. 点阵参数、晶面间距的变化——固溶化、原子嵌入与外应力

点阵参数(晶胞参数)是晶体结构的一个重要物理参数。晶体中杂质的溶入或固溶体中某

一元素含量的变化等均能引起点阵参数的变化。通过精确地测定点阵参数,可以探讨晶体结构的变化等。测定点阵参数,首先要知道衍射峰的所对应的衍射面指数,然后通过作图法或最小二乘法等求算。若待测物质是未知物质,须首先对其指标化,然后才能计算点阵参数。根据 Bragg 方程 $2d\sin\theta=n\lambda$ 可以得出,当 θ 接近 90°时,所测的晶面间距 d 值的误差最小($\Delta d/\Delta\theta$ 最小)。因此,要获得高精度的点阵参数,应尽可能多地测定高角度的衍射线。

另外,金属材料等在外力的作用下产生了外应力,这种外力也可以改变晶面间距(d 值),这种应变称为均匀应变。在材料的弹性极限内,应力的大小与晶面间距的变化成正比。外力消失后这种均匀应变仍可能残留,称为残余应力。通过测量试样不同方向上 d 值的变化,则可求得应力的大小。

4. X 射线衍射峰的宽化——晶粒细化与晶格畸变(内应力)

从 X 射线衍射原理可以看出,当晶体点阵的周期数 N 不是很大时,X 射线衍射峰不再集中在一点上,而具有一定的宽度,且衍射峰的宽度随着 N 值的减小而增大。因此,X 射线衍射峰的宽度与晶体点阵的周期数直接相关,或者说与晶粒的大小相关。1918 年,Scherrer(谢乐)就推导出了衍射峰的宽度与小晶粒尺寸之间的数学关系式:

$$D_{hkl} = \frac{K\lambda}{\beta\cos\theta} \tag{7-33}$$

式中:D_{hkl} 为晶粒的平均尺寸(准确地说是垂直于 hkl 晶面方向的晶粒的平均尺寸);λ 为所采用的 X 射线的波长;β 为由晶粒大小引起的衍射峰的宽化值(单位为弧度);θ 为衍射峰的角度;K 为常数,β 采用半高宽时 $K=0.9$,β 采用积分峰宽时 $K=1$。

一般认为,当晶粒尺寸大于 $0.1\mu m$ 时,衍射峰宽度与晶粒尺寸没有明显的数学关系式;而当晶粒尺寸小于 $1nm$ 时,晶体已经向无定形相过渡。因此,Scherrer 方程的适用范围是晶粒尺寸为 $1\sim100nm$。

在实际应用中应当注意 β 为衍射峰的宽化值,而非直接测量的衍射峰峰宽。它为直接测量的衍射峰峰宽(B)扣除仪器狭缝系统引起的仪器宽化(B_0),即 $\beta=B-B_0$。用没有晶格畸变且晶粒度为 $25\mu m$ 以上的标准晶体(如粒度为 $25\sim44\mu m$ 的 α-石英经 850℃退火)测得的峰宽为仪器宽化(B_0)。

应当指出的是,晶粒与颗粒不一定相同,一个颗粒可能由多个小单晶粒组成,而 X 射线衍射峰的大小只反映了小单晶粒的大小。

此外,晶格的畸变(不均匀应变、微观应变、内应力)也能导致衍射线发生角位移而影响衍射峰的峰宽。设晶格畸变导致的晶面间距变化为 Δd,其晶格畸变量表示为 $\eta=\Delta d/d$,则由该晶格畸变引起的衍射线角度位移由 Bragg 方程决定

$$2(d+\Delta d)\sin(\theta+\Delta\theta) = \lambda \quad 或 \quad 2d(1+\eta)\sin(\theta+\Delta\theta) = \lambda$$

考虑到 η 和 $\Delta\theta$ 的值都很小,上式可展开并整理为

$$2\Delta\theta = -2\eta\,\mathrm{tg}\theta$$

或写为

$$\beta' = 2\eta\,\mathrm{tg}\theta$$

式中:β' 为晶格畸变引起的衍射峰的宽化。

可以看出,晶粒细化和晶格畸变均能引起衍射峰的宽化。不过,这两类宽化的性质是不同

的。晶粒细化引起的宽化是由于 X 射线的非 Bragg 角入射和衍射引起的,而晶格畸变引起的宽化是由于晶面间距的变化引起的衍射角的位移所致。这样,衍射峰的宽化为晶粒细化引起的宽化(β_i)和点阵畸变引起的衍射峰宽化(β_i')的总和

$$\beta = \beta_i + \beta_i' = \frac{K\lambda}{D\cos\theta} + 2\eta\,\mathrm{tg}\theta$$

或

$$\frac{\beta\cos\theta}{\lambda} = 2\eta\frac{\sin\theta}{\lambda} + \frac{K}{D} \tag{7-34}$$

通过测量两个以上的衍射峰,以 $\beta\cos\theta/\lambda$ 为 y 轴,以 $\sin\theta/\lambda$ 为 x 轴作图,所得直线的斜率为点阵畸变量 η 的两倍,y 轴上的截距为晶粒尺寸 D 的倒数。

实际应用中,需要根据具体情况考虑是否存在晶格畸变引起的衍射峰宽化。一般认为,氧化物等无机物相晶格畸变小,可以不考虑晶格畸变;而金属材料中(如金属电沉积层),晶体含有镶嵌块结构,由不平行的小晶块拼成,小晶块往往会有微观畸变,此时则需考虑晶格畸变。

5. X 射线衍射峰的形状(线形)——晶粒大小分布

晶粒细化会引起 X 射线衍射峰加宽,不同的晶粒大小导致不同的衍射峰峰宽。因此,在晶格畸变可以忽略的情况下,衍射峰的形状隐藏着晶粒大小分布的信息。参照式(7-27),粉末对 X 射线衍射的衍射峰线形函数为不同大小的晶粒衍射线的叠加

$$f_p(s) = K\sum_{n=1}^{m} P(n)\frac{\sin^2(\pi ns)}{\sin^2(ns)} \tag{7-35}$$

式中:$f_p(s)$ 为衍射峰的线形函数;K 为与平均晶胞个数相关的常数;s 为倒易点阵(空间)坐标;$P(n)$ 为周期数为 n 的晶粒所占的比例,或称为晶粒分布函数。

把实验样品的真实衍射峰线形[$f(s)$]与衍射峰的线形函数进行拟合,就可以获得晶粒分布函数,晶粒大小分布。

6. 卫星峰——多层膜与超晶格

当由 A 和 B 两物相薄层(1～10nm)形成交替的 AB/AB/AB…薄膜时,X 射线衍射峰并不是宽化的 A 和 B 两物相衍射峰。多层膜的衍射峰相当复杂,随着多层膜中 AB 重复单层厚度的变化而变化。但总体特征为若干主峰伴随若干卫星峰,当单层厚度较大时,主峰出现在 A 和 B 的体相衍射峰附近。

实际上,多层膜的衍射可以考虑为 ABABAB…超晶格的衍射,即考虑周期为 AB 重复单层厚度(Λ)的晶体的衍射。根据 Bragg 方程,则有

$$2\Lambda\sin(\theta_n) = n\lambda_x \tag{7-36}$$

这样,在一定的 X 光波长的条件下,衍射峰的位置则由重复单层厚度(Λ)决定。由于 Λ 值较大,因此除了在高角度可以观察到衍射峰外,在小角度会有衍射峰。多层膜中重复单层厚度(Λ)可以方便地从 Bragg 方程导出:

$$\Lambda = \frac{(i-j)\lambda_x}{2[\sin(\theta_i) - \sin(\theta_j)]} \tag{7-37}$$

式中:θ_i 和 θ_j 分别为超晶格 i 和 j 级衍射峰的位置。多层膜的高角度衍射峰中的主峰和相邻

的卫星峰的衍射级数一般相差为 1,卫星峰一般标为 $\pm 1, \pm 2, \cdots$。因此,多层膜中重复单层厚度(Λ)可以方便地从卫星峰的位置求算出来。

上面列举了 X 射线衍射峰包含的若干个重要的信息。此外,晶体衍射的 Debye 环的不均匀度与样品的择优取向(织构)有关,小角散射峰包含样品颗粒度的信息等。

7.6 准 晶

7.6.1 准晶的发现

1982 年 4 月 8 日上午,以色列化学家 Shechtman(谢赫特曼)博士在美国工业技术标准局(NIST)实验室做研究。他将熔融的铝锰合金迅速冷却,一般来说应获得无序的固溶体,但他

将冷却物用电子显微镜观察时,得到了一个惊人的图像:围绕一个中心,一圈圈十个亮点均匀分布(图 7-33)。Shechtman 反复数算了亮点的数目,确定是 10 个均匀分布的亮点,五重或十重对称性?他在实验记录上写下了三个问号。他走出实验室,向走廊望去,想寻找一个共同讨论的人,但走廊空无一人。

Shechtman 回到电子显微镜旁,继续进行奇怪晶体的实验。他反复检测了衍射图案是否由孪晶所致(孪晶是指两个晶体沿一个公共晶面构成镜面对称的位向关系,会有奇怪的衍射图案),但显然不是。Shechtman 还将晶体在

图 7-33 Shechtman 的十重衍射图

显微镜下旋转,看是什么对称性,结果是同样不可能的五重对称性。他把发现告诉实验室的同行,许多人认为是孪晶,还有人嘲讽他。实验室主任甚至给他一本晶体学教科书,要他好好读一读……这一切导致研究组组长请他离开研究组。

Shechtman 找到母校以色列理工学院的同事 Blech(布莱克),一起研究他的特殊发现。1984 年夏,他们向《应用物理期刊》投了一篇稿件,立刻被拒。Shechtman 再去请 NIST 的著名物理学家 Cahn(卡恩),Cahn 最终看了他的数据,并与法国晶体学家 Gratias(格雷希斯)讨论。Gratias 重复了实验,认为是可信的。1984 年 11 月《物理评论快报》发表了以 Shechtman 为首的文章"一种长程有序但无平移对称性的金属相",报道在急冷凝固的 Al-Mn 合金中发现一种具有五重旋转轴的二十面体相(icosahedral phase)。这篇论文在晶体学及有关学科产生轩然大波。因为周期性是晶体学的基础,晶体中只能观察到 2、3、4、6 重对称轴,五重对称性的晶体是如何堆积呢?

7.6.2 平面镶嵌与黄金分割

20 世纪 60 年代,数学家就开始考虑能否用有限的花砖排列出非周期性的镶嵌物。70 年代中期,英国数学家 Penrose(彭罗斯)用两种菱形花砖拼出了非周期性的镶嵌物。其实,早在中世纪,阿拉伯艺术家就用这样的镶嵌物装饰了西班牙的阿尔罕布拉宫、伊朗的神殿拱顶等。

物理学家 Steinhardt(斯坦哈特)和 Levine(莱文)把 Penrose 镶嵌物与 Shechtman 衍射图案联系起来。1984 年圣诞节前夕发表在《物理评论快报》的论文中,他们首先使用了"准晶"一词。它是"准周期性晶体"的简称。Steinhardt 和 Levine 的系列论文为此领域奠定了最初的理

论基础。准晶具有小表面,可产生有尖峰的衍射图。它可以具有与周期性不相适应的旋转对称性。

二十面体的准晶和非周期性镶嵌物又都与数学中的黄金分割有关。Penrose 拼图(图 7-34)中两种菱形的边长比为 τ,它可用一个数列来表示,每个数字是前两个数字之和,前后两个数字比接近黄金分割:1,1,2,3,5,8,13,21,34,55,89,144,…无论用 89/144 或 34/55,都可得到接近黄金分割的数。

(a)

(b)

(c)

(d)

图 7-34 具有 5 重(a)、8 重(b)、10 重(c)和 12 重(d)旋转轴的 Penrose 图

7.6.3 二十面体密堆

等径球密堆时曾有立方最密堆积与六方最密堆积。每个球周围有 12 个球配位,但这两种密堆还不如三角面体的密集(图 7-35)。因为 ccp 与 hcp 除四面体空隙外,还有较大的八面体空隙。从几何中得知,二十面体顶点与中心距离为 r,二十面体棱长为 e,则 $\dfrac{e}{r} = \dfrac{\sqrt{5}-1}{\sqrt{3}} \approx$ 1.0542,即棱长比半径约长 5%。因此,在二十面体堆积中心,只能放一个略小一点的球。从这个角度,二十面体密堆非常适合合金结构,两种金属半径往往是不等的,在 Al 密堆金属中加 V、Cr、Mn、Fe、Co、Ni 等过渡金属可以产生强化,而这些过渡金属原子半径比 Al 密堆的金属半径小 5%～10%。另外,在 Ni 基高温合金中加入 Mo、Ti、Al 等强化,同样满足两种原子半径差 5%～10%,也容易产生二十面体结构单元,因此准晶首先在 Al-Mn、Ni-Ti 合金中发现。

物理学家 Frank(弗兰克)在 20 世纪 50 年代讨论液体结构时指出,二十面体原子团簇是配位数为 12 的稳定结构。晶体学家 Kasper(卡斯珀)分析了大量复杂的合金相结构,进一步

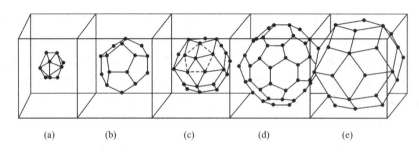

图 7-35　三角面体密堆结构模型

(a) 二十面体；(b) 五角十二面体；(c) 三角六十面体或菱面三十面体；

(d) 三十二面体即截顶二十面体；(e) 大菱面三十面体

指出二十面体堆积不能填满空间,一定要有配位数为 14、15、16 的多面体嵌在中间。图 7-36
为四种 Kasper 三角多面体。

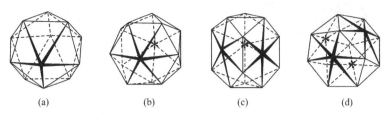

图 7-36　Kasper 三角多面体

(a) 二十面体,CN=12;(b) 二十四面体,CN=14,2 个取向相反的六角锥(另一顶点用＊标明);

(c) 二十六面体,CN=15,3 个六角锥呈三重对称分布;(d) 二十八面体,CN=16

7.6.4　晶体的新定义

准晶的发现使国际晶体学联合会改变了对晶体的定义。以前,晶体的定义是:"一种其组
成由原子、分子或离子以规则有序和重复的三维图案所堆砌的物质"。1992 年,晶体新定义
为:"任何具有基本上分立的衍射图的固体"。这个定义更广泛,可以允许把进一步可能发现的
其他种类的晶体也包括进去。

在晶体家族中,我们可将它们分为"周期性晶体"与"非周期性晶体"两大类,前者在原子尺
度上是周期性的,后者则不是。人们也可用衍射图来区分晶体与准晶。在分立的衍射图中每
个 Bragg 峰定义了一个从图中心指向峰的矢量。在周期性晶体(三维方向上)的衍射图中总可
以找到 3 个峰,分别对应 3 个矢量,可用来对其他所有峰指标化。准晶就需要多于 3 个波矢来
产生所有峰,因此也要多于 3 个整数来对每个峰指标化。

2011 年 10 月 5 日,瑞典皇家科学院宣布将当年诺贝尔化学奖授予以色列科学家 Shecht-
man,以表彰他对准晶发现所做出的杰出贡献。

准晶是一种介于晶体与非晶体之间的固体。在准晶的原子排列中,其结构是长程有序,这
点与晶体相似;但是准晶不具备平移对称性,这点与晶体不同。周期性晶体具有 2 次、3 次、4
次和 6 次旋转对称性,准晶可具有 5 次、8 次、10 次甚至 12 次对称性。许多准晶是二元或三元
合金,它们的特点是很硬,但像玻璃一样易碎。它们的导电、导热的性能也很差。

7.6.5　准晶种类

Shechtman 的发现使一些晶体学家开始挖掘自己的旧实验记录,他们中一些人在分析其

他材料的过程中也获得过类似的衍射图,但却解释为孪晶。很快就有一些八重和十二重对称性衍射图的报道。Al-Mn 二十面体准晶被报道后,Raman(拉曼)和 Chandranrao 等联想到 Pauling 等的 $Mg_{32}(Al,Zn)_{49}$ 的二十面体对称壳层。他按这个成分配制的合金急冷凝固后果然得到二十面体准晶。

第一个稳定的二十面体准晶 Al-Li-Cu 合金是长时间从固溶体中析出的,Al_5Li_3Cu 与 $Mg_{32}(Al,Zn)_{49}$ 同构。因为首先发现的 Al-Mn 准晶只能在急冷凝固下生成,而且加热后会转变成晶相。稳定准晶的出现证明准晶是一种稳定态,与晶体一样也有长程序和取向性,只是没有平移周期性,也可用 X 射线进行衍射结构分析。

1983 年我国学者就用透射电子显微镜在研究铁基、镍基高温合金相析出过程中发现一系列新的合金相,根据这些结果撰写了"实空间与倒易空间中的五重对称"会议论文。图 7-37(a) 是张泽等得到的 Ti_2Ni 二十面体准晶电镜图,图 7-37(b)是用菱形拼成的具有五重对称而无周期性的 Penrose 图。这些像点显示了明显的非对称性,即这些晶体若有 5 重旋转对称性,就要放弃三维周期平移对称性。二十面体准晶虽无周期性,但有明锐的衍射图。

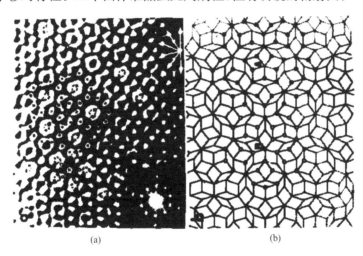

(a)   (b)

图 7-37　二十面体准晶电镜图(a)和 Penrose 图(b)

在世界上最耐用的合金钢中也发现了准晶,瑞典一家钢铁公司把不同金属共混,得到一种性能惊人的钢,结构分析表明,它由两个不同相构成,硬钢(准晶)嵌埋在软钢相中,起骨架作用。

自从 1984 年准晶报道后,全世界实验室中已合成几百种准晶。直到 2009 年夏天,科学家才报道自然界中存在的准晶。在俄罗斯东部的河中发现一种由铝、铜和铁组成的矿物样品,它产生出 10 重对称性衍射图案。

根据目前已经发现的准晶,可以按照维数对其进行分类。

1. 三维准晶

三维准晶在三个维度上均无周期性,只有二十面体准晶一种。三维准晶最早在急冷凝固的 Al-Mn、Ti-Ni、Pd-U-Si 合金中发现,后来又在缓冷凝固的 Al-Li-Cu、Al-Fe-Cu、Ga-Mg-Zn、Al-Pd-Mn 等合金中发现。

2. 二维准晶

二维准晶在一个平面的两个方向显示准周期性,而在平面的法线方向显示周期性。二维准周期平面的特征可用它所具有的周期性的旋转轴表征,如 8 重准晶(8 重旋转轴)、10 重准晶(10 重旋转轴)等。

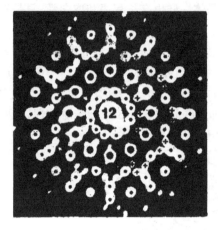

最早发现的 10 重准晶是 Al-Mn 10 重准晶,它与二十面体准晶共生。然后在 Al-TM 合金发现许多 10 重准晶,如 $Al_{65}Co_{15}Cu_{20}$ 和 $Al_{65}Co_{20}Cu_{15}$ 等,这种准晶有十棱柱的生长形貌,可在缓冷凝固的合金中生成,在 800℃ 长期不转变。后来又发现 Al-Co-Ni、Al-Pd-Mn 的稳定 10 重准晶。

8 重准晶首先在急冷的 Cr-Ni-Si、V-Ni-Si 合金中发现,后来在缓冷的 Mn-Si-Al、Mo-Cr-Ni 合金中也发现了 8 重准晶。8 重准晶的结构可以看成是由二维准晶层沿 8 重轴的周期堆积,准晶层由取向差 45°的菱形和正方形拼接而成。

12 重准晶在急冷的 Cr-Ni、V_3Ni_2 和 $V_{15}Ni_{20}Si$ 合金中发现(图 7-38)。这些合金属于二维准晶,有一维周期平移。

图 7-38 12 重准晶衍射图

3. 一维准晶

一维准晶有两个正交的周期方向,一维准晶的周期可以有不同数值,如一维准晶 $Al_{80}Ni_{16}Si_4$ 的周期为 1600pm,而 $Al_{65}Co_{15}Cu_{20}$、$Al_{65}Mn_{15}Cu_{20}$ 一维准晶的周期分别为 400pm、1200pm。一维准晶大多是二维准晶转变而来。

三维准晶到一维准晶是一个转变过程,即准晶向晶体的过渡:

三维二十面体准晶	—	二维 10 重准晶	—	一维准晶	—	晶体
(无周期)		(一维周期平移)		(二维周期平移)		(三维周期平移)

习 题 7

7.1 判断下列点是否组成点阵。

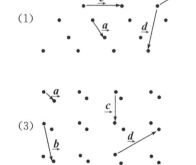

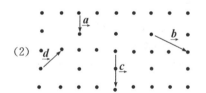

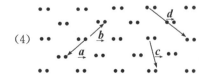

7.2　试从下列图形中选出点阵结构,并画出点阵点所代表的结构基元。

7.3　在下列点阵结构中标出指标(100)、(210)、(120)、(230)、(010)的晶面,每组面用 3 条平行相邻直线表示。

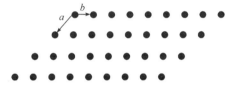

7.4　晶轴截距为(1)$2a,2b,c$;(2)$2a,-3b,2c$;(3)$a,b,-c$ 的晶面指标分别是什么?

7.5　画出一个正交晶胞,并标出(100)、(010)、(001)、(011)和(111)面。

7.6　一立方晶胞边长为 432pm,试求其(111)、(211)和(100)晶面间距。

7.7　试证明在正交晶系,晶面间距 d_{hkl} 计算公式为

$$d_{hkl} = \frac{1}{(h^2/a^2 + k^2/b^2 + l^2/c^2)^{1/2}}$$

在立方晶系,上式简化为

$$d_{hkl} = \frac{a}{(h^2 + k^2 + l^2)^{1/2}}$$

7.8　已知 Cu 为立方晶系,晶胞参数 $a=361$pm,计算(300)、(211)晶面间距。

7.9　立方晶系晶面交角公式为

$$\theta = \cos^{-1} \frac{h_1 h_2 + k_1 k_2 + l_1 l_2}{\sqrt{(h_1^2 + k_1^2 + l_1^2)(h_2^2 + k_2^2 + l_2^2)}}$$

式中:(h_1,k_1,l_1),(h_2,k_2,l_2)为两晶面指标。

黄铁矿(FeS_2)为立方晶系,计算下列晶面两两间夹角:(100),(010),(110),(210)。

7.10　试述 7 个晶系的特征对称元素及它们的晶胞特点。

7.11　证明晶体中只存在 2、3、4、6 旋转轴。

7.12 为什么 14 种 Bravais 格子中有正交底心而无四方底心?

7.13 为什么有立方面心点阵而无四方面心点阵? 请加以论述。

7.14 Ag_2O 属立方晶系,晶胞中分子数为 2,原子分数坐标为

$$Ag \quad 1/4,1/4,1/4;3/4,3/4,1/4;3/4,1/4,3/4;1/4,3/4,3/4$$
$$O \quad 0,0,0;1/2,1/2,1/2$$

若将 Ag 放在原点,请重新标出原子分数坐标。

7.15 下面所给的是几个正交晶系晶体单位晶胞的情况。指出每种晶体的 Bravais 格子。

(1) 每种晶胞中有 2 个同种原子,其位置为

$$\left(0,\frac{1}{2},0\right), \quad \left(\frac{1}{2},0,\frac{1}{2}\right)$$

(2) 每种晶胞中有 4 个同种原子,其位置为

$$(0,0,z), \quad \left(0,\frac{1}{2},z\right), \quad \left(0,\frac{1}{2},\frac{1}{2}+z\right), \quad \left(0,0,\frac{1}{2}+z\right)$$

(3) 每种晶胞中有 4 个同种原子,其位置为

$$(x,y,z), \quad (\bar{x},\bar{y},z), \quad \left(\frac{1}{2}+x,\frac{1}{2}-y,\bar{z}\right), \quad \left(\frac{1}{2}-x,\frac{1}{2}+y,\bar{z}\right)$$

(4) 每种晶胞中有 2 个 A 原子和两个 B 原子,A 原子位置为 $\left(\frac{1}{2},0,0\right)$, $\left(0,\frac{1}{2},\frac{1}{2}\right)$,B 原子位置为 $\left(0,0,\frac{1}{2}\right)$, $\left(\frac{1}{2},\frac{1}{2},0\right)$。

7.16 已知 CaO 为立方晶系,晶胞参数为 $a=480pm$,晶胞内有 4 个分子,试求 CaO 晶体密度。

7.17 已知金刚石立方晶胞参数 $a=356.7pm$,晶胞中碳原子的分数坐标为 $(0,0,0)$, $\left(\frac{1}{2},\frac{1}{2},0\right)$, $\left(\frac{1}{2},0,\frac{1}{2}\right)$, $\left(0,\frac{1}{2},\frac{1}{2}\right)$, $\left(\frac{1}{4},\frac{1}{4},\frac{1}{4}\right)$, $\left(\frac{3}{4},\frac{3}{4},\frac{1}{4}\right)$, $\left(\frac{1}{4},\frac{3}{4},\frac{3}{4}\right)$, $\left(\frac{3}{4},\frac{1}{4},\frac{3}{4}\right)$,试判断其 Bravais 格子,并计算 C—C 键键长和晶体密度。

7.18 立方晶系金属钨的粉末衍射线指标如下:110,200,211,220,310,222,321,400,…
(1) 钨晶体属于什么点阵形式?
(2) 若用波长 154.4pm 的 X 射线,测得 220 衍射角为 43.6°,计算其晶胞参数。

7.19 CaS 晶体(密度为 $2.58g \cdot cm^{-3}$)已由粉末法证明晶体为立方面心点阵:
(1) 以下哪些衍射指标是允许的:100,110,111,200,210,211,220,222?
(2) 计算晶胞参数。
(3) 若用 Cu K_a 辐射($\lambda=154.18pm$),其最小可观测 Bragg 角是多少?

7.20 采用 Cu 靶 K_a 射线测得金属铜的粉末图 2θ 值如下,试计算下表各栏数值,求出晶胞参数,确定晶体的点阵形式。

衍射峰号	$2\theta/(°)$	$\sin^2\theta$	$h^2+k^2+l^2$	hkl	$\lambda^2/4a^2$
1	44.34				
2	51.48				
3	74.17				
4	90.00				

续表

衍射峰号	$2\theta/(°)$	$\sin^2\theta$	$h^2+k^2+l^2$	hkl	$\lambda^2/4a^2$
5	95.26				
6	117.04				
7	136.67				
8	144.90				

7.21　试用结构因子论证:具有面心点阵晶体,衍射指标 h、k、l 奇偶混杂时,衍射强度为零。

7.22　论证具有体心点阵的晶体,衍射指标 $h+k+l=$ 奇数时,结构振幅 $|F_{hkl}|=0$。

7.23　NaCl 晶体属立方面心点阵,衍射指标 h、k、l 全奇时,衍射强度较弱,全偶时衍射强度较强,试用结构因子证明。

7.24　在体心立方晶胞中有两种(共四个)原子,它们的原子分数坐标分别为 $(0,0,0)$,(x,y,z);$(1/2,1/2,1/2)$,$(x+1/2,y+1/2,z+1/2)$,计算结构因子并讨论系统消光规律。

7.25　硅晶体与金刚石晶体为异质同晶(原子分数坐标参考习题7.17),用 X 射线衍射测得晶胞参数 $a=543.089$pm,密度测定为 2.3283g·cm^{-3},计算 Si 的相对原子质量和 Si—Si 键键长。

7.26　四氟化锡(SnF$_4$)晶体属四方晶系(空间群 $I4/mmm$),$a=404$pm,$c=793$pm,晶胞中有 2 个分子,原子各占据以下位置:Sn$(0,0,0;1/2,1/2,1/2)$,F$(0,1/2,0;1/2,0,0;0,0,0.237;0,0,\overline{0.237})$。

(1) 请查阅空间群等效点系,写出晶胞内所有原子的坐标。

(2) 确定晶体点阵形式并画出晶胞简图;

(3) 计算 Sn—F 最近距离以及 Sn 的配位数。

7.27　用 X 射线(波长 $\lambda=154.18$pm)测得某正交硫晶体(S$_8$)晶胞参数为 $a=1048$pm,$b=1292$pm,$c=2455$pm,密度为 2.07g·cm^{-3},S 的相对原子质量为 32.0:

(1) 计算晶胞中 S$_8$ 分子数目。

(2) 计算 224 衍射线的 Bragg 角 θ。

7.28　甲基尿素 CH$_3$NHCONH$_2$(正交晶系)只在下列衍射中出现系统消光:$h00$ 中 $h=$ 奇,$0k0$ 中 $k=$ 奇,$00l$ 中 $l=$ 奇。根据表 7-5 确定该晶体点阵形式,判断有无滑移面与螺旋轴存在。

7.29　NiSO$_4$ 属正交晶系,晶胞参数为 $a=634$pm,$b=784$pm,$c=516$pm,粗略测定晶体密度约 3.9g·cm^{-3}。试确定晶胞中分子个数,并计算晶体准确密度。

7.30　四硼酸二钠的一种晶形属单斜晶系,晶胞参数:$a=1185.8$pm,$b=1067.4$pm,$c=1219.7$pm,$\beta=106.7°$。测得其密度为 1.713g·cm^{-3}。该晶体是否含水? 若含水,其结晶水个数为多少?

7.31　萘晶体属单斜晶系,晶胞内有 2 个分子,晶胞参数为 $a:b:c=1.377:1:1.436$,$\beta=122.8°$,相对密度 1.152,计算晶胞大小。

7.32　核糖核酸酶-S 蛋白质晶体,单胞体积为 167nm^3,胞中分子数为 6,密度 1.282g·cm^{-3},若蛋白质在晶体中占 68%(质量分数),计算蛋白质的相对分子质量。

7.33　举例说明单晶与多晶的区别,晶态与非晶态的区别。

7.34　试计算 Pauling 学派四面体密堆结构中 32 球[图 7-35(c)]菱面三十面体与 60 球[图 7-35(d)]三十二面体的空间利用率,并与 A$_1$、A$_2$ 密堆积比较。

参 考 文 献

黄胜涛. 1985. 固体 X 射线学. 北京:高等教育出版社

麦松威,许均如,柳爱华. 1986. 无机与结构化学习题. 北京:科学出版社

裴光文. 1987. 单晶、多晶和非晶的 X 射线衍射. 济南：山东大学出版社

谢有畅，邵美成. 1979. 结构化学（下册）. 北京：人民教育出版社

周公度，段连运. 1995. 结构化学基础. 2 版. 北京：北京大学出版社

周公度. 1981. 晶体结构测定. 北京：科学出版社

Bragg W L. 1937. Atomic Structure of Minerals. Ithaca：Cornell University Press

Georgescu V，Mazur V，Pushcashu B. 2000. Microstructural characterization of electrodeposited Co/Pt multilayers. Mater Sci Eng，B68：131

Le Bail A，Louër D. 1978. Smoothing and validity of crystallite-size distributions from X-ray line-profile analysis. J Appl Crystallogr，11：50

Schuller I K. 1980. New class of layered materials. Phys Rev Lett，44：1597

Warren B E. 1969. X-ray Diffraction. London：Addison-Wesley

第8章 金属和合金结构

8.1 金属键理论

在元素周期表中金属元素约占 80%。它们大致可分为两大类:一类为简单金属,主要包括碱金属、碱土金属和 Zn、Cd、Hg、Ga、In、Tl 等;另一类为过渡金属、镧系和锕系金属。金属呈现出某些特征性质:很好的传热导电性、金属光泽和延展性,这些性质是由金属内部特有的化学键的性质所决定。关于金属键的理论,主要有自由电子模型及能带理论。

8.1.1 自由电子模型

金属元素的电负性较小,外层电子容易摆脱原子核的束缚。Lorentz(洛伦兹)提出金属可看成是刚性球体(金属原子和金属离子)的晶体排列,自由电子则在空隙中自由运动。价电子为许多金属原子(或离子)所共有,金属键就是由这些共用的能够自由流动的自由电子把许多原子(或离子)黏合在一起组成的,形象地说,金属原子或离子是被浸沉于电子的"海洋"中。这种"多电子多中心"的键即为金属键,因此它既无方向性,又无饱和性。自由电子模型在定性上非常好地说明了金属光泽、导热导电等特性。用量子力学处理金属键的自由电子模型就类似势箱问题。假定金属中的自由电子彼此间没有相互作用,各自独立地在势能为零的势场中运动,这样在自由电子模型中 Schrödinger 方程为

$$\frac{\partial^2 \psi}{\partial x^2}+\frac{\partial^2 \psi}{\partial y^2}+\frac{\partial^2 \psi}{\partial z^2}+\frac{2mE}{\hbar^2}\psi=0 \tag{8-1}$$

相应的能量为

$$E=\frac{h^2}{8ml}(n_x^2+n_y^2+n_z^2)=\frac{h^2}{8ml}n^2 \tag{8-2}$$

在绝对零度时,自由电子体系处于基态,n 个电子占据 $n/2$ 个最低能级,最高占据能为费米能 E_F

$$E_F=\frac{h^2}{8ml}n_f^2 \tag{8-3}$$

自由电子模型完全忽略电子间的相互作用,也忽略了原子实形成的周期性势场对自由电子的作用,处理结果当然与真实金属有差距。后来发展了"近自由电子模型"(在自由电子模型中引入周期性势场微扰),在一定程度上反映了简单金属的实际情况,获得了与实验大致相符的结果,可作为金属电子结构的一级近似。近年,有人提出用赝势理论处理简单金属,即采用微弱的赝势代替电子与正离子间的相互作用势,使问题得到简化(图8-1)。赝势可用正交平面波法解析导出,也可用参数直接构筑模型势。例如,一个模型赝势为

$$\begin{cases} V_F=-\dfrac{Ze^2}{r} & r \geqslant R \\ V_F=-A_0 & r < R \end{cases} \tag{8-4}$$

即原子实半径 R 以外和真实库仑势相同,在原子实范围内用一个恒值势代替。

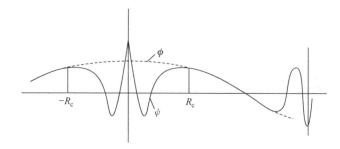

图 8-1　在近自由电子模型中电子真实波函数 ψ(实线)和赝势波函数 ϕ(虚线)

R 为原子实半径

8.1.2　能带理论

尽管自由电子模型成功解释了简单金属的某些特性,但是在处理过渡金属以及镧系和锕系金属时存在困难。过渡金属的 d 电子运动介于局域与离域之间,造成理论处理的困难。并且 Fe、Co、Ni 呈现铁磁性,Mn、Cr 呈现反磁性,更增加了过渡金属电子理论的复杂性。Bloch(布洛克)等提出用分子轨道理论处理金属键,得到了金属键的能带理论。其理论要点如下:

(1) 金属晶体中所有的价电子属于整个金属原子晶格所有。

(2) 金属的价轨道线性组合成一系列相应的分子轨道,其数目与形成分子轨道的原子轨道数目守恒。

(3) 能量差很小的分子轨道组成了一个连续的能量带,称为能带。

假定金属晶体中的电子在带正电的原子实组成的周期性势场中运动,Schrödinger 方程为

$$\left(-\frac{\hbar^2}{2m}\nabla^2+V\right)\Psi = E\Psi \tag{8-5}$$

用微扰法等近似方法可解得能带模型。它将整块金属当作一个巨大的超分子体系,晶体中 N 个原子的每一种能量相等的原子轨道通过线性组合,得到 N 个分子轨道。它是扩展到整块金属的离域轨道,由于 N 的数值很大($\sim 10^{23}$ 数量级),得到分子轨道各能级间隔极小,形成一个能带。每个能带在固定的能量范围,内层原子轨道形成的能带较窄,外层原子轨道形成的能带较宽,各能带按能级高低排列,成为能带结构(图 8-2)。

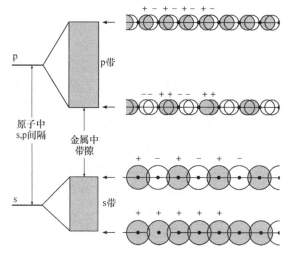

图 8-2　s,p 轨道组成的能带

图 8-3 是 Na 和 Mg 的能带图,图中黑色的格子表示能带已填满电子,称为满带;空白的格子表示该带中无电子,称为空带;有电子但未填满的能带(灰色)称为导带。Na 原子的电子组态为 $(1s)^2(2s)^2(2p)^6(3s)^1$,1s、2s、2p 电子正好填满,形成满带,3s 轨道形成的能带只填了一半,形成导带。Mg 原子的 3s 轨道虽已填满,但它与 3p 轨道的能带重叠。从 3s、3p 总体来看,也是导带。

能带的范围是允许电子存在的区域,而能带间的间隔是电子不能存在的区域,称为禁带。金属在外电场作用下能导电的原因是,导带中的电子受外电场作用,能量分布和运动状态发生变化,因而导电。满带中电子已填满,能量分布固定,没有改变的可能,不能导电。空带中没有电子,也不能导电。若空带与满带重叠,也可形成导带。图 8-4 是导体与绝缘体的能带示意图。

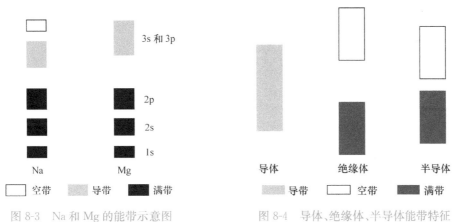

图 8-3　Na 和 Mg 的能带示意图　　　　图 8-4　导体、绝缘体、半导体能带特征

导体的能带结构特征是具有导带。绝缘体的能带特征是只有满带和空带,而且满带和空带之间的禁带较宽($\Delta E \geqslant 5\text{eV}$),一般电场条件下,难以将满带电子激发入空带,不能形成导带。半导体的特征也是只有满带和空带,但满带与空带之间的禁带较窄($\Delta E < 3\text{eV}$),在电场条件下满带的电子激发到空带,形成导带,即可导电。

8.2　等径球密堆积

金属原子堆积在一起,形成金属晶体。金属原子最外层价电子脱离核的束缚,在晶体中自由运动,形成"自由电子",留下的金属正离子都是满壳层电子结构,电子云呈球状分布,所以在金属结构模型中,人们把金属正离子近似为等径圆球。

8.2.1　三种密堆积

等径圆球堆积有最密堆积和密堆积两种形式。

等径圆球平铺成最密的一层只有一种形式,即每个球都和 6 个球相切,如图8-5(a)所示,为了保持最密堆积,第二层球堆上去应放在第一层的空隙上。每个球周围有 6 个空隙,只可能有 3 个空隙被第二层球占用[图 8-5(b)],第三层球有两种放法:第一种是每个球正对第一层,若第一层为 A,第二层为 B,以后的堆积按 ABAB… 重复下去,这样形成的堆积称为六方最密堆积[图 8-5(d)];第二种放法是将第三层球放在第一层未被覆盖的空隙上,形成 C 层,以后堆积按ABCABC…重复下去,这种堆积称为立方最密堆积[图 8-5(c)]。这两种堆积,每个球在同一层与 6 个球相切,上下层各与 3 个球接触,配位数均为 12。

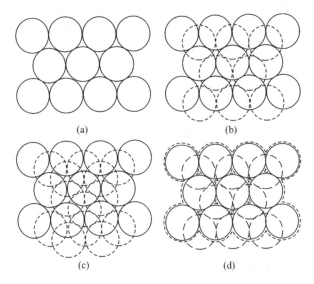

图 8-5　等径球密堆积

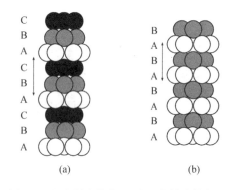

图 8-6　立方最密堆积(a)和六方最密堆积(b)

1. 立方最密堆积

等径球按照 ABCABC…方式做最密堆积,重复周期为三层,如图 8-6(a)所示,若将某一平面层取为晶胞的(111)面,则可以从 ABCABC 堆积中取出立方面心晶胞,故称为立方最密堆积(cubic close-packed),简称 ccp,用符号 A_1 表示。

2. 六方最密堆积

等径球按照 ABABAB…方式做最密堆积,重复周期为两层,如图 8-6(b)所示,按垂直方向可取出六方晶胞,故称为六方最密堆积(hexagoal close-packed),简称 hcp,用符号 A_3 表示。

图 8-7(a)是 ABCABC…堆积的投影图,(b)是 ABAB…堆积的投影图。

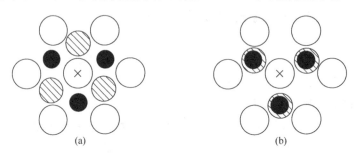

图 8-7　ccp(a)和 hcp(b)的投影图

白球为平面内,黑球为平面上,阴影球为平面下

3. 体心立方堆积

有些金属单质采取体心立方密堆形式。采用这种堆积形式,每个金属原子最近邻有 8 个金属原子,次近邻有 6 个金属原子,不是最密堆积。这种现象说明金属正离子并不是完全像圆球,在成键过程中,原子会发生形变,圆球模型只是一种近似。体心立方堆积(body centred cubic)可简写为 bcc,用符号 A_2 表示。

8.2.2 密堆与空隙

1. 空间占有率

等径球两种最密堆积具有相同的堆积密度,晶胞中圆球体积与晶胞体积之比称为空间占有率,六方最密堆积与立方最密堆积的空间占有率均为 74.05%,如图 8-8(a)所示。

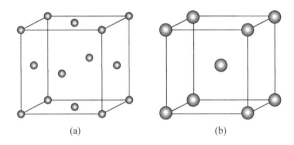

图 8-8　ccp(a)和 bcc(b)晶胞

设圆球半径为 R,晶胞棱长为 a,晶胞面对角线长 $4R=\sqrt{2}a$,则

$$a=2\sqrt{2}R$$

晶胞体积

$$V=a^3=(2\sqrt{2}R)^3=16\sqrt{2}R^3$$

立方面心晶胞中含 4 个圆球,顶点位置 1 个球,面心位置 3 个球。每个圆球体积为 $\frac{4}{3}\pi R^3$,则

$$V_{球}=4\times\frac{4}{3}\pi R^3=\frac{16}{3}\pi R^3$$

$$ccp\ 的空间占有率=\frac{V_{球}}{V_{晶胞}}=\frac{\frac{16}{3}\pi R^3}{16\sqrt{2}R^3}=74.05\%$$

六方最密堆积虽然晶胞大小不同,每个晶胞中含球数不同,但计算得到空间占有率与立方最密堆积相同。体心立方堆积的空间占有率低一些[图 8-8(b)]。

体对角线长

$$\sqrt{3}a=4R \qquad a=\frac{4}{\sqrt{3}}R$$

晶胞体积

$$V_{晶胞}=a^3=\frac{64}{3\sqrt{3}}R^3$$

体心立方晶胞含两个球

$$V_{球} = 2 \times \frac{4}{3} \pi R^3$$

$$\text{bcp 的空间占有率} = \frac{V_{球}}{V_{晶胞}} = \frac{(8/3)\pi R^3}{(64/3\sqrt{3})R^3} = 68.02\%$$

2. 密堆积中的空隙

为了了解密堆积中的空隙,现讨论由两层紧密排列的圆球构成的密置双层[图 8-5(b)],底下一层为 A 层,上层为 B 层,B 层每个原子与所对应的 A 层 3 个原子,形成一个四面体空隙。B 层 3 个原子形成等边三角形,空隙处下面若对着一个 A 层原子,也构成一个四面体空隙。

B 层 3 个原子构成三角形与 A 层 3 个原子构成的倒三角形之间形成一个八面体空隙(6 个球心连接可得一个正八面体),如图 8-9 所示。

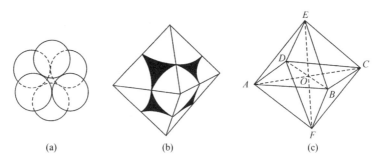

(a)　　　　　　　(b)　　　　　　　(c)

图 8-9　密置双层的八面体空隙

立方面心的最密堆积,每个晶胞中有 4 个八面体空隙:6 个面心位置原子所包围的是 1 个八面体空隙,每条棱的中点是 4 个晶胞共有的一个八面体空隙,可计为 1/4。12 条棱合计为 3 个八面体空隙。立方面心晶胞有 8 个四面体空隙,每个顶点与近邻的 3 个面心位置原子形成 1 个四面体空隙,共有 8 个四面体空隙。八面体、四面体空隙分布如图8-10 所示。

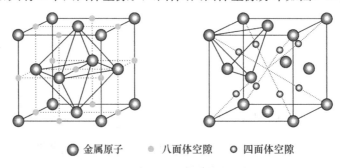

● 金属原子　　　● 八面体空隙　　　○ 四面体空隙

图 8-10　立方最密堆积的空隙

1 个六方密堆晶胞包含 2 个球,共有 2 个八面体空隙与 4 个四面体空隙,上层 3 个顶点位置的圆球与中层 3 个圆球构成一个八面体空隙,中层 3 个圆球与下面 3 个顶点构成另一个八面体空隙,如图 8-11 所示。晶胞中间 1 个球分别与上面 3 个球、下面 3 个球形成 2 个四面体空隙,还有 2 个空隙在 4 条棱上,$8 \times \frac{1}{4} = 2$ 个(每条棱上空隙为 4 个晶胞共有)。

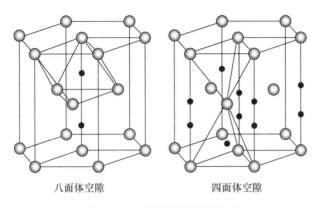

八面体空隙　　　　　　　　四面体空隙

图 8-11　六方最密堆积的空隙

8.3　金属单质结构

8.3.1　单质结构

金属元素中具有面心立方、密堆六方和体心立方三种典型结构的金属占绝大多数,如图 8-12所示。许多金属中存在多种结构转变现象,这说明三种结构之间能量差异不大。

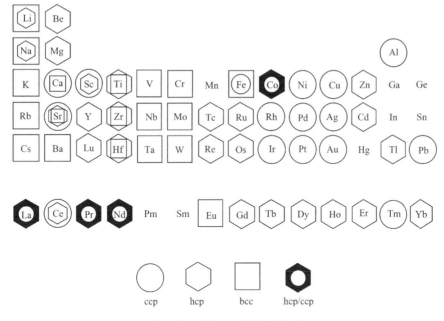

ccp　　hcp　　bcc　　hcp/ccp

图 8-12　各种金属的堆积形式

碱金属一般具有体心立方结构(A_2),但在低温时可转变为密堆六方。碱土金属大多是密堆六方结构(A_3)。过渡金属 d 壳层电子半满以上的,一般是面心立方(A_1),d 壳层未半满的,大多是体心立方结构(A_2)。比较特殊的是 Mn,有几种结晶变型(α、β、γ 相)。

镧系元素一般是密堆六方结构,也出现复杂的堆积结构,如镧系轻元素 α-La、Pr、Nd 是六方密堆结构,Sm 是三方九层密堆结构。锕系情况更复杂。

ⅠB族贵金属是面心立方结构(A_1)。Zn、Cd 结构接近密堆六方,Hg 为三方结构。

ⅣA族的 Ge、Sn、Pb 采用金刚石型的 A_4 结构:立方面心晶胞中,8 个四面体空隙一半为原子

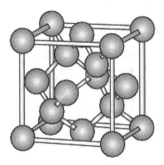

图 8-13　金刚石型的 A_4 结构

占据,每个晶胞共有 8 个金属原子,如图 8-13 所示。

8.3.2　金属原子半径

如果将金属原子看成刚球,最近邻原子中心间距的一半就是刚球的半径。可用某金属晶体点阵参数来推算该金属原子的半径。

由于刚性模型是粗略的近似,在讨论合金的结构时很有用处。但要应用原子半径来分析具体问题时,即使是同一元素,化学键型的不同、配位数的高低都会使原子半径发生变化。例如,金属晶体中,镁原子半径为 1.60Å,而在离子晶体中,Mg^{2+} 的半径只有 0.78Å,即键型对元素半径的影响很大。配位数的影响虽然没有这么显著,但也是不能忽略的。Goldschmidt(戈尔德施米特)总结了这种实验现象,提出不同配位数时原子半径的相对值(表 8-1)。

表 8-1　不同配位数时原子半径的相对值

配位数	12	8	6	4	2	1
原子半径相对值	1.00	0.97	0.96	0.88	0.81	0.72

图 8-14 表示各种金属的原子半径(配位数 $Z=12$)和价电子数的关系。在每一周期中,开始时随价电子数增加,电子与核之间作用加强,原子半径显著下降,同时熔点上升。当价电子层填至半满,原子半径曲线经历一个极小值。价电子数再增加,每个壳层中出现自旋相反的电子,电子间斥力增加,使原子半径上升,至周期末又一个极大值。

从第二周期至第五周期,随周期数的增加,曲线向上移,即原子半径加大,第六周期情况较特殊:镧系元素的原子半径基本保持不变。当 4f 壳层填满后,原子半径才下降。

表 8-2 列出金属原子半径。

表 8-2　金属原子半径　　　　　　　　　　　　　　　　　　　　(单位:pm)

元素	半径	元素	半径	元素	半径	元素	半径	元素	半径	元素	半径
Li	152.0	Al	143.2	Sc	162.8	Y	179.8	La	187.3	Ce	182.5
Na	185.8	Ga	123.3	Ti	144.8	Zr	158.3	Hf	156.4	Pr	182.5
K	227.2	In	162.6	V	131.1	Nb	142.9	Ta	143.0	Nd	181.4
Rb	247.5	Tl	170.4	Cr	124.9	Mo	136.3	W	137.1	Pm	181.0
Cs	266.2	Ge	122.5	Mn	136.6	Tc	135.2	Re	137.1	Sm	179.4
Be	111.2	Sn	140.5	Fe	124.1	Ru	132.5	Os	133.8	Eu	199.5
Mg	159.9	Pb	175.0	Co	125.3	Rh	134.5	Ir	135.7	Gd	178.6
Ca	197.4	Sb	145.0	Ni	124.6	Pd	137.6	Pt	138.8	Tb	176.3
Sr	215.2	Bi	154.8	Cu	127.8	Ag	144.5	Au	144.2	Dy	175.2
Ba	217.4	Po	167.3	Zn	133.3	Cd	149.0	Hg	150.0	Ho	174.3
Ra	222.0	Th	179.8	Pa	160.6	U	138.5	Np	131.0	Er	173.4
Ac	187.8	Am	173.0	Cm	155.0	Bk	170.3			Tm	172.4
Pu	151.3									Yb	194.0
										Lu	172.7

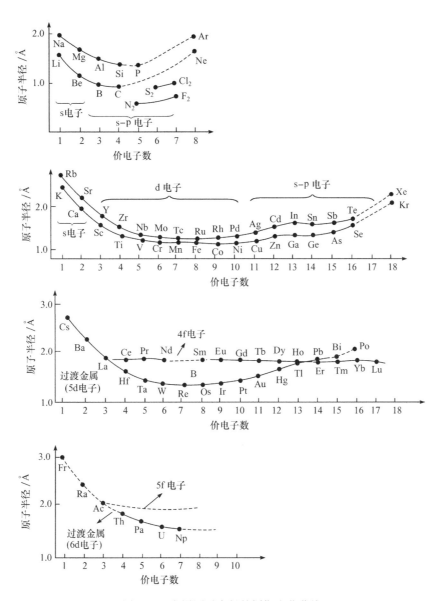

图 8-14　金属原子半径的周期变化曲线

8.4　合金的结构

合金是两种或两种以上金属(或金属与非金属)熔合而得的、具有金属特性的固体。

工业技术中应用的金属材料大多数是合金。合金的性能与它的成分和内部结构有关。几十年来,人们对合金进行了大量研究,合金的晶体结构、点阵参数、相图及各种物理性能已汇编成册。但合金的理论研究仍停留在初级阶段,只有简单二元合金系研究得比较清楚,而对于生产中有广泛应用的复杂多元合金,还有许多理论工作等待我们去做。

按合金的结构和相图等,一般可将合金分为三类:金属固溶体、金属化合物和金属间隙化合物。

8.4.1 金属固溶体

两种金属组成的固溶体,其结构形式与组元金属相同,只是一部分原子被另一种原子统计地代替,即每个原子位置上两种金属都可能存在,其概率正比于两种金属在合金中所占的比例——替代式固溶体。这样,原子在很多效应上相当于一个统计原子。

形成替代式固溶体取决于以下三个因素:

(1) 原子尺寸。原子半径相近的两种金属易形成替代式固溶体,即 A、B 原子半径差在15%以内。

(2) 化学亲和力。两种元素若化学亲和力很强,它们易形成稳定的金属化合物,而不形成固溶体。只有化学亲和力较弱的情况,合金才形成固溶体。Pauling 指出,两种元素电负性差值的大小标志了化学亲和力的强弱,即电负性相近的元素易形成固溶体。

(3) 单质的结构类型。结构类型相同才能形成金属固溶体。

过渡金属元素间最易形成固溶体物相,当单质结构相同,周期表位置相近,则可形成按任意比例互溶的替代式固溶体,如 Cu 和 Au、W 和 Mo 等合金。当两者性质差异大时,只能形成部分互溶的替代式固溶体,如 K-Rb、Ir-Pt 等。

金属的互溶度不能对易。一般来说,在低价金属中的溶解度大于高价金属的溶解度。例如,Ag-Zn 固溶体合金,Zn 在 Ag 中可占原子比 37.8%,而 Ag 在 Zn 中溶解度仅为 6.3%。

一个典型例子是 Cu-Au 固溶体。铜和金在周期表中属于同一族,具有相同价电子态,晶体均为立方面心结构,二者金属半径分别为 128pm 和 144pm。两种金属高温混合熔化成液态,即形成互溶体系。将固溶体进行淬火处理(快速冷却),可形成无序固溶体,Au 原子完全无序化,统计地替代 Cu 原子。

无序的固溶体在缓慢冷却过程(退火处理,<395℃)中,结构会发生有序化,Au 与 Cu 原子各自趋向确定的位置,可形成两种有序结构(图 8-15)。有序化还导致物理性质变化,如导电性。一种 Cu_3Au 合金退火,形成简单立方晶体,Au 原子占据晶胞顶点位置,Cu 原子占据面心位置。另一种 CuAu 合金则形成四方晶体,Au 原子占据晶胞顶点和底心位置,Cu 原子占据其余面心位置。这种有序化的结构也称为超结构。将有序结构 Au-Cu 合金加热,温度超过某一临界值,合金又转化为无序结构。

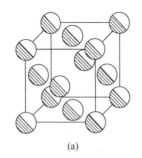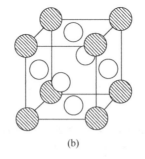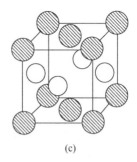

(a) (b) (c)

图 8-15 Cu-Au 合金的有序化

(a) 无序结构;(b) 简单立方;(c) 简单四方

大多数固溶体均有这种无序、有序变化。例如,Cu-Zn 体系无序结构为体心立方,有序后,Cu 与 Zn 一种原子占据顶点位置,另一种原子占据体心位置,成为简单立方结构。又如,Cu-Pt 结构,无序时是面心立方;有序化后,沿体对角线 3 次轴方向,一层为 Pt、一层为 Cu 交替排列,从无序时的立方结构变成有序的三方结构(图 8-16)。

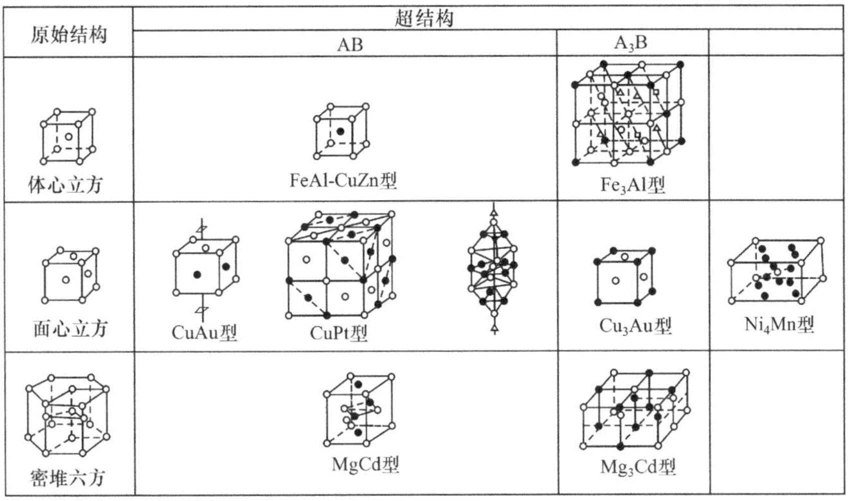

原始结构	超结构		A₃B	
	AB			
体心立方	FeAl-CuZn型		Fe₃Al型	
面心立方	CuAu型	CuPt型	Cu₃Au型	Ni₄Mn型
密堆六方	MgCd型		Mg₃Cd型	

图 8-16　某些超结构合金

Fe 与 Al 的固溶体是又一个例子,但比较复杂。单质 α-Fe 是立方体心,Al 是立方面心结构。当 Al 加入 Fe 比例小于 1/4 时,合金为无序状态,如图 8-17(a)所示,Fe 搭起立方体骨架(顶点、面心、体心、棱心位置),Fe 或 Al 以统计原子填入 8 个小立方体中心。对每个小立方体,属简单立方点阵。Al 的组成达到 1/4,成为 Fe₃Al,有序后,Fe 占据骨架和 8 个立方体空隙的一半,Al 占据另外 4 个立方体空隙,如图 8-17(b)所示。晶体为立方面心点阵,Fe₃Al 为结构基元,每个晶胞含 4 个结构基元。当 Al 的比例继续增大,达到 FeAl 组成时,Fe 占据骨架位置,Al 占据 8 个小立方体的中心,晶体结构为简单立方。

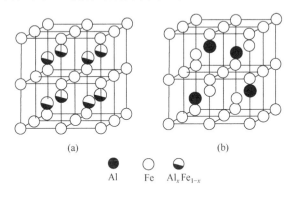

(a)　　　　(b)

● Al　○ Fe　◐ Al$_x$Fe$_{1-x}$

图 8-17　Fe-Al 体系的有序化

8.4.2　金属化合物

当两种金属原子的半径、结构形式、电负性差别较大时,则易形成金属化合物。金属化合物的晶体结构往往和单组分不一样,化学键也有差别,电负性差别较大的金属元素之间形成的化合物,两种原子占有确定的结构位置,金属键中含有共价键成分,与一般化合物较相近。

金属化合物因组成不同,结构、性质也相差很大,现举几种典型结构为例。

1. MgCu₂

Laves(莱夫斯)相是金属化合物中的一种典型结构,有三种变形:MgCu₂ 型、MgZn₂ 型、MgNi₂ 型。在较常见的 125 种 AB₂ 型化合物中,有 82 种属于 Laves 相。

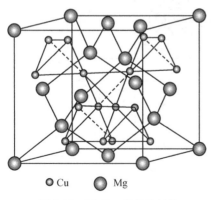

图 8-18　MgCu₂ 的晶体结构

MgCu₂ 型为立方面心点阵,晶胞中有 24 个原子,Mg 原子采用类似金刚石的排列,4 个 Cu 原子形成四面体,相互之间共用顶点连接起来,排布在 Mg 原子的空隙中,如图 8-18 所示。

若把 MgCu₂(111)面中的 AB 两种原子各两层的排列称为 α 层,其中 A 占据 abcabc…排列的 a 位置,B 占据 b 和 c 位置。此排列沿(111)面轴线平移,A 原子占据 b 或 c 位置形成 β 或 γ 层,则 MgCu₂ 结构可用 αβγαβγ… 层序来表示;如果排列成 αβαβ…,则形成六方晶系的 MgZn₂ 结构;如果排列成 αβαγαβαγ…,则形成六方晶系的 MgNi₂ 结构。

这些 Laves 相合金结构也称为拓扑密集结构,有两个形成条件:①原子尺寸,化合物体积可表示为

$$V_{A_xB_{1-x}} = xV_A + (1-x)V_B$$

②电子因素,这些以过渡金属为主的化合物中,d 能带中电子占据情况(带底为 d 电子与 sp 电子杂化,带顶有一段空带)起着决定作用。

2. CaCu₅

CaCu₅ 合金由图 8-19 中(a)、(b)两个原子层交替堆积而成。图 8-19(c)是 CaCu₅ 的晶体

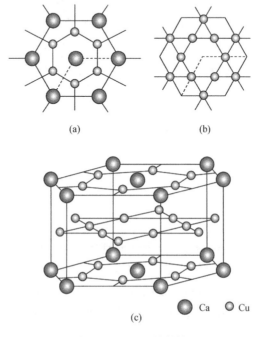

(a)　　　　　　(b)

(c)　　●Ca　○Cu

图 8-19　CaCu₅ 的结构

结构(图中 3 个晶胞体积)。每个晶胞中 Ca 原子位于顶点位置,Cu 原子一个位于晶胞中心,两个位于上下底面($2\times2\times1/2$),两个在四周侧面($4\times1/2$)。Ca 原子有 18 个 Cu 原子配位,同层 6 个,上下层各 6 个。

储氢合金 $LaNi_5$、$LaCo_5$、$CeCo_5$ 等结构与 $CaCu_5$ 相同。$LaNi_5$ 是六方晶胞($a=511pm,c=397pm$),体积为 $90\times10^{-24}cm^3$,储氢后形成 $LaNi_5H_{4.5}$ 的合金,氢在合金中的密度为

$$\rho=\frac{\frac{4.5}{6.02\times10^{23}}}{90\times10^{-24}}=0.083(g\cdot cm^{-3})$$

比标准状态下的氢气密度($0.089\times10^{-3}g\cdot cm^{-3}$)约大 1000 倍。这种能在低压下储氢的方法安全,且储存过程也是纯化氢气的过程。但 $LaNi_5$ 价格较昂贵,若用混合稀土($La+Nd$)置换 La,则 RNi_5 仅是 $LaNi_5$ 价格的 1/5,且在储氢量和动力学特性方面更优于 $LaNi_5$,具有实用性。

Ti-Mn 二元合金中 $TiMn_{1.5}$ 储氢性能最好。Ti-Mn 合金为 Laves 相结构。

3. 青铜器

古代宝剑由青铜铸造(铜、锡为主要成分)。春秋战国时期《周记·考工记》中记载:"六分其金而锡居一,谓之钟鼎之齐;五分其金而锡居一,谓之斧斤之齐;四分其金而锡居一,谓之戈戟之齐;三分其金而锡居一,谓之大刃之齐;五分其金而锡居二,谓之削杀矢之齐;金锡半,谓之鉴燧之齐"(此处金即铜,齐为合金)。

1985 年在浙江出土的越王勾践的宝剑,虽经历了 2000 多年,出土时仍寒光闪闪、削铁如泥。经分析它是由高锡青铜与低锡铜复合材料制成,剑背含锡量 10%,剑刃部分含锡量在 20%左右。图 8-20 为甘肃武威出土的东汉青铜器马踏飞燕。

图 8-20　青铜器马踏飞燕

4. 矿物结构

合金矿大多是金属的硫化物、氧化物。

(1)黄铁矿 FeS_2:结构中有分立的 S_2 基团,整体结构可看作以 Fe 代替 Na、S_2 代替 Cl 的 NaCl 结构,但配位情况不同,每个 Fe 周围有 3 个 S_2 基构成准八面体空隙,每个 S 原子与 3 个 Fe 原子和 1 个 S 原子配位。具有黄铁矿结构的还有 MnS_2、CoS_2、NiS_2、$NiSe_2$、$RuSe_2$、$PdAs_2$、

$PtAs_2$、$OsTe_2$、$PdSb_2$、$PtSb_2$等。

（2）赤铜矿 Cu_2O：结构如图 8-21（a）所示，O 原子位于晶胞的顶点与体心位置，而 4 个 Cu 原子位于 4 个顶点与体心连线的中心。若单考虑 Cu 原子是立方面心堆积，而单讨论 O 原子是立方体心结构。但合起来考虑，Cu_2O 形成一个结构基元，是简单立方结构，O 和 Cu 的配位数分别为 2 和 4。Ag_2O 也是这种结构。

（3）黄铜矿 $CuFeS_2$：黄铜矿的四方晶胞，若不考虑 Cu 与 Fe 的差别，就像两个立方 ZnS 晶胞重叠起来。如图 8-21（b）所示，在 $CuFeS_2$ 晶胞中，8 个 S 原子占据晶胞内部位置，Cu 原子占据四方晶胞的顶点和体心位置，还占据上立方体的前后面心位置和下立方体的左右面心位置；Fe 原子占据垂直棱心位置、上下底心和剩余小立方体的面心位置。每个 Cu 原子和每个 Fe 原子周围都有 4 个 S 原子配位，每个 S 原子周围有 2 个 Cu 原子和 2 个 Fe 原子配位。晶胞为四方体心点阵。Cu_2FeSnS_4、$InGaAs_2$、Cu_3AsS_4、Cu_3SbS_4、$CrCuS_2$、$NaVS_2$ 等体系也是类似结构。

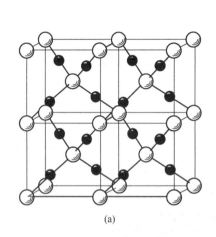
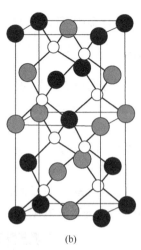

(a)　　　　　　　　　　　　　　(b)

图 8-21　赤铜矿 Cu_2O（a）和黄铜矿 $CuFeS_2$（b）的结构

许多金属化合物是功能材料。例如，Ti-Ni 合金有很好的形状记忆功能，主要是三种化合物 Ti_2Ni、TiNi、$TiNi_3$。

稀土元素和过渡金属 Fe、Co、Cu 等形成的金属化合物是 20 世纪 60 年代开始开发的稀土永磁材料。第一代永磁材料是 RCo_5，如 $SmCo_5$ 具有 $CaCu_5$ 结构；第二代是 R_2TM_{17}（TM 为过渡金属），如 Sm_2Co_{17} 或 Sm_2Cu_{17}、Sm_2Zr_{17}；第三代永磁材料是 Nd-Fe-B 合金，图 8-22 是 $Nd_2Fe_{14}B$ 晶胞；第四代主要是 R-Fe-C 系列和 R-Fe-N 系列，这些材料广泛应用于电机器件等。第三代和第四代已是金属间隙化合物。

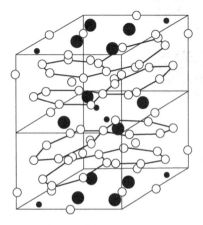

图 8-22　$Nd_2Fe_{14}B$ 的晶体结构
大黑球是 Nd，小黑球是 B，白球是 Fe

8.4.3　金属间隙化合物

过渡金属元素与非金属元素（H、N、C、B、Si 等）形成的金属间隙化合物，晶体结构大多由几何因素决定。这些非金属元素的原子半径较小，当它们与金属元素半径比小于 0.59 时，即形成间隙化合物。金属原子采用某种堆积,非金属原子填充在间隙中,过渡金属氢化物、氮化物的半径比都小于 0.59,形成简单间隙化合物。过渡金属碳化物则处于边缘情况,有些形成简单间隙化合物,有些形成复杂晶体结构。Fe_3C 就是后者的典型例子。金属硼化物比较特殊,一般形成链状或网状的复杂结构。

间隙化合物可分为以下几类:

立方密堆(八面体空隙):ZrN、ScN、TiN、VN、CrN、LaN、NdN、UC、ZrC、TiC、NbC

立方密堆(四面体空隙):TiH、ZrH

六方密堆(八面体空隙):Fe_2N、Cr_2N、Mn_2N、Mo_2C、W_2C、V_2C、Ta_2C

六方密堆(四面体空隙):Zr_2H、Ta_2H、Ti_2H

简单立方:WC、MoN

钢铁是一类以 Fe 和 C 为基本元素的合金体系。纯铁有 α、β、γ 和 δ 四种变体,α、β、δ 变体为立方体心结构,γ 变体为立方面心结构。由于 Fe 原子相对较小,C 与 Fe 半径比约为 0.6,处于临界值,预期可形成间隙结构或复杂结构。Fe 的二形性使问题更复杂:在 910℃ 以下和 1400℃ 至熔点,两区段是立方体心结构;910~1400℃ 是立方面心结构。约 900℃ 以上,C 的质量分数为 1.7%,称为奥氏体,C 随机分布在 Fe 的间隙中。若有过剩的 C,则以石墨存在,这种体系通常称为铸铁。奥氏体冷却到 700℃,分解成铁素体(含 0.02% C 原子)和渗碳体 Fe_3C 的混合物,有特殊的外貌,称为珠光体。如果奥氏体淬火迅速冷却,降到 150℃ 以下,则形成马氏体。

Fe-C 体系中,碳含量小于 0.02% 称为纯铁,大于 2.0% 称为生铁,介于中间的称为钢。

钢铁有以下四种主要物相:

(1)奥氏体。它是 C 在 γ-Fe 中的间隙化合物,Fe 原子与 C 原子数目比为27∶1,即六七个立方面心晶胞中才含 1 个 C 原子。

(2)铁素体。它是 C 在 α-Fe 中的固溶体,铁素体含碳量约 0.02%,接近纯铁。

(3)渗碳体。它是 Fe 与 C 以 3∶1 组成的化合物 Fe_3C,属正交晶系,每个晶胞中含 12 个 Fe 原子和 4 个 C 原子。

(4)马氏体。钢骤冷至 150℃ 以下,变为质地很硬的马氏体,它可看成 α-Fe 中含 C 达 1.6% 的过饱和固溶体,为四方晶系。

室温下铁素体和渗碳体是稳定的晶形,奥氏体在高温时稳定,碳钢淬火主要获得马氏体,马氏体是不稳定晶形。钢铁的两种结构如图 8-23 所示。在钢中渗入 Mn、Ni、Cr 等不同成分,可制成不同用途的合金钢。

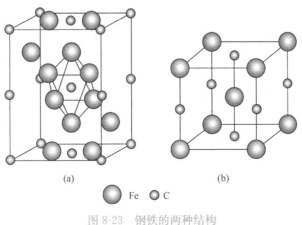

(a)　　　　　　　　(b)

● Fe　○ C

图 8-23　钢铁的两种结构

(a)渗碳体;(b)马氏体

8.5 非晶态合金

8.5.1 简介

长期以来,提到合金指的就是晶态合金;提到非晶态,指的是玻璃态的硅酸盐。20 世纪 60 年代非晶态合金的出现改变了这种情况。60 年代初 Duwez 等发展了溅射淬火技术,用快速冷却的方法,使液态合金的无序结构冻结起来,形成非晶态合金 Au_3Si,对传统的金属结构理论是一个不小的冲击。由于非晶态合金具有许多优良性能,如高强度、良好的软磁性、耐腐蚀性等,很快成为重要的功能材料,获得较快发展。

非晶态合金与晶态合金最大的区别在于长程无序。晶态合金只要了解一个晶胞中原子的排布,由于周期性,固体中所有原子的排布都知道了。非晶态合金中不存在长程序,但在小至几个原子间距的区间(1~1.5nm)内,原子近邻、次近邻原子间的键合(如配位数、原子间距、键长、键角等)仍存在一定规律,称为短程有序。非晶态固体这种长程无序、短程有序的基本特征已为大量衍射实验所证实。

从图 8-24 中可以明显看出,晶态有明确、锐利的衍射图案,而非晶态只有两个较粗的环,后面是一些不可分辨的曲线,即非晶态合金不能从 X 射线衍射中获得太多的信息,目前用径向分布函数来表征非晶态合金结构。图 8-25 是 $Fe_{80}P_{13}C_7$ 的晶态和非晶态 X 射线衍射强度图。

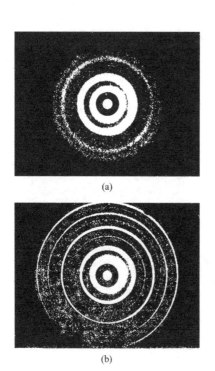

图 8-24 非晶态(a)与晶态(b)衍射图的差异

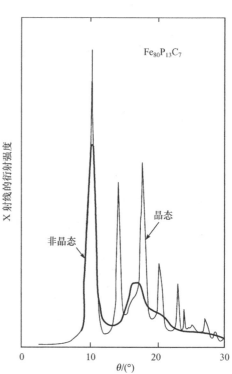

图 8-25 $Fe_{80}P_{13}C_7$ 晶态和非晶态 X 射线衍射强度图

现简要介绍一下非晶态固体的形成过程,如图 8-26 所示,从左到右温度从高向低变化,在沸点 T_b 处气体凝聚成液体,继续降温,液体体积以连续方式减小。温度降到一定程度,以两种方式发生液-固转变,一种在凝固点 T_f 液体转变为晶体,体积突然收缩;另一种若冷却速率足够高,大多数物质会遵循图中途径②玻璃化转变为非晶态。图 8-26 中 τ 表示凝聚系统中原子、分子进行结构重排的响应时间。

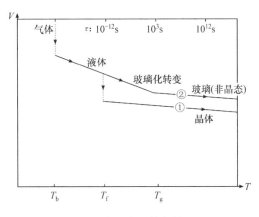

图 8-26　非晶态固体凝结过程

如果进行实验时,系统冷却的速率很快,假设系统温度从 T_f 到 T_g 需时间 t,而系统中原子位置复原时间为 τ,当 t 小于 τ,物质来不及调整原子位形以适应温度变化,这些原子被冻结在当时的位置上,这就是形成非晶态固体的条件。

8.5.2　非晶态合金的结构特征

目前分析非晶态结构最普遍的方法是 X 射线衍射、中子衍射和外延 X 射线吸收精细结构(EXAFS)方法。例如,用中子衍射方法可得全 F-Z 结构因数 $S(Q)$,从而求解 F-Z 的偏结构因数和偏 B-T 相关函数,最后对 $G(R)$ 曲线主峰进行 Gauss(高斯)拟合,可求得原子的配位数和原子间距。非晶态在结构上是短程有序、长程无序的。为了进一步了解非晶态结构,理论上用各种模型来研究它,主要有无规密堆硬球模型和随机网络模型。前者由贝尔纳提出,他发现无规密堆仅由五种多面体组成,后者以原子键长、键角为参数,用计算机拟合(图 8-27)。

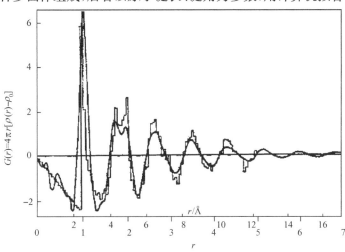

图 8-27　$Ni_{76}P_{24}$ 非晶合金径向分布函数的实验值(曲线)
与无规密堆硬球模型的计算结果(直方线)对照

实验研究较多的过渡金属与类金属形成的非晶态合金,其短程结构中配位数和近邻原子间距与同成分的晶态合金等同。例如,在非晶态的 Ni_3P 与晶态的 Ni_3P 中,每个 P 原子都被 9 个 Ni 原子所环绕,P 原子间不构成最近邻关系。晶态与非晶态结构上的主要差异在于:非晶态合金中,类金属原子周围的金属原子的角度分布不再是等同的,允许存在微小的差异。至于金属-金属形成的非晶态合金,情况要比金属-类金属合金复杂。这些合金的径向分布函数除最近邻外,只有弱的相互关联,造成结构测定的困难。

晶体只要给出晶胞中原子的位置及三个平移矢量,就可以得到整个晶体的全部原子结构,但非晶态固体不能用这种建立在长程序基础上的描述方法。通常采用原子的径向分布函数(RDF)来表示非晶态固体中的原子分布状态。若非晶态固体仅由一种原子构成,以任一原子为原点,定义在 $r \sim r + dr$ 球壳内原子数为

$$J(r)dr = 4\pi r^2 \rho(r)dr$$

原子径向分布函数为

$$J(r) = 4\pi r^2 \rho(r)$$

式中:$\rho(r)$ 为 r 处球面上原子平均密度。

8.5.3 非晶态合金的制备与分类

1. 制备

非晶态固体在热力学上属于亚稳态,它的自由能比相应的晶体高,在一定的条件下有转变成晶体的可能。非晶态合金的制备,实质是使合金在冷却过程中避免变成晶态。

制备非晶态合金的方法很多,最常见的是液相急冷法和气相沉积法。

液相急冷法是将金属或合金加热熔成液态,将其喷向高速转动的一对轧辊表面(表面保持冷却状态),液态合金由于急冷而形成非晶态薄膜,温度在 1ms 内下降 1000K。这样制备的薄膜以 $1 \sim 2 km \cdot min^{-1}$ 的速率抛离转子,成为薄带。

气相沉积法将材料制成蒸气流,在真空中撞击冷底板,当冷却速率足够快时,它们就会被淬火成非晶态结构,根据离解和沉积方式不同,气相沉积法可分为溅射法、蒸发沉积法、电解和化学沉积法及辉光放电分解法。

近年发展的激光加热法是选择适当的激光波长射入材料表面薄层,因有足够大的能量注入很小体积中,足以使它熔化,同时又被周围原子迅速淬火成非晶态,用这种方法可达到极高的冷却速率($10^9 \sim 10^{15} K \cdot s^{-1}$),已被用于制备合金表面非晶态防腐层。

2. 分类

非晶态合金可分为以下三类:

(1) 过渡金属与类金属元素(如 P、S、B、C 等)形成的合金,如 $Pd_{80}Si_{20}$、$Au_{75}Si_{25}$、$Fe_{80}B_{20}$、$Pt_{75}P_{25}$ 等。一般类金属元素在合金中含量为 $13\% \sim 15\%$(原子比),实践证明,在二元合金中若加入某些第三种元素,更容易形成非晶态材料。

(2) 前-后过渡金属元素之间形成的合金。这类合金在很宽的温度范围内熔点都比较低,形成非晶态的成分范围较宽。例如,Cu-Ti 合金,Ti 含量可在 $33\% \sim 70\%$。又如,Ni-Zr 合金,

Zr 的含量可在 33%～80% 变化。

(3) 含镧系、锕系元素的非晶态合金。

8.5.4　性能与应用

1. 力学性能

非晶态合金具有极高的强度和硬度,强度远超过晶态高强度钢,σ_f/E 是衡量材料达到理论强度的程度,一般金属晶态材料 σ_f/E 约为 1/500,而非晶态材料约为 1/50,材料强度利用率大大高于晶态(表 8-3)。另外,非晶态合金的抗疲劳度也很高,如 Co 基非晶态合金可达 1200MPa。非晶态合金的延伸率一般较低,但韧性很好,变形时压缩率可达 40%。

表 8-3　非晶态合金机械性能

合　金	硬度 H_v	抗拉强度 σ_f /(N·mm^{-2})	延伸率 δ/%	弹性模量 E /(N·mm^{-2})	σ_f/E	H_v/σ_f
$Fe_{80}B_{20}$	1080	3400		1.7×10^5	0.020	0.32
$Fe_{80}P_{13}C_7$	760	3040	0.03	1.2×10^5	0.025	0.25
$Co_{75}Si_{15}B_{10}$	910	3000	0.20	0.54×10^5	0.056	0.30
$Ni_{75}Si_8B_{17}$	860	2450	0.14	0.7×10^5	0.035	0.35
$Cu_{80}Zr_{20}$	410	1860				0.22
$Nb_{50}Ni_{50}$	893			1.3×10^5		

非晶态合金强度高、硬度高,可用作水泥制品、轮胎、高压管道的增强纤维,还可以作压力传感器的敏感元件。

2. 软磁特性

非晶态合金由于其结构特点长程无序,不存在磁各向异性,因而易于磁化。它磁导率高、矫顽力低,是理想的软磁材料。目前,已进入应用领域的有铁基、铁-镍基和钴基三大类非晶态合金,如 $Fe_{78}B_{13}Si_9$、$Fe_5Co_{70}B_{10}Si_{15}$、$Fe_{40}Ni_{38}Mo_4Si_{18}$。

3. 耐腐蚀性

晶态金属材料中,耐腐蚀较好的是不锈钢,但不锈钢在盐或酸性溶液中长期浸泡也会发生腐蚀。而非晶态合金的耐腐蚀性比不锈钢要好得多,现用于耐腐蚀管道、电池的电极、海底电缆等。

非晶态合金在高温超导、储氢、光电转换等方面都有很好的性能,是一类很有发展前景的功能材料。例如,氧化物窗玻璃是常用的建筑材料。

4. 光学特性

光导纤维及其制成的光缆是现代光通信的基础材料。光纤的线芯材料是 Si-Ge 非晶材料,调整非晶材料组成比,可制成梯度折射率系数的纤维。这种玻璃具有近红外透明特性,相应工作波长为 1.5μm,频率 2×10^4Hz,光载波的高频率允许在很高频率上进行光调制,因此有很高的信息输运容量。

静电复印的核心元件是非晶 Se 或 As_2S_3 制成的鼓(皮带状),用真空盖镀法凝结在金属衬底上,这种非晶材料是具有带隙 2eV 的半导体,对红外光透明,对可见光高度吸收。用非晶半导体材料作光电导元件的优点是可制成均匀的大面积薄膜材料,且价格便宜,复印速度快。

习 题 8

8.1 论证等径圆球的 A_1 或 A_3 密堆积结构中,球数∶八面体空隙∶四面体空隙=1∶1∶2。

8.2 半径为 R 的圆球堆积成 A_3 结构,计算六方晶胞参数 a 和 c。

8.3 已知金属 Ni 为 A_1 型结构,原子间最近接触距离为 249.2pm,试计算:

(1) Ni 立方晶胞参数。

(2) 金属 Ni 的密度(以 $g \cdot cm^{-3}$ 表示)。

(3) 画出(100),(110),(111)面上原子的排布方式。

8.4 已知金属钛为六方最密堆积结构,金属钛原子半径为 146pm,试计算理想的六方晶胞参数。

8.5 证明 A_3 型六方最密堆积的空间利用率为 74.05%。

8.6 计算 A_2 型体心立方密堆积的空间利用率。

8.7 Al 为立方晶胞,晶胞参数 $a=404.2$pm,用 Cu K_α 辐射($\lambda=154.18$pm)观察到以下衍射:

111,200,311,222,400,331,420,333 和 511。

(1) 判断晶胞点阵形式。

(2) 计算(110),(200)晶面间距。

(3) 计算倒易晶胞的大小。

8.8 立方晶系金属钽给出的粉末 X 射线衍射的衍射角 2θ 值如下:

粉末线序号	波 长	$2\theta/(°)$	粉末线序号	波 长	$2\theta/(°)$
1	Cu K_α	38.47	5	Cu K_α	94.39
2	Cu K_α	55.55	6	Cu K_α	107.64
3	Cu K_α	69.58	7	Cu K_α	121.35
4	Cu K_α	82.46	8	Cu $K_{\alpha 1}$	137.49

(1) X 射线波长为(Cu K_α)$\lambda=154.18$pm,试确定钽的点阵形式。

(2) 对表中粉末线进行指标化并求出晶胞参数。

8.9 试由结构因子公式证明铜晶体中 hkl 奇偶混杂的衍射,其结构振幅$|F_{hkl}|=0$,hkl 全奇或全偶的结构振幅$|F_{hkl}|=f_{Cu}$。后一结果是否意味着在铜粉末图上出现的粉末线强度都一样?为什么?

8.10 α-Fe 为立方晶系,用 Cu K_α 射线($\lambda=154.18$pm)做粉末衍射,在 hkl 类型衍射中,$h+k+l=$奇数的系统消光。

(1) 衍射线经指标化后,选取 222 衍射线,$\theta=68.69°$,已知 α-Fe 的密度为 7.87$g \cdot cm^{-3}$,Fe 的相对原子质量为 55.85,α-Fe 晶胞中有多少个 Fe 原子?

(2) 请画出 α-Fe 晶胞的结构示意图,写出 Fe 原子的分数坐标。

8.11 金刚石密度为 $3.51 \times 10^3 kg \cdot m^{-3}$,若用波长为 0.0712nm X 射线衍射,试求低角度前 3 条衍射线的 Bragg 角。

8.12　金属钠为体心立方结构,$a=429\text{pm}$,计算:

(1) Na 的原子半径。

(2) 金属钠的理论密度。

(3) (110)面的间距。

8.13　Ni 是面心立方金属,晶胞参数 $a=352.4\text{pm}$,用 Cr K_α 辐射($\lambda=229.1\text{pm}$)拍粉末图,列出可能出现的谱线的衍射指标及其衍射角(θ)的数值。

8.14　锗单晶属立方晶系,用波长 154pm X 射线,在(100)、(110)、(111)面的衍射线 $\sin\theta$ 值分别为 0.225、0.316、0.388,衍射观察到第 6 与第 7 衍射线间隔明显大于第 5 与第 6 间隔,该晶体是简单、体心还是面心晶体? 计算晶胞参数。

8.15　已知 Ga 属正交晶系 A 底心正交格子,其单位晶胞参数:$a=452.6\text{pm}$,$b=452.0\text{pm}$,$c=766.0\text{pm}$,分别用 Fe K_α、Ni K_α 和 Cu K_α X 射线照射(波长分别为 193.7pm、165.9pm 和 154.2pm),推导每种情况下大于 80° 的 Bragg 角的衍射线指标。

8.16　金属锌的晶体结构是略微歪曲的六方密堆积,$a=266.4\text{pm}$,$c=494.5\text{pm}$,每个晶胞含两个原子,坐标为 $(0,0,0)$,$\left(\dfrac{1}{3},\dfrac{2}{3},\dfrac{1}{2}\right)$,求原子间最短距离。

8.17　灰锡为金刚石型结构,晶胞中包含 8 个 Sn 原子,晶胞参数 $a=648.9\text{pm}$:

(1) 写出晶胞中 8 个 Sn 原子的分数坐标。

(2) 计算 Sn 的原子半径。

(3) 灰锡的密度为 $5.75\text{g}\cdot\text{cm}^{-3}$,求 Sn 的相对原子质量。

(4) 白锡属四方晶系,$a=583.2\text{pm}$,$c=318.1\text{pm}$,晶胞中含 4 个 Sn 原子,通过计算说明由白锡转变为灰锡,体积是膨胀了还是收缩了。

(5) 白锡中 Sn—Sn 间最短距离为 302.2pm,试对比灰锡数据,估计哪一种锡的配位数高。

8.18　Cu 属立方面心结构,晶胞边长 $a=361\text{pm}$,若用波长 154pm 的 X 射线:

(1) 预测粉末衍射最小 3 个衍射角。

(2) 计算 Cu 的密度。

8.19　CuSn 合金属 NiAs 型结构,六方晶胞参数 $a=419.8\text{pm}$,$c=509.6\text{pm}$,晶胞中原子的分数坐标为:Cu:0,0,0;0,0,$\dfrac{1}{2}$;Sn:$\dfrac{1}{3}$,$\dfrac{2}{3}$,$\dfrac{1}{4}$;$\dfrac{2}{3}$,$\dfrac{1}{3}$,$\dfrac{3}{4}$。

(1) 计算 Cu—Cu 间的最短距离。

(2) Sn 原子按什么形式堆积?

(3) Cu 原子周围的原子构成什么多面体空隙?

8.20　有一黄铜合金含 Cu 75%、Zn 25%(质量分数),晶体的密度为 $8.5\text{g}\cdot\text{cm}^{-3}$,晶体属立方面心点阵结构,晶胞中含 4 个原子,相对原子质量分别为 Cu 63.5、Zn 65.4:

(1) 计算 Cu 和 Zn 所占原子百分数。

(2) 每个晶胞中含合金的质量。

(3) 晶胞体积多大?

(4) 统计原子的原子半径多大?

8.21　AuCu 固溶体合金当 AuCu 无序时为立方晶系,晶胞参数 $a=385\text{pm}$[图 1(a)],当 AuCu 有序时为四方晶系[图 1(b)]。若合金结构由(a)转变为(b)时,晶胞大小看作不变,请回答:

(1) 无序时结构的点阵形式和结构基元。

(2) 有序时结构的点阵形式、结构基元和原子分数坐标。

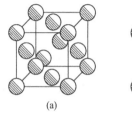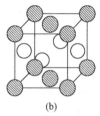

图 1

(3) 用波长 154pm 的 X 射线拍粉末图,计算上述两种结构可能在粉末图中出现的衍射线的最小衍射角数值。

8.22 下列体系不能生成完全互溶的固溶体,自查数据说明原因:

Li-Pb,Mg-Sn,Cu-Si,Cu-Sn

8.23 简述生铁、熟铁和钢的结构特征,并说明它们的性能差异。

8.24 Fe-Al 合金固溶体,当 Fe 与 Al 按 3:1 组成有序化后,Fe_3Al 晶胞如图 8-17 所示。

(1) 画出 Fe_3Al 晶胞沿 a 轴方向投影图和(110)面剖面图。

(2) 当 Fe、Al 组成达到 1:1 时,FeAl 有序化晶胞为简单立方结构,画出它在(112)面上原子排列图。

8.25 21 世纪发现硼化镁材料在 39K 呈超导性。在硼化镁晶体的理想模型中,镁原子和硼原子是分层排布的,一层镁一层硼相间排列。图 2 是该晶体微观空间中取出的部分原子沿 c 轴方向的投影。白球是镁原子投影,黑球是硼原子投影,图中的硼原子和镁原子投影在同一平面上。

(1) 由图确定硼化镁的化学式。

(2) 试画出硼化镁的晶胞图。

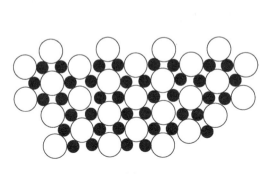

图 2

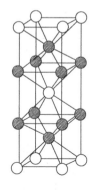

图 3

8.26 铬铝合金晶体为四方晶系,晶胞如图 3 所示(阴影球为铬)。

(1) 写出晶体的点阵形式和结构基元。

(2) 写出铬的原子分数坐标。

(3) 若将铬原子移到晶胞顶点,写出铝原子的分数坐标。

8.27 金属氢化物是储氢研究热点,MgH_2 与金属 Ni 在一定条件下用球磨机研磨,制得化合物 Mg_2NiH_4,经 X 射线分析表明,该化合物为立方晶系,Ni 占据顶点和面心位置,所有 Mg 配位情况相同。

(1) 写出晶胞中 Mg 的分数坐标。

(2) 画出晶胞沿 a 轴方向投影图,并标出坐标。

(3) Mg_2NiH_4 的晶胞参数为 646.5pm,设脱氢后氢化物骨架不变,计算最大储氢密度。

8.28 Mn 钢为立方面心结构的单相固溶体,已知其含 Mn 12.3%(质量分数,下同),含 C 1.34%。固溶体晶

胞参数为 $a=364.2pm$,密度 $\rho=7.83g \cdot cm^{-3}$,试证明该合金为间隙固溶体。

参 考 文 献

冯端等. 2000. 金属物理学(第一卷结构与缺陷). 北京:科学出版社

钱逸泰. 1999. 结晶化学导论. 合肥:中国科学技术大学出版社

谢有畅,邵美成. 1979. 结构化学(下册). 北京:人民教育出版社

周公度,郭可信. 1999. 晶体和准晶的衍射. 北京:北京大学出版社

Gerold V. 1998. 固体结构(材料科学技术丛书第 1 卷). 王佩璇等译. 北京:科学出版社

Ladd M F C. 1998. Introduction Physical Chemistry. 3rd ed. London:Cambridge University Press

Vainshtein B K,Fridkin V M,Indenbom V L. 1982. Modern Crystallography Ⅱ Structure of Crystals. Berlin：Springer-
Verlag Press

Zallen R. 1987. 非晶态固体物理学. 黄昀译. 北京:北京大学出版社

第9章 离子化合物

离子化合物是由电负性差别很大的两种或几种元素形成的化合物。一方面,由典型的金属原子失去一个或多个电子形成正离子;另一方面,由典型的非金属原子获得电子形成负离子。正、负离子通过库仑力(静电力)相互结合在一起,这种化学键称为离子键,库仑力与正、负离子电荷成正比,与正、负离子间距成反比。

9.1 晶 格 能

9.1.1 晶格能的静电模型

可用晶格能表示离子键的强弱。首先讨论晶格能的静电模型。若两个离子各带电荷 $q_1 e$ 和 $q_2 e$(视为点电荷),两者相距 r,则静电库仑作用势为

$$U_P = -q_1 q_2 e^2 / 4\pi\varepsilon_0 r \tag{9-1}$$

式(9-1)中,负号表示两个离子电荷符号相反,导致离子间相互吸引。在晶体中,必须考虑所有 N 个离子间的相互作用,即

$$U_E = ANU_P = -ANq_1 q_2 e^2 / 4\pi\varepsilon_0 r \tag{9-2}$$

式中:A 为晶体结构类型的参数,1918 年由 Madelung(马德隆)提出,所以称它为 Madelung 常数。

1. Madelung 常数

首先考虑一维晶体,图 9-1 表示一维无限晶体,由正、负交替的点电荷(电量为 e)组成,两者相隔 r 距离。以任意一个点为原点,它与最近邻点异号离子产生吸引能 $-2e^2/4\pi\varepsilon_0 r$,第二近邻是同号电荷排斥能 $+2e^2/4\pi\varepsilon_0 (2r)$,第三近邻又是异号电荷吸引能 $-2e^2/4\pi\varepsilon_0 r(3r)$······一系列点电荷的总静电能为

$$U_P = \frac{-2e^2}{4\pi\varepsilon_0 r}\left(1 - \frac{1}{2} + \frac{1}{3} - \frac{1}{4} + \cdots\right) \tag{9-3}$$

令 $\alpha = e^2/4\pi\varepsilon_0$,则

$$U_P = -\frac{2\alpha}{r}\sum_n (-1)^{n-1}\frac{1}{n} = -\frac{\alpha}{r}A \qquad (n = 1, 2, 3, \cdots)$$

其中 α 取原子单位,$A = 2\sum_n (-1)^n \frac{1}{n} = 2\ln 2 = 1.3863$,即一维结构 Madelung 常数为 1.3863。

$$-\infty \longleftarrow \cdots\cdots \ominus \oplus \ominus \oplus \ominus \oplus \ominus \oplus \ominus \oplus \ominus \oplus \ominus \cdots\cdots \longrightarrow \infty$$

图 9-1 一维离子晶体示意图

接下来讨论三维结构的 Madelung 常数。以 NaCl 结构为例(图 9-2)。

取晶胞中的 Na^+ 作原点，6 个最近邻的 Cl^- 的静电吸引能为 $-6e^2/4\pi\varepsilon r_0$，$Na^+$-$Cl^-$ 间距为 r_0，Na^+ 第二近邻为晶胞 12 条棱的棱心位置的 Na^+，Na^+-Na^+ 间距为 $\sqrt{2}r_0$，静电排斥能为 $12e^2/4\pi\varepsilon(\sqrt{2}r_0)$，$Na^+$ 的第三近邻为晶胞顶点的 8 个 Cl^-，静电吸引能为 $-8e^2/4\pi\varepsilon_0(\sqrt{3}r_0)$……这样，每个 Na^+ 的库仑作用势为

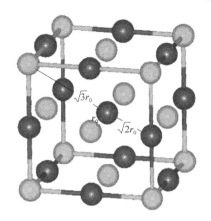

$$U_P = \frac{-e^2}{4\pi\varepsilon_0 r_0}\left(6 - \frac{12}{\sqrt{2}} + \frac{8}{\sqrt{3}} - \frac{6}{\sqrt{4}} + \cdots\right) \quad (9\text{-}4)$$

括号内的多项式趋近于 1.747 56…，即 NaCl 型晶体的 Madelung 常数。表 9-1 列出几种典型离子晶体的 Madelung 常数。

图 9-2　NaCl 晶体中的离子间距

表 9-1　离子晶体的 Madelung 常数

结构类型	NaCl	CsCl	立方 ZnS	六方 ZnS	CaF_2	TiO_2	立方 SiO_2
Madelung 常数	1.7476	1.7627	1.6407	1.6381	2.5194	2.3851	2.2011

2. 晶格能公式

以上讨论了一个离子与其他离子间的静电作用，晶体的总静电作用能为

$$U_E = -\frac{Nq_1q_2Ae^2}{4\pi\varepsilon_0 r} \quad (9\text{-}5)$$

离子间相距一定距离 r 而不能无限接近，是因为离子间的电子云存在着斥力。Born 假设，两个离子间的排斥力可用 $\frac{B}{r^n}$ 来表示，B 与 n 是实验难以测定的常数，这样晶格能的数值可由式(9-6)给出：

$$U = -\frac{Nq_1q_2Ae^2}{4\pi\varepsilon_0 r} + \frac{NB}{r^n} \quad (9\text{-}6)$$

又

$$\alpha = e^2/4\pi\varepsilon_0$$

$$U = -\frac{ANq_1q_2\alpha}{r} + \frac{NB}{r^n}$$

晶体在平衡态时静电作用能与排斥能达到平衡，则离子在平衡位置附近振动，即

$$\left(\frac{\mathrm{d}U}{\mathrm{d}r}\right)_{r=r_0} = \frac{ANq_1q_2\alpha}{r^2} - \frac{nNB}{r^{n+1}} = 0$$

可得到 $B = \frac{A(q_1q_2)\alpha}{n}r^{n-1}$，代入晶格能公式[式(9-6)]，得

$$U = -NAq_1q_2\frac{\alpha}{r}\left(1 - \frac{1}{n}\right) \quad (9\text{-}7)$$

n 值可从测定固体压缩性推出，也可以从理论上估算，为 6～11。

9.1.2　晶格能的热力学模型

Born、Haber(哈伯)、Fajans(法扬斯)设计了一个热力学循环，从这一循环实验中也可得

到晶格能。同样以 NaCl 为例：

$$Na(s) == Na(g) \qquad \Delta H_{升华}(Na)$$

$$Na(g) == Na^+(g)+e \qquad I_{Na}$$

$$1/2Cl_2(g) == Cl(g) \qquad 1/2\Delta H_{解离}(Cl_2)$$

$$Cl(g)+e == Cl^-(g) \qquad E_{Cl}$$

$$Na^+(g)+Cl^-(g) == NaCl(s) \qquad U$$

$$Na(s)+1/2Cl_2(g) == NaCl(s) \qquad \Delta H_f(NaCl)$$

能量之间关系为

$$\Delta H_f = \Delta H_{升华} + I_{Na} + 1/2\Delta H_{解离} - E_{Cl} + U$$

通常 ΔH_f、$\Delta H_{升华}$、I_{Na}、$\Delta H_{解离}$ 是已知的，可由此得到晶格能，如 NaCl 计算得到晶格能为 7.94eV，从热力学循环得到值为 7.86eV，相差 1%。

9.2 几种典型的二元离子晶体结构

决定二元离子化合物晶体结构的主要因素是正、负离子半径比和离子极化程度。碱金属和碱土金属卤化物是典型的离子晶体，在晶体结构中负离子半径较大，采用某种形式密堆积，正离子填在它的多面体空隙中。在讨论晶体所属点阵时，必须将离子化合物形成的结构基元选为点阵点，即正、负离子要统一讨论。

9.2.1 NaCl 型

NaCl 晶体属面心立方点阵，Na^+ 与 Cl^- 交替排列，如图 9-3(a)所示，Na^+ 与 Cl^- 的配位数均为 6。NaCl 晶体结构可看成 Cl^- 采用立方最密堆积，Na^+ 填在 Cl^- 形成的八面体空隙中。每个晶胞含有 4 个 Cl^- 和 4 个 Na^+，Cl^- 位于晶胞顶点与面心位置，Na^+ 位于体心与棱心位置。它们的原子分数坐标为

Na⁺： 1/2,1/2,1/2　　1/2,0,0　　0,1/2,0　　0,0,1/2

Cl⁻： 0,0,0　　　　　1/2,1/2,0　0,1/2,1/2　1/2,0,1/2　　（两者位置可互换）

碱金属的卤化物、氢化物，碱土金属的氧化物、硫化物、硒化物、碲化物，过渡金属的氧化物、硫化物，以及间隙型碳化物、氮化物大多属 NaCl 型结构。

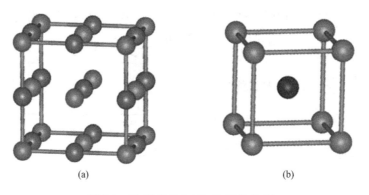

(a)　　　　　　　　　　　　　　　　(b)

图 9-3　NaCl 结构(a)和 CsCl 结构(b)

9.2.2　CsCl 型

CsCl 型晶体属简单立方点阵[图 9-3(b)]，Cl^- 采用简单立方堆积，Cs^+ 填在立方体空隙中，正、负离子配位数均为 8，晶胞只含 1 个 Cl^- 和 1 个 Cs^+。它们的原子分数坐标分别是 $Cl^-(0,0,0)$，$Cs^+(1/2,1/2,1/2)$。

属于 CsCl 型晶体的化合物有 CsCl、CsBr、CsI、RbCl、TlCl、TlBr、TlI、NH_4Cl、NH_4Br、NH_4I 等。

9.2.3　ZnS 型

ZnS 晶体结构有立方 ZnS(闪锌矿)和六方 ZnS(纤锌矿)两种形式，分别如图 9-4(a)、(b)所示。这两种形式的 ZnS 化学键的性质相同，都是离子键向共价键过渡，具有一定的方向性。Zn 原子和 S 原子的配位数都是 4，不同的是原子堆积方式有差别。在立方 ZnS 中，S 原子采用立方最密堆积，Zn 原子填在一半的四面体空隙中，形成立方面心点阵；在六方 ZnS 晶体中，S 原子采用六方最密堆积，Zn 原子填在一半的四面体空隙中，形成六方点阵。

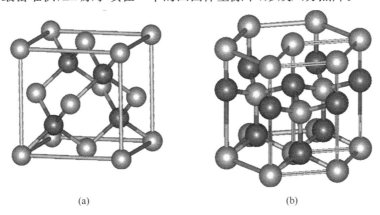

(a)　　　　　　　　　　(b)

图 9-4　立方 ZnS 结构(a)和六方 ZnS 结构(b)

立方 ZnS 晶胞中，有 4 个 S 原子，4 个 Zn 原子，晶胞的原子分数坐标为

S：　 0,0,0　　　　1/2,1/2,0　　0,1/2,1/2　　1/2,0,1/2
Zn：　1/4,1/4,1/4　 3/4,3/4,1/4　3/4,1/4,3/4　1/4,3/4,3/4

属于立方 ZnS 结构的化合物有硼族元素的磷化物、砷化物，铜的卤化物，Zn、Cd 的硫化物、硒化物。

六方 ZnS 晶胞中有两个 S 原子、两个 Zn 原子，S 原子占据晶胞顶点与晶胞一半的三棱柱中心位置，Zn 原子占据棱上 5/8 和三棱柱中垂线的 1/8(晶胞倒置则为 3/8 和 7/8)，其原子分数坐标为

S：　 0,0,0　　1/3,2/3,1/2
Zn：　0,0,5/8　 1/3,2/3,1/8

属于六方 ZnS 结构的化合物有 Al、Ga、In 的氮化物，铜的卤化物，Zn、Cd、Mn 的硫化物、硒化物。

以上为 AB 型二元晶体，下面介绍两种 AB_2 型的二元晶体。

9.2.4 CaF₂ 型

CaF₂ 晶体属立方面心结构,以 Ca 为顶点的单胞如图 9-5(a)所示。以 F 为顶点的单胞 [图 9-5(b)]可以很直观地看出 F^- 采用简单立方堆积,Ca^{2+} 数目比 F^- 少一半,所以填了一半的立方体空隙,每个 Ca^{2+} 有 8 个 F^- 配位,而每个 F^- 有 4 个 Ca^{2+} 配位,每个 CaF₂ 晶胞有 4 个 Ca^{2+} 和 8 个 F^-,原子分数坐标如下:

Ca^{2+}: 0,0,0 1/2,1/2,0 1/2,0,1/2 0,1/2,1/2

F^-: 1/4,1/4,1/4 3/4,1/4,1/4 1/4,3/4,1/4 1/4,1/4,3/4

3/4,3/4,1/4 3/4,1/4,3/4 1/4,3/4,3/4 3/4,3/4,3/4

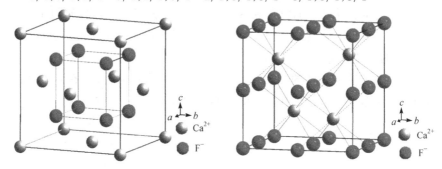

图 9-5 CaF₂ 结构
(a) Ca 位于顶点;(b) F 位于顶点

碱土金属氟化物,一些稀土元素如 Ce、Pr 的氟化物,过渡金属 Zr、Hf 的氟化物属 CaF₂ 型晶体。

另外,有些 AB₂ 型化合物,一价正离子占据 F^- 的位置,二价负离子占据 Ca^{2+} 的位置,则负离子采用面心立方堆积,正离子填在四面体空隙,称为反 CaF₂ 型结构,如碱金属的氧化物、硫化物是反 CaF₂ 型晶体。在反 CaF₂ 晶胞中,氧离子位于晶胞顶点与面心位置,碱金属占据全部四面体空隙。若要观察 CaF₂ 结构,最好将 8 个晶胞堆积在一起,可看出 CaF₂ 采用立方面心点阵,F^- 有两套立方面心格子,Ca^{2+} 填在立方体空隙。

9.2.5 TiO₂ 型

AB₂ 型晶体中,最常见的重要结构是四方晶系金红石(TiO₂)结构,如图 9-6(a)所示。在此结构中 Ti^{4+} 处在略为变形的氧八面体中,即 O^{2-} 采用假六方堆积,Ti^{4+} 填在它的准八面体空隙中,Ti^{4+} 配位数为 6,O^{2-} 与 3 个 Ti^{4+} 配位(3 个 Ti^{4+} 几乎形成等边三角形)。图 9-6(b)中给出 TiO₂ 配位八面体沿 4 次轴方向共边形成长链。TiO₂ 晶体属四方晶系,每个晶胞中有 2 个 Ti^{4+} 和 4 个 O^{2-},其分数坐标为

Ti^{4+}: 0,0,0 1/2,1/2,1/2

O^{2-}: $u,u,0$ $\bar{u},\bar{u},0$ $1/2+u,1/2-u,1/2$ $1/2-u,1/2+u,1/2$

其中,u 为结构参数,不同化合物的 u 值不同,金红石本身 $u=0.31$。

一些过渡金属氧化物 TiO₂、VO₂、MnO₂、FeO₂,氟化物 MnF₂、CoF₂、NiF₂ 为金红石结构。

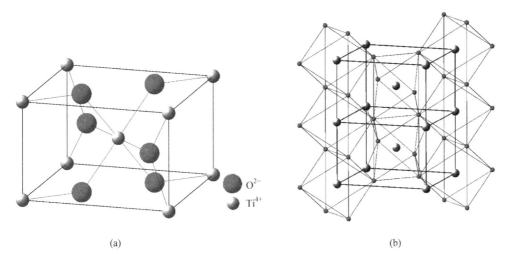

图 9-6　TiO_2 金红石晶胞(a)及其 TiO_6 配位多面体形成的其边长链结构(b)

9.3　离子半径

在离子晶体中,相邻正、负离子间存在静电吸引力,同种离子间存在相互排斥力。当这两种作用力达到平衡时,离子间保持一定的平衡距离。离子可近似地看成具有一定半径的弹性球,正、负两个离子半径之和等于核间的平衡距离。

9.3.1　引言

利用 X 射线衍射法可以很精确地测定正、负离子间的平衡距离。例如,NaCl 型晶体中,其立方晶胞参数 a 的一半即等于正、负离子的平衡距离,也就是正、负离子半径之和。关键是如何划分两个离子半径。

20 世纪 20 年代有许多人进行这方面的工作,较著名的有 Goldschmidt 和 Pauling。

(1) Goldschmidt 半径。Goldschmidt 以 F^- 和 O^{2-} 的离子半径为基准,根据实验测定离子晶体中正、负离子接触半径的数据,确定了 80 多种离子的半径,至今仍在应用。

(2) Pauling 半径。Pauling 认为离子半径取决于外层电子分布,对于具有相同电子层的离子来说,离子半径与有效核电荷成反比,因此可得出下列关系式:

$$R_1 = C_n/(Z-\sigma)$$

式中:R_1 为单价离子半径;C_n 为外层电子主量子数决定的参数;$Z-\sigma$ 为有效核电荷;σ 为屏蔽常数(可用 Slater 规则估算)。

Pauling 根据 5 种晶体(NaF、KCl、RbBr、CsI 和 Li_2O)的正、负离子核间距,推算大量离子半径,如表 9-2 所示。若考虑的是多价离子半径,则还要进行换算,即

$$R_w = R_1(w)^{-2/(n-1)}$$

式中:w 为离子价数。

表 9-2 Pauling 离子半径 (单位:pm)

离子	半 径	离子	半 径	离子	半 径	离子	半 径
Ag^+	126	Cs^+	169	Mn^{2+}	80	Sc^{3+}	81
Al^{3+}	50	Cu^+	96	Mn^{3+}	66	Se^{2-}	198
As^{3-}	222	Cu^{2+}	70	Mn^{7+}	46	Se^{6+}	42
As^{5+}	47	Eu^{2+}	112	Mo^{6+}	62	Si^{4+}	41
Au^+	137	Eu^{3+}	103	N^{3-}	171	Sr^{2+}	113
B^{3+}	20	F^-	136	N^{5+}	11	Sn^{2+}	112
Ba^{2+}	135	Fe^{2+}	76	Na^+	95	Sn^{4+}	71
Be^{2+}	31	Fe^{3+}	64	NH_4^+	148	Te^{2-}	221
Bi^{5+}	74	Ga^+	113	Nb^{3+}	70	Ti^{2+}	90
Br^-	195	Ga^{2+}	62	Ni^{2+}	72	Ti^{3+}	78
C^{4-}	260	Ge^{2+}	93	Ni^{3+}	62	Ti^{4+}	68
C^{4+}	15	Ge^{4+}	53	O^{2-}	140	Tl^+	140
Ca^{2+}	99	Hf^{4+}	81	P^{3-}	212	Tl^{3+}	95
Cd^{2+}	97	Hg^{2+}	110	P^{5+}	34	U^{4+}	97
Ce^{3+}	111	I^-	216	Pb^{2+}	120	V^{2+}	88
Ce^{4+}	101	In^+	132	Pb^{4+}	84	V^{3+}	74
Cl^-	181	In^{3+}	81	Pd^{2+}	86	V^{4+}	60
Co^{2+}	74	K^+	133	Ra^{2+}	140	V^{5+}	59
Co^{3+}	63	La^{3+}	115	Rb^+	148	Y^{3+}	93
Cr^{2+}	84	Li^+	60	S^{2-}	184	Zn^{2+}	74
Cr^{3+}	69	Lu^{3+}	93	S^{6+}	29	Zr^{4+}	80
Cr^{6+}	52	Mg^{2+}	65	Sb^{2-}	245	H^-	140

9.3.2 离子半径与周期表

离子半径变化与其在周期表位置密切相关,如图 9-7 所示。

(1)同一周期的离子半径随原子序数增加而减小。例如:

$$Na^+ \qquad Mg^{2+} \qquad Al^{3+}$$
$$98pm \qquad 78pm \qquad 57pm$$

这是因为 Na^+、Mg^{2+}、Al^{3+} 的核外电子数相同 $[1s^2 2s^2 2p^6]$,但核电荷数不断增长,所以对核外电子的作用逐步增强,导致半径减小。

(2)同一主族元素,离子半径自上而下增加。例如:

$$Li^+ \quad Na^+ \quad K^+ \quad Rb^+ \quad Cs^+ \quad F^- \quad Cl^- \quad Br^- \quad I^-$$
$$78pm \quad 98pm \quad 133pm \quad 149pm \quad 165pm \quad 133pm \quad 181pm \quad 196pm \quad 220pm$$

碱金属离子最外价电子层虽然相同,但随着核外电子层的增加,半径也增加,卤素离子也是如此。

(3)周期表中对角线方向的离子半径相近。例如:

$$Li^+ 与 Mg^{2+} \qquad Sc^{3+} 与 Zr^{4+}$$
$$78pm \quad 78pm \qquad 83pm \quad 87pm$$

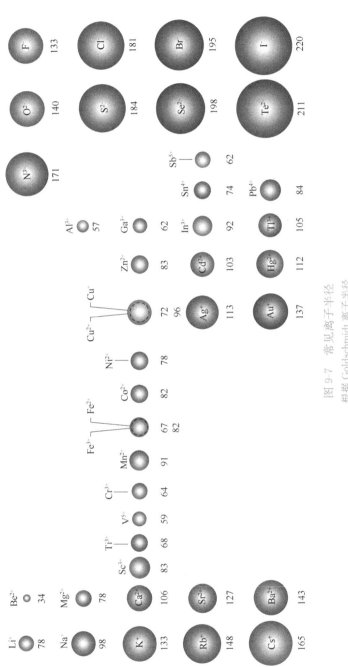

图 9-7　常见离子半径
根据 Goldschmidt 离子半径

这是(1)和(2)两种情况作用的综合结果。

(4) 镧系元素离子半径随原子序数增加缓慢减小,如 La^{3+} 为 122pm,至 Lu^{3+} 为 99pm,14 个元素高价离子半径减少了 23pm,每个减少不到 2pm,这种镧系收缩现象在铜系金属原子半径同样出现。

9.3.3 离子堆积规则

在离子晶体中,正离子尽量与较多的负离子接触,负离子也尽量与较多的正离子接触,使体系的能量尽可能地降低,晶体趋于稳定。因为负离子半径都较大,而正离子半径较小,所以正离子只能嵌在负离子堆积的空隙中。这种镶嵌关系显然受到正、负离子半径比 R^+/R^- 的制约。

例如,3 个负离子与 1 个正离子接触情况如图 9-8 所示。

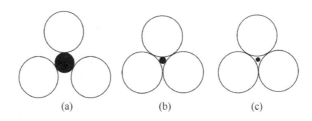

图 9-8 正、负离子接触情况

第一种情况[图 9-8(a)],正离子半径较大,正、负离子接触,负离子不接触。第二种情况[图 9-8(b)],正、负离子之间都接触。第三种情况[图 9-8(c)],正离子半径较小,负离子之间接触,正、负离子不接触。

取第二种情况来讨论,3 个负离子核心位置形成一个等边三角形,故有

$$R^-/(R^++R^-)=\sin60°=\sqrt{3}/2$$

则

$$(R^++R^-)/R^-=2/\sqrt{3}$$

$$R^+/R^-=2/\sqrt{3}-1=0.155$$

即正、负离子比等于或大于 0.155 时,正离子配位数为 3。

用同样方式可以算出配位四面体、配位八面体正、负离子半径比 R^+/R^-。

正离子配位数为 6 的八面体,在一个平面上即 4 个负离子排成正方形包围着正离子,如图 9-9 所示。两个负离子半径和为晶胞边长,$2R^-=a$,2 倍的正、负离子半径和为面对角线

图 9-9 正、负离子半径比决定配位数

$$2(R^++R^-)=\sqrt{2}a$$

$$2(R^++R^-)/2R^-=\sqrt{2}a/a=\sqrt{2}$$

$$R^+/R^-+1=\sqrt{2} \qquad R^+/R^-=0.414$$

当 $R^+/R^-\geqslant0.414$ 时,正离子处于八面体空隙中,配位数为 6,当 R^+/R^- 大到 0.732 时,则正离子会选择立方体空隙,使配位数达到 8。离子半径比和配位多面体的关系见表 9-3。

表 9-3　离子半径比和配位多面体的关系

R^+/R^-	配位数	配位多面体
$0.155\sim0.225$	3	三角形
$0.225\sim0.414$	4	四面体
$0.414\sim0.732$	6	八面体
$0.732\sim1.00$	8	立方体
>1.00	12	最密堆积

已知离子半径和表 9-3 结果,可以推测配位数及离子晶体结构类型。例如:
$$R_{K^+}=133pm \qquad R_{Br^-}=195pm$$
$$R^+/R^-=0.682$$

若晶体结构测定 KBr 晶体为立方面心点阵,则根据 R^+/R^- 可判断 K^+ 填在 Br^- 的八面体空隙中,取 NaCl 型晶体结构。

9.4　离子极化

9.4.1　离子极化的概念

离子的大小和形状在外电场的作用下发生形变的现象称为离子极化。在外电场作用下,离子的诱导偶极矩 μ 与电场强度 E 成正比,即

$$\mu=\alpha E \qquad (\alpha \text{ 为极化率}) \tag{9-8}$$

在离子晶体中,正、负离子电子云在周围异号离子的电场作用下也会发生变化,所以在离子晶体中正、负离子都有不同程度的极化作用。离子的可极化性(电子云变形能力)取决于核电荷对外层电子的吸引程度和外层电子的数目,极化率被用于衡量离子被极化的程度。一个离子使其他离子极化的能力称为极化力,它取决于这个离子对其他离子产生的电场强度,电场越强,极化力越大。极化力大的离子其可极化性则小,反之亦然。

对同价离子来说,离子半径越大,极化率越高。负离子半径一般较正离子大,常见的 S^{2-}、I^-、Br^- 等都是很容易被极化的离子。正离子价数越高,半径由大变小,极化能力增强。含 d 电子的过渡金属正离子比其他正离子极化率大。

在离子晶体中被极化的主要是负离子,正离子使负离子极化。正、负离子的相互极化导致电子云较大变形,在离子键中添加了共价键成分,键长缩短。当共价键成分增加到一定程度时,由于共价键的方向性和饱和性,使离子配位数降低,晶体从离子型向共价型转变。

9.4.2　离子极化对结构的影响

1. 对配位数的影响

离子极化导致离子间的键型从离子键向共价键过渡,离子晶体向共价晶体过渡,然后进一步向分子晶体过渡;同时,离子极化也使正、负离子的配位数逐步降低。现以 AB_2 晶体为例说明。

CaF_2 型晶体是典型的离子晶体,晶体中正、负离子配位数比为 8∶4,金红石晶体中 Ti^{4+} 与 O^{2-} 配位数比为 6∶3。随着离子极化程度提高,如方石英(立方 SiO_2)中的 Si,与金刚石结构中 C 原子一样,形成 A_4 堆积(图 9-10);O 原子位于 Si—Si 连线的中心位置附近,形成三维

网络状低密度结构,离子晶体已过渡到共价晶体。晶体中 Si 原子与周围 4 个氧原子(在四面体顶点方向)成键,O 原子只和两个 Si 原子配位,Si 与 O 的配位数比降到 4∶2。

若离子进一步极化,正、负离子配位数比下降至 2∶1。例如,CO_2(干冰)晶体(图9-11)已从共价晶体过渡到分子晶体。在晶体中,每个直线形 O—C—O 分子是分立的,C 原子位于立方晶胞的顶点与面心位置,每个 CO_2 分子轴与平面成一定的角度。CO_2 分子中 C—O 间以共价键结合,晶胞中分子间以 van der Waals 力联系。卤素单质、稀有气体、CO_2、SO_2 等分子和大多数有机化合物都是分子晶体。

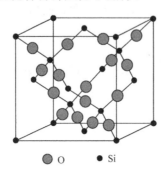

图 9-10 方石英的结构

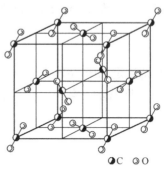

图 9-11 CO_2(干冰)的结构

2. 结构形式的变异

离子极化使晶体的结构形式从高对称的三维立体结构向层形结构、链形结构、岛形结构转变,这种结构形式的转变在结晶化学中称为型变,如图 9-12 所示。

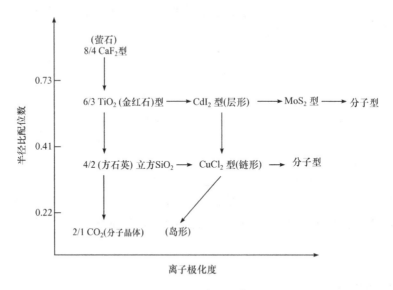

图 9-12 AB_2 型化合物晶体的型变

简单四方结构的金红石晶体,阴、阳离子的配位数降低,但仍呈三维网络结构,晶胞具有 D_{4h} 对称性。CdI_2 型晶体因离子极化成为层形结构,层形分子沿 c 轴方向堆积。若用 a、b、c 表示金属离子 Cd^{2+} 层的位置,用 A、B、C 表示 I^- 堆积层的位置,CdI_2 型晶体结构可表示为 ‖AbC‖AbC‖…(‖…‖代表一个重复周期)。在 ‖AbC‖ 层内每个 Cd^{2+} 与 6 个 I^- 配位,每个 I^- 与 3 个 Cd^{2+} 配位,原子间以共价键结合,层与层之间以 van der Waals 力结合(图9-13)。

属于 CdI_2 型的晶体有 CaI_2、$MgBr_2$、MgI_2、MnF_2、$Mn(OH)_2$、$FeBr_2$、FeI_2、$CoBr_2$、CoI_2、TiS_2、SnS_2、PtS_2 等。其他层形结构晶体还有 $CdCl_2$ 型、MoS_2 型等。同样，$CdCl_2$ 型晶体结构可表示为 $||AcB|CbA|BaC||\cdots$，三层才是一个重复周期，沿 c 轴方向的重复周期较长。层内 Cd^{2+} 在 Cl^- 形成的八面体空隙内，相互主要以离子键结合，层间 Cl—Cl 距离较大，以 van der Waals 力结合。属于 $CdCl_2$ 型的晶体有 $MgCl_2$、$ZnCl_2$、$CdBr_2$、$FeCl_2$、$CoCl_2$、$NiCl_2$、$NiBr_2$、NiI_2 等。MoS_2 的层形结构，由于堆积方式不同有多种结构形式。通常六方 MoS_2 的结构是沿 c 轴按 $||AbA|BaB||\cdots$ 周期性重复排列。S 原子形成许多三棱柱空隙的堆积层，Mo 原子占据其中一半，两层形成一个周期（图 9-14）。

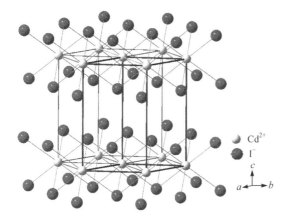

图 9-13　CdI_2 型结构　　　　　　　图 9-14　MoS_2 层形结构

AB_2 型化合物中，随着正离子半径缩小，极化程度加大，还可形成链形分子，如 $CuCl_2$ 晶体结构中形成 $(CuCl_2)_n$ 长链（图 9-15）。正、负离子配位数比为 $4:2$，$CuCl_2$ 晶体为单斜晶系。

图 9-15　$CuCl_2$ 结构示意图

表 9-4 列出常见离子的极化率与半径。

表 9-4　离子极化率与半径

离　子	极化率 $\alpha/Å^3$	半径 $R/Å$	离　子	极化率 $\alpha/Å^3$	半径 $R/Å$	离　子	极化率 $\alpha/Å^3$	半径 $R/Å$
Li^+	0.031	0.60	Ba^{2+}	1.55	1.35	Ce^{4+}	0.73	1.01
Na^+	0.179	0.95	B^{3+}	0.003	0.20	F^-	1.04	1.36
K^+	0.83	1.33	Al^{3+}	0.052	0.50	Cl^-	3.66	1.81
Rb^+	1.40	1.49	Sc^{3+}	0.286	0.81	Br^-	4.77	1.95
Cs^+	2.42	1.69	Y^{3+}	0.55	0.93	I^-	7.10	2.16
Be^{2+}	0.008	0.31	La^{3+}	1.04	1.04	O^{2-}	3.88	1.40
Mg^{2+}	0.094	0.65	C^{4+}	0.0013	0.15	S^{2-}	10.2	1.84
Ca^{2+}	0.47	0.99	Si^{4+}	0.0165	0.41	Se^{2-}	10.5	1.98
Sr^{2+}	0.86	1.13	Ti^{4+}	0.185	0.68	Te^{2-}	14.0	2.21

3. 键型的演变

NaCl 是典型的离子晶体,ZnS 则因离子极化,向共价晶体过渡。许多半导体材料取 ZnS 结构,大多是Ⅲ-Ⅴ族和Ⅱ-Ⅵ族化合物。例如,AlP、AlAs、AlSb、GaP、GaAs、InP 等晶体是立方 ZnS 结构,CdSe、CdS 是六方 ZnS 结构。半导体性质最明显的是 Si 和 Ge 的晶体,它们是四面体配位的金刚石结构。

在一些含氧酸盐的晶体中,阴离子如 CO_3^{2-}、NO_3^-、SO_4^{2-}、PO_4^{3-} 等,原子间以共价键结合,阴、阳离子间以静电作用力结合。例如,在石灰石 $CaCO_3$ 结构中,CO_3^{2-} 中 C、O 原子以共价键结合成三角平面,Ca^{2+} 形成一个平面,与 CO_3^{2-} 层交替排列[图 9-16(a)];在石膏 $CaSO_4 \cdot 2H_2O$ 结构中,SO_4^{2-}(四面体)与 H_2O 以基团存在,再与 Ca^{2+} 形成晶胞[图 9-16 (b)]。在这些结构中,不仅是球形离子,即使具有更复杂几何构型的阴离子也同样遵守空间最大填充原则。

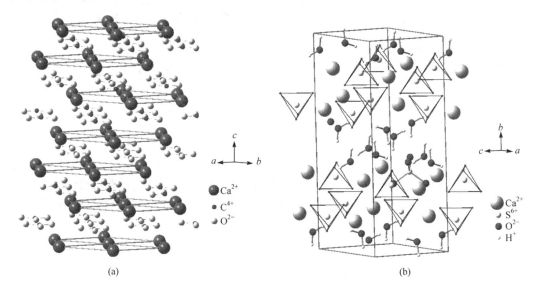

图 9-16　$CaCO_3$(a)和 $CaSO_4 \cdot 2H_2O$(b)晶体

9.5　多元离子化合物

多元离子化合物有许多重要构型,由于本书篇幅限制,仅举几例加以说明。三元化合物中 ABX_3、ABX_4、AB_2X_4 分子约占 90%,每一类又有许多代表结构,结构分类见表 9-5。

表 9-5　三元离子晶体结构分类

ABX_3	ABX_4	AB_2X_4	其 他
方解石结构	锆英石结构	橄榄石结构	ABX_2
钙钛矿结构	白钨矿结构	尖晶石结构	$A_2B_2X_7$
辉石结构	重晶石结构	金绿宝石	A_2BX_5
刚玉结构		硅铍石结构	A_2BX_6

9.5.1　主要多元离子化合物

1. ABX₃ 型结构

1）CaCO₃ 结构

对地质工作者来说，ABX₃ 系列中最重要的是 CaCO₃ 结构。当它从水溶液中沉淀出来时，可采取三种多形体中的任一种：文石、方解石或球霰石。采取哪一种多形体，取决于溶液中的杂质、pH、温度和晶体生长速度等因素。方解石常温下是稳定相，文石是高压下的多形体，球霰石是热力学不稳定相。

文石型 CaCO₃ 属正交晶系，晶胞内有 4 个分子。4 个 Ca^{2+} 分别位于晶胞顶点、两对晶面接近面心的位置及晶胞内部，CO_3^{2-} 平面放置在 Ca^{2+} 构成的三棱柱空隙中。每个 Ca^{2+} 有 9 个 O^{2-} 配位，每个 CO_3^{2-} 基团周围有 6 个 Ca^{2+}。晶胞结构如图 9-17 所示。这类化合物有 $SrCO_3$、$PbCO_3$、$BaCO_3$、$LaBO_3$、KNO_3 等。

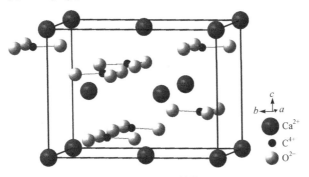

图 9-17　文石结构

方解石的结构可由变形的 NaCl 结构来了解。将立方面心晶胞沿 3 次轴方向压缩成三方菱面体晶胞，在 Na^+ 位置放 Ca^{2+}，Cl^- 位置放 CO_3^{2-}，并使 CO_3^{2-} 平面与 3 次轴垂直，即得到方解石结构。部分晶体结构如图 9-18 所示。属于这类结构的化合物有 $MgCO_3$、$FeCO_3$、$CoCO_3$、$LiNO_3$、$ScBO_3$ 等。

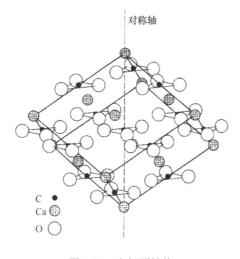

图 9-18　方解石结构

2）钙钛矿结构

钙钛矿结构是 ABO_3 化合物中数量最多、研究最广的。理想的钙钛矿结构属立方晶系，但许多属于这类结构的晶体却变形为四方、正交晶系，这种变形与晶体的压电、热释电和非线性

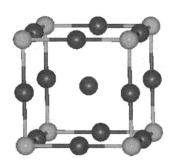

图 9-19　钙钛矿($CaTiO_3$)结构

光学性质有密切关系，已成为一类十分重要的技术晶体。现以 $CaTiO_3$ 为例说明（图 9-19），$CaTiO_3$ 常温相属正交晶系，每个晶胞中 Ca 原子处于体心位置，Ti 原子处于顶点位置，O 原子位于每条棱的中心位置，O 原子和 Ca 原子联合起来形成面心正交点阵，Ti 原子处在 O 原子的八面体空隙中，配位数为 6，Ca 原子配位数为 12。$NaNbO_3$、$NaWO_3$、$LiWO_3$、$BaTiO_3$、$CaZrO_3$、$SrSnO_3$、$CdCeO_3$、$BaPrO_3$、$YAlO_3$、$LaMnO_3$、$KMgF_3$、$KCaF_3$、$KNiF_3$ 等化合物都是钙钛矿结构。其中一些是重要的铁电晶体。另外，钙钛矿型复合氧化物，如 $YBa_2Cu_3O_7$、La_2CuO_4 等还具有高温超导性质。这些晶体呈真正理想钙钛矿结构的很少，大多偏离立方晶系。例如，$BaTiO_3$ 晶体是重要的铁电材料，它有 5 种晶形，其中三种低于 120℃的晶形具有铁电性：

$$三方晶系 \xleftrightarrow{-80℃} 正交晶系 \xleftrightarrow{5℃} 四方晶系 \xleftrightarrow{120℃} 立方晶系 \xleftrightarrow{1460℃} 六方晶系 \xrightarrow{1612℃} 熔化$$

钙钛矿结构的晶体，低对称性化合物往往是铁电体。根据经验，影响其构成铁电-反铁电或顺电体的因素有：①A、B 离子半径比，它决定 B 离子在氧八面体中的活动性；②A 离子半径大、极化率大，B 离子半径小、极化作用大，则有利于形成铁电-反铁电，反之有利于形成顺电体。

2. AB_2X_4 型结构

1）尖晶石结构

天然尖晶石 $MgAl_2O_4$（AB_2X_4）属立方晶系。在尖晶石结构中，MgO_4 四面体与 AlO_6 八面体共用顶点氧，AlO_6 与邻近八面体 AlO_6 共用棱边，相互连接在一起。尖晶石晶胞较大，O 原子采用立方面心堆积，$2\times2\times2$ 堆成一个大立方晶胞，共有 32 个 O 原子，形成 32 个八面体空隙，其中 1/2（16 个）被阳离子 $Al(M^{3+})$ 占据，64 个四面体空隙，其中 1/8（8 个）被阳离子 $Mg(M^{2+})$ 占据。晶胞结构如图 9-20 所示。

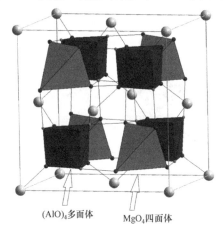

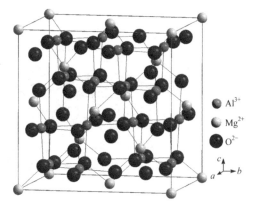

Al^{3+}
Mg^{2+}
O^{2-}

(AlO)₄多面体　　　MgO₄四面体

图 9-20　尖晶石结构

尖晶石结构的 AB_2X_4 化合物很多,如 $CdCr_2S_4$、$CoMn_2O_4$、FeV_2O_4 等,都是阴离子采用面心立方堆积。其他化合物阳离子 $A(M^{2+})$ 可以是 Mg^{2+}、Fe^{2+}、Mn^{2+}、Co^{2+}、Ni^{2+} 等,阳离子 $B(M^{3+})$ 可以是 Al^{3+}、Ga^{3+}、In^{3+}、Fe^{3+}、Co^{3+}、Cr^{3+} 等,阴离子可以是 O^{2-}、S^{2-}、F^{2-}、CN^- 等。

另一种反尖晶石结构,B 原子一半占据四面体空隙、一半占据八面体空隙,A 原子占据八面体空隙,如 $CoFe_2O_4$、$MoFe_2O_4$、$FeIn_2S_4$,其中一些是重要的铁氧体软磁材料。

图 9-21 列出尖晶石 $MgAl_2O_4$ 与金绿宝石 $BeAl_2O_4$ 的堆积层。金绿宝石属六方晶系,晶体堆积中,AlO_6 八面体不仅与其他 AlO_6 八面体共棱,还与 BeO_4 共棱。

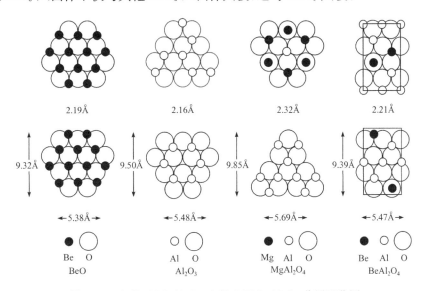

图 9-21　尖晶石 $MgAl_2O_4$,金绿宝石 $BeAl_2O_4$ 分层配位图

2) 橄榄石结构

代表化合物有镁橄榄石(Mg_2SiO_4)和铁橄榄石(Fe_2SiO_4),金绿宝石也是这一结构类型。现以 Fe_2SiO_4 为例说明这类结构的特点。Fe_2SiO_4 晶胞属正交晶系。SiO_4 四面体通过共用顶点和棱边,与 FeO_6 八面体连在一起。O 原子形成稍微变形的六方密堆积(6 次轴在 a 轴方向),Si^{4+} 占据四面体空隙的 1/8,Fe^{2+} 占据八面体空隙的 1/2。

3. ABX₄ 型结构

相当多矿物以该结构存在,如重晶石、白钨矿、铬铅矿等,技术中应用很广的无水石膏 $CaSO_4$ 也是此结构。表 9-6 列出几种主要 ABX_4 型结构。

表 9-6　几种主要 ABX₄ 型结构

结　构	代表化合物	结构特点	实　例
重晶石	$BaSO_4$	正交晶系,含孤立 SO_4 四面体,每个 Ba^{2+} 周围有 12 个 O^{2-}(有些化合物阳离子配位数低至 10 或 8)	$PbSO_4$、$KClO_4$、$CsMnO_4$、KSO_3F
白钨矿	$CaWO_4$	四方晶系,含孤立 WO_4 四面体,Ca 周围有 8 个 O。各种大的阳离子都可进入白钨矿结构,两种不同阳离子随机占据相同的结晶学位置	$KRuO_4$、$YbAsO_4$、$KCrO_3F$、$CaZnF_4$
CaF_2 型	$NaYF_4$	正离子 Na、Y 随机分布在 CaF_2 结构的 Ca 的位置	$PbUO_4$、$LaPrO_4$、$NaTbF_4$、$SrCaF_4$

9.5.2 *Pauling 规则*

Pauling 总结了前人结晶化学规则,提出离子晶体配位多面体规则,称为 Pauling 规则。

1. 离子配位多面体规则

在正离子周围形成负离子配位多面体,正、负离子之间距离取决于正、负离子半径之和,配位数取决于半径之比。

2. 离子电价规则

在一个稳定的离子化合物中,每个负离子的电价等于或近似等于邻近正离子至该负离子的静电键强度 S_i 总和。

$$Z^- = \sum S_i = \sum (Z_i/\nu_i)$$

式中:Z^- 为负离子所带的电荷;Z_i 为正离子所带的电荷;ν_i 为正离子配位数;S_i 为静电键强度。

按电价规则可计算一些离子基团能否分立存在。例如,CO_3^{2-} 基团中每一个 C—O 键强度 $S_i = 4/3$,每一个 O 的电价为 2,扣除 4/3 剩下 2/3,不可能再连接另一个 C 原子,所以 CO_3^{2-} 是分立的离子,而 SiO_4^{4-} 基团中,Si—O 键强度为 $4/4 = 1$,O 电价扣除键强度后还余 1,可与另外的 Si—O 键连接,所以四面体可共用顶点氧。

绿柱石 $Be_3Al_2(Si_6O_{18})$ 属六方晶系。晶体中有美丽的环状硅氧骨架(图 9-22)。Al^{3+} 和 Be^{2+} 分别填入 O^{2-} 组成的八面体空隙和四面体空隙。在硅氧四面体中,2 个 O^{2-} 与其他四面体共用顶点,形成环状结构,O 各与 1 个 Si^{4+}、1 个 Al^{3+}、1 个 Be^{2+} 配位。这种 O^{2-} 的静电键强度:

$$Z^- = \sum S_i = S_{O-Si} + S_{O-Al} + S_{O-Be} = \frac{4}{4} + \frac{3}{6} + \frac{2}{4} = 2$$

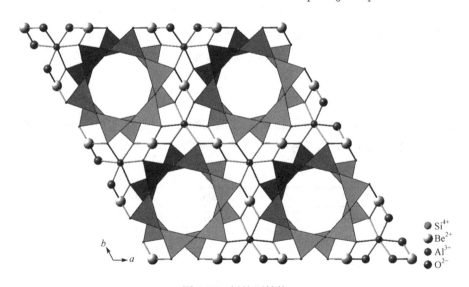

图 9-22 绿柱石结构

三角形为硅氧四面体,浅灰球为 Be^{2+},深色球为 Al^{3+}

3. 配位多面体共用顶点、棱和面规则

在一个配位多面体结构中,共边连接与共面连接会使结构稳定性降低,因此配位多面体倾向不共用或少共用棱,特别是少共用面。正离子的价数越高,配位数越小,这一效应越显著。

9.5.3　硅酸盐的结构

1. SiO₂

硅酸盐是数量极大的一类无机物,约占地壳质量的 80%。在硅酸盐中,结构的基本单位是 SiO_4 四面体。SiO_4 四面体通过共用顶点连接成各种结构形式。完全由 SiO_4 四面体构成的化合物是 SiO_2,常压下它有多种变体。主要变体是六方石英,到870℃变成鳞石英,1470℃变为方石英。每种变体都存在两种形式:高温高对称性 β 型,低温低对称性 α 型。

2. 链状与环状结构

当 SiO_4 四面体共用两个顶点时,可形成链状或环状硅酸盐(图 9-23)。例如,绿柱石中的 SiO_4 四面体围成六元环,钠锆石 $Na_2Zr(Si_3O_9)\cdot 2H_2O$ 中的 SiO_4 四面体形成三元环,还有的形成四元环、八元环、双六元环。每个 SiO_4 四面体共用两个顶点,形成沿一个方向无限延伸的长链。链的组成为 $(SiO_3)_n$,如透辉石 $CaMg(SiO_3)_2$ 等。若是 SiO_4 四面体共用三个顶点,可形成双链结构,如硅线石 $Al(AlSiO_5)$。有些晶体,一半共用三个顶点、一半共用两个顶点,也形成双链结构。表 9-7 列出几种常见的硅酸盐化合物。

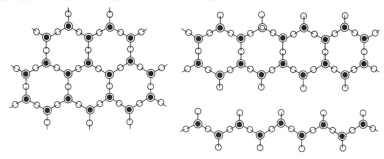

图 9-23　链状、环状硅酸盐结构

表 9-7　几种常见的硅酸盐化合物

结构类型		基本单位	实　例
分立形	孤立四面体	SiO_4	橄榄石 Mg_2SiO_4
	六元环	Si_6O_{18}	绿柱石 $Be_3Al_2[Si_6O_{18}]$
链形	单链	$[SiO_3]_n$	透辉石 $CaMg(SiO_3)_2$
	双链	$[AlSiO_5]_n$	硅线石 $Al[AlSiO_5]$
层形	六元环层	$[AlSi_3O_{10}]_n$	白云母 $KAl_2[AlSi_3O_{10}](OH)_2$
	四八元环层	$[Si_4O_{10}]_n$	鱼眼石 $KCa_4F[Si_4O_{10}]_2\cdot 8H_2O$
骨架形		$[AlSiO_4]$	霞石 $Na_2K[AlSiO_4]$
		$[AlSi_3O_8]_n$	正长石 $KAlSi_3O_8$

3. 层状结构

SiO_4 四面体共用 3 个顶点，形成层状硅酸盐是硅酸盐结构的重要类型，如白云母 $KAl_2(AlSi_3O_{10})(OH)_2$、滑石 $Mg_3(Si_4O_{10})(OH)_2$ 等；还有大量黏土矿物，如高岭石 $Al_4(Si_4O_{10})(OH)_8$。图 9-24 是白云母 $KAl_2(AlSi_3O_{10})(OH)_2$ 结构不同方向侧视图。两层 SiO_4 四面体的 O 与 OH^- 形成密置双层，Al^{3+} 填在八面体空隙中，双层间 K—O 键较弱，因此白云母有显著的解理性，易劈成薄片。

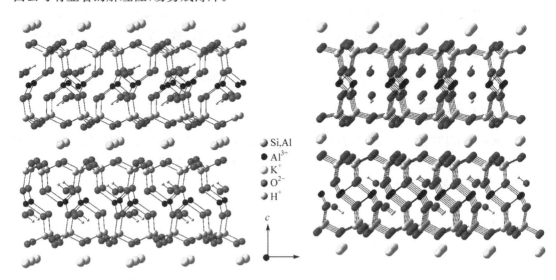

图 9-24　层状结构白云母（不同方向投影）

4. 骨架结构和沸石

SiO_4 四面体的 4 个顶点都是共用的，则构成骨架型硅酸盐由 SiO_4 四面体形成三维骨架，如方石英（图 9-10）等。Na^+、Ca^{2+} 等离子填在骨架硅酸盐中，形成多孔道的轻硅酸盐。这类硅酸盐包括长石 $KAlSi_3O_8$、霞石 $Na_2K[AlSiO_4]$ 和沸石。长石是地壳岩石的主要成分，分为正长石和斜长石两类，正长石属单斜晶系，斜长石属三斜晶系。

天然或人工沸石在化学中有广泛用途，常用作分子筛。在这类结构中，硅氧原子形成的空旷骨架有很多均匀的孔道和空穴，能吸附气体或液体分子，允许直径比孔道小的分子通过，起到筛选分子的作用。

沸石分子筛的化学式可表示为 $M_{p/n}^{n+}[Al_pSi_qO_{2(p+q)}] \cdot mH_2O$。M 代表金属离子，一般为 Na^+，一价金属离子与 Al 原子数目相同，O 原子数目是 Al、Si 原子数目和的两倍。

天然沸石又分为 X 型和 Y 型分子筛，结构与金刚石有关：金刚石中 C 原子被 β 笼替换，C—C 键被六方柱笼替换。A 型沸石是人工合成的分子筛（图 9-25），脱水的 4A 分子筛组成为 $Na_{12}[Al_{12}Si_{12}O_{48}]$。

图 9-25　人工沸石及其孔道

9.6　功能材料晶体

功能材料包括电学、磁学、光学材料、功能转换(压电、光电、热电、声光)智能材料等,涉及的晶体多种多样,现对近 30 年国际上研究最热门的高温超导体、非线性光学材料和磁性材料做一简单介绍。

9.6.1　高温超导晶体

1. 超导性

1911 年,荷兰的 Onnes 用液氦制造了接近 0K 的低温,并进一步发现一些金属温度降到某一"临界温度"T_c 以下,电阻突然消失(严格说不是消失,而是小到测不出)。1957 年,Bardeen、Cooper 和 Schriffer 提出超导机理的微观理论(BCS 理论),解释了低温超导现象。

1986 年前,人们只发现在液氦温区的超导体,它存在价格高、效率低等缺点,人们希望找到高温超导体(液氮温区),可大大提高经济效益。

1986 年,日本田中昭二小组得到了 LaBaCuO 在 30K 以上的抗磁转变和 23K 以上的零电阻转变,由此引发了世界性的"高温超导热"。1987 年,美国朱经武等用稀土元素 Y 代替 Ba,获得 YBaCuO 陶瓷的起始转化温度为 100K,中国科学院赵忠贤小组也同时独立发现了 YBaCuO 的超导性。AT&T 公司研究组证明高温超导相 $YBa_2Cu_3O_{6+x}$ ($x \approx 1$)是一种具有畸变的钙钛矿($CaTiO_3$)结构。

1988 年,前田等发现不含稀土的高温超导体 $Bi_2Sr_2Ca_2Cu_3O_{10}$,临界温度达 $T_c=110K$。盛正直等发现 $Tl_2Ba_2Ca_2Cu_3O_{10}$,$T_c=125K$。125K 的记录一直保持至今。1989 年,远藏(Tokura)等发现 Nd_2CuO_4 掺 Ce 得到的 NdCeCuO 的 T_c 不算高(30K),但它是电子型超导体,与 YBaCuO 等的空穴为特征的超导体导电机理不同。

20 世纪 90 年代还发现了有机分子的高温超导体材料,如 C_{60} 掺入 Rb 后 T_c 达 18K,碱金属 K 等掺入 C_{60} 后 T_c 可达 30K。

2. 高温超导的结构特征

高温超导体从固体化学角度看是不稳定或亚稳定的。晶体中缺陷比例一般很高,如 $Bi_2Sr_2Ca_{n-1}Cu_nO_{4+2n}$ 出现层错、位错等缺陷。在 YBaCuO 中 $YBa_2Cu_3O_7$ 的超导转变温度最高,它是正交结构(图 9-26)。结构基本特征是两个 CuO_2 平面中间有一层 Y 原子面(居晶胞中央),上、下是 BaO 原子面,上、下底是含 Cu—O 链的平面。$YBa_2Cu_3O_7$ 可看成 3 个钙钛矿晶

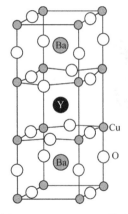

胞 ABO_3 沿 c 轴堆成(但缺 3 个 O 原子)。Y、Ba 占据 A 位置,Cu 占据 B 位置,故也称类钙钛矿结构。

发现 $YBa_2Cu_3O_7$ 的超导性后,人们进行了大量元素替代。用 Fe、Co、Ni、Zn、Mg 等替代 Cu,少量替代得到的晶体仍有超导性,但引起 T_c 温度迅速下降;用稀土元素替代 A 位置的 Y(完全替代)对 T_c 的影响很小。

目前研究认为,这些晶体具有高温超导性,关键在含有 CuO_2 面结构,CuO_2 面可以是单层,也可以是复层。CuO_2 面间由金属原子 Y 或 Ca 等隔开,复层间还可嵌入金属氧化物层,如 LaO、BaO、CuO、TlO、BiO 等。超导电性起源于 CuO_2 平面,而嵌入层提供载流子等某种偶合机制。

图 9-26 $YBa_2Cu_3O_7$ 晶胞

超导体中 Bi 系和 Tl 系的晶胞都比较大,每个晶胞中原子数也较多。晶体中经常出现各种缺陷,使结构变得复杂。图 9-27 是几种 Bi 系超导体的晶胞。表 9-8 列出几种常见的高温超导体的结构与最高临界温度 T_c。

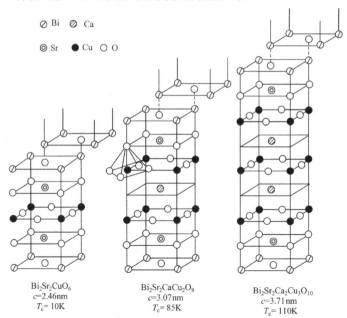

⊘ Bi ⊘ Ca ◎ Sr ● Cu ○ O

$Bi_2Sr_2CuO_6$
c=2.46nm
T_c= 10K

$Bi_2Sr_2CaCu_2O_8$
c=3.07nm
T_c= 85K

$Bi_2Sr_2Ca_2Cu_3O_{10}$
c=3.71nm
T_c= 110K

图 9-27 几种 Bi 系超导体的晶胞

表 9-8 高温超导体的结构与最高临界温度 T_c

编 号	成 分	空间群	结构号	最高 T_c/K
1a	La_2CuO_4	$I4/mmm$	214-T	40
1b		$P4_2/ncm$		
1c		$Bmab$	214-O	40
1d		$Fmmm$		

编 号	成 分	空间群	结构号	最高 T_c/K
2	Nd_2CuO_4	$I4/mmm$	214-T	25
3	$(Ce,Sr)_2CuO_4$	$P4/mmm$	214-T	
4a	$YBa_2Cu_3O_6$	$P4/mmm$	123-T	0
4b	$YBa_2Cu_3O_7$	$Pmmm$	123-O	90
5	$YBa_2Cu_4O_8$	$Ammm$	124	80
6	$Y_2Ba_4Cu_7O_{15}$	$Ammm$	247	40
7	$(Ba,Nd)_2(Nd,Ce)_2Cu_3O_8$	$I4/mmm$	223	40
8a	$Pb_2YSr_2Cu_3O_8$	$P4/mmm$	2123	70
8b		$Cmmm$		
9a	$Bi_2Sr_2CuO_6$	$Ammm$	Bi-2201	10
9b		$A2/a$		
10a	$Bi_2Sr_2CaCu_2O_8$	$Fmmm$	Bi-2212	95
10b		$Amaa$		
11	$Bi_2Sr_2Ca_2Cu_3O_{10}$	$I4/mmm$	Bi-2223	110
12a	$Tl_2Ba_2CuO_6$	$I4/mmm$	Tl-2201	
12b		$Fmmm$		
13	$Tl_2Ba_2CaCu_2O_8$	$I4/mmm$	Tl-2212	115
14	$Tl_2Ba_2Ca_2Cu_3O_{10}$	$I4/mmm$	Tl-2223	125
15	$TlBa_2CuO_5$	$P4/mmm$	Tl-1201	

9.6.2 非线性光学晶体

光学功能材料可分为以下几类：

(1) 非线性光学晶体。包括磷酸二氢钾（KDP）、砷酸二氢铷（RDA）等压电型晶体；铌酸锂（$LiNbO_3$）、铌酸钾（$KNbO_3$）、$Ba_2Na(NbO_3)_5$ 等铁电型晶体；GaAs、InAs、ZnS 等半导体晶体；碘酸钾 KIO_3 等碘酸盐光学晶体，β-偏硼酸盐晶体。

(2) 红外光学晶体。例如，尖晶石（$MgAl_2O_4$）、蓝宝石（Al_2O_3）、氧化钇（Y_2O_3）等。

(3) 激光晶体。例如，红宝石、含稀土的铷玻璃、钨酸钙、钇铝石榴石等。

(4) 光电功能材料。主要有半导体、磁性晶体等，用于光学信息的转换。

(5) 声光功能材料。例如，α-HIO_3、$PbMoO_4$ 等用于制造调制器、滤波器等。

(6) 磁光材料。主要有亚铁石榴石 $M_3Fe_5O_{12}$（M＝Gd、Dy、Ho、Tm 等）、尖晶石铁氧体等。

下面主要介绍第一类非线性光学晶体。

1. 用于频率转换的非线性光学晶体

非线性光学晶体利用激光与晶体相互作用产生谐频、和频、差频等非线性光学效应，扩展激光频率覆盖的范围。人们用极化强度 P 来衡量这些效应。P 是光频电场 E 的函数。介质的非线性极化率可表达为

$$P = \varepsilon_0\left[\chi^{(1)}\cdot E + \chi^{(2)}:EE + \chi^{(3)}:EEE\right]$$

式中：ε_0 为真空介电常数；$\chi^{(1)}$、$\chi^{(2)}$、$\chi^{(3)}$ 分别为一阶、二阶、三阶非线性极化率；E 为电场强度。

晶体发生倍频效应主要与 $P=\varepsilon_0\,\chi^{(2)}:EE$ 有关。只有无对称中心的晶体才有此效应。$\chi^{(2)}$ 越大,非线性效应越大。

2. 主要高功率激光频率转换晶体

(1) KH_2PO_4(KDP)。KDP 晶体具有较高抗激光损伤值,在水溶液中培养,价格较低,但晶体易受潮、破裂,可作激光核聚变频率转换元件,为第一代频转晶体。

(2) 磷酸氧钛钾($KTiOPO_4$,KTP)。KTP 是 20 世纪 70 年代发展起来的晶体材料,非线性光学系数是 KDP 的 15 倍,可作高、中、低功率器件。

(3) β-偏硼酸钡(β-BaB_2O_4,BBO)。BBO 是中国科学院物质结构研究所 20 世纪 80 年代开发的光学晶体,非线性系数比 KDP 高 4 倍,有很宽的倍频可匹配光谱区。

BaB_2O_4 有两种构型:高温 α 相和低温 β 相。α-BaB_2O_4 是有心结构,无倍频效应;β-BaB_2O_4 结构无对称中心,晶胞属于六方晶系,每个晶胞内有 6 个 $[Ba_3(B_3O_6)_2]$ 分子,共有 12 个 $[B_3O_6]^{3-}$ 平面环,有序堆积在一起,如图 9-28 所示,平面环法线方向与晶格 c 轴平行,所以 BBO 是一种极性晶体。

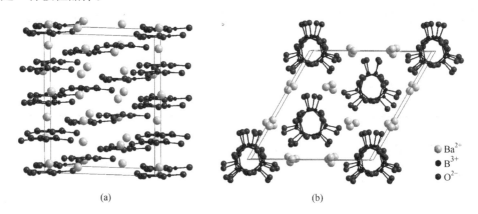

图 9-28 β-BaB_2O_4 的结构

(a) 侧视图;(b) 俯视图

(4) LBO(LiB_3O_5)。LBO 晶体是 20 世纪 90 年代开发出来的光学材料。LBO 晶体结构中 $(B_3O_7)^{5-}$ 基团连接成键,并沿 c 轴成 $45°$ 方向螺旋延伸。虽然 LBO 的倍频系数略小于 BBO,但在 $1.046\mu m$ 的二倍、三倍频方面,LBO 晶体优于 BBO 晶体。

3. 低功率激光频转晶体

近年来,高效高质、长寿的蓝绿色激光源得到广泛的应用,为了在低基频功率条件下得到高效转换,需要这方面的非线性光学晶体,如 $LiNbO_3$、$KNbO_3$、$Ba_2Na(NbO_3)_5$(BNN)就是这类晶体(图 9-29)。这三种晶体的基本结构都含 NbO_6 八面体。不同的是,NbO_6 八面体在三种晶体中的畸变方式不同。$LiNbO_3$ 晶体中,NbO_6 沿 3 次轴方向畸变;BNN 晶体中,NbO_6 沿 4 次轴方向畸变,而 $KNbO_3$ 晶体中,NbO_6 沿 2 次轴方向畸变。目前研究认为,这些晶体的倍频系数主要取决于 NbO_6 的局域化学键与畸变方式,与阳离子关系不大。

9.6.3 磁性材料

磁性是物质的基本属性之一,来源于原子的磁矩。根据磁性的存在情况可将材料分为软磁和硬磁材料。

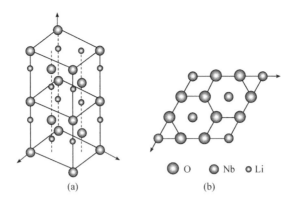

(a)　　　　　　　(b)

○ O　　● Nb　　◦ Li

图 9-29　LiNbO₃ 的六方晶胞(氧原子未画出)(a)和
晶胞在平面的投影(Li 原子投影在 Nb 原子上面)(b)

1. 软磁材料

软磁材料指容易反复磁化,且外磁场去除后易退磁的材料。它的特点是矫顽力 H_c 低($<10^2$ A·m^{-1}),相对磁导率 μ_r 大,为 $10^3 \sim 10^5$。

Fe 是最早使用的软磁材料,铁氧体是一大类软磁材料,它是用氧化铁(Fe_2O_3)与某些金属氧化物制成的复合氧化物,如 MFe_2O_4、$M_3Fe_2O_5$、$MFeO_3$ 和 $MFe_{12}O_{19}$ 等(M 为某金属原子)。

铁氧体有 3 种典型结构:①尖晶石型铁氧体,结构式为 AB_2O_4,属立方面心结构,A 代表 2 价离子,如 Mn、Zn、Ni、Mg、Ba、Pb,B 代表 3 价 Fe 离子,A、B 分布状况不同可分为正尖晶石和反尖晶石,正尖晶石无磁性,反尖晶石才有磁性;②石榴石型铁氧体,属立方晶系,分子式可写为 $3M_2O_3 \cdot 5Fe_2O_3 \cdot 2M_3Fe_2O_{12}$,(M 为 3 价稀土离子);③磁铅石型铁氧体,也是立方晶系,分子式为 $MFe_{12}O_{19}$,M 为 2 价金属离子(Ba、Sr),是硬磁材料。

非晶态合金中 FeCo、FeB 合金是软磁材料的又一新秀,如 $Fe_{67}Co_{18}B_{14}Si$、$Fe_{78}B_{13}Si_9$ 等。非晶态合金由于结构上的特点——长程无序,不存在磁各向异性,因而易于磁化,而且没有位错、晶界等缺陷,故磁导率、磁感应度高、矫顽力低,是理想的软磁材料。

还有新型的纳米晶软磁材料,如 Fe-Cu-Nb-Si-B 合金,经过适当热处理,可获得纳米级的磁晶,磁导率高,矫顽性低,软磁性能好。

一些软磁材料的性能比较见表 9-9。

表 9-9　一些软磁材料的性能比较

名　称	成分/%	μ_i	μ_{max}	H_c/(10^2A·m^{-1})	B_s/10^{-4}T
纯铁	杂质 0.05	10 000~25 000	200 000~340 000	0.03~0.008	21 600
铁镍(中磁导)	Ni₅₀,Cu,Si	3 200	30 000	0.08	10 000
铁镍(高磁导)	Ni₇₃,Fe₁₂.₀₅,Ta₁₄.₉₅	57 300	428 000	0.004 1	7 420
SB-SH 铁氧体		2 400±600		<0.14	>4 600
SB-5F 铁氧体		1 300±450		<0.16	>4 900
铁基非晶	Fe₈₀P₁₆C₃B			0.063	14 900
钴基非晶	Fe₅Co₇₀Si₁₅B₁₀		120 000	0.0025	8 400

续表

名　称	成分/%	μ_i	μ_{max}	$H_c/(10^2 A \cdot m^{-1})$	$B_s/10^{-4}T$
铁镍基非晶	$Fe_{40}Ni_{38}Mo_4B_{18}$		500 000	0.066	8 800
铁纳米晶	$Fe_{73.2}Cu_{0.8}$ $Nb_2V_{1.5}Si_{11.5}B_{11}$	80 000	300 000		14 000

2. 硬磁材料

硬磁(永磁)材料指去掉外磁场后,仍能保持高磁化强度的材料,它的特点是矫顽力高, $H_c > 10^4 A \cdot m^{-1}$,剩余磁感应度值 B_r 大于 1T 以上。一般用磁能积 $(BH)_{max}$ 值衡量材料, $(BH)_{max}$ 越大越好。

永磁材料也经过几代发展,性能不断提高。

(1) 硬磁铁氧体。20 世纪 50 年代钡铁氧体 $BaFe_{12}O_{19}$,用 $BaCO_3$ 和 Fe_3O_4 合成而得,工艺简单,成本低,后用 Sr 代替 Ba 得到锶铁氧体,磁能积 $(BH)_{max}$ 提高很多。

(2) 硬磁合金。这类材料历史悠久,古代指南针就是用这种材料制成的。碳钢经过热处理形成细化马氏体,是一种性能较差的硬磁材料,加入 Ni、Cr、Co 等可提高性能,如 Fe-Cr-Co 合金、Fe-Mn-Ti 合金。

AlNiCo 磁钢采用新工艺,获得优良的柱状结晶,磁性能大幅提高。这类磁钢成分以 Fe、Ni、Al 为主,加入 Cu、Co、Ti 等元素提高性能,如 $AlNiCo_5$ 价格适中,性能良好,是使用最广泛的合金。

(3) 稀土合金。稀土永磁材料是稀土元素 R 与过渡金属元素(TM),如 Co、Fe、Cu 等形成的合金,有些还加入 B、C、N 等非金属元素,形成金属间隙化合物。稀土合金开发经历 4 个阶段。第一代是 20 世纪 60 年代开发的 RTM_5 合金: $SmCo_5$、$(SmPr)Co_5$ 合金为六方晶系,与 $CaCu_5$ 结构相同(图 8-19)。第二代稀土永磁合金为 R_2TM_{17},如 Sm_2Co_{17} 也是六方晶体结构,饱和磁强度及剩余磁感应强度均高于 $SmCo_5$。第三代为 R-TM-X 合金(X 为 B、C、N 等轻元素),先是 Nd-Fe-B,后有 Sm-Fe-N 合金,还有其他稀土元素与过渡金属形成的金属间隙化合物。调整化学成分是提高 R-TM-X 类永磁材料的发展方向。现在正在开发的稀土永磁合金为第四代,性能更好。

9.6.4 功能转化材料

1. 压电材料

某种材料受到压力作用时两端面可产生异号电荷,反过来材料在电压下会发生形变。这种使机械能与电能相互转化的材料称为压电材料。

以前使用较多的是石英晶体,它的压电能量转化率不太高,但性能稳定,内耗很小。石英晶体属三方晶系 D_3 对称群,晶体外形为六棱柱体。晶体的 C_3 轴为光轴,垂直于 C_3 轴的 3 个 C_2 轴为压电轴。目前,使用较多的压电晶体是 $LiNbO_3$、$LiTaO_3$ 等。$LiNbO_3$ 属畸变的钙钛矿结构,机电耦合系数大,传输损耗小,是一种优良的压电材料。另一类为多晶压电材料(陶瓷),较典型的有 $BaTiO_3$、$PbZrO_3$,它在 120℃ 以上具有立方晶系结构,顺电相。钡原子位于晶胞顶点,氧原子位于面心位置,钛原子在体心位置活动。温度降到 120℃ 以下,钛原子离开中心位置,向一侧氧原子方向偏移,晶体转为四方晶系的铁电相。

2. 光电材料

光电转换材料在太阳能电池、静电复印、信息记录等方面有广泛应用。

利用光产生的伏打效应,在半导体与金属之间形成的一层薄膜,可将辐射能转变为电能。这层膜的电阻很高,且具有单向导电功能。半导体受光作用时,薄膜只让光电子向一个方向运动,在膜两侧产生电位差,形成光电池。

光电池中的光电流大小与半导体特性有关,特别是与其禁带宽度有关。以太阳能为例,材料禁带宽度越小,太阳光谱可利用部分越大,但谱峰附近浪费的能量也越大。硅电池数量在太阳能电池中居首位,硅晶体的禁带宽度为 1.07eV,光谱响应曲线与太阳光谱曲线接近。CdS、CdTe、GaAs 是有发展前途的薄膜太阳能电池材料。这些电池的性能列于表 9-10。

表 9-10　太阳能电池的性能与参数

材　料	禁带宽度/eV	截止波长/μm	吸收总太阳能/%	理论转换效率/%	实际转换效率/%
Si	1.07	1.1	76	22	18
InP	1.25	0.97	69	25	6
GaAs	1.35	0.90	65	26	11
CdTe	1.45	0.84	61	27	5
CdS	2.4	0.50	24	18	8

9.7　有机晶体

有机分子结晶化学是飞速发展的研究领域。仅 20 世纪 80 年代初,一年研究的有机分子晶体就达 30 000 多个,而这仅是已知的千万个有机分子的很小部分。再加上近年发展更快的生物分子,研究的范围就更广了。

9.7.1　一般有机晶体

有机化合物晶体的结构基元是有机分子本身。分子内部是共价键,它远远强于分子间的 van der Waals 力,因此大部分有机晶体是有限基团、岛形结构。在一些化合物中,有机分子间除 van der Waals 力外,还有氢键(通常比 van der Waals 力强),因此形成链状或层状的结构。

最常见的甲烷分子,在 22K 以上晶体是以分子为单元的立方密堆积。甲烷与水还形成 $CH_4 \cdot 5.75H_2O$ 笼状水合物,形状为五角十二面体。近年在深海发现的可燃冰为相似结构。乙烷晶体中,分子中心以六方密堆积排列,分子轴与晶体主轴平行。乙炔晶体中,分子中心呈立方密堆积,分子轴则平行于立方体的体对角线,类似二氧化碳。

平面有机化合物如萘的晶体是一种常见的单一分子的有机晶体,如图 9-30 所示。萘分子内是熟悉的 C—C 间 σ 键骨架和离域 π 键(共价键),分子间是 van der Waals 力。晶胞内有两个分子,一个占据晶胞顶点,另一个在底心位置,是单斜晶系,属 $P2_1/c$ 空间群。

有些有机分子形状接近球形,也可以像球一样堆积。例如,六亚甲基四胺分子,分子本身具有 T_d 对称性(4 个 N 原子形成四面体顶点,6 个亚甲基在棱心位置上方)。晶体属 $I\bar{4}3m$ 空间群，晶胞形成立方体心结构(图 9-31)，单胞参数 $a = 702.1$pm。

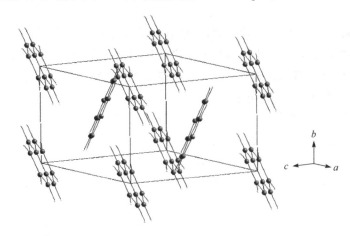

图 9-30　萘晶体的单胞

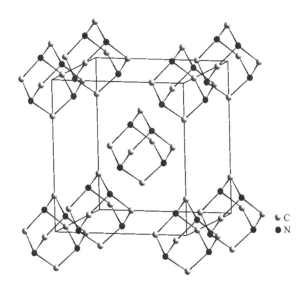

○ C
● N

图 9-31　六亚甲基四胺晶体的单胞(省略 H)

图 9-32　三叠氮三聚氰酸在
晶体中的密堆积

晶体中的分子堆积特点：由于 van der Waals 力无方向性，有机分子形成晶体时，也努力堆积得紧密。不像金属或离子晶体中的原子是以球形形成密堆积，为了形成密堆积，一个有机分子的凸处尽量与另一个分子的凹处靠拢。在一个平面内，一个分子周围约有 6 个分子，上、下层各有 3 个分子与中心分子配位。当然，这也不是绝对的，有时有 14、16 配位的。例如，三叠氮三聚氰酸的分子在晶体中堆积十分紧密，如 图 9-32 所示，晶体属 $P6_3/m$ 空间群。

9.7.2　含氢键的晶体

分子密堆积也存在于有氢键的晶体结构中。实际上，氢键存在于大部分生物分子中。氢键是有方向性的，如图 9-33 的尿素晶体。晶体为四方晶系，尿素分子的对称轴虽然与晶轴平行，但分子却上下交替整齐排列，形成氢键，分子平面与四方体侧面成 45°。甲醇、乙二酸、甲酰胺等也是这类晶体，结构详见 6.7 节相关部分。

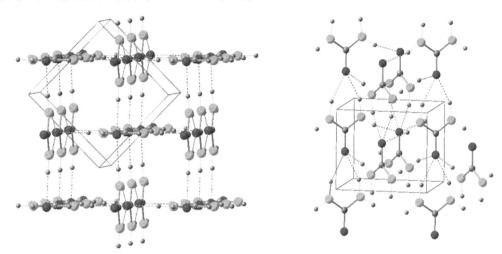

图 9-33　尿素晶体

9.7.3　嵌入式晶体

有些有机晶体不是单一分子组成，有时是两种分子，一种较大分子做堆积，一些小分子（如甲酸）或无机分子（H_2S、X_2）等填充在它们的空隙中，如 $C_{60}(I_2)_2$（图 9-34）。$C_{60}(I_2)_2$ 晶体中，C_{60} 为简单六方排列，I_2 无序地填在 C_{60} 的空隙中。

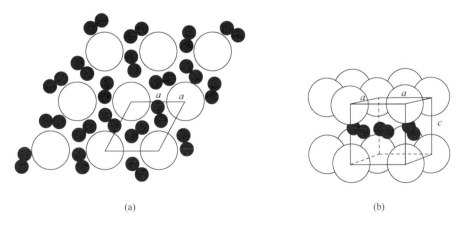

(a)　　　　　　　　　　　　　(b)

图 9-34　$C_{60}(I_2)_2$ 晶体

C_{60} 晶体本身是多晶型，都是立方结构。高于 260K 时，存在相 I，C_{60} 为准球状，几乎完全自由转动，观察到分子的电子密度的时间平均是球状，属 $F m \bar{3} m$ 空间群，是面心立方结构

(fcc)。温度降到 260K 以下，转为相Ⅱ，分子只绕某个轴转动，属 $Pa\bar{3}$ 空间群。86K 以下，分子变为由 12 个五边形和 20 个六边形构成的足球状，完全不动，属相Ⅲ，空间群与相Ⅱ相同。

C_{60} 与碱金属形成的化合物，如 K_3C_{60}、Rb_3C_{60}、K_4C_{60}、Cs_6C_{60} 等，K_3C_{60} 具有面心立方结构，C_{60} 占据顶点和面心位置，K 占据所有四面体、八面体空隙；K_4C_{60} 是体心四方结构，分子取向无序；Cs_6C_{60} 则是体心立方结构，Cs 在 C_{60} 的四面体空隙中。某些化合物具有高温超导性，如 K_3C_{60} 的临界温度 $T_c=19K$，Rb_3C_{60} 的 $T_c=29K$，Cs_2RbC_{60} 的 $T_c=33K$，但 K_4C_{60} 是绝缘体。

C_{60} 与 $C_2N_4(CH_3)_8$(TDAE) 形成的嵌合物有磁性，TDAE-C_{60} 是带心单斜结构，由于各向异性，因此引起自旋的铁磁有序。

9.7.4 聚合物(高分子)晶体

对于有机聚合物的晶体，聚合物由很长的链形分子组成，先考虑链形分子本身。一些分子由单一的原子或基团组成，原子间由共价键联系，基团位于确定的位置，可用一维链表示；另一些分子含有环状或更复杂的基团，有两种以上基团随机出现、围绕着骨架链排列。这就是链形分子的特点，统计分布比严格有序的多得多。

事实上聚合物的链由成千上万的基本基元连接起来。最简单的例子是聚乙烯 $(CH_2)_n$，它的骨架由平面锯齿形构象 C／C＼C／C＼C 基元连接起来，CH_2 基团重复出现。聚乙烯(PE)

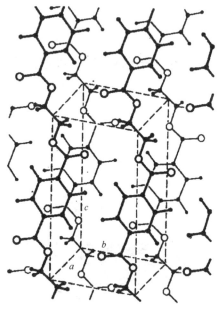

图 9-35 聚对苯二甲酸乙二酯

由于结晶条件不同，至少形成 3 种不同晶形：通过溶液或熔体结晶可获得稳定相，为正交晶系，晶胞参数 $a=714.7pm$，$b=494.5pm$，$c=254.7pm$，每个单胞含有两个 PE 重复单元；亚稳相为单斜结构；高压相是六方晶形。复杂一些的例子是聚对苯二甲酸乙二酯 ${+}CH_2{-}CH_2{-}CO_2{-}C_6H_4{-}CO_2{+}_n$(PET)，对苯二甲酸与乙烯是反式结构，首尾相连形成长链(图 9-35)。

一些简单的合成聚合物，如聚乙烯、聚丙烯、聚酰胺等，它们含有成千上万单元的长链分子，可以弯曲多次，形成相同长度(10～15nm)垂直部分，结果导致晶体形成一个基本层，如图 9-36(a)所示。基本层的厚度对应折叠链的垂直部分 L，也是晶体生长中的折叠层。另一些聚合物分子链中存在较大侧基，产生空间位阻，于是采用势能较低的螺旋构象，如聚四氟乙烯(PTFE)。

9.7.5 生物分子晶体

生物大分子，如蛋白质、核酸、病毒和多糖等，相对分子质量都很大，一般都在一万多至五六万。因为晶体衍射线的强度大概与相对分子质量的大小成反比，与晶体的体积成正比，所以对于相对分子质量为五万左右的蛋白质分子，需要 $0.3mm^3$ 或更大的晶体才有可能做高分辨

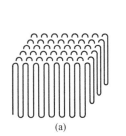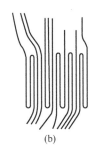

图 9-36　聚合物晶体结构类型

(a) 链状形成规则折叠晶体；(b) 熔融定向处理的聚合物；(c) 助熔剂晶化聚合物的晶态；(d) 单体单晶聚合的晶态

的结构分析。然而，生物大分子结构复杂，分子间存在静电、van der Waals 力、氢键等各种相互作用，使得生物大分子形成规整晶体的概率比小分子小得多。而且，在外界条件的影响下，生物分子构象很容易产生变化。另一方面，在生物大分子结晶时，又必须保持在水合状态。这些因素使得生物大分子的晶体培养工作相当困难。然而，经过长期的努力，近年来在生物分子晶体上的研究已取得了长足的进步，生命体晶态结构特征见表 9-11。

表 9-11　生命体晶态结构特征

对　象	有序形式	单胞或链周期(0.1nm)	原子数
氨基酸、单糖	晶态	5～10	上限 10^2
肽、类固醇、维生素	晶态、液晶	10～30	上限 $10^2 \sim 10^3$
纤维蛋白	纹理结构、层状	10～100	上限 10^2
球状蛋白	晶态、层状	30～200	上限 $10^3 \sim 10^5$
核酸	纹理结构、晶态	30～100	上限 $10^2 \sim 10^3$

　　作为生物大分子的结构基元，氨基酸、核苷酸和单糖本身能以有序的晶体形式存在，其晶胞的大小为 0.5～2nm。这些简单分子中的原子数目可达 10^2。

　　肽、类固醇、激素和维生素等在生物过程的控制方面通常起着重要的作用。它们能以晶态和液晶等有序形式存在，晶胞大小为 1～3nm，分子中包含的原子数可达 $10^2 \sim 10^3$。

　　作为现代分子生物学研究最活跃的领域，纤维蛋白、球状蛋白、核酸和多糖能以纹理结构、层状结构和晶状形式存在，晶胞的大小一般可从 1nm 直到 20nm，所含原子数可达 $10^2 \sim 10^5$。纤维蛋白存在于人体和动物组织的构筑材料中，而糖聚合物（纤维素和其他多糖）是构筑植物和某些动物的材料。纤维素晶胞如图 9-37 所示。球状蛋白是最重要的生物大分子，其中多肽链折叠

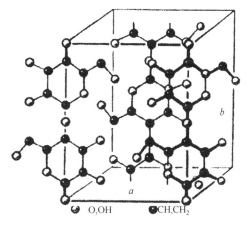

图 9-37　纤维素晶胞

成紧密的小球。许多球蛋白是酶，可促进多种代谢，或运输小分子、电子等。

9.8 液 晶

9.8.1 简介

在各向异性的固相和各向同性的液相之间存在一种具有各向异性的液态。这种各向异性的液态中介相称为液晶相,由于液晶具有各向异性而且是液态,它必然由各向异性的分子构成,而且分子倾向于定向排列。

早在 19 世纪末,Reinitzer(莱尼泽)把胆甾醇苯酸酯晶体加热至 145.5℃,它熔融成浑浊液体,继续升温到 178.5℃,浑浊液体突然变清亮,这一过程是可逆的,说明出现相变。在熔点到清亮点温度范围为物质处于液晶态。Lehmann(莱曼)指出,液晶相物质与其各向同性液相机械性能类似,但光学性质不同。虽然一个世纪前就发现了液晶,但长期以来都没有找到它的实际用途。直至 20 世纪 60 年代末,动态散射现象的发现才使液晶作为显示器件得到广泛应用。液晶显示器本身并不发光,而是借助周围的入射光来达到显示目的。某些液晶显示器还可存储信息不消耗能量,显示器不难达到彩色要求,还可多路驱动操作,这些优点使液晶显示器进入蓬勃发展阶段。

液晶相并不仅存在某些化合物中,我们熟悉的肥皂水在某种浓度就是处于液晶相。自然界所有动植物都是由细胞组成,而细胞膜都处于液晶相,因此液晶相几乎随处都有。

根据形成条件和组成液晶可分为两大类:一类称为热致液晶(thermotropic liguid crystal),是由一种化合物或少数化合物的均匀混合物形成的液晶,通常在一定温度范围内出现液晶相,所以称为热致液晶;另一类称为溶致液晶(lyotropic liguid crystal),是由溶质、溶剂两种或多种化合物形成的液晶,当溶液中溶质分子浓度处于一定范围时就出现液晶相,因此称为溶致液晶。典型的长棒型热致液晶分子的摩尔质量为 $200\sim500g \cdot mol^{-1}$,分子长宽比为 $4\sim8$。溶致液晶的溶剂主要是水或其他极性分子,溶致液晶中分子排列长程有序的主要原因是溶质与溶剂分子间的相互作用,溶质分子间的相互作用是次要的,这与热致液晶有本质的区别,热致液晶的长程有序源于分子间的相互作用。生物膜具有溶致液晶的特征。

9.8.2 热致液晶

热致液晶可分为近晶相、向列相和胆甾相(图 9-38)。

1. 近晶相液晶

近晶相液晶是由棒状或条状分子组成,分子排列成层,层内分子长轴相互平行,其方向可以垂直于层面,或与层面成倾斜排列。其规整性接近晶体,具有二维有序。分子质心位置在层内无序。可在层内自由平移,从而有流动性,但黏度很大。因为它的高度有序性,近晶相经常出现在较低温度区域内。

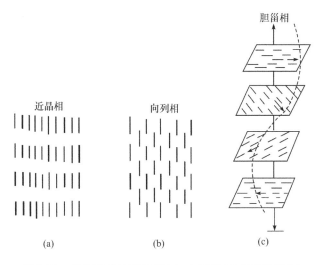

图 9-38　热致液晶的近晶相(a)、向列相(b)和胆甾相(c)

2. 向列相液晶

向列相液晶是由长宽比很大的棒状分子所组成，分子质心没有长程有序性。类似于普通液体的流动性，分子不排列成层，它能上下、左右、前后滑动，只在分子长轴方向上保持相互平行或接近平行。分子间短程相互作用微弱，属于 van der Waals 引力，其自由能变化 $\Delta G \leqslant$ $20.9 kJ \cdot mol^{-1}$。

3. 胆甾相液晶

胆甾醇经酯化或卤素取代后，呈现液晶相，称为胆甾相液晶。这类液晶分子呈扁平形状，排列成层。层内分子相互平行。分子长轴平行与层平面。不同层的分子长轴方向稍有变化，沿层的法线方向排列成螺旋状结构。当向列液晶分子结构中含有不对称手性中心的碳原子，它呈现胆甾相的螺旋结构。前者几乎都是右旋胆甾相，而大多数胆甾醇酯液晶却是左旋胆甾相。

9.8.3　溶致液晶

溶致液晶大多是由双亲分子化合物和极性溶剂两种组分合成，常用溶剂是水。用图示意时一般用圆点表示亲水溶剂的头部，而弯曲线段式表疏水尾链。双亲分子的可溶性不但取决于亲水基的亲水程度，同时还取决于疏水基的疏水程度，变化幅度可以很大。只有亲水程度和疏水程度都很强，而且两者比较平衡的分子，才具有形成分子组缨与液晶相等性质。双亲分子既有溶于水的极性基又有溶于烃的烃基，所以有许多重要用途。例如，开采接近枯竭油矿中的石油，可注入双亲化合物的水溶液把残余石油开采出来。

浓度很低的双亲分子水溶液是各向同性的，分子呈无规分布。当溶液中双亲分子浓度达到一定程度，溶液中双亲分子几十个至上百个聚集成分子组缨。分子组缨用亲水基把疏水尾链包围起来，形成隔离的最小双亲分子集团。分子组缨可以是球状的，也可以是柱状的。若是非极性烃作溶剂，可形成尾链外伸、极性头向里的倒分子组缨。浓度增高时可以出现柱状分子组缨,在溶液中排成六方点阵,也有载面长方形的液晶相。浓度再高时可以出现立方形液晶相,由球形分子组缨构成。浓度更高时可以出现片状相。片状相中两层双亲分子形成一个双层,层层重叠形成周期结构的片状相。片层间充满溶剂。双层厚度为 $30\sim40\text{Å}$,层间溶剂厚度约为 20Å。

溶致液晶中片状相最引人注目,因生物膜属于片状相,生物细胞膜的主要成分是类脂化合物,其中磷脂占重要部分。磷脂分子是极性双亲分子,在水和油的界面上可形成一个厚度约为分子长度的单层膜。在足够浓的水溶液中,两个单层膜的疏水面可合并成双层膜。双层膜中的链烃择优取向与膜表面垂直。双层膜通常倾向于形成微米数量级闭合泡。双层膜的形成同热致液晶的层状类似。

9.8.4 液晶的应用

1. 化学化工

液晶在化学化工方面应用极为广泛,它可作为有序溶剂,促进有机化学定向反应、立体异构选择,旋光物质富集和分离;作为色谱固定液可提高色谱选择性和分离效率。

2. 信息显示

液晶作为信息显示材料有许多优越的性质,是其他材料无可比拟的。

（1）功耗极低。液晶显示功耗为微瓦数量级。因为液晶显示是依靠液晶分子在外电场作用下改变取向而调制光强的,并无原子、分子的激励,所以功耗比发光材料所消耗的能量要小很多倍。

（2）驱动电压低。液晶是有序流体,分子间相互作用力比较小,易于流动,通常只需 $1\sim3\text{V}$ 电压即可驱动。

（3）明亮环境下显示。液晶显示是调制外光强的显示。光可控制,能实现彩色显示,也可全息调制,不受日光或强光干扰。相反,外光越亮,显示的字符图像越清晰。

液晶显示可分为两种基本类型:电流效应——动态散射和存储显示;电场效应——扭曲效应、DAP 效应、HAN 效应、宾-主效应。

扭曲效应显示是利用液晶控制光波偏振的能力,使光波偏振面旋转 $90°$,呈现显示。使用的材料是正介电各向异性液晶材料。加电压后,液晶分子沿电场取向,旋光能力消失,呈现显示。

3. 分子器件

手性是生物界的奥妙特点。大部分氨基酸是左旋的,蛋白质与 DNA 是右旋的,许多细菌和旋光类植物、大海螺是右旋的。近年人们对手性双亲分子形成的合成生物膜研究发现,在较高温度下,这些合成膜形成闭合的泡在一定温度泡发生破裂,分子重新成为螺旋面或扭曲带。经过一段时间,螺旋缝隙闭合形成直径为 $0.1\sim10\text{nm}$ 的长管,这些分子可制成微电子元件或微外科用器材。

图 9-39 为液晶态的四种结构。

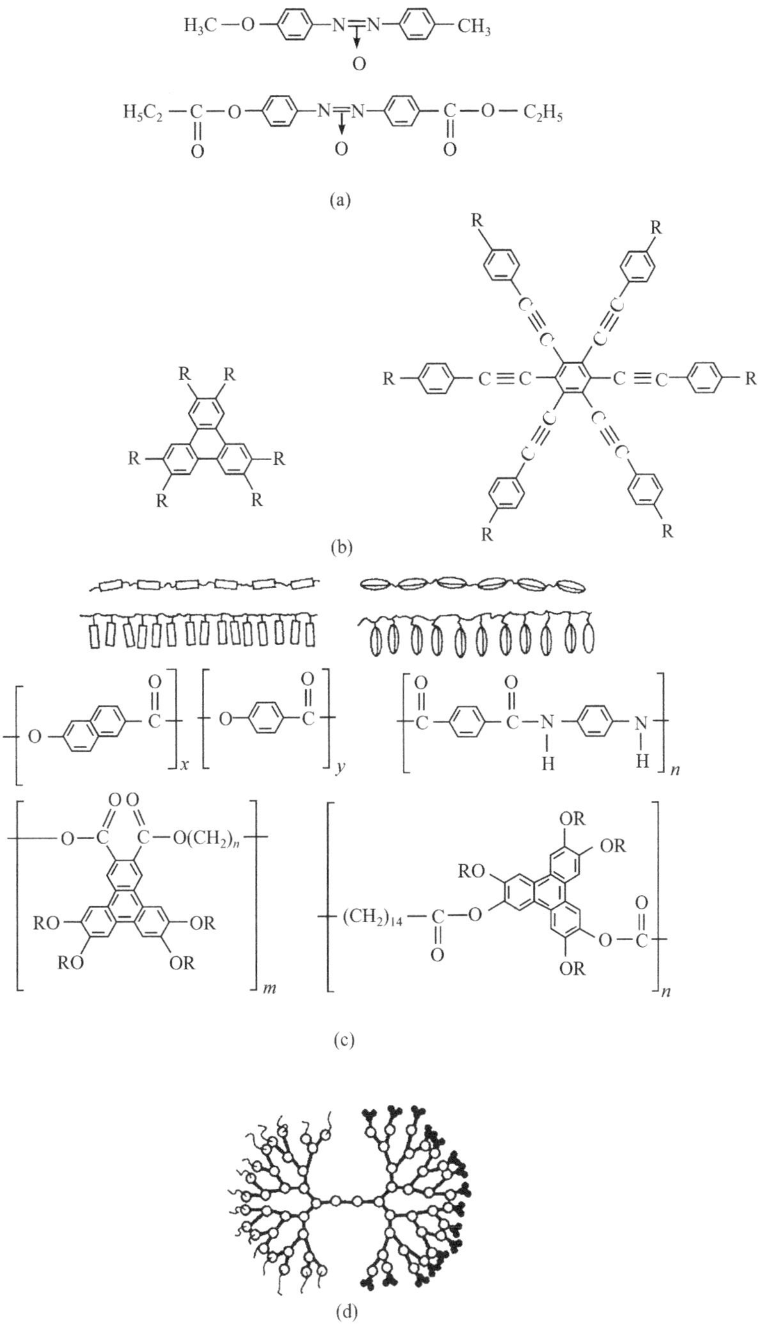

(a)

(b)

(c)

(d)

图 9-39　液晶态的四种结构

(a) 棒状分子；(b) 盘状分子；(c) 长链聚合物；(d) 双亲分子

习　题　9

9.1　CaO、MgO、CaS 均是 NaCl 型晶体。比较它们的晶格能大小，并说明理由。

9.2　试述下列常见晶体的点阵形式、晶胞中离子数目与堆积形式：

　　(1) NaCl(岩盐)　　　　(2) 立方 ZnS(闪锌矿)　　　(3) 六方 ZnS(纤锌矿)

(4) TiO₂(金红石)　　　(5) CsCl　　　　　(6) CaF₂(萤石)

(7) 金刚石　　　　　　(8) 石墨　　　　　(9) 冰

9.3 离子晶体中正离子填在负离子多面体空隙中,请计算在四面体、八面体空隙中正、负离子半径比的临界值。

9.4 已知下列离子半径:Ca^{2+}(99pm),Cs^+(182pm),S^{2-}(184pm),Br^-(195pm),若立方晶系 CaS 和 CsBr 晶体是典型离子晶体,请判断这两种晶体正、负离子配位数,负离子堆砌方式,正离子所填的配位多面体形式。

9.5 已知 MgS 和 MnS 属 NaCl 构型,立方晶胞参数为 520pm,是负、负离子接触,正、负离子不接触类型,CaS(a=567pm),CaO(a=480pm),MgO(a=420pm)为正、负离子接触、负、负离子不接触类型,这些体系中离子半径各是多少?

9.6 某金属氧化物属立方晶系,晶体密度为 3.581g·cm⁻³,用 X 射线衍射(Cu Kα 线)λ=154.2pm,测得各衍射角分别为 18.5°,21.5°,31.2°,37.4°,39.4°,47.1°,52.9°,54.9°。根据计算说明:

(1) 金属氧化物晶体的点阵形式。

(2) 晶胞参数。

(3) 金属离子 M 的相对原子质量。

(4) 若正、负离子半径比为 0.404,试确定离子在晶胞中的分数坐标。

9.7 已知 BeO 晶体结构属六方 ZnS 型,而 Be^{2+}、O^{2-} 半径分别为 31pm、140pm。试从离子半径比推测 BeO 晶体的结构形式,并与实际情况比较,说明原因。

9.8 FeSO₄ 单晶属正交晶系,其晶胞参数为 a=482pm,b=684pm,c=867pm,试用 Te Kα 的 X 射线(λ=45.5pm)计算在(100)、(010)、(111)面各自的衍射角。

9.9 氟化钾晶体属立方晶系,用 Mo Kα 线(λ=70.8pm)测得各衍射线 $\sin^2\theta$ 值如下:0.0132,0.0256,0.0391,0.0514,0.0644,0.0769,0.102,0.115,0.127,0.139,…

(1) 先对各条衍射线指标化,然后推测 KF 的点阵形式,计算晶胞参数。

(2) 已知 KF 晶体中,负离子作简单立方堆砌,正离子填在立方体空隙,K^+、F^- 半径分别为 133pm、136pm,计算晶胞参数。

9.10 金红石(TiO₂)为四方晶体,晶胞参数为 a=458pm,c=295pm,原子分数坐标为

Ti:0,0,0;　1/2,1/2,1/2;

O:$u,u,0$;　$\bar{u},\bar{u},0$;　$1/2+u,1/2-u,1/2$;　$1/2-u,1/2+u,1/2$;其中 u=0.31。

(1) 说明 Ti,O 原子各自的配位情况。

(2) 计算 z 值相同的 Ti—O 最短间距。

9.11 β-SiC 为立方晶体,晶胞参数 a=435.8pm,晶胞内原子分数坐标如下:

C:0,0,0;　1/2,1/2,0;　1/2,0,1/2;　0,1/2,1/2;

Si:1/4,1/4,1/4;　1/4,3/4,3/4;　3/4,1/4,3/4;　3/4,3/4,1/4;

(1) 确定该晶体点阵形式。

(2) 计算晶体密度。

(3) 计算晶体中 C—Si 键长和 Si 原子的共价半径(C 原子共价半径为 77pm)。

9.12 Na₂O 为反 CaF₂ 型结构,晶胞参数 a=555pm:

(1) 计算 Na^+ 的半径(已知 O^{2-} 半径为 140pm)。

(2) 计算晶体密度。

9.13 溴化铯晶体属立方晶系,密度为 4.46g·cm⁻³,晶胞参数 a=429pm,晶体衍射强度特点是:$h+k+l$ 为偶数时强度很大,而 $h+k+l$ 为奇数时强度很小。根据 CsBr 结构,用结构因子分析以上现象。

9.14 用粉末法测得 KBr、LiBr、KF、LiF 均属 NaCl 型结构,晶胞参数分别为 658pm、550pm、534pm、402pm,试由这些数据推出 Br^-、K^+、F^-、Li^+ 的离子半径。

9.15　请根据六方 ZnS 和 NiAs 晶体的结构图,写出晶胞中各离子的原子分数坐标。

9.16　某个三元晶体属立方晶系,晶胞顶点位置为 A 元素占据,棱心位置为 B 元素占据,体心位置为 C 元素占据:

(1) 写出此晶体的化学组成。

(2) 写出晶胞中原子分数坐标。

(3) A 原子与 C 原子周围各有几个 B 原子配位?

9.17　已知 KIO_3 为立方晶系,$a = 446pm$,原子分数坐标为

K(0,0,0),I(1/2,1/2,1/2),O(0,1/2,1/2)(1/2,0,1/2)(1/2,1/2,0)

(1) 判断晶体属何种点阵形式。

(2) 计算 I—O,K—O 最近距离。

(3) 画出(100)、(110)、(111)晶面上原子的排布。

(4) 检验晶体是否符合电价规则,判断该晶体中是否存在分离的配位离子基团。

9.18　冰的某种晶形为六方晶系,晶胞参数 $a = 452.27pm$,$c = 736.71pm$,晶胞含 4 个分子,其中氧原子的原子分数坐标为 0,0,0;0,0,3/8;2/3,1/3,1/2;2/3,1/3,5/8。

(1) 画出冰的晶胞示意图。

(2) 计算冰的密度。

(3) 计算氢键 O—H…O 中 O…O 的距离。

9.19　高温超导晶体 $YBa_2Cu_4O_8$ 属正交晶系,空间群为 $Ammm$,晶胞参数为 $a = 384pm$, $b = 387pm$,$c = 2722pm$,晶胞中原子分数坐标为

Y:1/2,1/2,0;　　　Ba:1/2,1/2,0.13;

Cu:0,0,0.21;　　　0,0,0.06;

O:0,1/2,0.05;　　1/2,0,0.05;　　0,1/2,0.22;　　0,0,0.15;

试画出晶胞的示意图。

9.20　某尖晶石组成为 Al 37.9%、Mg 17.1%、O 45%,密度为 $3.57g \cdot cm^{-3}$,立方晶胞参数为 $a = 809pm$,求晶胞中各种原子的式量数。

9.21　MgO 和 NaF 是等电子分子,并与 NaCl 为同样的晶体结构。试解释 MgO 晶体硬度是 NaF 晶体的 2 倍,熔点也高很多(前者 2800℃,后者 993℃)的原因。

9.22　C_{60} 构成立方最密堆积(ccp),晶胞参数为 $a = 1420pm$,C_{60} 也可以构成六方最密堆积(hcp),晶胞参数为 $a = b = 1002pm$,$c = 1639pm$:

(1) ccp 和 hcp 结构中,各种多面体空隙能容多大半径的小球?

(2) C_{60} 和碱金属形成的 K_3C_{60} 立方晶体具有超导性。在 C_{60} 形式的立方面心堆砌中,K 最可能占据哪些多面体空隙,百分数为多少? 写出 K 在晶胞中的原子分数坐标。

9.23　尖晶石化学组成为 AB_2O_4,氧离子作立方最密堆积,当金属离子 A 占据四面体空隙时,称为正常尖晶石,而 A 占据八面体空隙时,称为反式尖晶石,试用配位场稳定化能预测 $NiAl_2O_4$ 是何种尖晶石。

9.24　绿柱石 $[Be_3Al_2(SiO_3)_6]$ 属六方晶系,空间群为 $P6/mcc$:

(1) $[(SiO_3)_6]^{12-}$ 基团由 6 个共享顶点的 SiO_4 四面体组成,它们排列成一个环,对称性为 6/m,画出它的结构。

(2) 讨论 Be、Al 可能的配位模式。

9.25　二氟化氙 XeF_2 晶体结构已由中子衍射测定,晶体属四方晶系 $a = 431.5pm$,$c = 699pm$,空间群为 $I4/mmm$,晶胞中有 2 个分子,原子分数坐标为

Xe:0,0,0;1/2,1/2,1/2;

F:0,0,z;0,0,−z;1/2,1/2,1/2+z;1/2,1/2,1/2−z

(1) 给出系统消光条件。

(2) 画出晶胞简图。

(3) 假定 Xe—F 键长 200pm，计算非键 F···F、Xe···F 最短距离。

9.26 霰石类碳酸钙晶体属正交晶系，晶胞参数为 $a = 574.1pm, b = 796.8pm, c = 495.9pm$，计算用波长 83.42pm 铝 X 射线获得 (100)、(010)、(111) 的衍射角。

9.27 橄榄石 (Mg_2SiO_4) 晶体属正交晶系，O^{2-} 作假六方堆积，Si^{4+} 位于四面体空隙，Mg^{2+} 位于八面体空隙：

(1) 试画出晶胞图。

(2) 用 Pauling 规则说明是 SiO_4^{4-} 是否单独存在。

9.28 试用电价规则解释下列几种酸的酸性大小：

$$HClO_4 > H_2SO_4 > H_3PO_4 > H_4SiO_4$$

9.29 SiP_2O_7 晶体结构测定表明 $P_2O_7^{4-}$ 结构如下所示，外侧 O^{2-} 还与一个 Si^{4+} 连接，Si^{4+} 周围的 6 个 O 配位成八面体：

$$\begin{array}{c} O \quad\quad\overset{156pm}{\underset{}{\big|}}\quad\quad O \\ O-P-O-P-O \\ O \quad\quad\underset{152pm}{\big|}\quad\quad O \end{array}$$

(1) 用电价规则计算，说明是否为稳定离子。

(2) 解释两种 P—O 键不等长的原因。

9.30 $KMgF_3$ 晶体属立方晶系，粉末衍射各衍射线 2θ 值如下：22.27，31.71，39.10，45.44，51.15，56.46，66.22，70.80，75.27，…

(1) 试确定晶体点阵形式。

(2) X 射线波长为 154pm，试确定晶胞参数。

(3) 若三种离子半径为 $r_{K^+} = 133pm, r_{F^-} = 136pm, r_{Mg^{2+}} = 78pm$，判断晶胞中分子个数。

(4) 已知 $KMgF_3$ 为钙钛矿结构，测得的 (100) 衍射线非常弱（几乎不出现），试用结构因子判断 K^+、Mg^{2+} 在晶胞中的位置。

9.31 X 射线衍射实验表明，$ZnCl_2$ 晶体属六方晶系，呈层形结构，氯离子采取立方最密堆积 (ccp)，锌离子填满同层的八面体空隙；晶体沿垂直于氯离子密置层的投影图如图 1 所示：小黑球为锌离子，大白球为平面层氯离子，阴影球为上层氯离子，虚线球为下层氯离子。

(1) 以□表示空层，A、B、C 表示氯离子层，a、b、c 表示锌离子层，给出层形结构的堆积方式。

(2) 该晶体的六方晶胞的参数：$a = 377.40pm, c = 1776.60pm; \rho = 2.92g \cdot cm^{-3}$。计算一个六方晶胞中 $ZnCl_2$ 的单元数。

9.32 $(La,Sr)CuO$ 超导体晶胞如图 2 所示，为四方晶系。

(1) 试写出超导体的化学式及晶胞中分子个数。

(2) 写出每种 O 原子周围 La、Cu 原子的配位数。

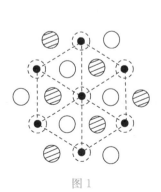

图 1

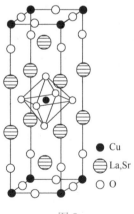

图 2

- ● Cu
- ◪ La,Sr
- ○ O

参 考 文 献

埃文思 R C. 1981. 结晶化学导论. 胡玉才，戴寰，新民译. 北京：人民教育出版社

陈焕矗. 1985. 结晶化学. 济南：山东教育出版社

冯端等. 2000. 金属物理学(第四卷 超导电性和磁性). 北京：科学出版社

贡长生，张克立. 2001. 新型功能材料. 北京：化学工业出版社

钱逸泰. 1999. 结晶化学导论. 合肥：中国科学技术大学出版社

王良御，廖松生. 1988. 液晶化学. 北京：科学出版社

谢有畅，邵美成. 1979. 结构化学(下册). 北京：人民教育出版社

熊家炯. 2000. 材料设计. 天津：天津大学出版社

Bragg W L. 1937. Atomic Structure of Minerals. Ithaca：Cornell University Press

Vainshtein B K, Fridkin V M, Indenbom V L. 1982. Modern Crystallography Ⅱ Structure of Crystals. Berlin：Springer-
　Verlag Press

附　　录

附录1　实　　习

实习1　多面体与对称点群

目的:通过纸质模型制作、分子构型观察与木块模型实习,掌握各类对称点群的主要对称元素,熟悉各种对称操作下分子的等价原子组,判断常见分子所属对称点群。

1. 制作多面体模型

用厚纸片按下图制作四面体、八面体和三角二十面体的纸模型(多面体棱大于6cm)。

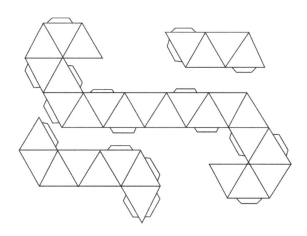

根据模型寻找:

(1) 四面体的3个4次映转轴S_4,4个3次轴和3个2次轴,6个对称镜面。

(2) 八面体的3个4次轴,4个3次轴和9个对称面。

(3) 二十面体的5次轴、3次轴、2次轴,对称面。

2. 木块模型实习

(1) 立方体木块→截去一角→截去两个角→截去三个角后,各属于什么点群?

(2) 八面体木块→4个角磨平→4个角各磨去同一侧→寻找不同对称性模型的对称点群中的等价原子组。

(3) 四面体→一个顶点相连的3条棱磨平→4条棱磨平。从高阶群向低阶群降阶,了解群与子群的关系。

(4) 三棱柱→磨平1条棱→磨平2条棱→磨平3条棱(使底边成六边形),寻找不同构型所属点群包含的对称元素。

3. 判断分子所属的对称点群

根据下表,从分子构型所含的对称元素判断分子所属对称点群,进而判断有无偶极矩和旋光性。

分 子		对称轴	对称面	对称中心	点 群	偶极矩	旋光性
甲烷 CH_4							
乙烯 C_2H_4							
H_2O_2							
C_2H_6	重叠形						
	交叉形						
S_6	船式						
	椅式						
丁二烯	顺式						
	反式						
PCl_5							
金刚烷 C_8H_8							
S_4N_4							
C_{60}							

实习2 空间点阵与等径球密堆

目的:通过实习,熟悉7个晶系、14种空间格子和等径球密堆积的形式,掌握结构基元的选取。

观察7种晶系模型,填写下列表格:

晶 系	晶胞参数特征	特征对称元素
立方		
六方		
四方		
三方		
正交		
单斜		
三斜		

观察14种空间点阵格子,讨论下列问题:

(1)14种点阵形式中,为什么有四方 I,而无四方 F?

(2)为什么有正交底心,但没有四方底心?

(3)了解三方与六方格子的互换。

等径球密堆:①观察乒乓球黏结成的密置双层,寻找八面体空隙与四面体空隙;②熟悉 ABC,ABC 堆积的 A_1 密堆积,并从中取出立方面心晶胞;③熟悉 ABAB 堆积,寻找 A_3 密堆积中的八面体空隙与四面体空隙;④从金刚石晶胞了解 A_4 堆积。

选取结构基元:①石墨模型;②NaCl 大模型(8 个晶胞);③CsCl 大模型(8 个晶胞);④立方 ZnS 大模型。

实习3 离子晶体

1. 二元离子晶体

观察分析 6 种典型二元晶体:NaCl、CsCl、立方 ZnS、六方 ZnS、CaF_2、TiO_2,了解晶体中负离子采用什么堆积,正离子填什么空隙,晶胞中各原子的分数坐标,然后填在下表中。

晶 体		NaCl	CsCl	ZnS (立方)	ZnS (六方)	CaF_2	TiO_2 (金红石)
负离子堆积方式							
正、负离子半径比							
正、负离子数量比							
正离子	占据什么空隙						
	占空隙比率						
	配位数						
负离子的配位数							
点阵形式							
晶胞内正、负离子数							
原子分数坐标							

2. 离子极化后晶形改变

观察 CdI_2、MoS_2 等层形晶体,方石英(立方 SiO_2)等网状结构,干冰(CO_2)等岛状结构,了解离子极化如何使晶形从立方骨架向层形、网状、岛形结构发展。

3. 多元离子晶体

主要观察几种典型三元以上离子晶体:①钙钛矿结构 $CaTiO_3$;②尖晶石结构 $MgAl_2O_4$;③层状硅酸盐,白云母 $KAl_2(AlSi_3O_{10})(OH)_2$;④分子筛。

附录2　单位、物理常数和换算因子

国际单位制(SI)

1. SI 基本单位

量		单位		量		单位	
名　称	符　号	名　称	符　号	名　称	符　号	名　称	符　号
长度	l	米	m	热力学温度	T	开[尔文]	K
质量	m	千克(公斤)	kg	物质的量	n	摩[尔]	mol
时间	t	秒	s	发光强度	I_v	坎[德拉]	cd
电流	I	安[培]	A				

2. 常用单位

名　称	符　号	名　称	符　号	定义式
频率	ν	赫[兹]	Hz	s^{-1}
能量	E	焦[耳]	J	$kg \cdot m^2 \cdot s^{-2}$
力	F	牛[顿]	N	$kg \cdot m \cdot s^{-2} = J \cdot m^{-1}$
压力	p	帕[斯卡]	Pa	$kg \cdot m^{-1} \cdot s^{-2} = N \cdot m^{-2}$
功率	P	瓦[特]	W	$kg \cdot m^2 \cdot s^{-3} = J \cdot s^{-1}$
电荷量	Q	库[仑]	C	$A \cdot s$
电位,电压,电动势	U	伏[特]	V	$kg \cdot m^2 \cdot s^{-3} \cdot A^{-1} = J \cdot A^{-1} \cdot s^{-1}$
电阻	R	欧[姆]	Ω	$kg \cdot m^2 \cdot s^{-3} \cdot A^{-2} = V \cdot A^{-1}$
电导	G	西[门子]	S	$kg^{-1} \cdot m^{-2} \cdot s^3 \cdot A^2 = \Omega^{-1}$
电容	C	法[拉]	F	$A^2 \cdot s^4 \cdot kg^{-1} \cdot m^{-2} = A \cdot s \cdot V^{-1}$
磁通量	Φ	韦[伯]	Wb	$kg \cdot m^2 \cdot s^{-2} \cdot A^{-1} = V \cdot s$
电感	L	亨[利]	H	$kg \cdot m^2 \cdot s^{-2} \cdot A^{-2} = V \cdot A^{-1} \cdot s = Wb \cdot A^{-1}$
磁通量密度 (磁感应强度)	B	特[斯拉]	T	$kg \cdot s^{-2} \cdot A^{-1} = V \cdot s \cdot m^{-2} = Wb \cdot m^{-2}$

3. 常用物理常量

名　称	符　号	数　值
电子质量	m_e	$9.109\,53 \times 10^{-31}\,kg$
质子质量	m_p	$1.672\,65 \times 10^{-27}\,kg$
真空电容率	ε_0	$8.854\,188 \times 10^{-12}\,C^2 \cdot J^{-1} \cdot m^{-1}$
真空磁导率	μ_0	$4\pi \times 10^{-7}\,J \cdot s^2 \cdot C^{-2} \cdot m^{-1}$

续表

名 称	符 号	数 值
真空光速	c	$2.997\ 925\times10^8\,\mathrm{m\cdot s^{-1}}$
电子电荷	e	$1.602\ 19\times10^{-19}\,\mathrm{C}$
Boltzmann 常量	k	$1.380\ 66\times10^{-23}\,\mathrm{J\cdot K^{-1}}$
摩尔气体常量	R	$8.314\ 41\,\mathrm{J\cdot K^{-1}\cdot mol^{-1}}$
Planck 常量	h	$6.626\ 18\times10^{-34}\,\mathrm{J\cdot s}$
Avogadro 常量	N_A	$6.022\ 05\times10^{23}\,\mathrm{mol^{-1}}$
Bohr 磁子	$\mu_e\left(=\dfrac{eh}{4\pi m_e}\right)$	$9.274\ 0\times10^{-24}\,\mathrm{J\cdot T^{-1}}$
核磁子	$\mu_n\left(=\dfrac{eh}{4\pi m_p}\right)$	$5.050\ 82\times10^{-27}\,\mathrm{J\cdot T^{-1}}$
Bohr 半径	$a_0\left(=\dfrac{\varepsilon_0 h^2}{\pi m_e e^2}\right)$	$5.291\ 77\times10^{-11}\,\mathrm{m}$
Rydberg 常量	$R\left(=\dfrac{m_e e^4}{8ch^3\varepsilon_0^2}\right)$	$1.097\ 373\times10^5\,\mathrm{cm^{-1}}$

4. 常用的换算因子

(1) 能量

	J	cal	eV	$\mathrm{cm^{-1}}$
1J	1	0.2390	6.241×10^{18}	8.359×10^{-2}
1cal	4.184	1	4.336×10^{-5}	0.3497
1eV	1.602×10^{-19}	2.306×10^4	1	8.065×10^3
$1\mathrm{cm^{-1}}$	1.196×10	2.859	1.240×10^{-4}	1

(2) 压力

	Pa	atm	mmHg	bar(巴)	$\mathrm{dyn\cdot cm^{-2}}$ (达因·厘米$^{-2}$)	$\mathrm{lbf\cdot in^{-2}}$ (磅力·英寸$^{-2}$)
1Pa	1	9.869×10^{-5}	7.501×10^{-3}	10^{-5}	10	1.450×10^{-4}
1atm	1.013×10^{-5}	1	760.0	1.013	1.013×10^6	14.70
1mmHg(Torr)	133.3	1.316×10^{-3}	1	1.333×10^{-3}	1333	1.934×10^{-2}
1bar	10^5	0.9869	750.1	1	10^6	14.50
$1\mathrm{dyn\cdot cm^{-2}}$	10^{-1}	9.869×10^{-7}	7.501×10^{-4}	10^{-6}	1	1.450×10^{-5}
$1\mathrm{lbf\cdot in^{-2}}$	6895	6.805×10^{-2}	51.71	6.895×10^{-2}	6.895×10^4	1

(3) 其他

0℃(冰点)	273.15K
升(L)	1dm^3(1964 年后的定义)
英寸(in)	$2.54\times10^{-2}\,\mathrm{m}$
磅(lb)	0.4536kg
埃(Å)	$1\times10^{-10}\,\mathrm{m}=0.1\mathrm{nm}$

5. 原子单位(a. u.)

长度	1a. u. $= a_0 = 5.291\ 77 \times 10^{-11}$m(Bohr 半径)
质量	1a. u. $= m_e = 9.109\ 534 \times 10^{-31}$kg(电子静质量)
电荷	1a. u. $= e = -1.602\ 189\ 2 \times 10^{-19}$C(电子电荷)
能量	1a. u. $= \dfrac{e^2}{4\pi\varepsilon_0 a_0}$(两个电子相距 a_0 的势能)$= 27.2116$ eV

时间:在原子单位中,$4\pi\varepsilon_0 = 1$,$\dfrac{h}{2\pi} = 1$,因而时间的原子单位不是 s,而是 $2.418\ 885 \times 10^{-17}$s,即电子在氢原子基态轨道转 $1a_0$ 所需的时间

角动量:1a. u. $= \dfrac{h}{2\pi}(\equiv \hbar) = 1.054\ 588\ 7 \times 10^{-34}$J $\cdot$ s

	三　斜	单斜(第一组)	四　方
X	1	2	4
$\bar{X}$(偶)	—	$m(=\bar{2})$	$\bar{4}$
X(偶)加以对称中心及 $\bar{X}$(奇)	$\bar{1}$	$2/m$	$4/m$
	单斜(第二组)	正交	
$X2$	2	222	422
Xm	m	$mm2$	$4mm$
$\bar{X}2$(偶)或 $\bar{X}m$(偶)	—	—	$\bar{4}2m$
$X2$ 或 Xm 加以对称中心及 $\bar{X}m$(奇)	$2/m$	mmm	$4/mmm$

群极射赤道平面投影图

三 方	六 方	立 方	
 3	 6	 23	X
—	 $\bar{6}$	—	$\bar{X}$(偶)
 $\bar{3}$	 $6/m$	 $m3$	X(偶)加以对称 中心及 $\bar{X}$(奇)
 32	 622	 432	$X2$
 $3m$	 $6mm$	—	Xm
—	 $\bar{6}m2$	 $\bar{4}3m$	$X2$(偶)或 $\bar{X}m$(偶)
 $\bar{3}m$	 $6/mmm$	 $m3m$	$X2$ 或 Xm 加以对 称中心及 $\bar{X}m$(奇)

附录4　原子轨道能级/R（实验测定）

原　子		1s	2s	2p	3s	3p	3d	4s	4p	4d	5s
H	1	1.00									
He	2	1.81									
Li	3	4.77	0.40								
Be	4	8.9	0.69								
B	5	14.5	1.03	0.42							
C	6	21.6	1.43	0.79							
N	7	30.0	1.88	0.95							
O	8	39.9	2.38	1.17							
F	9	51.2	2.95	1.37							
Ne	10	64.0	3.56	1.59							
Na	11	79.4	5.2	2.80	0.38						
Mg	12	96.5	7.0	4.1	0.56						
Al	13	115.3	9.0	5.8	0.83	0.44					
Si	14	135.9	11.5	7.8	1.10	0.57					
P	15	158.3	14.1	10.1	1.35	0.72					
S	16	182.4	17.0	12.5	1.54	0.86					
Cl	17	208.4	20.3	15.3	1.86	1.01					
A	18	236.2	24.2	18.5	2.15	1.16					
K	19	266.2	28.2	22.2	3.0	1.81		0.32			
Ca	20	297.9	32.8	26.1	3.7	2.4		0.45			
Sc	21	331.1	37.3	30.0	4.2	2.6	0.59	0.55			
Ti	22	366.1	42.0	34.0	4.8	2.9	0.68	0.52			
V	23	402.9	46.9	38.3	5.3	3.2	0.74	0.55			
Cr	24	441.6	51.9	43.0	6.0	3.6	0.75	0.57			
Mn	25	482.0	57.7	47.8	6.6	4.0	0.57	0.50			
Fe	26	524.3	63.0	52.8	7.3	4.4	0.64	0.53			
Co	27	568.3	69.0	58.2	8.0	4.9	0.66	0.53			
Ni	28	614.1	75.3	63.7	8.7	5.4	0.73	0.55			
Cu	29	662.0	81.3	69.6	9.6	6.1	0.79	0.57			
Zn	30	712.0	88.7	76.2	10.5	7.0	1.28	0.69			
Ga	31	764.0	96.4	83.0	11.8	7.9	1.6	0.93	0.44		
Ge	32	818.2	104.6	90.5	13.5	9.4	2.4	1.15	0.55		
As	33	874.5	113.0	98.5	15.4	10.8	3.4	1.30	0.68		
Se	34	932.6	122.1	106.8	17.3	12.2	4.5	1.54	0.80		
Br	35	993.0	131.7	115.6	19.9	13.8	5.6	1.80	0.93		
Kr	36	1055.5	142.0	124.7	22.1	15.9	7.1	2.00	1.03		
Rb	37	1120.1	152.7	134.5	24.3	18.3	8.7	2.7	1.56		0.31
Sr	38	1186.7	163.7	144.6	26.8	20.5	10.4	3.3	2.0		0.42
Y	39	1255.3	175.1	155.0	29.4	22.7	12.0	3.7	2.3	0.48	0.64
Zr	40	1325.9	186.7	165.5	32.0	24.8	13.6	4.1	2.3	0.61	0.54
Nb	41	1398.9	199.3	176.9	35.1	27.6	15.8	5.0	3.1		0.58

引自：Slater J C. Quantum Theory of Atomic Structure. New York：McGraw-Hill，1960。

附录5　点群特征标表

1. 无轴群

C_1	E
A	1

C_s	E	σ_h		
A'	1	1	x,y,R_z	x^2,y^2
				z^2,xy
A''	1	-1	z,R_x,R_y	yz,xz

C_i	E	i		
A_g	1	1	R_x,R_y,R_z	x^2,y^2,z^2
				xy,xz,yz
A_u	1	-1	x,y,z	

2. C_n 群

C_2	E	C_2		
A	1	1	z,R_z	x^2,y^2,z^2,xy
B	1	-1	x,y,R_x,R_y	yz,xz

C_3	E	C_3	C_3^2		$\varepsilon=\exp(2\pi i/3)$
A	1	1	1	z,R_z	x^2+y^2,z^2
E	$\begin{Bmatrix}1 & \varepsilon & \varepsilon^* \\ 1 & \varepsilon^* & \varepsilon\end{Bmatrix}$			$(x,y)(R_x,R_y)$	$(x^2-y^2,xy)(yz,xz)$

C_4	E	C_4	C_2	C_4^3		
A	1	1	1	1	z,R_z	x^2+y^2,z^2
B	1	-1	1	-1		x^2-y^2,xy
E	$\begin{Bmatrix}1 & i & -1 & -i \\ 1 & -i & -1 & i\end{Bmatrix}$				$(x,y)(R_x,R_y)$	(yz,xz)

C_5	E	C_5	C_5^2	C_5^3	C_5^4		$\varepsilon=\exp(2\pi i/5)$
A	1	1	1	1	1	z,R_z	x^2+y^2,z^2
E_1	$\begin{Bmatrix}1 & \varepsilon & \varepsilon^2 & \varepsilon^{2*} & \varepsilon^* \\ 1 & \varepsilon^* & \varepsilon^{2*} & \varepsilon^2 & \varepsilon\end{Bmatrix}$					$(x,y)(R_x,R_y)$	(yz,xz)
E_2	$\begin{Bmatrix}1 & \varepsilon^2 & \varepsilon^* & \varepsilon & \varepsilon^{2*} \\ 1 & \varepsilon^{2*} & \varepsilon & \varepsilon^* & \varepsilon^2\end{Bmatrix}$						(x^2-y^2,xy)

注:ε^* 为 ε 的复共轭,下同。

C_6	E	C_6	C_3	C_2	C_3^2	C_6^5		$\varepsilon=\exp(2\pi i/6)$
A	1	1	1	1	1	1	z,R_z	x^2+y^2,z^2
B	1	-1	1	-1	1	-1		
E_1	$\begin{Bmatrix}1 & \varepsilon & -\varepsilon^* & -1 & -\varepsilon & \varepsilon^* \\ 1 & \varepsilon^* & -\varepsilon & -1 & -\varepsilon^* & \varepsilon\end{Bmatrix}$						(x,y) (R_x,R_y)	(xz,yz)
E_2	$\begin{Bmatrix}1 & -\varepsilon^* & -\varepsilon & 1 & -\varepsilon^* & -\varepsilon \\ 1 & -\varepsilon & -\varepsilon^* & 1 & -\varepsilon & -\varepsilon^*\end{Bmatrix}$							(x^2-y^2,xy)

3. C_{nv}群

C_{2v}	E	C_2	$\sigma_v(xz)$	$\sigma_v'(yz)$		
A_1	1	1	1	1	z	x^2,y^2,z^2
A_2	1	1	-1	-1	R_z	xy
B_1	1	-1	1	-1	x,R_y	xz
B_2	1	-1	-1	1	y,R_x	yz

C_{3v}	E	$2C_3$	$3\sigma_v$		
A_1	1	1	1	z	x^2+y^2,z^2
A_2	1	1	-1	R_z	
E	2	-1	0	$(x,y)(R_x,R_y)$	$(x^2-y^2,xy)(xz,yz)$

C_{4v}	E	$2C_4$	C_2	$2\sigma_v$	$2\sigma_d$		
A_1	1	1	1	1	1	z	x^2+y^2,z^2
A_2	1	1	1	-1	-1	R_z	
B_1	1	-1	1	1	-1		x^2-y^2
B_2	1	-1	1	-1	1		xy
E	2	0	-2	0	0	$(x,y)(R_x,R_y)$	(xz,yz)

C_{5v}	E	$2C_5$	$2C_5^2$	$5\sigma_v$		
A_1	1	1	1	1	z	x^2+y^2,z^2
A_2	1	1	1	-1	R_z	
E_1	2	$2\cos72°$	$2\cos144°$	0	$(x,y)(R_x,R_y)$	(xz,yz)
E_2	2	$2\cos144°$	$2\cos72°$	0		(x^2-y^2,xy)

C_{6v}	E	$2C_6$	$2C_3$	C_2	$3\sigma_v$	$3\sigma_d$		
A_1	1	1	1	1	1	1	z	x^2+y^2,z^2
A_2	1	1	1	1	-1	-1	R_z	
B_1	1	-1	1	-1	1	-1		
B_2	1	-1	1	-1	-1	1		
E_1	2	1	-1	-2	0	0	$(x,y)(R_x,R_y)$	(xz,yz)
E_2	2	-1	-1	2	0	0		(x^2-y^2,xy)

4. C_{nh}群

C_{2h}	E	C_2	i	σ_h		
A_g	1	1	1	1	R_z	x^2,y^2,z^2,xy
B_g	1	-1	1	-1	R_x,R_y	xz,yz
A_u	1	1	-1	-1	z	
B_u	1	-1	-1	1	x,y	

C_{3h}	E	C_3	C_3^2	σ_h	S_3	S_3^5		$\varepsilon=\exp(2\pi i/3)$
A'	1	1	1	1	1	1	R_z	x^2+y^2,z^2
E'	$\left\{\begin{matrix}1\\1\end{matrix}\right.$	$\begin{matrix}\varepsilon\\\varepsilon^*\end{matrix}$	$\begin{matrix}\varepsilon^*\\\varepsilon\end{matrix}$	$\begin{matrix}1\\1\end{matrix}$	$\begin{matrix}\varepsilon\\\varepsilon^*\end{matrix}$	$\left.\begin{matrix}\varepsilon^*\\\varepsilon\end{matrix}\right\}$	(x,y)	(x^2-y^2,xy)
A''	1	1	1	-1	-1	-1	z	
E''	$\left\{\begin{matrix}1\\1\end{matrix}\right.$	$\begin{matrix}\varepsilon\\\varepsilon^*\end{matrix}$	$\begin{matrix}\varepsilon^*\\\varepsilon\end{matrix}$	$\begin{matrix}-1\\-1\end{matrix}$	$\begin{matrix}-\varepsilon\\-\varepsilon^*\end{matrix}$	$\left.\begin{matrix}-\varepsilon^*\\-\varepsilon\end{matrix}\right\}$	(R_x,R_y)	(xz,yz)

C_{4h}	E	C_4	C_2	C_4^3	i	S_4^3	σ_h	S_4		
A_g	1	1	1	1	1	1	1	1	R_z	x^2+y^2,z^2
B_g	1	-1	1	-1	1	-1	1	-1		x^2-y^2,xy
E_g	$\left\{\begin{matrix}1\\1\end{matrix}\right.$	$\begin{matrix}i\\-i\end{matrix}$	$\begin{matrix}-1\\-1\end{matrix}$	$\begin{matrix}-i\\i\end{matrix}$	$\begin{matrix}1\\1\end{matrix}$	$\begin{matrix}i\\-i\end{matrix}$	$\begin{matrix}-1\\-1\end{matrix}$	$\left.\begin{matrix}-i\\i\end{matrix}\right\}$	(R_x,R_y)	(xz,yz)
A_u	1	1	1	1	-1	-1	-1	-1	z	
B_u	1	-1	1	-1	-1	1	-1	1		
E_u	$\left\{\begin{matrix}1\\1\end{matrix}\right.$	$\begin{matrix}i\\-i\end{matrix}$	$\begin{matrix}-1\\-1\end{matrix}$	$\begin{matrix}-i\\i\end{matrix}$	$\begin{matrix}-1\\-1\end{matrix}$	$\begin{matrix}-i\\i\end{matrix}$	$\begin{matrix}1\\1\end{matrix}$	$\left.\begin{matrix}i\\-i\end{matrix}\right\}$	(x,y)	

C_{5h}	E	C_5	C_5^2	C_5^3	C_5^4	σ_h	S_5	S_5^7	S_5^3	S_5^9		$\varepsilon=\exp(2\pi i/5)$
A'	1	1	1	1	1	1	1	1	1	1	R_z	x^2+y^2,z^2
E_1'	$\left\{\begin{matrix}1\\1\end{matrix}\right.$	$\begin{matrix}\varepsilon\\\varepsilon^*\end{matrix}$	$\begin{matrix}\varepsilon^2\\\varepsilon^{2*}\end{matrix}$	$\begin{matrix}\varepsilon^{2*}\\\varepsilon^2\end{matrix}$	$\begin{matrix}\varepsilon^*\\\varepsilon\end{matrix}$	$\begin{matrix}1\\1\end{matrix}$	$\begin{matrix}\varepsilon\\\varepsilon^*\end{matrix}$	$\begin{matrix}\varepsilon^2\\\varepsilon^{2*}\end{matrix}$	$\begin{matrix}\varepsilon^{2*}\\\varepsilon^2\end{matrix}$	$\left.\begin{matrix}\varepsilon^*\\\varepsilon\end{matrix}\right\}$	(x,y)	
E_2'	$\left\{\begin{matrix}1\\1\end{matrix}\right.$	$\begin{matrix}\varepsilon^2\\\varepsilon^{2*}\end{matrix}$	$\begin{matrix}\varepsilon^*\\\varepsilon\end{matrix}$	$\begin{matrix}\varepsilon\\\varepsilon^*\end{matrix}$	$\begin{matrix}\varepsilon^{2*}\\\varepsilon^2\end{matrix}$	$\begin{matrix}1\\1\end{matrix}$	$\begin{matrix}\varepsilon^2\\\varepsilon^{2*}\end{matrix}$	$\begin{matrix}\varepsilon^*\\\varepsilon\end{matrix}$	$\begin{matrix}\varepsilon\\\varepsilon^*\end{matrix}$	$\left.\begin{matrix}\varepsilon^{2*}\\\varepsilon^2\end{matrix}\right\}$		(x^2-y^2,xy)
A''	1	1	1	1	1	-1	-1	-1	-1	-1	z	
E_1''	$\left\{\begin{matrix}1\\1\end{matrix}\right.$	$\begin{matrix}\varepsilon\\\varepsilon^*\end{matrix}$	$\begin{matrix}\varepsilon^2\\\varepsilon^{2*}\end{matrix}$	$\begin{matrix}\varepsilon^{2*}\\\varepsilon^2\end{matrix}$	$\begin{matrix}\varepsilon^*\\\varepsilon\end{matrix}$	$\begin{matrix}-1\\-1\end{matrix}$	$\begin{matrix}-\varepsilon\\-\varepsilon^*\end{matrix}$	$\begin{matrix}-\varepsilon^2\\-\varepsilon^{2*}\end{matrix}$	$\begin{matrix}-\varepsilon^{2*}\\-\varepsilon^2\end{matrix}$	$\left.\begin{matrix}-\varepsilon^*\\-\varepsilon\end{matrix}\right\}$	(R_x,R_y)	(xz,yz)
E_2''	$\left\{\begin{matrix}1\\1\end{matrix}\right.$	$\begin{matrix}\varepsilon^2\\\varepsilon^{2*}\end{matrix}$	$\begin{matrix}\varepsilon^*\\\varepsilon\end{matrix}$	$\begin{matrix}\varepsilon\\\varepsilon^*\end{matrix}$	$\begin{matrix}\varepsilon^{2*}\\\varepsilon^2\end{matrix}$	$\begin{matrix}-1\\-1\end{matrix}$	$\begin{matrix}-\varepsilon^2\\-\varepsilon^{2*}\end{matrix}$	$\begin{matrix}-\varepsilon^*\\-\varepsilon\end{matrix}$	$\begin{matrix}-\varepsilon\\-\varepsilon^*\end{matrix}$	$\left.\begin{matrix}-\varepsilon^{2*}\\-\varepsilon^2\end{matrix}\right\}$		

5. D_n 群

D_2	E	$C_2(z)$	$C_2(y)$	$C_2(x)$		
A	1	1	1	1		x^2, y^2, z^2
B_1	1	1	-1	-1	z, R_z	xy
B_2	1	-1	1	-1	y, R_y	xz
B_3	1	-1	-1	1	x, R_x	yz

D_3	E	$2C_3$	$3C_2$		
A_1	1	1	1		x^2+y^2, z^2
A_2	1	1	-1	z, R_z	
E	2	-1	0	$(x,y)(R_x,R_y)$	$(x^2-y^2, xy)(xz, yz)$

D_4	E	$2C_4$	$C_2(=C_4^2)$	$2C_2'$	$2C_2''$		
A_1	1	1	1	1	1		x^2+y^2, z^2
A_2	1	1	1	-1	-1	z, R_z	
B_1	1	-1	1	1	-1		x^2-y^2
B_2	1	-1	1	-1	1		xy
E	2	0	-2	0	0	$(x,y)(R_x,R_y)$	(xz, yz)

D_5	E	$2C_5$	$2C_5^2$	$5C_2$		
A_1	1	1	1	1		x^2+y^2, z^2
A_2	1	1	1	-1	z, R_z	
E_1	2	$2\cos72°$	$2\cos144°$	0	$(x,y)(R_x,R_y)$	(xz, yz)
E_2	2	$2\cos144°$	$2\cos72°$	0		(x^2-y^2, xy)

D_6	E	$2C_6$	$2C_3$	C_2	$3C_2'$	$3C_2''$		
A_1	1	1	1	1	1	1		x^2+y^2, z^2
A_2	1	1	1	1	-1	-1	z, R_z	
B_1	1	-1	1	-1	1	-1		
B_2	1	-1	1	-1	-1	1		
E_1	2	1	-1	-2	0	0	$(x,y)(R_x,R_y)$	(xz, yz)
E_2	2	-1	-1	2	0	0		(x^2-y^2, xy)

6. 线形分子的 $C_{\infty v}$ 群和 $D_{\infty h}$ 群

$C_{\infty v}$	E	$2C_\infty^\Phi$	$\cdots$	$\infty\sigma_v$		
$A_1\equiv\Sigma^+$	1	1	$\cdots$	1	z	x^2+y^2, z^2
$A_2\equiv\Sigma^-$	1	1	$\cdots$	-1	R_z	
$E_1\equiv\Pi$	2	$2\cos\Phi$	$\cdots$	0	$(x,y);(R_x,R_y)$	(xz, yz)
$E_2\equiv\Delta$	2	$2\cos2\Phi$	$\cdots$	0		(x^2-y^2, xy)
$E_3\equiv\Phi$	2	$2\cos3\Phi$	$\cdots$	0		
$\cdots$	$\cdots$	$\cdots$	$\cdots$	$\cdots$		

$D_{\infty h}$	E	$2C_\infty^\Phi$	$\cdots$	$\infty\sigma_v$	i	$2S_\infty^\Phi$	$\cdots$	∞C_2		
Σ_g^+	1	1	$\cdots$	1	1	1	$\cdots$	1		x^2+y^2, z^2
Σ_g^-	1	1	$\cdots$	-1	1	1	$\cdots$	-1	R_z	
Π_g	2	$2\cos\Phi$	$\cdots$	0	2	$-2\cos\Phi$	$\cdots$	0	(R_x, R_y)	(xz, yz)
Δ_g	2	$2\cos2\Phi$	$\cdots$	0	2	$2\cos2\Phi$	$\cdots$	0		(x^2-y^2, xy)
$\cdots$	$\cdots$	$\cdots$	$\cdots$	$\cdots$	$\cdots$	$\cdots$	$\cdots$	$\cdots$		
Σ_u^+	1	1	$\cdots$	1	-1	-1	$\cdots$	-1	z	
Σ_u^-	1	1	$\cdots$	-1	-1	-1	$\cdots$	1		
Π_u	2	$2\cos\Phi$	$\cdots$	0	-2	$2\cos\Phi$	$\cdots$	0	(x, y)	
Δ_u	2	$2\cos2\Phi$	$\cdots$	0	-2	$-2\cos2\Phi$	$\cdots$	0		
$\cdots$	$\cdots$	$\cdots$	$\cdots$	$\cdots$	$\cdots$	$\cdots$	$\cdots$	$\cdots$		

7. D_{nd} 群

D_{2d}	E	$2S_4$	C_2	$2C_2'$	$2\sigma_d$		
A_1	1	1	1	1	1		x^2+y^2, z^2
A_2	1	1	1	-1	-1	R_z	
B_1	1	-1	1	1	-1		x^2-y^2
B_2	1	-1	1	-1	1	z	xy
E	2	0	-2	0	0	(x, y); (R_x, R_y)	(xz, yz)

D_{3d}	E	$2C_3$	$3C_2$	i	$2S_6$	$3\sigma_d$		
A_{1g}	1	1	1	1	1	1		x^2+y^2, z^2
A_{2g}	1	1	-1	1	1	-1	R_z	
E_g	2	-1	0	2	-1	0	(R_x, R_y)	(x^2-y^2, xy), (xz, yz)
A_{1u}	1	1	1	-1	-1	-1		
A_{2u}	1	1	-1	-1	-1	1	z	
E_u	2	-1	0	-2	1	0	(x, y)	

D_{4d}	E	$2S_8$	$2C_4$	$2S_8^3$	C_2	$4C_2'$	$4\sigma_d$		
A_1	1	1	1	1	1	1	1		x^2+y^2, z^2
A_2	1	1	1	1	1	-1	-1	R_z	
B_1	1	-1	1	-1	1	1	-1		
B_2	1	-1	1	-1	1	-1	1	z	
E_1	2	$\sqrt{2}$	0	$-\sqrt{2}$	-2	0	0	(x, y)	
E_2	2	0	-2	0	2	0	0		(x^2-y^2, xy)
E_3	2	$-\sqrt{2}$	0	$\sqrt{2}$	-2	0	0	(R_x, R_y)	(xz, yz)

D_{5d}	E	$2C_5$	$2C_5^2$	$5C_2$	i	$2S_{10}^3$	$2S_{10}$	$5\sigma_d$		
A_{1g}	1	1	1	1	1	1	1	1		x^2+y^2,z^2
A_{2g}	1	1	1	-1	1	1	1	-1	R_z	
E_{1g}	2	$2\cos72°$	$2\cos144°$	0	2	$2\cos72°$	$2\cos144°$	0	(R_x,R_y)	(xz,yz)
E_{2g}	2	$2\cos144°$	$2\cos72°$	0	2	$2\cos144°$	$2\cos72°$	0		(x^2-y^2,xy)
A_{1u}	1	1	1	1	-1	-1	-1	-1		
A_{2u}	1	1	1	-1	-1	-1	-1	1	z	
E_{1u}	2	$2\cos72°$	$2\cos144°$	0	-2	$-2\cos72°$	$-2\cos144°$	0	(x,y)	
E_{2u}	2	$2\cos144°$	$2\cos72°$	0	-2	$-2\cos144°$	$-2\cos72°$	0		

D_{6d}	E	$2S_{12}$	$2C_6$	$2S_4$	$2C_3$	$2S_{12}^5$	C_2	$6C_2'$	$6\sigma_d$		
A_1	1	1	1	1	1	1	1	1	1		x^2+y^2,z^2
A_2	1	1	1	1	1	1	1	-1	-1	R_z	
B_1	1	-1	1	-1	1	-1	1	1	-1		
B_2	1	-1	1	-1	1	-1	1	-1	1	z	
E_1	2	$\sqrt{3}$	1	0	-1	$-\sqrt{3}$	-2	0	0	(x,y)	
E_2	2	1	-1	-2	-1	1	2	0	0		(x^2-y^2,xy)
E_3	2	0	-2	0	2	0	-2	0	0		
E_4	2	-1	-1	2	-1	-1	2	0	0		
E_5	2	$-\sqrt{3}$	1	0	-1	$\sqrt{3}$	-2	0	0	(R_x,R_y)	(xz,yz)

8. D_{nh}群

D_{2h}	E	$C_2(z)$	$C_2(y)$	$C_2(x)$	i	$\sigma(xy)$	$\sigma(xz)$	$\sigma(yz)$		
A_g	1	1	1	1	1	1	1	1		x^2,y^2,z^2
B_{1g}	1	1	-1	-1	1	1	-1	-1	R_z	xy
B_{2g}	1	-1	1	-1	1	-1	1	-1	R_y	xz
B_{3g}	1	-1	-1	1	1	-1	-1	1	R_x	yz
A_u	1	1	1	1	-1	-1	-1	-1		
B_{1u}	1	1	-1	-1	-1	-1	1	1	z	
B_{2u}	1	-1	1	-1	-1	1	-1	1	y	
B_{3u}	1	-1	-1	1	-1	1	1	-1	x	

D_{3h}	E	$2C_3$	$3C_2$	σ_h	$2S_3$	$3\sigma_v$		
A_1'	1	1	1	1	1	1		x^2+y^2,z^2
A_2'	1	1	-1	1	1	-1	R_z	
E'	2	-1	0	2	-1	0	(x,y)	(x^2-y^2,xy)
A_1''	1	1	1	-1	-1	-1		
A_2''	1	1	-1	-1	-1	1	z	
E''	2	-1	0	-2	1	0	(R_x,R_y)	(xz,yz)

D_{4h}	E	$2C_4$	C_2	$2C_2'$	$2C_2''$	i	$2S_4$	σ_h	$2\sigma_v$	$2\sigma_d$		
A_{1g}	1	1	1	1	1	1	1	1	1	1		x^2+y^2,z^2
A_{2g}	1	1	1	-1	-1	1	1	1	-1	-1	R_z	
B_{1g}	1	-1	1	1	-1	1	-1	1	1	-1		x^2-y^2
B_{2g}	1	-1	1	-1	1	1	-1	1	-1	1		xy
E_g	2	0	-2	0	0	2	0	-2	0	0	(R_x,R_y)	(xz,yz)
A_{1u}	1	1	1	1	1	-1	-1	-1	-1	-1		
A_{2u}	1	1	1	-1	-1	-1	-1	-1	1	1	z	
B_{1u}	1	-1	1	1	-1	-1	1	-1	-1	1		
B_{2u}	1	-1	1	-1	1	-1	1	-1	1	-1		
E_u	2	0	-2	0	0	-2	0	2	0	0	(x,y)	

D_{5h}	E	$2C_5$	$2C_5^2$	$5C_2$	σ_h	$2S_5$	$2S_5^3$	$5\sigma_v$		
A_1'	1	1	1	1	1	1	1	1		x^2+y^2,z^2
A_2'	1	1	1	-1	1	1	1	-1	R_z	
E_1'	2	$2\cos72°$	$2\cos144°$	0	2	$2\cos72°$	$2\cos144°$	0	(x,y)	
E_2'	2	$2\cos144°$	$2\cos72°$	0	2	$2\cos144°$	$2\cos72°$	0		(x^2-y^2,xy)
A_1''	1	1	1	1	-1	-1	-1	-1		
A_2''	1	1	1	-1	-1	-1	-1	1	z	
E_1''	2	$2\cos72°$	$2\cos144°$	0	-2	$-2\cos72°$	$-2\cos144°$	0	(R_x,R_y)	(xz,yz)
E_2''	2	$2\cos144°$	$2\cos72°$	0	-2	$-2\cos144°$	$-2\cos72°$	0		

D_{6h}	E	$2C_6$	$2C_3$	C_2	$3C_2'$	$3C_2''$	i	$2S_3$	$2S_6$	σ_h	$3\sigma_d$	$3\sigma_v$		
A_{1g}	1	1	1	1	1	1	1	1	1	1	1	1		x^2+y^2,z^2
A_{2g}	1	1	1	1	-1	-1	1	1	1	1	-1	-1	R_z	
B_{1g}	1	-1	1	-1	1	-1	1	-1	1	-1	1	-1		
B_{2g}	1	-1	1	-1	-1	1	1	-1	1	-1	-1	1		
E_{1g}	2	1	-1	-2	0	0	2	1	-1	-2	0	0	(R_x,R_y)	(xz,yz)
E_{2g}	2	-1	-1	2	0	0	2	-1	-1	2	0	0		(x^2-y^2,xy)
A_{1u}	1	1	1	1	1	1	-1	-1	-1	-1	-1	-1		
A_{2u}	1	1	1	1	-1	-1	-1	-1	-1	-1	1	1	z	
B_{1u}	1	-1	1	-1	1	-1	-1	1	-1	1	-1	1		
B_{2u}	1	-1	1	-1	-1	1	-1	1	-1	1	1	-1		
E_{1u}	2	1	-1	-2	0	0	-2	-1	1	2	0	0	(x,y)	
E_{2u}	2	-1	-1	2	0	0	-2	1	1	-2	0	0		

9. S_n 群

S_4	E	S_4	C_2	S_4^3		
A	1	1	1	1	R_z	x^2+y^2,z^2
B	1	-1	1	-1	z	x^2-y^2,xy
E	$\begin{Bmatrix}1 \\ 1\end{Bmatrix}$	$\begin{matrix}i \\ -i\end{matrix}$	$\begin{matrix}-1 \\ -1\end{matrix}$	$\begin{matrix}-i \\ i\end{matrix}$	$(x,y);(R_x,R_y)$	(xz,yz)

S_6	E	C_3	C_3^2	i	S_6^5	S_6		$\varepsilon=\exp(2\pi i/3)$
A_g	1	1	1	1	1	1	R_z	x^2+y^2,z^2
E_g	$\begin{Bmatrix}1 \\ 1\end{Bmatrix}$	$\begin{matrix}\varepsilon \\ \varepsilon^*\end{matrix}$	$\begin{matrix}\varepsilon^* \\ \varepsilon\end{matrix}$	$\begin{matrix}1 \\ 1\end{matrix}$	$\begin{matrix}\varepsilon \\ \varepsilon^*\end{matrix}$	$\begin{matrix}\varepsilon^* \\ \varepsilon\end{matrix}$	(R_x,R_y)	(x^2-y^2,xy) (xz,yz)
A_u	1	1	1	-1	-1	-1	z	
E_u	$\begin{Bmatrix}1 \\ 1\end{Bmatrix}$	$\begin{matrix}\varepsilon \\ \varepsilon^*\end{matrix}$	$\begin{matrix}\varepsilon^* \\ \varepsilon\end{matrix}$	$\begin{matrix}-1 \\ -1\end{matrix}$	$\begin{matrix}-\varepsilon \\ -\varepsilon^*\end{matrix}$	$\begin{matrix}-\varepsilon^* \\ -\varepsilon\end{matrix}$	(x,y)	

S_8	E	S_8	C_4	S_8^3	C_2	S_8^5	C_4^3	S_8^7		$\varepsilon=\exp(2\pi i/8)$
A	1	1	1	1	1	1	1	1	R_z	x^2+y^2,z^2
B	1	-1	1	-1	1	-1	1	-1	z	
E_1	$\begin{Bmatrix}1 \\ 1\end{Bmatrix}$	$\begin{matrix}\varepsilon \\ \varepsilon^*\end{matrix}$	$\begin{matrix}i \\ -i\end{matrix}$	$\begin{matrix}-\varepsilon^* \\ -\varepsilon\end{matrix}$	$\begin{matrix}-1 \\ -1\end{matrix}$	$\begin{matrix}-\varepsilon \\ -\varepsilon^*\end{matrix}$	$\begin{matrix}-i \\ i\end{matrix}$	$\begin{matrix}\varepsilon^* \\ \varepsilon\end{matrix}$	$(x,y);$ (R_x,R_y)	
E_2	$\begin{Bmatrix}1 \\ 1\end{Bmatrix}$	$\begin{matrix}i \\ -i\end{matrix}$	$\begin{matrix}-1 \\ -1\end{matrix}$	$\begin{matrix}-i \\ i\end{matrix}$	$\begin{matrix}1 \\ 1\end{matrix}$	$\begin{matrix}i \\ -i\end{matrix}$	$\begin{matrix}-1 \\ -1\end{matrix}$	$\begin{matrix}-i \\ i\end{matrix}$		(x^2-y^2,xy)
E_3	$\begin{Bmatrix}1 \\ 1\end{Bmatrix}$	$\begin{matrix}-\varepsilon^* \\ -\varepsilon\end{matrix}$	$\begin{matrix}-i \\ i\end{matrix}$	$\begin{matrix}\varepsilon \\ \varepsilon^*\end{matrix}$	$\begin{matrix}-1 \\ -1\end{matrix}$	$\begin{matrix}\varepsilon^* \\ \varepsilon\end{matrix}$	$\begin{matrix}i \\ -i\end{matrix}$	$\begin{matrix}-\varepsilon \\ -\varepsilon^*\end{matrix}$		(xz,yz)

10. 立方体群

T	E	$4C_3$	$4C_3^2$	$3C_2$		$\varepsilon=\exp(2\pi i/3)$
A	1	1	1	1		$x^2+y^2+z^2$
E	$\begin{Bmatrix}1 \\ 1\end{Bmatrix}$	$\begin{matrix}\varepsilon \\ \varepsilon^*\end{matrix}$	$\begin{matrix}\varepsilon^* \\ \varepsilon\end{matrix}$	$\begin{matrix}1 \\ 1\end{matrix}$		$(2z^2-x^2-y^2,$ $x^2-y^2)$
T	3	0	0	-1	$(R_x,R_y,R_z);(x,y,z)$	(xy,xz,yz)

T_h	E	$4C_3$	$4C_3^2$	$3C_2$	i	$4S_6$	$4S_6^5$	$3\sigma_h$		$\varepsilon=\exp(2\pi i/3)$
A_g	1	1	1	1	1	1	1	1		$x^2+y^2+z^2$
A_u	1	1	1	1	-1	-1	-1	-1		
E_g	$\begin{Bmatrix}1 \\ 1\end{Bmatrix}$	$\begin{matrix}\varepsilon \\ \varepsilon^*\end{matrix}$	$\begin{matrix}\varepsilon^* \\ \varepsilon\end{matrix}$	$\begin{matrix}1 \\ 1\end{matrix}$	$\begin{matrix}1 \\ 1\end{matrix}$	$\begin{matrix}\varepsilon \\ \varepsilon^*\end{matrix}$	$\begin{matrix}\varepsilon^* \\ \varepsilon\end{matrix}$	$\begin{matrix}1 \\ 1\end{matrix}$		$(2z^2-x^2-y^2,x^2-y^2)$
E_u	$\begin{Bmatrix}1 \\ 1\end{Bmatrix}$	$\begin{matrix}\varepsilon \\ \varepsilon^*\end{matrix}$	$\begin{matrix}\varepsilon^* \\ \varepsilon\end{matrix}$	$\begin{matrix}1 \\ 1\end{matrix}$	$\begin{matrix}-1 \\ -1\end{matrix}$	$\begin{matrix}-\varepsilon \\ -\varepsilon^*\end{matrix}$	$\begin{matrix}-\varepsilon^* \\ -\varepsilon\end{matrix}$	$\begin{matrix}-1 \\ -1\end{matrix}$		
T_g	3	0	0	-1	1	0	0	-1	(R_x,R_y,R_z)	(xz,yz,xy)
T_u	3	0	0	-1	-1	0	0	1	(x,y,z)	

T_d	E	$8C_3$	$3C_2$	$6S_4$	$6\sigma_d$		
A_1	1	1	1	1	1		$x^2+y^2+z^2$
A_2	1	1	1	-1	-1		
E	2	-1	2	0	0		$(2z^2-x^2-y^2,\ x^2-y^2)$
T_1	3	0	-1	1	-1	(R_x,R_y,R_z)	
T_2	3	0	-1	-1	1	(x,y,z)	(xy,xz,yz)

O	E	$6C_4$	$3C_2(=C_4^2)$	$8C_3$	$6C_2$		
A_1	1	1	1	1	1		$x^2+y^2+z^2$
A_2	1	-1	1	1	-1		
E	2	0	2	-1	0		$(2z^2-x^2-y^2,\ x^2-y^2)$
T_1	3	1	-1	0	-1	$(R_x,R_y,R_z);(x,y,z)$	
T_2	3	-1	-1	0	1		(xy,xz,yz)

O_h	E	$8C_3$	$6C_2$	$6C_4$	$3C_2(=C_4^2)$	i	$8S_6$	$6S_4$	$6\sigma_d$	$3\sigma_h$		
A_{1g}	1	1	1	1	1	1	1	1	1	1		$x^2+y^2+z^2$
A_{2g}	1	1	-1	-1	1	1	1	-1	-1	1		
E_g	2	-1	0	0	2	2	-1	0	0	2		$(2z^2-x^2-y^2,$ $x^2-y^2)$
T_{1g}	3	0	-1	1	-1	3	0	1	-1	-1	(R_x,R_y,R_z)	
T_{2g}	3	0	1	-1	-1	3	0	-1	1	-1		(xz,yz,xy)
A_{1u}	1	1	1	1	1	-1	-1	-1	-1	-1		
A_{2u}	1	1	-1	-1	1	-1	-1	1	1	-1		
E_u	2	-1	0	0	2	-2	1	0	0	-2		
T_{1u}	3	0	-1	1	-1	-3	0	-1	1	1	(x,y,z)	
T_{2u}	3	0	1	-1	-1	-3	0	1	-1	1		

11. 二十面体群 *

I_h	E	$12C_5$	$12C_5^2$	$20C_3$	$15C_2$	i	$12S_{10}$	$12S_{10}^3$	$20S_6$	15σ		
A_g	1	1	1	1	1	1	1	1	1	1		$x^2+y^2+z^2$
T_{1g}	3	$\frac{1}{2}(1+\sqrt5)$	$\frac{1}{2}(1-\sqrt5)$	0	-1	3	$\frac{1}{2}(1-\sqrt5)$	$\frac{1}{2}(1+\sqrt5)$	0	-1	(R_x,R_y,R_z)	
T_{2g}	3	$\frac{1}{2}(1-\sqrt5)$	$\frac{1}{2}(1+\sqrt5)$	0	-1	3	$\frac{1}{2}(1+\sqrt5)$	$\frac{1}{2}(1-\sqrt5)$	0	-1		
G_g	4	-1	-1	1	0	4	-1	-1	1	0		$(2z^2-x^2-y^2,$
H_g	5	0	0	-1	1	5	0	0	-1	1		$x^2-y^2,$
A_u	1	1	1	1	1	-1	-1	-1	-1	-1		$xy,yz,zx)$
T_{1u}	3	$\frac{1}{2}(1+\sqrt5)$	$\frac{1}{2}(1-\sqrt5)$	0	-1	-3	$-\frac{1}{2}(1-\sqrt5)$	$-\frac{1}{2}(1+\sqrt5)$	0	1	(x,y,z)	
T_{2u}	3	$\frac{1}{2}(1-\sqrt5)$	$\frac{1}{2}(1+\sqrt5)$	0	-1	-3	$-\frac{1}{2}(1+\sqrt5)$	$-\frac{1}{2}(1-\sqrt5)$	0	1		
G_u	4	-1	-1	1	0	-4	1	1	-1	0		
H_u	5	0	0	-1	1	-5	0	0	1	-1		

* 对于纯转动群 I,左上角方框内是特征标表;当然,下标 g 应该去掉,并且(x,y,z)被指定为 T_1 表示的基。

附录 6　晶体的 230 个空间群的记号

C_1^1	P1
C_i^1	$P\bar{1}$
C_s^1	Pm
C_s^2	Pc
C_s^3	Cm
C_s^4	Cc
C_2^1	P2
C_2^2	$P2_1$
C_2^3	C2
C_{2h}^1	$P\dfrac{2}{m}$
C_{2h}^2	$P\dfrac{2_1}{m}$
C_{2h}^3	$C\dfrac{2}{m}$
C_{2h}^4	$P\dfrac{2}{c}$
C_{2h}^5	$P\dfrac{2_1}{c}$
C_{2h}^6	$C\dfrac{2}{c}$
C_{2v}^1	Pmm2
C_{2v}^2	$Pmc2_1$
C_{2v}^3	Pcc2
C_{2v}^4	Pma2
C_{2v}^5	$Pca2_1$
C_{2v}^6	Pnc2
C_{2v}^7	$Pmn2_1$
C_{2v}^8	Pba2
C_{2v}^9	$Pna2_1$
C_{2v}^{10}	Pnn2
C_{2v}^{11}	Cmm2
C_{2v}^{12}	$Cmc2_1$
C_{2v}^{13}	Ccc2
C_{2v}^{14}	Amm2
C_{2v}^{15}	Aem2
C_{2v}^{16}	Ama2
C_{2v}^{17}	Aea2
C_{2v}^{18}	Fmm2
C_{2v}^{19}	Fdd2
C_{2v}^{20}	Imm2
C_{2v}^{21}	Iba2
C_{2v}^{22}	Ima2
D_2^1	P222
D_2^2	$P222_1$
D_2^3	$P2_12_12$

D_2^4	$P2_12_12_1$	
D_2^5	$C222_1$	
D_2^6	C222	
D_2^7	F222	
D_2^8	I222	
D_2^9	$I2_12_12_1$	
D_{2h}^1	$P\dfrac{2}{m}\dfrac{2}{m}\dfrac{2}{m}$	Pmmm
D_{2h}^2	$P\dfrac{2}{n}\dfrac{2}{n}\dfrac{2}{n}$	Pnnn
D_{2h}^3	$P\dfrac{2}{c}\dfrac{2}{c}\dfrac{2}{m}$	Pccm
D_{2h}^4	$P\dfrac{2}{b}\dfrac{2}{a}\dfrac{2}{n}$	Pban
D_{2h}^5	$P\dfrac{2_1}{m}\dfrac{2}{m}\dfrac{2}{a}$	Pmma
D_{2h}^6	$P\dfrac{2}{n}\dfrac{2}{n}\dfrac{2}{a}$	Pnna
D_{2h}^7	$P\dfrac{2}{m}\dfrac{2}{n}\dfrac{2_1}{a}$	Pmna
D_{2h}^8	$P\dfrac{2_1}{c}\dfrac{2}{c}\dfrac{2}{a}$	Pcca
D_{2h}^9	$P\dfrac{2_1}{b}\dfrac{2_1}{a}\dfrac{2}{m}$	Pbam
D_{2h}^{10}	$P\dfrac{2_1}{c}\dfrac{2}{c}\dfrac{2}{n}$	Pccn
D_{2h}^{11}	$P\dfrac{2}{b}\dfrac{2_1}{c}\dfrac{2_1}{m}$	Pbcm
D_{2h}^{12}	$P\dfrac{2_1}{n}\dfrac{2_1}{n}\dfrac{2}{m}$	Pnnm
D_{2h}^{13}	$P\dfrac{2_1}{m}\dfrac{2_1}{m}\dfrac{2}{n}$	Pmmn
D_{2h}^{14}	$P\dfrac{2_1}{b}\dfrac{2}{c}\dfrac{2_1}{n}$	Pbcn
D_{2h}^{15}	$P\dfrac{2_1}{b}\dfrac{2_1}{c}\dfrac{2_1}{a}$	Pbca
D_{2h}^{16}	$P\dfrac{2_1}{n}\dfrac{2_1}{m}\dfrac{2_1}{a}$	Pnma
D_{2h}^{17}	$C\dfrac{2}{m}\dfrac{2}{c}\dfrac{2_1}{m}$	Cmcm
D_{2h}^{18}	$C\dfrac{2}{m}\dfrac{2}{c}\dfrac{2_1}{e}$	Cmce
D_{2h}^{19}	$C\dfrac{2}{m}\dfrac{2}{m}\dfrac{2}{m}$	Cmmm
D_{2h}^{20}	$C\dfrac{2}{c}\dfrac{2}{c}\dfrac{2}{m}$	Cccm
D_{2h}^{21}	$C\dfrac{2}{m}\dfrac{2}{m}\dfrac{2}{e}$	Cmme
D_{2h}^{22}	$C\dfrac{2}{c}\dfrac{2}{c}\dfrac{2}{e}$	Ccce
D_{2h}^{23}	$F\dfrac{2}{m}\dfrac{2}{m}\dfrac{2}{m}$	Fmmm

D_{2h}^{24}	$F\dfrac{2}{d}\dfrac{2}{d}\dfrac{2}{d}$	Fddd
D_{2h}^{25}	$I\dfrac{2}{m}\dfrac{2}{m}\dfrac{2}{m}$	Immm
D_{2h}^{26}	$I\dfrac{2}{b}\dfrac{2}{a}\dfrac{2}{m}$	Ibam
D_{2h}^{27}	$I\dfrac{2_1}{b}\dfrac{2_1}{c}\dfrac{2_1}{a}$	Ibca
D_{2h}^{28}	$I\dfrac{2_1}{m}\dfrac{2_1}{m}\dfrac{2_1}{a}$	Imma
S_4^1	$P\bar{4}$	
S_4^2	$I\bar{4}$	
C_4^1	P4	
C_4^2	$P4_1$	
C_4^3	$P4_2$	
C_4^4	$P4_3$	
C_4^5	I4	
C_4^6	$I4_1$	
C_{4h}^1	$P\dfrac{4}{m}$	
C_{4h}^2	$P\dfrac{4_2}{m}$	
C_{4h}^3	$P\dfrac{4}{n}$	
C_{4h}^4	$P\dfrac{4_2}{n}$	
C_{4h}^5	$I\dfrac{4}{m}$	
C_{4h}^6	$I\dfrac{4_1}{a}$	
D_{2d}^1	$P\bar{4}2m$	
D_{2d}^2	$P\bar{4}2c$	
D_{2d}^3	$P\bar{4}2_1m$	
D_{2d}^4	$P\bar{4}2_1c$	
D_{2d}^5	$P\bar{4}m2$	
D_{2d}^6	$P\bar{4}c2$	
D_{2d}^7	$P\bar{4}b2$	
D_{2d}^8	$P\bar{4}n2$	
D_{2d}^9	$I\bar{4}m2$	
D_{2d}^{10}	$I\bar{4}c2$	
D_{2d}^{11}	$I\bar{4}2m$	
D_{2d}^{12}	$I\bar{4}2d$	
C_{4v}^1	P4mm	
C_{4v}^2	P4bm	
C_{4v}^3	$P4_2cm$	
C_{4v}^4	$P4_2nm$	
C_{4v}^5	P4cc	

续表

第一列

Schoenflies	国际符号（全）	国际符号（简）
C_{4v}^6	$P4nc$	
C_{4v}^7	$P4_2mc$	
C_{4v}^8	$P4_2bc$	
C_{4v}^9	$I4mm$	
C_{4v}^{10}	$I4cm$	
C_{4v}^{11}	$I4_1md$	
C_{4v}^{12}	$I4_1cd$	
D_4^1	$P422$	
D_4^2	$P42_12$	
D_4^3	$P4_122$	
D_4^4	$P4_12_12$	
D_4^5	$P4_222$	
D_4^6	$P4_22_12$	
D_4^7	$P4_322$	
D_4^8	$P4_32_12$	
D_4^9	$I422$	
D_4^{10}	$I4_122$	
D_{4h}^1	$P\frac{4}{m}\frac{2}{m}\frac{2}{m}$	$P\frac{4}{m}mm$
D_{4h}^2	$P\frac{4}{m}\frac{2}{c}\frac{2}{c}$	$P\frac{4}{m}cc$
D_{4h}^3	$P\frac{4}{n}\frac{2}{b}\frac{2}{m}$	$P\frac{4}{m}bm$
D_{4h}^4	$P\frac{4}{n}\frac{2}{n}\frac{2}{c}$	$P\frac{4}{n}nc$
D_{4h}^5	$P\frac{4}{m}\frac{2_1}{b}\frac{2}{m}$	$P\frac{4}{m}bm$
D_{4h}^6	$P\frac{4}{m}\frac{2_1}{n}\frac{2}{c}$	$P\frac{4}{m}nc$
D_{4h}^7	$P\frac{4}{n}\frac{2_1}{m}\frac{2}{m}$	$P\frac{4}{n}mm$
D_{4h}^8	$P\frac{4}{n}\frac{2_1}{c}\frac{2}{c}$	$P\frac{4}{n}cc$
D_{4h}^9	$P\frac{4_2}{m}\frac{2}{m}\frac{2}{c}$	$P\frac{4_2}{m}mc$
D_{4h}^{10}	$P\frac{4_2}{m}\frac{2}{c}\frac{2}{m}$	$P\frac{4_2}{m}cm$
D_{4h}^{11}	$P\frac{4_2}{n}\frac{2}{b}\frac{2}{c}$	$P\frac{4_2}{n}bc$
D_{4h}^{12}	$P\frac{4_2}{n}\frac{2}{n}\frac{2}{m}$	$P\frac{4_2}{n}nm$
D_{4h}^{13}	$P\frac{4_2}{m}\frac{2_1}{b}\frac{2}{c}$	$P\frac{4_2}{m}bc$
D_{4h}^{14}	$P\frac{4_2}{m}\frac{2_1}{n}\frac{2}{m}$	$P\frac{4_2}{m}nm$
D_{4h}^{15}	$P\frac{4_2}{n}\frac{2_1}{m}\frac{2}{c}$	$P\frac{4_2}{n}mc$
D_{4h}^{16}	$P\frac{4_2}{n}\frac{2_1}{c}\frac{2}{m}$	$P\frac{4_2}{n}cm$
D_{4h}^{17}	$I\frac{4}{m}\frac{2}{m}\frac{2}{m}$	$I\frac{4}{m}mm$
D_{4h}^{18}	$I\frac{4}{m}\frac{2}{c}\frac{2}{m}$	$I\frac{4}{m}cm$
D_{4h}^{19}	$I\frac{4_1}{a}\frac{2}{m}\frac{2}{d}$	$I\frac{4_1}{a}md$
D_{4h}^{20}	$I\frac{4_1}{a}\frac{2}{c}\frac{2}{d}$	$I\frac{4_1}{a}cd$
C_3^1	$P3$	
C_3^2	$P3_1$	
C_3^3	$P3_2$	
C_3^4	$R3$	

第二列

Schoenflies	国际符号（全）	国际符号（简）
C_{3i}^1	$P\bar{3}$	
C_{3i}^2	$R\bar{3}$	
C_{3v}^1	$P3m1$	
C_{3v}^2	$P31m$	
C_{3v}^3	$P3c1$	
C_{3v}^4	$P31c$	
C_{3v}^5	$R3m$	
C_{3v}^6	$R3c$	
D_3^1	$P312$	
D_3^2	$P321$	
D_3^3	$P3_112$	
D_3^4	$P3_121$	
D_3^5	$P3_212$	
D_3^6	$P3_221$	
D_3^7	$R32$	
D_{3d}^1	$P\bar{3}1\frac{2}{m}$	$P\bar{3}1m$
D_{3d}^2	$P\bar{3}1\frac{2}{c}$	$P\bar{3}1c$
D_{3d}^3	$P\bar{3}\frac{2}{m}1$	$P\bar{3}m1$
D_{3d}^4	$P\bar{3}\frac{2}{c}1$	$P\bar{3}c1$
D_{3d}^5	$R\bar{3}\frac{2}{m}$	$R\bar{3}m$
D_{3d}^6	$R\bar{3}\frac{2}{c}$	$R\bar{3}c$
C_{3h}^1	$P\bar{6}$	
C_6^1	$P6$	
C_6^2	$P6_1$	
C_6^3	$P6_5$	
C_6^4	$P6_2$	
C_6^5	$P6_4$	
C_6^6	$P6_3$	
C_{6h}^1	$P\frac{6}{m}$	
C_{6h}^2	$P\frac{6_3}{m}$	
D_{3h}^1	$P\bar{6}m2$	
D_{3h}^2	$P\bar{6}c2$	
D_{3h}^3	$P\bar{6}2m$	
D_{3h}^4	$P\bar{6}2c$	
C_{6v}^1	$P6mm$	
C_{6v}^2	$P6cc$	
C_{6v}^3	$P6_3cm$	
C_{6v}^4	$P6_3mc$	
D_6^1	$P622$	
D_6^2	$P6_122$	
D_6^3	$P6_522$	
D_6^4	$P6_222$	
D_6^5	$P6_422$	
D_6^6	$P6_322$	

第三列

Schoenflies	国际符号（全）	国际符号（简）
D_{6h}^1	$P\frac{6}{m}\frac{2}{m}\frac{2}{m}$	$P\frac{6}{m}mm$
D_{6h}^2	$P\frac{6}{m}\frac{2}{c}\frac{2}{c}$	$P\frac{6}{m}cc$
D_{6h}^3	$P\frac{6_3}{m}\frac{2}{c}\frac{2}{m}$	$P\frac{6_3}{m}cm$
D_{6h}^4	$P\frac{6_3}{m}\frac{2}{m}\frac{2}{c}$	$P\frac{6_3}{m}mc$
T^1	$P23$	
T^2	$F23$	
T^3	$I23$	
T^4	$P2_13$	
T^5	$I2_13$	
T_h^1	$P\frac{2}{m}\bar{3}$	$Pm\bar{3}$
T_h^2	$P\frac{2}{n}\bar{3}$	$Pn\bar{3}$
T_h^3	$F\frac{2}{m}\bar{3}$	$Fm\bar{3}$
T_h^4	$F\frac{2}{d}\bar{3}$	$Fd\bar{3}$
T_h^5	$I\frac{2}{m}\bar{3}$	$Im\bar{3}$
T_h^6	$P\frac{2_1}{a}\bar{3}$	$Pa\bar{3}$
T_h^7	$I\frac{2_1}{a}\bar{3}$	$Ia\bar{3}$
T_d^1	$P\bar{4}3m$	
T_d^2	$F\bar{4}3m$	
T_d^3	$I\bar{4}3m$	
T_d^4	$P\bar{4}3n$	
T_d^5	$F\bar{4}3c$	
T_d^6	$I\bar{4}3d$	
O^1	$P432$	
O^2	$P4_232$	
O^3	$F432$	
O^4	$F4_132$	
O^5	$I432$	
O^6	$P4_332$	
O^7	$P4_132$	
O^8	$I4_132$	
O_h^1	$P\frac{4}{m}\bar{3}\frac{2}{m}$	$Pm\bar{3}m$
O_h^2	$P\frac{4}{n}\bar{3}\frac{2}{n}$	$Pn\bar{3}n$
O_h^3	$P\frac{4_2}{m}\bar{3}\frac{2}{n}$	$Pm\bar{3}n$
O_h^4	$P\frac{4_2}{n}\bar{3}\frac{2}{m}$	$Pn\bar{3}m$
O_h^5	$F\frac{4}{m}\bar{3}\frac{2}{m}$	$Fm\bar{3}m$
O_h^6	$F\frac{4}{m}\bar{3}\frac{2}{c}$	$Fm\bar{3}c$
O_h^7	$F\frac{4_1}{d}\bar{3}\frac{2}{m}$	$Fd\bar{3}m$
O_h^8	$F\frac{4_1}{d}\bar{3}\frac{2}{c}$	$Fd\bar{3}c$
O_h^9	$I\frac{4}{m}\bar{3}\frac{2}{m}$	$Im\bar{3}m$
O_h^{10}	$I\frac{4_1}{a}\bar{3}\frac{2}{d}$	$Ia\bar{3}d$

附录7　国际晶体结构数据库概况

根据国际晶体学联合会（网址是 http：//www. iucr. org/）提供的信息，目前国际上已经建立的公用晶体学数据库主要有以下几个。

1. 剑桥结构数据库

剑桥结构数据库（Cambridge Structural Database，CSD）收集了有机金属化合物的晶体结构数据，包括了普通有机化合物、有机金属化合物和金属配位化合物等三大类别，目前收录了87万个晶体结构数据，并以每年近5万条新数据的速度递增。但是该数据库不收录超过24个单元的多肽和多糖类化合物（由 PDB 数据库收入）、核苷酸（由 NAD 数据库收入）、无机结构（由 ICSD 数据库收入）和金属结构（由 CRYSTMET 数据库收入）。详细信息可参见网页 http：//www. ccdc. cam. ac. uk。

2. 无机晶体结构数据库

无机晶体结构数据库（Inorganic Crystal Structure Database，ICSD）是国际上最大的无机化合物晶体数据库，目前收入约20万无机化合物结构数据，详细信息可参见网页 http：//www. fiz-karlsruhe. de。

3. 金属结构数据库

金属结构数据库（Metal and Intermetallic Structures，CRYSTMET）收集金属单质、金属化合物和固溶体的晶体数据，包括金属元素与硼、硫、硅、锗等元素的化合物，目前收录了近15万条相关晶体结构数据。详细信息可参见网页 http：//www. tothcanada. com。

4. 粉末衍射文件数据库

国际衍射数据中心的粉末衍射文件数据库（Powder Diffraction File of the International Center for Diffraction Data，ICDD PDF）汇集了世界各国发表的近85万条单相物质的粉末衍射资料，其中无机化合物衍射数据30余万条，无机矿物衍射数据4万多条，有机化合物衍射数据50余万条。详细信息可参见网页 http：//www. icdd. com。

5. 蛋白质数据库

蛋白质数据库（Protein Data Bank，PDB）收集了近10万个生物大分子的晶体结构数据。详细信息可参见网页 http：//www. pdb. org。

生物大分子晶体数据库（Biological Macromolecule Crystallization Database，BMCD）收录了近6000个生物大分子的晶体结构数据。详细信息可参见网页：http：//wwwbmcd. nist. gov/bmcd/bmcd. html。

6. 核酸数据库

核酸数据库(Nucleic Acid Database,NAD)收录近 7000 个核酸结构数据。详细信息可参见网页：http://ndbserver. rutgers. edu。

鲍林数据库(Pauling File)收录二元无机晶态物质热力学、晶体结构、粉末衍射和物理性质等信息，目前收集了 28 000 个晶体结构数据。详细信息可参见网页：http://crystdb. nins. go. jp。

（以上数据统计截至 2018 年）

附录8　部分习题参考答案

习题1

1.1　$6.51 \times 10^{-34} \mathrm{J} \cdot \mathrm{s}$

1.2　$91^{\circ}\mathrm{C}$

1.3　600nm(红)，$3.31 \times 10^{-19} \mathrm{J}$，
　　　$199 \mathrm{kJ} \cdot \mathrm{mol}^{-1}$
　　　550nm(黄)，$3.61 \times 10^{-19} \mathrm{J}$，
　　　$218 \mathrm{kJ} \cdot \mathrm{mol}^{-1}$
　　　400nm(蓝)，$4.97 \times 10^{-19} \mathrm{J}$，
　　　$299 \mathrm{kJ} \cdot \mathrm{mol}^{-1}$
　　　200nm(紫)，$9.93 \times 10^{-19} \mathrm{J}$，
　　　$598 \mathrm{kJ} \cdot \mathrm{mol}^{-1}$

1.5　(1) 2.0eV　(2) 296nm

1.6　$3.32 \times 10^{-24} \mathrm{kgm} \cdot \mathrm{s}^{-1}$，
　　　$5.12 \times 10^5 \mathrm{eV}$，$6.19 \times 10^3 \mathrm{eV}$

1.7　(1) 100eV 电子　122.6pm
　　　(2) 10eV 中子　9.03pm
　　　(3) $1000 \mathrm{m} \cdot \mathrm{s}^{-1}$ H 原子　0.399nm

1.8　子弹$\sim 10^{-35} \mathrm{m}$，电子$\sim 10^{-6} \mathrm{m}$

1.9　$\Delta x = 1.226 \times 10^{-11} \mathrm{m} \ll 10^{-6} \mathrm{m}$

1.10　$\lambda = 7.34 \times 10^{-11} \mathrm{m}$

1.12　(2)，(3)是线性厄米算符

1.13　(1) $\exp(ikx)$是本征函数，本征值 ik
　　　(3) K 是本征函数，本征值为 0
　　　(2)，(4) 不是

1.14　$\psi_{1s} = \left(\dfrac{1}{\pi a_0^3}\right)^{1/2} \mathrm{e}^{-\frac{r}{a_0}}$

1.16　(1)偶，(2)奇，(3)、(4)非奇偶

1.17　$[\hat{x}, \hat{P}_x] = -i\hbar$
　　　$[\hat{x}, \hat{P}_x^2] = -2\hbar^2 \dfrac{\partial}{\partial x}$

1.19　(1) 1　(2) $2x$　(3) $\hbar$

1.21　当 $\hat{p}, \hat{q}$ 两算符可对易，即两物理量可同时测
　　　定时，式子成立

1.22　(1) $k\hbar$　(2) 0　(3) 0

1.23　π

1.24　(1) $E_n = \dfrac{n^2 h^2}{8ml^2}$
　　　(2) $\langle x \rangle = l/2$
　　　(3) $\langle P_x \rangle = 0$

1.25　$0.4l \sim 0.6l$，基态出现概率 0.387

第一激发态出现概率 0.049

1.26　$A = \sqrt{\dfrac{8}{abc}}$

1.27　(1) 基态 $n_x = n_y = n_z = 1$　非简并
　　　(2) 第一激发态 112　非简并
　　　(3) 第二激发态 211,121　两重简并

1.29　$E_1 = 5.4 \times 10^{-37} \mathrm{J}$，$E_2 = 5.5 \times 10^{-37} \mathrm{J}$

1.30　(1) $1.0 \times 10^{-40} \mathrm{J}$
　　　(2) 7.8×10^9
　　　(3) $1.6 \times 10^{-30} \mathrm{J}$

1.32　$\lambda = 239 \mathrm{nm}$

习题2

2.1　(1) $E_0 = -13.6 \mathrm{eV}$，$E_1 = -3.4 \mathrm{eV}$
　　　(2) $\langle r \rangle = 3a_0/2$，$\langle P \rangle = 0$

2.2　波长 121nm

2.4　ψ_{1s} 波函数在 $r = a_0, 2a_0$ 处比值为 2.718
　　　ψ^2 在 $r = a_0, 2a_0$ 处比值为 7.388

2.6　$3\mathrm{d}_{z^2}$，$3\mathrm{d}_{xy}$ 各有 2 个节面：
　　　$3\mathrm{d}_{z^2}$ 是 2 个圆锥节面，$3\mathrm{d}_{xy}$ 是 XZ, YZ 平面

2.7　Li^{2+} $\psi_{200} \psi_{210} \psi_{211}$ 状态能量简并
　　　$E = -9/4R$
　　　角动量平方的平均值为 $3/2\hbar^2$，$5/3\hbar^2$

2.8　Li^{2+}：4f，5d，6s
　　　Li：6s，4f，5d

2.10　$\psi_{2s} = \dfrac{1}{4}\left(\dfrac{1}{2\pi a_0^3}\right)^{1/2}\left(2 - \dfrac{r}{a_0}\right)\mathrm{e}^{-r/2a_0}$

2.13　(1) 2p 轨道能量为 $-3.4 \mathrm{eV}$，角动量为 $\sqrt{2}\hbar$
　　　(2) 离核平均距离为 $5a_0$
　　　(3) 极大值位置为 $4a_0$

2.14　$\langle r \rangle_{2s} = 6a_0/Z$　$\langle r \rangle_{2p} = 5a_0/Z$

2.15　$\lim(\max)D = a_0/Z$；
　　　He^+ $a_0/2$，F^{8+} $a_0/9$

2.18　轨道角动量为 $\sqrt{2}\hbar$，磁矩为 $\sqrt{2}\beta_0$

2.20　4s 轨道能量 $-8.94 \mathrm{eV}$，3d 轨道能量 $-13.6 \mathrm{eV}$

2.22　$I_1 = 5.97 \mathrm{eV}$，$I_2 = 10.17 \mathrm{eV}$

2.23　$I_1 = 10.73 \mathrm{eV}$，$I_2 = 18.14 \mathrm{eV}$

2.24　(1) $^3P, {}^1D, {}^1S$

(2) $^3P_2, ^3P_1, ^3P_0; ^1D_2; ^1S_0$

(3) $^3P_2(-2,-1,0,1,2)$

　　　$^3P_1(-1,0,1)$ $^3P_0(0)$

　　　$^1D_2(-2,-1,0,1,2)$ $^1S_0(0)$

2.25 (1) N 原子价电子层半充满,电子云呈球状分布

(2) 基态谱项为 ^4S,支项为 $^4S_{3/2}$

(3) $2p^2 3s^1$ 光谱项:$p^2:^3P, ^1D, ^1S, s^1:^2S$

偶合后 $^4P, ^2P, ^2D, ^2S$

2.27

	Al	S	K	Ti	Mn
基态谱项	^2P	^3P	^2S	^3F	^6S
光谱支项	$^2P_{1/2}$	$^3P_2$	$^2S_{1/2}$	$^3F_2$	$^6S_{5/2}$

2.28 $Si(14) ^3P, ^3P_0$ 　$Mn(25) ^6S, ^6S_{5/2}$

$Cu(29) ^2S, ^2S_{1/2}$ 　$Zr(40) ^3F, ^3F_2$

2.29 $d^9 p^1$ 同 $d^1 p^1: ^3F, ^3D, ^3P, ^1F, ^1D, ^1P$

无法用 Hund 规则判断基态,实际是 ^3P 能量最低

2.30 $C(2p^1 3p^1): ^3D, ^1D, ^3P, ^1P, ^3S, ^1S$

$Mg(3s^1 3p^1): ^3P, ^1P$

$Ti(3d^3 4s^1): ^5F, ^3F, ^5P, ^3P, ^3H, ^1H, ^3G,$

　　　　　　　　$^1G, ^3F, ^1F, ^3D, ^1D, ^3P, ^1P$

2.31 $3d^8 4s^2$ 态含 $^3F_4$ 谱项

习题 3

3.2 $CO: C_\infty, \infty$ 个 σ_v;

$CO_2: C_\infty, \infty$ 个 C_2, ∞ 个 $\sigma_v, \sigma_h, i, S_\infty$

3.3 顺丁二烯 C_2, σ_v, σ_v'

反丁二烯 C_2, σ_h, i

3.4 (1) 菱形:$C_2, C_2', C_2'', \sigma_h \to D_{2h}$

(2) 蝶形:$C_2, \sigma_v, \sigma_v' \to C_{2v}$

(3) 三棱柱:$C_3, 3C_2, 3\sigma_v, \sigma_h \to D_{3h}$

(4) 四方锥:$C_4, 4\sigma_v \to C_{4v}$

(5) 圆柱体:C_∞, ∞ 个 C_2, ∞ 个 $\sigma_v, \sigma_h \to D_{\infty h}$

(6) 五棱台:$C_5, 5\sigma_v \to C_{5v}$

3.5

C_{2v}	E	C_2	σ_v	σ_v'
E	E	C_2	σ_v	σ_v'
C_2	C_2	E	σ_v'	σ_v
σ_v	σ_v	σ_v'	E	C_2
σ_v'	σ_v'	σ_v	C_2	E

3.6 $E, \{C_3^1, C_3^2\}, \{C_2, C_2', C_2''\}, \sigma_h, \{S_3^1, S_3^2\},$

$\{\sigma_v, \sigma_v', \sigma_v''\}$

3.7

C_{2h}	E	C_2	σ_h	i
E	E	C_2	σ_h	i
C_2	C_2	E	i	σ_h
σ_h	σ_h	i	E	C_2
i	i	σ_h	C_2	E

3.8 苯 D_{6h};对二氯苯 D_{2h};间二氯苯 C_{2v};氯苯 C_{2v};萘 D_{2h}

3.9 $SO_2 \, C_{2v}, P_4 \, T_d, PCl_5 \, D_{3h}, S_6$(船式)$C_{2v}$

$S_8 \, D_{4d}, Cl_2 \, D_{\infty h}$

3.10 (1) C_{2v} (2) D_{2h} (3) C_{2v} (4) C_{2v} (5) D_{2h}

3.11 $D_{\infty h}, D_{2h}, C_{2v}, C_{2h}, C_{2v}$

3.12 $SO_4^{2-} \, T_d, SO_3^{2-} \, C_{3v}, NO_3^- \, D_{3h}, NO_2^- \, C_{2v}, ClO^-$

$C_{\infty v}, CO_3^{2-} \, D_{3h}, C_2O_4^{2-} \, D_{2h}$

3.13 (1) S_6 (2) C_{3h} (3) T_h (4) D_3 (5) D_4

3.15 (1)、(3)否,若配体不同对称性降低

(2)是,(4)否,对称性最高是 I_h

3.16 $CoCl_4F_2^{3-}$ 有 2 种异构体,对二氟异构体为 D_{4h},邻二氟异构体为 C_{2v}

3.17 (1) C_{3v} (2) C_{2v} (3) C_1 (4) D_{2d}

3.18 (1) C_s (2) C_{2v} (3) C_s (4) C_{4v}

(5) D_{2h} (6) C_{2v} (7) C_{2h} (8) C_{2h}

3.19 (1) $C_{60}: I_h$ 子群 $D_{5d}, D_5, C_{5v}, C_5, D_{3h}, D_3,$

C_{3v}, C_3 等

(2) 二茂铁 D_{5d}:子群 D_5, C_{5v} 等

(3) 甲烷 T_d:子群 C_{3v}, C_3, D_{2d}, D_2 等

3.20 (1) C_3O_2 直线形 $D_{\infty h}$

(2) $H_2O_2 \, C_2$

(3) NH_2NH_2 鞍马形 C_{2v},反式 C_{2h}

(4) F_2O V 形 C_{2v}

(5) $NCCN$ 线形 $D_{\infty h}$

3.22 (1)~(8)均无旋光性;(1)、(3)船式,(7)、(8)有偶极矩,其余无

3.23 (1) 2.68deb (2) 3.95deb (3) 2.40deb

(4) 3.45deb (5) 0

3.24 $C_8H_6Cl_2$ 二氯原子可有邻、间、对 3 种关系,分别对应 C_{2v}、C_{2v}、D_{2d} 对称性;$C_8H_5Cl_3$ 三氯原子也有 3 种排列方式,分别属于 C_{3v}、C_s、C_s 点群

3.25 (1) CS_2:直线形,$D_{\infty h}$

(2) SO_2:V 形,C_{2v}

(3) PCl_5:三角双锥,D_{3h}

(4) N_2O：直线形 $C_{\infty v}$

(5) $O_2N{-}NO_2$：平面形，D_{2h}

(6) $NH_2{-}NH_2$：鞍马形，C_{2v}，反式 C_{2h}

3.26 (1) 有极性及旋光性：乳酸

(2) 无极性无旋光性：C_{60}，CH_4，$B(OH)_3$，丁二烯，NO_2^+

(3) 无极性有旋光性：交叉 $CH_3{-}CH_3$

(4) 有极性无旋光性：$(NH_2)_2CO$

3.27 $6.48 \times 10^{-30} C \cdot m$

3.28 邻位 $0.693\,deb$，$2.31 \times 10^{-30}\,C \cdot m$；间位 $0.4\,deb$，$1.33 \times 10^{-30}\,C \cdot m$；对位 0

3.29 $\Gamma = A + B + E$

SALC：

$$\psi_1(A) = \frac{1}{2}(\varphi_1 + \varphi_2 + \varphi_3 + \varphi_4)$$

$$\psi_2(E_1) = \frac{1}{\sqrt{2}}(\varphi_1 - \varphi_3)$$

$$\psi_3(E_{\mathrm{T}}) = \frac{1}{\sqrt{2}}(\varphi_2 - \varphi_4)$$

$$\psi_4(B) = \frac{1}{2}(\varphi_1 - \varphi_2 + \varphi_3 - \varphi_4)$$

3.31 $A_1 \otimes A_2 = A_2$；$A_1 \otimes B_1 = B_1$；$B_1 \otimes B_2 = A_2$；$E_1 \otimes E_2 = E_1 \oplus B_1 \oplus B_2$

习题 4

4.4 (1) σ (2) δ (3) π (4) 不能

4.5 (1) $4s \pm 4s \rightarrow \sigma_g$ 或 σ_u

(2) $4p_x \pm 4p_x \rightarrow \pi_u$ 或 π_g

(3) $4p_y \pm 4p_y \rightarrow \pi_u$ 或 π_g

(4) $3d_{z^2} \pm 3d_{z^2} \rightarrow \sigma_g$ 或 σ_u

(5) $3d_{x^2-y^2} \pm 3d_{x^2-y^2} \rightarrow \delta_g$ 或 δ_u

(6) $3d_{xy} \pm 3d_{xy} \rightarrow \delta_g$ 或 δ_u

(7) $3d_{xz} \pm 3d_{xz} \rightarrow \pi_u$ 或 π_g

(8) $3d_{yz} \pm 3d_{yz} \rightarrow \pi_u$ 或 π_g

(9) $4s \pm 3d_{z^2} \rightarrow \sigma$ 或 σ^*

(10) $4p_x \pm 3d_{xz} \rightarrow \pi$ 或 π^*

(11) $4p_y \pm 3d_{yz} \rightarrow \pi$ 或 π^*

4.6

	键级	键长	磁性
O_2^{2+}	3	最短	反
O_2	2	短	顺
O_2^-	1.5	中	顺
O_2^{2-}	1	长	反

4.7 Cl_2 比 Cl_2^+ 弱

4.9 $(\sigma_{1s})^2 (\sigma_{1s}^*)^2 (\sigma_{2s})^2 (\sigma_{2s}^*)^2 (\sigma_{2p_z})^2 (\pi_{2p_x})^2 (\pi_{2p_y})^2$
$(\pi_{2p_x}^*)^1 (\pi_{2p_y}^*)^1$
$(1\sigma_g)^2 (1\sigma_u)^2 (2\sigma_g)^2 (2\sigma_u)^2 (3\sigma_g)^2 (1\pi_u)^4 (1\pi_g)^2$

4.10 $B_2 > C_2^+ > C_2 = Li_2$

4.11 2s 与 2p 轨道能量接近，相互作用所致。B、C、N、O、F 的 2s 与 2p 轨道之间能量间隔分别为 46、71、100、133、233（$\times 10^3 cm^{-1}$），前 3 个必须考虑

4.12 CF^+ 键较短（因无电子占据反键轨道）

4.13 CN^- 基态的电子组态：
$(1\sigma)^2 (2\sigma)^2 (3\sigma)^2 (4\sigma)^2 (1\pi)^4 (5\sigma)^2$
键级 3，未成对电子 0

4.14 SO 价层电子结构：
$(1\sigma)^2 (2\sigma)^2 (3\sigma)^2 (1\pi)^4 (2\pi)^2$，2 个不成对电子

4.15 得电子成为 AB^- 能量降低：C_2，CN；失电子成为 AB^+ 能量降低：NO，O_2，CO

4.16 (1) OH：$(1\sigma)^2 (2\sigma)^2 (3\sigma)^2 (1\pi)^3$

(2) 1π

(3) 定域于氧原子

4.17

	NO^+	NO	N_2O	NO_3^-
N—O 键级	3	2.5	1.5	1.3
N—O 键长/Å	1.062	1.154	1.188	1.256

4.18 CO 的电子组态：
$(1\sigma)^2 (2\sigma)^2 (3\sigma)^2 (4\sigma)^2 (1\pi)^4 (5\sigma)^2$，$(5\sigma)^2$ 为孤对电子占据的非键轨道（弱反键），电离 1 个电子后，成键加强，C—O 之间距离缩短

4.20 OF：$KK(3\sigma)^2 (4\sigma)^2 (5\sigma)^2 (1\pi)^4 (2\pi)^3$
OF^-：$KK(3\sigma)^2 (4\sigma)^2 (5\sigma)^2 (1\pi)^4 (2\pi)^4$
OF^+：$KK(3\sigma)^2 (4\sigma)^2 (5\sigma)^2 (1\pi)^4 (2\pi)^2$
键级：1.5/1/2
键长：$OF^- > OF > OF^+$

4.22 Cl_2：$KKLL(\sigma_g)^2 (\sigma_u^*)^2 (\sigma_g)^2 (\pi_u)^4 (\pi_g^*)^4$
O_2^+：$KK(\sigma_g)^2 (\sigma_u^*)^2 (\sigma_g)^2 (\pi_u)^4 (\pi_g^*)^1$
CN^-：$KK(3\sigma)^2 (4\sigma)^2 (1\pi)^4 (5\sigma)^2$

4.27 $^1\psi_1 = \frac{1}{\sqrt{2 + 2S_{ab}^2}}[\varphi_a(1)\varphi_b(2) + \varphi_a(2)\varphi_b(1)]$
$\times \frac{1}{\sqrt{2}}[\alpha(1)\beta(2) - \alpha(2)\beta(1)]$

$^3\psi_2 = \frac{1}{\sqrt{2 - 2S_{ab}^2}}[\varphi_a(1)\varphi_b(2) - \varphi_a(2)\varphi_b(1)]$

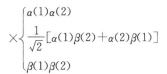

$$\times \begin{cases} \alpha(1)\alpha(2) \\ \dfrac{1}{\sqrt{2}}[\alpha(1)\beta(2)+\alpha(2)\beta(1)] \\ \beta(1)\beta(2) \end{cases}$$

4.28　解离能 1.9eV,平衡键长 130pm

习题 5

5.3　CS_2,NO_2^+,sp;NO_3^-,CO_3^{2-},BF_3,sp^2;
　　CBr_4,PF_4^+,sp^3;IF_6^+,sp^3d^2

5.6

	s	p
O—H 键	0.204	0.796
孤对电子	0.296	0.704

5.8　SCl_3^+　sp^3　三角锥
　　ICl_4^-　sp^3d^2　四方形

5.9　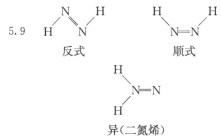

反式　　　　顺式

异(二氮烯)

稳定性依次降低

5.10

CO_2	NO_2^+	NO_2	NO_2^-	SO_2	ClO_2	O_3
直线	直线	弯曲	弯曲	弯曲	弯曲	弯曲
非	非	极性	极性	极性	极性	极性
0	0	1	0	0	1	0

5.11

AsH_3	ClF_3	SO_3	SO_3^{2-}	CH_3^+	CH_3^-	ICl_3
三角锥	T形	平面	三角锥	平面	三角锥	T形
有	有	无	有	无	有	有

5.13　C_2H_2:C 作 sp 杂化,三重键,直线形分子
　　BF_3:B 作 sp^2 杂化,除 σ 键外,形成 Π_4^6 平面三角形
　　NF_3:N 作 sp^3 杂化,三角锥分子
　　C_6H_6:C 作 sp^2 杂化形成 σ 骨架,还有 Π_6^6 平面六边形
　　SO_3:S 作 sp^3 杂化,与 O 形成双键,三角锥
　　PCl_5:P 作 sp^3d 杂化,与 Cl 形成三角

双锥

5.14　(1) Π_9^{10}　(2) Π_4^6　(3) Π_8^8　(4) Π_8^8　(5) Π_3^4

5.15　无,Π_8^8,Π_7^8,Π_3^3,Π_3^4

5.16　酸性 $RCOOH > C_6H_5OH > ROH$

5.17　C—O 键长 $CO < CO_2 < RCOH$

5.18　椅式 C_{2h},船式 C_{2v}

5.19　(1) 氟化物:XeF_2 $D_{\infty h}$,XeF_4 D_{4h},XeF_6
　　　C_3,XeF_8 D_{4d}
　　(2) 氧化物:XeO $C_{\infty v}$,XeO_2 C_{2v},XeO_3
　　　C_{3v},XeO_4 T_d
　　(3) 氟氧化物:$XeOF_2$ C_{2v},XeO_2F_2 C_{2v},
　　　XeO_3F_2 D_{3h},$XeOF_4$ C_{4v},XeO_2F_4 D_{4h},
　　　$XeOF_6$ C_3

5.23　$E_1 = \alpha + 2\beta$,　$\psi_1 = \dfrac{1}{\sqrt{3}}(\varphi_1 + \varphi_2 + \varphi_3)$

　　　$E_{2,3} = \alpha - \beta$,　$\psi_2 = \dfrac{1}{\sqrt{6}}(2\varphi_1 - \varphi_2 - \varphi_3)$

　　　$\psi_3 = \dfrac{1}{\sqrt{2}}(\varphi_1 - \varphi_2)$

5.24　$\psi_1 = \sqrt{\dfrac{1}{12}}(\varphi_1 + \sqrt{3}\varphi_2 + 2\varphi_3 + \sqrt{3}\varphi_4 + \varphi_5)$

　　　$E_1 = \alpha + \sqrt{3}\beta$

　　　$\psi_2 = \dfrac{1}{2}(\varphi_1 + \varphi_2 - \varphi_3 - \varphi_4)$　$E_2 = \alpha + \beta$

　　　$\psi_3 = \sqrt{\dfrac{1}{3}}(\varphi_1 - \varphi_3 + \varphi_5)$　$E_3 = \alpha$

　　　$\psi_4 = \dfrac{1}{2}(\varphi_1 - \varphi_2 + \varphi_4 - \varphi_5)$　$E_4 = \alpha - \beta$

　　　$\psi_5 = \sqrt{\dfrac{1}{12}}(\varphi_1 - \sqrt{3}\varphi_2 + 2\varphi_3 - \sqrt{3}\varphi_4 + \varphi_5)$

　　　$E_5 = \alpha - \sqrt{3}\beta$

5.26

$$\triangleright\!\!=\!\!\!\overset{0.29}{\underset{0.79}{=\!\!\!=}}\!\!=\!\!\triangleleft\, 0.89$$

5.27　各 C 原子的电荷密度为
　　　$\rho_1 = 0.62$,　$\rho_2 = 1.05$,
　　　$\rho_3 = \rho_6 = 1.09$,　$\rho_4 = \rho_5 = 1.07$
　　　π 电子键级为
　　　$P_{12} = 0.76$,　$P_{23} = P_{26} = 0.45$
　　　$P_{34} = P_{56} = 0.78$,　$P_{45} = 0.52$

5.30　己三烯加热发生对旋闭环,光照发生顺旋闭环

习题 6

6.2　B_4H_{10} 可能的 styx 数(4012),(3103)

6.3 B_5H_{11}:(5021),(4112),(3203)

B_6H_{10}:(4220),(3311),(2402)

6.4 $B_6H_6^{2-}$ 为八面体构型,6 个 B 加 2 个电子共 20 个价电子,扣去 6 个 B—H 键电子,还有 14 个价电子,形成 7 个成键轨道,一个向心轨道和 6 个各经 2 条棱和 3 个 B 的三中心双电子键

6.5 $C_2B_{10}H_{12}$ 是二十面体构型

$BMO=4n-F=4\times12-(20+3)=25$

扣去 12 个端基轨道,形成 13 个骨架轨道

6.6 $X^-<NH_3<CN^-$,卤素只形成 σ 键,NH_3 用孤对电子形成配键,CN^- 与金属形成 σ-π 授受键

6.8 (1) $E_{高}=-6Dq$,$E_{低}=-16Dq+P$

(2) $P=10Dq$

6.9 六边形 3 种异构体

反三棱柱 2 种异构体,应为反三棱柱

6.11

	$Mn(H_2O)_6^{2+}$	$Fe(CN)_6^{4-}$	$Co(NH_3)_6^{3+}$	FeF_6^{3-}
自旋	HS	LS	LS	HS
能量	0	2.4Δ	2.4Δ	0
磁性	顺	反	反	顺

6.13

6.14 $(d_{xz})^2(d_{yz})^2(d_{z^2})^2(d_{xy})^2(d_{x^2-y^2})^1$

6.16 (1) CO 的 π^* 轨道电子主要由 C 提供

(2) N_2 供电子的 σ 轨道是成键轨道,而 CO 的供电子轨道是弱反键轨道

(3) 高氧化态 d 轨道收缩,难反馈电子

6.17 (1) 四面体

(3) 不能

6.18 对 D_{4h} 子群 C_4 可约表示为

$\Gamma=5(E),-1(C_4),1(C_2),1(C_2')$;$1(C_2'')$ 可分解为 $A+B_1+B_2+E$,即 d 轨道在四方场中分裂为 4 个能级

6.19 d^3 在八面体强场中分裂为 $t^3,t^2e,te^2,\cdots$

6.20 线形,折线形(5 种),W 形,V 形,T 形,Y 形,X 形,方形带心,梯形,五边形,四棱锥,三角形带叉(2 种),菱形带把(2 种),三角双锥,四面体含心

6.21 Sn_4^{4-} 20e,Sn_3Bi_2 22e 三角双锥,$Sn_3Bi_3^+$ 26e 八面体,Sn_5Bi_4 40e 带帽四方反棱柱

6.25 (1) 四方锥 (2) 八面体 (3) 三棱柱 (4) 四方反棱柱

6.27 (1) 八面体 (2) 三棱柱 (3) 四方锥 (4) 立方体

6.29 邻硝基苯酚可形成分子内氢键,而对硝基苯酚则不能

习题 7

7.1 (1)是,(2)、(3)、(4)不是

7.4 (1) (112)面

(2) $(3\bar{2}3)$面

(3) $(11\bar{1})$面

7.6 $d_{111}=249pm$,$d_{211}=176pm$,$d_{100}=432pm$

7.8 $d_{300}=120.3pm$,$d_{211}=147.4pm$

7.9 (100)(010) 90°,(100)(110) 45°,(100)(210) 26.56°,(010)(110) 45°,(010)(210)63.43°,(110)(210) 18.44°

7.12 若有一个四方底心格子,定能用底心与顶点画出一个体积更小的简单四方格子

7.13 用四方面心格子,可画出一个体积更小的体心四方格子

7.14 Ag 0,0,0;1/2,1/2,0;1/2,0,1/2;0,1/2,1/2;O 1/4,1/4,1/4;3/4,3/4,3/4

7.15 (1) 体心正交

(2) 简单正交

(3) 简单正交

(4) 体心正交

7.16　$\rho = 3.37 \text{g} \cdot \text{cm}^{-3}$

7.17　$R(\text{C}—\text{C}) = 154.4\text{pm}, \rho = 3.51\text{g} \cdot \text{cm}^{-3}$

7.18　（1）体心立方点阵

　　　（2）316.6pm

7.19　（1）立方面心点阵的衍射指标奇偶混杂则系统消光，111、200、220、222 衍射允许

　　　（2）$a = 570.5\text{pm}$

　　　（3）$\theta = 13.54°$

7.20　$a = 360.8\text{pm}$，面心立方点阵

7.23　$|F_{hkl}|^2 = \begin{cases} 16(f_{\text{Na}} - f_{\text{Cl}})^2 & (h, k, l \text{ 全奇}) \\ 16(f_{\text{Na}} + f_{\text{Cl}})^2 & (h, k, l \text{ 全偶}) \end{cases}$

7.25　Si 的相对原子质量 28.0854，$d_{\text{Si—Si}} = 235.16\text{pm}$

7.26　（1）SnF_4 为四方体心点阵金红石型结构，$h + k + l = $ 奇数系统消光

　　　（2）$R(\text{Sn—F}) = 188\text{pm}$，Sn 填在 F_6 形成的畸变八面体中

7.27　（1）16

　　　（2）$\theta = 13.12°$

7.29　$4, 4.01\text{g} \cdot \text{cm}^{-3}$

7.30　$\text{Na}_2\text{B}_4\text{O}_7 \cdot 10\text{H}_2\text{O}$

7.31　834pm，606pm，870pm

7.32　$M = 14\ 612$

习题 8

8.2　$a = b = 2R, c = 3.266R$

8.3　（1）352.4pm

　　　（2）$8.91\text{g} \cdot \text{cm}^{-3}$

8.4　$a = b = 292\text{pm}, c = 477\text{pm}$

8.6　68.02%

8.7　（1）面心立方

　　　（2）$d_{111} = 233.34\text{pm}, d_{200} = 202.08\text{pm}$

　　　（3）$V^* = 0.055\ 52$

8.8　立方体心点阵，110，200，211，220，310，222，321，400，330

　　　$a = 330.5\text{pm}$

8.10　（2）$a = 286.65\text{pm}, \text{Fe}(0, 0, 0; 1/2, 1/2, 1/2)$

8.11　$\theta_{111} = 9.95°, \theta_{220} = 16.39°, \theta_{311} = 19.25°$

8.12　（1）185.8pm

　　　（2）$\rho = 0.967\text{g} \cdot \text{cm}^{-3}$

　　　（3）$d_{110} = 303.3\text{pm}$

8.13　（111）衍射 $\theta = 18.48°$；（200）衍射 $\theta = 25.00°$

8.14　简单格子，342pm

8.15　衍射指标 Fe：(3 3 3)、Ni：(1 5 3)、Cu：(4 4 2)

8.16　$R(\text{Zn—Zn}) = 291.18\text{pm}$

8.17　（1）0, 0, 0；1/2, 1/2, 0；1/2, 0, 1/2；0, 1/2, 1/2；1/4, 1/4, 1/4；3/4, 3/4, 1/4；3/4, 1/4, 3/4；1/4, 3/4, 3/4

　　　（2）$r_{\text{Sn}} = 140.5\text{pm}$

　　　（3）相对原子质量 118.3

　　　（4）体积膨胀

　　　（5）白锡配位数高

8.18　（1）$21°41', 25°15', 37°06', \cdots$

　　　（2）$8.97\text{g} \cdot \text{cm}^{-3}$

8.19　（1）$R(\text{Cu—Cu}) = 254.8\text{pm}$

　　　（2）六方最密堆积

　　　（3）八面体空隙

8.20　（1）Cu 75.5% Zn 24.5%

　　　（2）$4.25 \times 10^{-22}\text{g}$

　　　（3）$V = 5.0 \times 10^{-23}$

　　　（4）$r = 130\text{pm}$

8.21　（1）无序结构　面心立方

　　　结构基元为 $\text{Cu}_{1-x}\text{Au}_x$，是个统计原子

　　　（2）有序结构为简单四方，可用图中顶点与底心 Au 原子构成更小的四方晶胞，Cu 位于体心位置，一个 Cu 与一个 Au 构成结构基元 Au(0, 0, 0) Cu(1/2, 1/2, 1/2)

　　　（3）无序结构是 fcc，最小衍射指标（111），22.3°；有序结构是简单四方，最小衍射指标（001），11.5°

8.23　Fe-C 体系中，C 含量 >2% 为生铁

　　　C 含量 <0.2% 为熟铁，介于两者之间是钢

8.25　（1）化学式 MgB_2

8.26　（1）体心四方，结构基元是 Cr_2Al

8.27　（1）8 个 Mg 占据立方面心 8 个四面体空隙

　　　（3）储氢密度为 $0.188\text{g} \cdot \text{cm}^{-3}$

习题 9

9.3　四面体 $r_+/r_- = 0.225$

　　　八面体 $r_+/r_- = 0.414$

9.4　CaS：NaCl 型；CsBr：CsCl 型

9.5　$r_{\text{S}^{2-}} = 184\text{pm}, r_{\text{O}^{2-}} = 140.5\text{pm}$

　　　$r_{\text{Ca}^{2+}} = 99.5\text{pm}, r_{\text{Mg}^{2+}} = 69.5\text{pm}$

9.6　（1）立方面心点阵

　　　（2）$a = 421\text{pm}$

　　　（3）24.23

9.8　$\theta_{(100)} = 2.705°, \theta_{(010)} = 1.906°, \theta_{(111)} = 3.636°$

9.9　（1）简单立方点阵 $a = 308\text{pm}$

　　　（2）F^- 作堆积，K^+ 填 F^- 的立方体空隙，则 $a = $

310pm

9.10　$R(Ti—O)=201pm$

9.11　(1) 立方面心点阵

(2) $\rho=3.218g \cdot cm^{-3}$

(3) $R(C—Si)=189pm, r(Si)=112pm$

9.12　(1) $r(Na^+)=100pm$

(2) $\rho=2.41g \cdot cm^{-3}$

9.14　$Br^- \approx 194.5pm, K^+ \approx 134.5pm$

$F^- \approx 132.5 \sim 142pm, Li^+ < 68pm$

9.16　(1) AB_3C

(2) $A(0,0,0)$ $B(1/2,0,0; 0,1/2,0; 0,0,1/2)$

$C(1/2,1/2,1/2)$

(3) A 周围 6 个 B,C 周围 12 个 B

9.17　(1) 简单立方点阵

(2) $R(I—O)=223pm, R(K—O)=315.4pm$

9.18　(2) $\rho=0.917g \cdot cm^{-3}$

(3) $R(O—H\cdots)=276.4pm$

9.20　晶胞中 8 个 Mg,16 个 Al,32 个 O

9.21　MgO 是典型的共价晶体,NaF 是离子晶体

9.22　K_3C_{60} 晶胞中 4 个 C_{60} 形成 4 个八面体空隙和 8 个四面体空隙。根据化学式晶胞中有 12 个 K,两种空隙 100% 被占满

K^+:1/2,1/2,1/2;1/2,0,0;0,1/2,0;0,0,1/2;

1/4,1/4,1/4;1/4,1/4,3/4; 1/4,3/4,1/4;

3/4,1/4,1/4;

1/4,3/4,3/4; 3/4,3/4,1/4; 3/4,1/4,3/4;

3/4,3/4,3/4

9.23　反尖晶石

9.24　(1) 6 个 O 与 6 个 Si 形成六角星形,O 在凹角顶点,Si 在凸角顶点

(2) Be 四面体配位,Al 八面体配位

9.25　(1) 立方体心点阵,$h+k+l=$ 奇数时系统消光

(3) $R(F\cdots F)=299pm, R(Xe\cdots F)=340pm$

9.26　$9.166°, 3.000°, 7.057°$

9.30　(1) 简单立方点阵

(2) 398.8pm

(3) 1 个

(4) K^+ 在顶点,Mg^{2+} 在体心位置

9.31　(1) $||AcB|CbA|BaC||AcB|\cdots$

(2) 3 个 $ZnCl_2$ 单元

9.32　(1) 超导体化学式$(La,Sr)_2CuO_4$,晶胞中分子个数$=2$

(2) O_1 原子$(0,0.5,0)$周围有 4 个(La,Sr)和 2 个 Cu 配位;O_2 原子$(0,0,0.1824)$周围有 1 个(La,Sr)和 1 个 Cu 配位

元 素 周 期 表

s 区

p 区

注:
1. 原子量录自2018年IUPAC元素周期表,以^{12}C质量的1/12作为标准。
2. 稳定元素列有天然丰度的同位素;天然放射性元素选列较重要的同位素;人造元素只列半衰期最长的同位素。

图例说明:
- 原子序数 — 19
- 元素符号（红色指放射性元素）— K
- 元素名称（注*的是人造元素）— 钾
- 惯用原子量 — 39.098
- 稳定同位素的质量数,底线指丰度最大的同位素 — 39
- 放射性同位素的质量数 — 41
- α—α衰变 β—β衰变 ε—轨道电子俘获 φ—自发裂变
- 外围电子的构型 — 4s¹

族周期	ⅠA	ⅡA	ⅢB	ⅣB	ⅤB	ⅥB	ⅦB		Ⅷ		ⅠB	ⅡB	ⅢA	ⅣA	ⅤA	ⅥA	ⅦA	ⅧA	电子层	层电子数
1	1 H 氢 $\frac{2}{3}\beta$ 1.008 1s¹																	2 He 氦 $\frac{3}{4}$ 4.0026 1s²	K	2
2	3 Li 锂 ^{7} 6.94 2s¹	4 Be 铍 ^{9} 9.0122 2s²											5 B 硼 $^{10}_{11}$ 10.81 2s²2p¹	6 C 碳 $^{12}_{13}$,$^{14}\beta$ 12.011 2s²2p²	7 N 氮 $^{14}_{15}$ 14.007 2s²2p³	8 O 氧 $^{16}_{17}$ ^{18} 15.999 2s²2p⁴	9 F 氟 ^{19} 18.998 2s²2p⁵	10 Ne 氖 $^{20}_{21}$ ^{22} 20.180 2s²2p⁶	L K	8 2
3	11 Na 钠 ^{23} 22.990 3s¹	12 Mg 镁 $^{24}_{25}$ ^{26} 24.305 3s²											13 Al 铝 ^{27} 26.982 3s²3p¹	14 Si 硅 $^{28}_{29}$ ^{30} 28.085 3s²3p²	15 P 磷 ^{31} 30.974 3s²3p³	16 S 硫 $^{32}_{33}$ ^{34} ^{36} 32.06 3s²3p⁴	17 Cl 氯 $^{35}_{37}$ 35.45 3s²3p⁵	18 Ar 氩 ^{36} ^{38} ^{40} 39.95 3s²3p⁶	M L K	8 8 2
4	19 K 钾 $^{39}_{40}\beta,\varepsilon$ ^{41} 39.098 4s¹	20 Ca 钙 ^{40} ^{44} ^{42} ^{46} ^{43} ^{48} 40.078(4) 4s²	21 Sc 钪 ^{45} 44.956 3d¹4s²	22 Ti 钛 ^{46} ^{49} ^{47} ^{50} ^{48} 47.867 3d²4s²	23 V 钒 $^{50}\beta,\varepsilon$ ^{51} 50.942 3d³4s²	24 Cr 铬 ^{50} ^{53} ^{52} ^{54} 51.996 3d⁵4s¹	25 Mn 锰 ^{55} 54.938 3d⁵4s²	26 Fe 铁 ^{54} ^{57} ^{56} ^{58} 55.845(2) 3d⁶4s²	27 Co 钴 ^{59} 58.933 3d⁷4s²	28 Ni 镍 ^{58} ^{61} ^{60} ^{62} ^{64} 58.693 3d⁸4s²	29 Cu 铜 ^{63} ^{65} 63.546(3) 3d¹⁰4s¹	30 Zn 锌 ^{64} ^{68} ^{66} ^{70} ^{67} 65.38(2) 3d¹⁰4s²	31 Ga 镓 ^{69} ^{71} 69.723 4s²4p¹	32 Ge 锗 ^{70} ^{74} ^{72} ^{76} ^{73} 72.630(8) 4s²4p²	33 As 砷 ^{75} 74.922 4s²4p³	34 Se 硒 ^{74} ^{78} ^{76} ^{80} ^{77} ^{82} 78.971(8) 4s²4p⁴	35 Br 溴 ^{79} ^{81} 79.904 4s²4p⁵	36 Kr 氪 ^{78} ^{83} ^{80} ^{84} ^{82} ^{86} 83.798(2) 4s²4p⁶	N M L K	8 18 8 2
5	37 Rb 铷 ^{85} $^{87}\beta$ 85.468 5s¹	38 Sr 锶 ^{84} ^{86} ^{87} ^{88} 87.62 5s²	39 Y 钇 ^{89} 88.906 4d¹5s²	40 Zr 锆 ^{90} ^{92} ^{91} ^{94} ^{96} 91.224(2) 4d²5s²	41 Nb 铌 ^{93} 92.906 4d⁴5s¹	42 Mo 钼 ^{92} ^{97} ^{94} ^{98} ^{95} ^{100} ^{96} 95.95 4d⁵5s¹	43 Tc 锝 $^{97}\varepsilon$ $^{99}\beta$ 4d⁵5s²	44 Ru 钌 ^{96} ^{101} ^{98} ^{102} ^{99} ^{104} ^{100} 101.07(2) 4d⁷5s¹	45 Rh 铑 ^{103} 102.91 4d⁸5s¹	46 Pd 钯 ^{102} ^{106} ^{104} ^{108} ^{105} ^{110} 106.42 4d¹⁰	47 Ag 银 ^{107} ^{109} 107.87 4d¹⁰5s¹	48 Cd 镉 ^{106} ^{112} ^{108} ^{113} ^{110} ^{114} ^{111} ^{116} 112.41 4d¹⁰5s²	49 In 铟 ^{113} ^{115} 114.82 5s²5p¹	50 Sn 锡 ^{112} ^{118} ^{114} ^{119} ^{115} ^{120} ^{116} ^{122} ^{117} ^{124} 118.71 5s²5p²	51 Sb 锑 ^{121} ^{123} 121.76 5s²5p³	52 Te 碲 ^{120} ^{125} ^{122} ^{126} ^{123} ^{128} ^{124} ^{130} 127.60(3) 5s²5p⁴	53 I 碘 ^{127} $^{129}\beta$ 126.90 5s²5p⁵	54 Xe 氙 ^{124} ^{131} ^{126} ^{132} ^{128} ^{134} ^{129} ^{136} ^{130} 131.29 5s²5p⁶	O N M L K	8 18 18 8 2
6	55 Cs 铯 ^{133} 132.91 6s¹	56 Ba 钡 ^{130} ^{136} ^{132} ^{137} ^{134} ^{138} ^{135} 137.33 6s²	57-71 镧系	72 Hf 铪 ^{174} ^{178} ^{176} ^{179} ^{177} ^{180} 178.49(2) 5d²6s²	73 Ta 钽 ^{180} ^{181} 180.95 5d³6s²	74 W 钨 ^{180} ^{184} ^{182} ^{186} ^{183} 183.84 5d⁴6s²	75 Re 铼 ^{185} $^{187}\beta$ 186.21 5d⁵6s²	76 Os 锇 ^{184} ^{189} ^{186} ^{190} ^{187} ^{192} ^{188} 190.23(3) 5d⁶6s²	77 Ir 铱 ^{191} ^{193} 192.22 5d⁷6s²	78 Pt 铂 $^{190}\alpha$ ^{195} $^{192}\alpha$ ^{196} ^{194} ^{198} 195.08 5d⁹6s¹	79 Au 金 ^{197} 196.97 5d¹⁰6s¹	80 Hg 汞 ^{196} ^{201} ^{198} ^{202} ^{199} ^{204} ^{200} 200.59 5d¹⁰6s²	81 Tl 铊 ^{203} ^{205} 204.38 6s²6p¹	82 Pb 铅 ^{204} ^{207} ^{206} ^{208} 207.2 6s²6p²	83 Bi 铋 ^{209} 208.98 6s²6p³	84 Po 钋 $^{209}\alpha,\varepsilon$ $^{210}\alpha$ 6s²6p⁴	85 At 砹 $^{210}\varepsilon,\alpha$ 6s²6p⁵	86 Rn 氡 $^{222}\alpha$ 6s²6p⁶	P O N M L K	8 18 32 18 8 2
7	87 Fr 钫 $^{223}\beta$ 7s¹	88 Ra 镭 $^{226}\alpha$ 7s²	89-103 锕系	104 Rf 𬬻* $^{261}\alpha$ 6d²7s²	105 Db 𬭊* $^{262}\alpha$ 6d³7s²	106 Sg 𬭳* $^{263}\alpha$ 6d⁴7s²	107 Bh 𬭛* $^{264}\alpha$ 6d⁵7s²	108 Hs 𬭶* $^{265}\alpha$ 6d⁶7s²	109 Mt 鿏* $^{268}\alpha$ 6d⁷7s²	110 Ds 𫟼* $^{269}\alpha$	111 Rg 𬬭* $^{272}\alpha$	112 Cn 鿔* $^{277}\alpha$	113 Nh 鿭*	114 Fl 𫓧*	115 Mc 镆*	116 Lv 𫟷*	117 Ts 鿬*	118 Og 鿫*		

镧系 (f 区)

57 La 镧 $^{138}\varepsilon,\beta$ ^{139} 138.91 5d¹6s²	58 Ce 铈 ^{136} ^{138} ^{140} ^{142} 140.12 4f¹5d¹6s²	59 Pr 镨 ^{141} 140.91 4f³6s²	60 Nd 钕 ^{142} ^{146} ^{143} ^{148} $^{144}\alpha$ ^{150} ^{145} 144.24 4f⁴6s²	61 Pm 钷 $^{147}\beta$ 4f⁵6s²	62 Sm 钐 ^{144} ^{150} ^{147} ^{152} ^{148} ^{154} ^{149} 150.36(2) 4f⁶6s²	63 Eu 铕 ^{151} ^{153} 151.96 4f⁷6s²	64 Gd 钆 $^{152}\alpha$ ^{157} ^{154} ^{158} ^{155} ^{160} ^{156} 157.25(3) 4f⁷5d¹6s²	65 Tb 铽 ^{159} 158.93 4f⁹6s²	66 Dy 镝 ^{156} ^{162} ^{158} ^{163} ^{160} ^{164} ^{161} 162.50 4f¹⁰6s²	67 Ho 钬 ^{165} 164.93 4f¹¹6s²	68 Er 铒 ^{162} ^{167} ^{164} ^{168} ^{166} ^{170} 167.26 4f¹²6s²	69 Tm 铥 ^{169} 168.93 4f¹³6s²	70 Yb 镱 ^{168} ^{173} ^{170} ^{174} ^{171} ^{176} ^{172} 173.05 4f¹⁴6s²	71 Lu 镥 ^{175} $^{176}\beta$ 174.97 5d¹6s²

锕系 (f 区)

89 Ac 锕 $^{227}\beta,\alpha$ 6d¹7s²	90 Th 钍 $^{232}\alpha$ 232.04 6d²7s²	91 Pa 镤 $^{231}\alpha$ 231.04 5f²6d¹7s²	92 U 铀 ^{234} $^{235}\alpha$ $^{238}\alpha$ 238.03 5f³6d¹7s²	93 Np 镎 $^{237}\alpha$ 5f⁴6d¹7s²	94 Pu 钚 $^{239}\alpha$ $^{244}\alpha$ 5f⁶7s²	95 Am 镅 $^{243}\alpha$ 5f⁷7s²	96 Cm 锔* $^{247}\alpha$ 5f⁷6d¹7s²	97 Bk 锫* $^{247}\alpha$ 5f⁹7s²	98 Cf 锎* $^{251}\alpha$ 5f¹⁰7s²	99 Es 锿* $^{252}\alpha$ 5f¹¹7s²	100 Fm 镄* $^{257}\alpha,\varphi$ 5f¹²7s²	101 Md 钔* $^{258}\alpha$ 5f¹³7s²	102 No 锘* $^{259}\alpha$ 5f¹⁴7s²	103 Lr 铹* $^{260}\alpha$ 6d¹7s²